U0226449

# AutoCAD 2015 中文版标准实例教程

陈广华 胡仁喜 刘昌丽 等编著

机械工业出版社

本书重点介绍了 AutoCAD 2015 中文版的新功能及各种基本、操作技巧和应用实例。本书最大的特点是，在进行知识点和功能应用讲解的同时，列举了大量的实例，使读者能在实践中掌握 AutoCAD 2015 的使用方法和技巧。

全书分为 10 章，分别介绍了 AutoCAD 2015 的基础知识、二维图形绘制与编辑、各种基本绘图工具、显示控制、文字与表格、尺寸标注、辅助绘图工具、三维绘图等。

本书内容翔实，图文并茂，语言简洁，思路清晰，可以作为机械设计与建筑设计初学者的入门与提高教材，也可作为机械与建筑工程技术人员的参考工具书。

**图书在版编目（CIP）数据**

AutoCAD 2015 中文版标准实例教程/陈广华等编著.—3 版.—北京：机械工业出版社，2014.12
ISBN 978-7-111-48733-3

Ⅰ. ①A… Ⅱ. ①陈… Ⅲ. ①AutoCAD 软件—教材 Ⅳ. ①TP391.72

中国版本图书馆 CIP 数据核字(2014)第 282681 号

机械工业出版社（北京市百万庄大街 22 号 邮政编码 100037）
策划编辑：曲彩云 责任印制：刘 岚
北京中兴印刷有限公司印刷
2015 年 1 月第 3 版第 1 次印刷
184mm×260mm·21.5 印张·527 千字
0001—3000 册
标准书号：ISBN 978-7-111-48733-3
ISBN 978-7-89405-651-1（光盘）
定价：59.00 元（含 1DVD）

凡购本书，如有缺页、倒页、脱页，由本社发行部调换
电话服务 网络服务
社服务中心：（010）88361066 教材网: http://www.cmpedu.com
销售一部：（010）68326294 机工官网：http://www.cmpbook.com
销售二部：（010）88379649 机工官博： http://weibo.com/cmp1952
读者购书热线：（010）88379203 **封面无防伪标均为盗版**
策划编辑：（010）88379782

# 前　言

随着微电子技术，特别是计算机技术的迅猛发展，CAD 技术正在日新月异、突飞猛进地发展。目前，CAD 设计已经成为人们日常工作和生活中的重要内容，特别是 AutoCAD 已经成为 CAD 的世界标准。近年来，网络技术发展一日千里，结合制造业的发展，使 CAD 技术不断完善，CAD 技术正在搭乘网络技术的特别快车飞速向前，从而使 AutoCAD 更加羽翼丰满。Autodesk 公司的 AutoCAD 软件包已经成为人们学习 CAD 技术的必修课，CAD 软件认证成为工程技术人员的入门基本要求。

AutoCAD 是美国 Autodesk 公司推出的，自 1982 年推出，30 多年来，从初期的 1.0 版本，经多次版本更新和性能完善，现已发展到 AutoCAD 2015，不仅在机械、电子和建筑等工程设计领域得到了大规模的应用，而且在地理、气象、航海等特殊图形的绘制，甚至乐谱、灯光、幻灯和广告等其他领域也得到了广泛的应用，目前已成为计算机 CAD 系统中应用最为广泛和普及的图形软件。

值此 AutoCAD 2015 面市之际，笔者精心组织几所高校的老师根据学生工程应用学习需要编写了本书。本书的编者都是各高校多年从事计算机图形学教学研究的一线人员。他们具有丰富的教学实践经验与教材编写经验。多年的教学工作使他们能够准确地把握学生的学习心理与实际需求。书中处处凝结着编者的经验与体会，贯彻着他们的教学思想，希望能够对广大读者的学习起到抛砖引玉的作用，为广大读者的学习提供一条捷径。

本书重点介绍了 AutoCAD 2015 中文版的新功能及各种基本操作技巧和应用实例。全书分为 10 章，分别介绍了 AutoCAD 2015 的基础知识、二维图形的绘制与编辑、各种基本绘图工具、显示控制、文字与表格、尺寸标注、辅助绘图工具、三维绘图等。在介绍的过程中，注意由浅入深，从易到难，各章节既相对独立又前后关联，全书解说翔实，图文并茂，语言简洁，思路清晰。本书可以作为初学者的入门教材，也可作为工程技术人员的参考工具书。

随书光盘包含全书所有实例的源文件和操作过程录屏讲解动画，总时长达300分钟。为了开阔读者的视野，促进读者的学习，光盘中还免费赠送长达800分钟的AutoCAD工程案例学习录音讲解动画教程和相应的实例源文件，以及凝结编者多年心血的AutoCAD使用技巧集锦电子书和各种实用的AutoCAD工程设计图库。授课老师如果需要，可以联系编者索要本书授课PPT文件。

本书由三维书屋工作室策划，由河南科技学院的陈广华老师以及 Autodesk 全球认证讲师、Autodesk 公司中国认证考试中心首席专家胡仁喜和刘昌丽主要编写。毛新华、康士廷、王敏、张俊生、王玮、孟培、王艳池、阳平华、闫聪聪、王培合、路纯红、王义发、王玉秋、杨雪静、卢园、王渊峰、孙立明、甘勤涛、李兵、董伟、张日晶、李亚莉也参加了本书部分编写工作。

本书虽经编者几易其稿，但由于时间仓促加之水平有限，书中不足之处在所难免，望广大读者登录 www.sjzswsw.com 或联系 win760520@126.com 批评指正，编者将不胜感激。

作　者

# 前言

随着微电子技术，特别是计算机技术的迅猛发展，CAD技术正在日新月异、突飞猛进地发展。目前，CAD设计已经成为人们日常工作和生活中的重要内容，特别是AutoCAD已经成为CAD的世界标准。近年来，网络技术发展一日千里，结合网络来的发展，使CAD技术不断完善，CAD技术正在由集成化技术向更加网络化、智能化的方向发展，从而使AutoCAD更加深入人心。Autodesk公司的AutoCAD软件已经成为人们学习CAD技术的必修课，CAD软件也已成为工程技术人员的入门基本要求。

AutoCAD是美国Autodesk公司推出的，自1982年推出至今30多年来，从初期的1.0版本，经过多次版本更新和性能完善，现已发展到AutoCAD 2015。它不仅在机械、电子和建筑等工程设计领域得到了大规模的应用，而且在地理、气象、航海等特殊图形的绘制，甚至乐谱、灯光和广告等其他领域也得到了广泛的应用，目前已成为计算机CAD系统中应用最为广泛的图形软件之一。

值此AutoCAD 2015面市之际，我们精心组织几所高校的老师根据学生工程应用学习需要编写了本书。本书的编者都是各高校多年从事计算机图形教学研究的一线人员，他们具有丰富的教学实践经验与教材编写经验，多年的教学工作使他们能够准确地把握学生的学习心理与实际需求。书中处处凝结着编者的经验与体会，贯彻着他们的教学思想，希望能够对广大读者的学习起到抛砖引玉的作用，为广大读者的学习与自学提供一个简洁有效的捷径。

本书重点介绍了AutoCAD 2015中文版的新功能及各种基本操作方法和应用实例。全书分为10章，分别介绍了AutoCAD 2015的基础知识、二维图形的绘制与编辑、各种基本绘图工具、显示控制、文字与表格、尺寸标注、辅助绘图工具、三维绘图等。在介绍的过程中，注意由浅入深，从易到难，各章节既相对独立又前后关联。全书解说翔实，图文并茂，语言简洁，思路清晰。本书可以作为初学者的入门教材，也可作为工程技术人员的参考工具书。

随书光盘包含全书所有实例的源文件和操作过程录屏动画，总时长达300分钟。为了开阔读者的视野，促进读者的学习，光盘中还免费赠送长达800分钟的AutoCAD全程实例操作讲解动画和配套的源文件，以及[illegible]AutoCAD使用技巧集锦[illegible]各种实用的AutoCAD工程设计图库[illegible]，读者如果需要，可以[illegible]。

本书由三维书屋工作室策划，[illegible]Autodesk全球认证讲师，Autodesk公司中国认证考试中心首席专家[illegible]主要编写。王敏、[illegible]王佩楷、[illegible]孟培、[illegible]王玉秋、[illegible]杨雪静、[illegible]等参加了本书部分编写工作。

本书虽经编者几易其稿，但由于时间仓促加之水平有限，书中不足之处在所难免，望广大读者登录www.sjzswsw.com或联系win760520@126.com批评指正，编者将不胜感激。

作者

# 目　　录

# 第 1 章

# AutoCAD 2015入门

本章学习AutoCAD 2015绘图的基本知识。了解如何设置图形的系统参数、绘图环境，熟悉创建新的图形文件、打开已有文件的方法等，为进入系统学习准备必要的基础知识。

学习要点

- 操作界面
- 配置绘图系统
- 设置绘图环境
- 文件管理
- 图形显示工具

# 1.1 操作界面

AutoCAD 的操作界面是 AutoCAD 显示、编辑图形的区域。启动 AutoCAD 2015 后的默认界面是“草图与注释”，为了便于以前版本用户学习本书，我们加入了菜单栏，如图 1-1 所示。

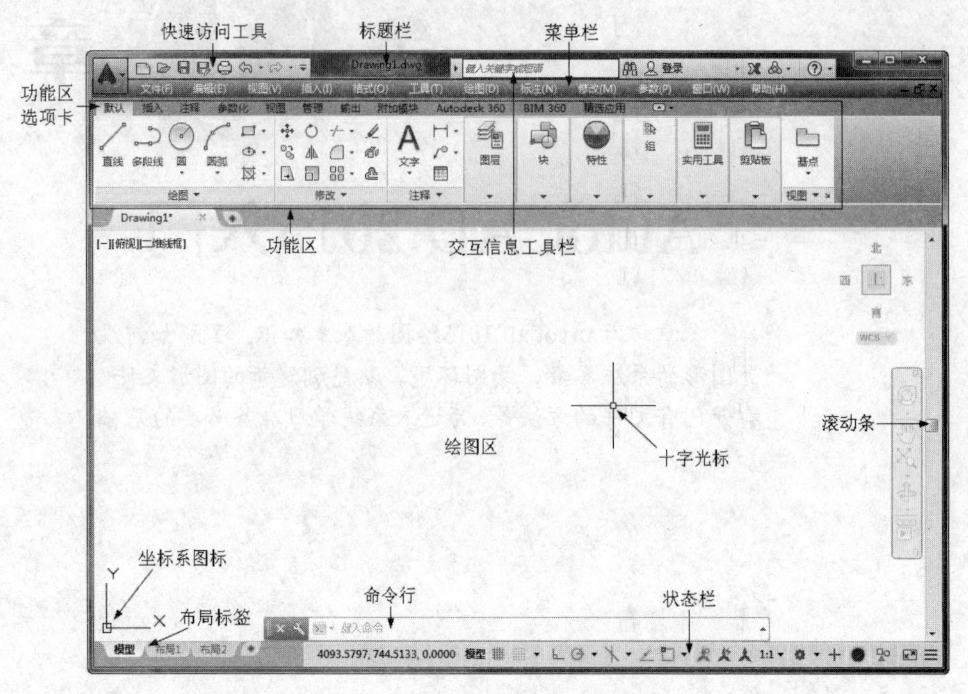


图 1-1　AutoCAD 2015 中文版操作界面

同时，转换不同的工作空间可以提供不同的工作界面。具体的转换方法是：单击界面右下角的“切换工作空间”按钮，在弹出的菜单中选择“三维建模”选项，如图 1-2 所示，系统转换到“三维建模”界面。

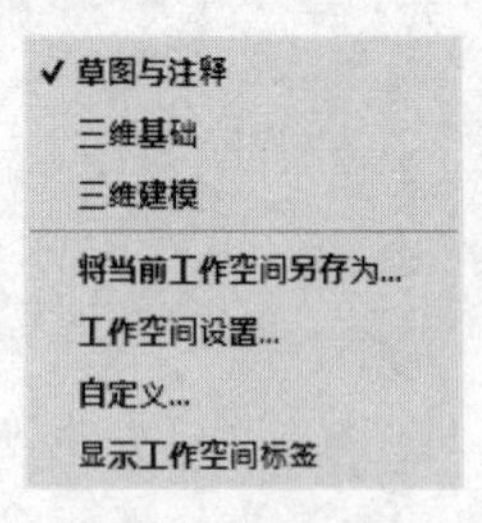


图 1-2　工作空间转换

## 1.1.1　标题栏

在AutoCAD 2015操作界面的最上端是标题栏，显示了当前软件的名称和用户正在使用的图形文件，“DrawingN.dwg”（N是数字）是AutoCAD的默认图形文件名；最右边的3个按钮控制AutoCAD 2015当前的状态：最小化、正常化和关闭。

## 1.1.2 菜单栏

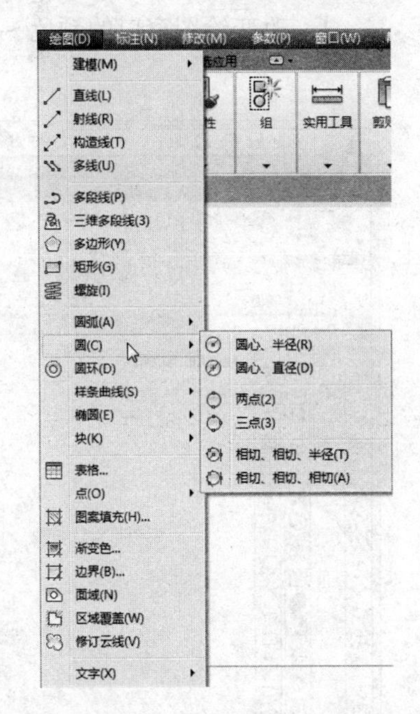

图1-3 下拉菜单

AutoCAD2015的菜单栏位于标题栏的下方，同Windows程序一样，AutoCAD的菜单也是下拉形式的，并在菜单中包含子菜单，如图1-3所示。

一般来讲，AutoCAD 2015下拉菜单有以下3种类型：

（1）右边带有小三角形的菜单项，表示该菜单后面带有子菜单，将光标放在上面会弹出它的子菜单。

（2）右边带有省略号的菜单项，表示单击该项后会弹出一个对话框。

（3）右边没有任何内容的菜单项，选择它可以直接执行一个相应的AutoCAD命令，在命令提示窗口中显示出相应的提示。

**注意**

**在“快速访问工具栏”中最右边的下拉菜单中选择“显示菜单栏”，即可调出菜单栏。**

## 1.1.3 工具栏

工具栏是执行各种操作最方便的途径。工具栏是一组图标按钮的集合，单击这些图标按钮就可调用相应的AutoCAD命令。AutoCAD2015的标准菜单提供有多种工具栏，每一个工具栏都有一个名称。对工具栏的操作有：

（1）打开工具栏：单击菜单栏中的“工具”→“工具栏”→“AutoCAD”按钮，例如将“绘图”“图层”“标准”“修改”等常用的工具栏打开，如图1-4所示。单击某一个未在界面中显示的工具栏名，系统将自动在界面中打开该工具栏。

（2）固定工具栏：绘图窗口的四周边界为工具栏固定位置，在此位置上的工具栏不显示名称，在工具栏的最左端显示出一个句柄。

（3）浮动工具栏：拖动固定工具栏的句柄到绘图窗口内，工具栏转变为浮动状态，此时显示出该工具栏的名称，拖动工具栏的左、右、下边框可以改变工具栏的形状。

## 1.1.4 绘图区

绘图区是显示、绘制和编辑图形的矩形区域。左下角是坐标系图标，表示当前使用的坐标系和坐标方向，根据工作需要，用户可以打开或关闭该图标的显示。十字光标由鼠标控制，其交叉点的坐标值显示在状态栏中。

1．改变绘图窗口的颜色

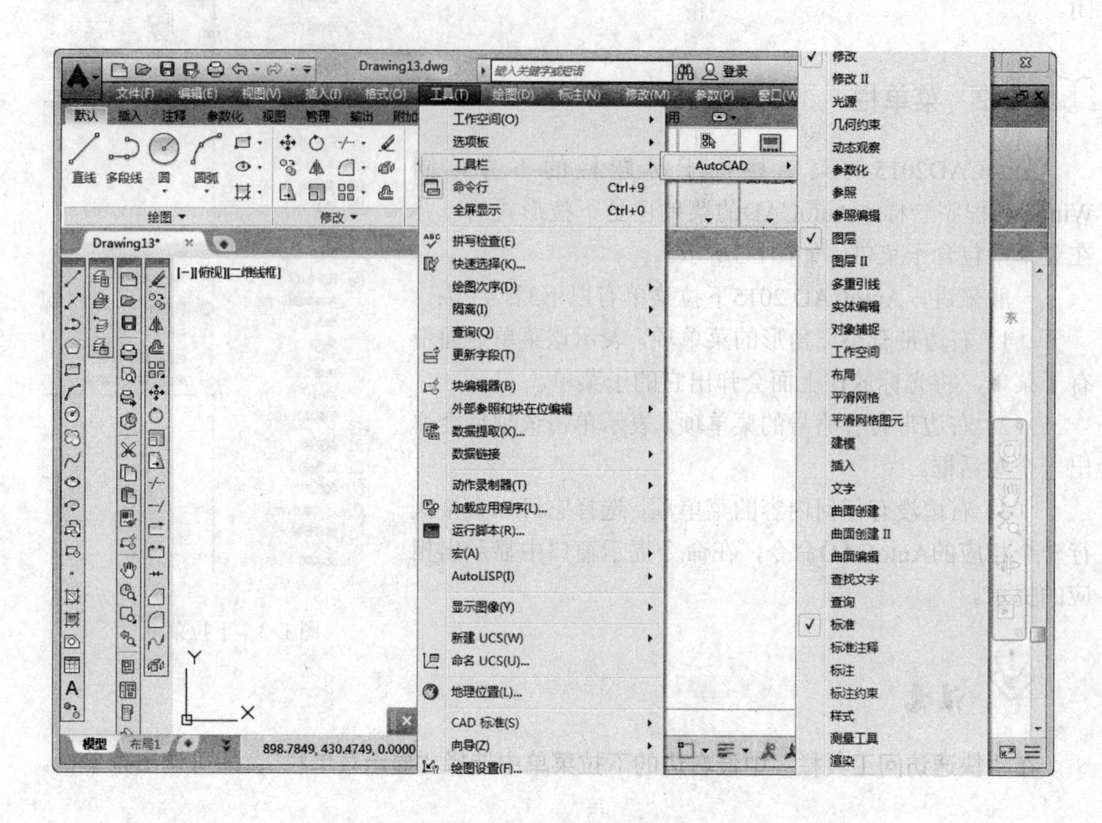


图 1-4　打开工具栏

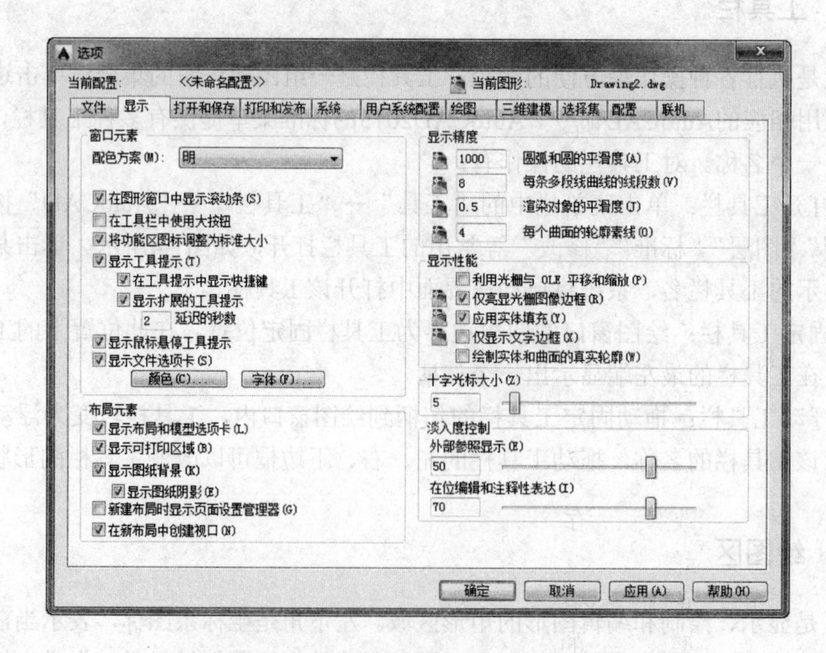


图 1-5　“选项”对话框中的“显示”选项卡

（1）选择菜单栏中的“工具”→“选项”命令，打开“选项”对话框。

（2）单击“显示”选项卡，如图1-5所示。

（3）单击“窗口元素”中的“颜色”按钮 颜色(C)... ，打开如图1-6所示的“图形窗口颜色”对话框。

（4）从“颜色”下拉列表框中选择某种颜色，例如白色，单击“应用并关闭”按钮 应用并关闭(A) ，即可将绘图窗口改为白色。

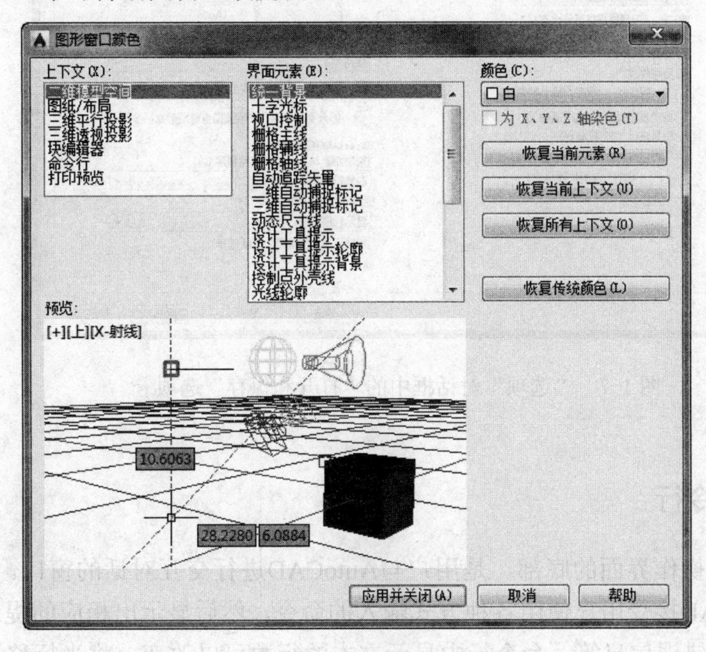


图1-6 “图形窗口颜色”对话框

2．改变十字光标的大小

在图1-6所示的“显示”选项卡中拖动“十字光标大小”区的滑块，或在文本框中直接输入数值，即可对十字光标的大小进行调整。

3．设置自动保存时间和位置

（1）选择菜单栏中的“工具”→“选项”命令，打开“选项”对话框。

（2）单击“打开和保存”选项卡，如图1-7所示。

（3）勾选“文件安全措施”中的“自动保存”复选框，在其下方的输入框中输入自动保存的间隔分钟数。建议设置为10～30min。

（4）在“文件安全措施”中的“临时文件的扩展名”输入框中，可以改变临时文件的扩展名，默认为ac$。

（5）打开“文件”选项卡，在“自动保存文件位置”中设置自动保存文件的路径，单击“浏览”按钮修改自动保存文件的存储位置。单击“确定”按钮。

4．模型与布局标签

在绘图窗口左下角有模型空间标签和布局标签来实现模型空间与布局之间的转换。模型空间提供了设计模型（绘图）的环境。布局是指可访问的图样显示，专用于打印。AutoCAD 2015可以在一个布局上建立多个视图，同时，一张图样可以建立多个布局且每一个布局都有相对独立的打印设置。

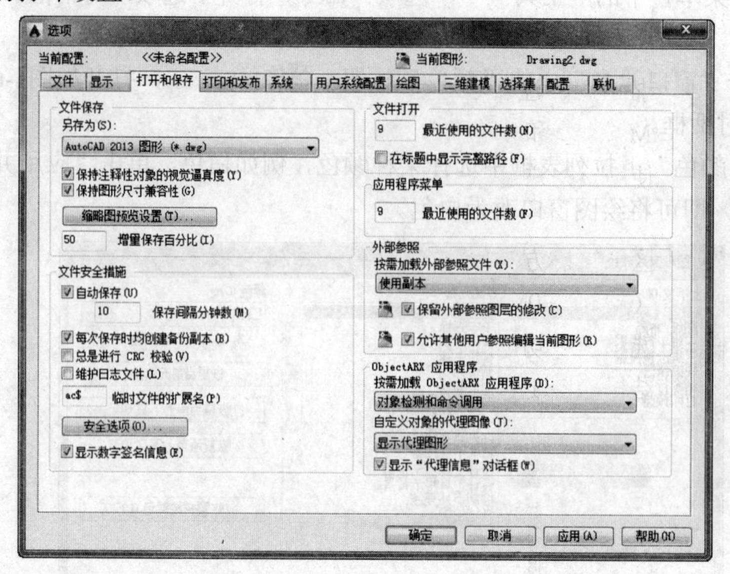


图 1-7 “选项”对话框中的“打开和保存”选项卡

## 1.1.5 命令行

命令行位于操作界面的底部，是用户与AutoCAD进行交互对话的窗口。在“命令:”提示下，AutoCAD接受用户使用各种方式输入的命令，然后显示出相应的提示，如命令选项、提示信息和错误信息等。命令行中显示文本的行数可以改变，将光标移至命令行上边框处，光标变为双箭头后，按住左键拖动即可。命令行的位置可以在操作界面的上方或下方，也可以浮动在绘图窗口内。将光标移至该窗口左边框处，光标变为箭头，单击并拖动即可。使用F2功能键能放大显示命令行。

## 1.1.6 滚动条

滚动条包括水平和垂直滚动条，用于上下或左右移动绘图窗口内的图形。用鼠标拖动滚动条中的滑块或单击滚动条两侧的三角按钮，即可移动图形。

## 1.1.7 快速访问工具栏

1．快速访问工具栏

该工具栏包括“新建”“打开”“保存”“另存为”“放弃”“重做”和“打印”等几个最常用的工具。用户也可以单击本工具栏后面的下拉按钮设置需要的常用工具。

2．交互信息工具栏

该工具栏包括“搜索”“Autodesk Online服务”“交换”和“帮助”等几个常用的数据交互访问工具。

## 1.1.8 功能区

包括“默认”“插入”“注释”“参数化”“视图”“管理”“输出”“附加模块”“Autodesk 360”“BIM 360”和“精选应用”11个功能区，每个功能区集成了相关的操作工具，方便了用户的使用。用户可以单击功能区选项卡后面的 按钮控制功能的展开与收缩。

打开或关闭功能区的操作方式如下：

命令行：RIBBON（或RIBBONCLOSE）

菜单栏：工具→选项板→功能区

功能区中各部分结构如图 1-8 所示（以“默认”选项卡为例）：

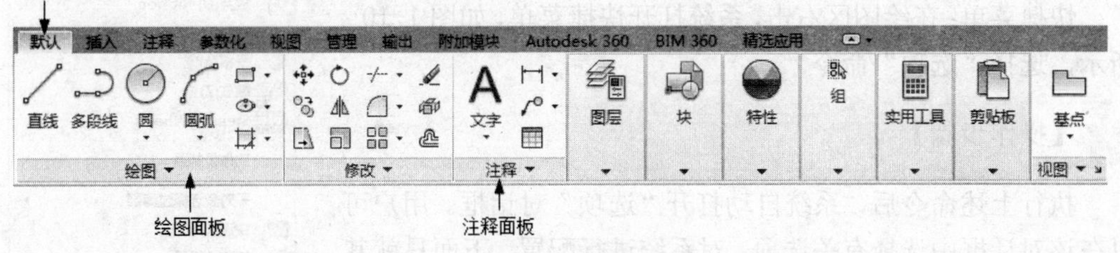


图 1-8 “默认”选项卡

**单击绘图面板，可弹出更多按钮方便绘图操作。**

## 1.1.9 状态栏

状态栏包括一些常见的显示工具和注释工具，包括模型空间与布局空间转换工具，如图1-9所示，通过这些按钮可以控制图形或绘图区的状态。

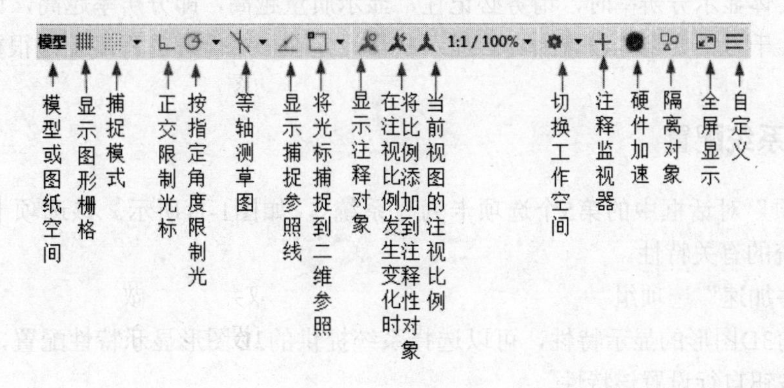


图 1-9 状态栏

# 1.2 配置绘图系统

由于每台计算机所使用的显示器、输入设备和输出设备的类型不同，用户喜好的风格及计算机的目录设置也是不同的，所以每台计算机都是独特的。一般来讲，使用AutoCAD 2015的默认配置就可以绘图，但为了使用用户的定点设备或打印机，以及为提高绘图的效率，AutoCAD推荐用户在开始作图前先进行必要的配置。

【执行方式】

命令行：preferences

菜单栏：工具→选项

快捷菜单：在绘图区右击，系统打开快捷菜单，如图 1-10 所示，选择“选项”命令。

图 1-10 快捷菜单

【操作步骤】

执行上述命令后，系统自动打开“选项”对话框。用户可以在该对话框中选择有关选项，对系统进行配置。下面只就其中主要的几个选项卡作一下说明，其他配置选项，在后面用到时再作具体说明。

## 1.2.1 显示配置

在“选项”对话框中的第2个选项卡为“显示”，该选项卡控制AutoCAD窗口的外观，如图1-6所示。该选项卡设定屏幕菜单、滚动条显示与否、固定命令行窗口中文字行数、AutoCAD的版面布局设置、各实体的显示分辨率以及AutoCAD运行时的其他各项性能参数的设定等。前面已经讲述了屏幕菜单设定、屏幕颜色、光标大小等知识，其余有关选项的设置读者可参照“帮助”文件学习。

在设置实体显示分辨率时，请务必记住，显示质量越高，即分辨率越高，计算机计算的时间越长，千万不要将其设置太高。显示质量设定在一个合理的程度上是很重要的。

## 1.2.2 系统配置

在“选项”对话框中的第5个选项卡为“系统”，如图1-11所示。该选项卡用来设置AutoCAD系统的有关特性。

1.“硬件加速”选项组

设定当前3D图形的显示特性，可以选择系统提供的3D图形显示特性配置，也可以单击“特性”按钮自行设置该特性。

2.“当前定点设备”选项组

安装及配置定点设备，如数字化仪和鼠标。具体如何配置和安装，请参照定点设备的用户手册。

3.“常规选项”选项组

确定是否选择系统配置的有关基本选项。

4.“布局重生成选项”选项组

确定切换布局时是否重生成或缓存模型选项卡和布局。

5.“数据库连接选项”选项组

确定数据库连接的方式。

6.“帮助”选项组

控制与帮助系统相关的选项。

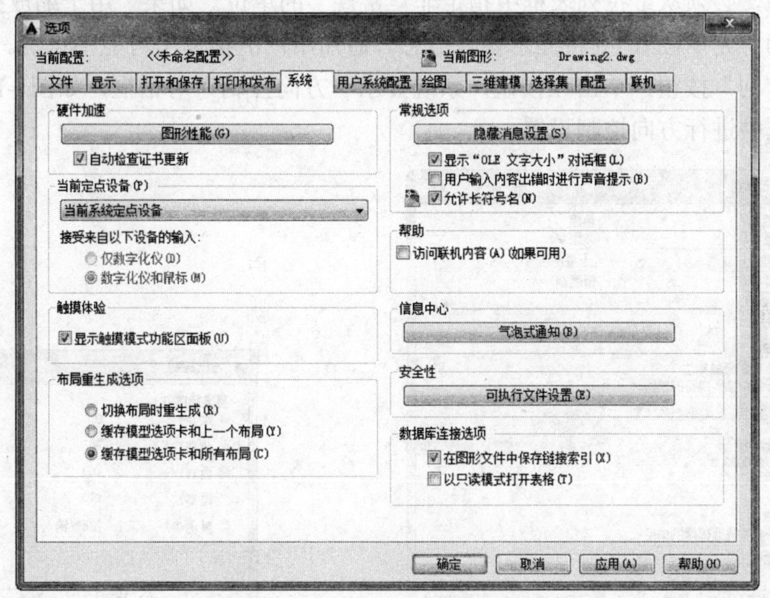


图 1-11 “系统”选项卡

## 1.3 设置绘图环境

### 1.3.1 绘图单位设置

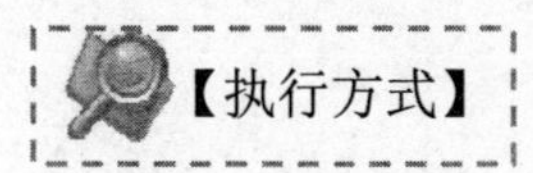

【执行方式】

命令行：DDUNITS（或 UNITS）

菜单栏：格式→单位

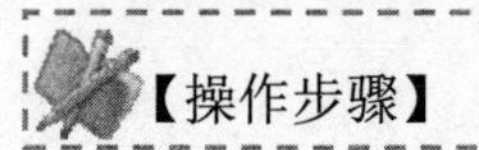

【操作步骤】

执行上述命令后，系统打开“图形单位”对话框，如图1-12所示。该对话框用于定义单位和角度格式。

【选项说明】

（1）“长度”与“角度”选项组：指定测量的长度与角度当前单位及当前单位的精度。

（2）“插入时的缩放单位”下拉列表框：控制插入到当前图形中的块和图形的测量单位。如果块或图形创建时使用的单位与该选项指定的单位不同，则在插入这些块或图形时，将对其按比例进行缩放。插入比例是原块或图形使用的单位与目标图形使用的单位之比。如果插入块时不按指定单位缩放，则在其下拉列表框中选择“无单位”选项。

（3）“输出样例”选项：显示用当前单位和角度设置的例子。

（4）“光源”选项组：控制当前图形中光度控制光源的强度测量单位。为创建和使用光度控制光源，必须从下拉列表框中指定非“常规”的单位。如果“用于缩放插入内容的单位”设置为“无单位”，则将显示警告信息，通知用户渲染输出可能不正确。

（5）“方向”按钮：单击该按钮，系统显示“方向控制”对话框，如图1-13所示。可以在该对话框中进行方向控制设置。

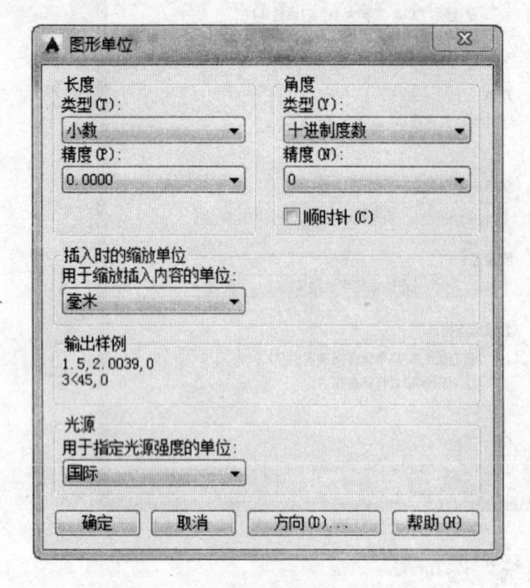


图1-12 “图形单位”对话框

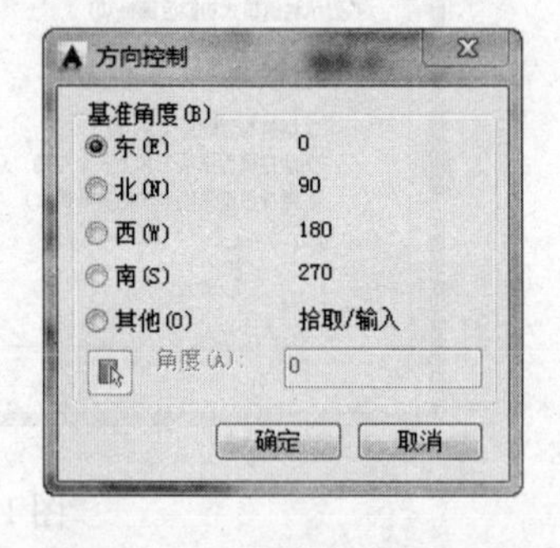


图1-13 “方向控制”对话框

## 1.3.2 图形边界设置

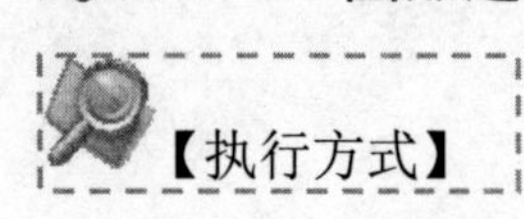

【执行方式】

命令行：LIMITS

菜单栏：格式→图形界限

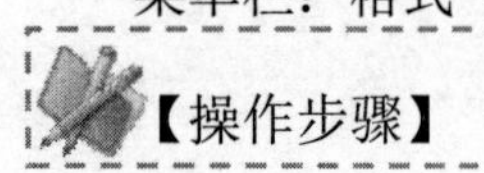

【操作步骤】

命令行提示与操作如下：

命令：LIMITS↙

重新设置模型空间界限：

指定左下角点或 [开(ON)/关(OFF)] <0.0000,0.0000>:（输入图形边界左下角的坐标后回车）

指定右上角点 <12.0000,9.0000>:（输入图形边界右上角的坐标后回车）

【选项说明】

（1）开(ON)：使绘图边界有效。系统将在绘图边界以外拾取的点视为无效。

（2）关（OFF）：使绘图边界无效。用户可以在绘图边界以外拾取点或实体。

（3）动态输入角点坐标：动态输入功能可以直接在屏幕上输入角点坐标，输入了横坐标值后，按下“,”键，接着输入纵坐标值，如图1-14所示。也可以按光标位置直接按下鼠标左键确定角点位置。

图 1-14　动态输入

## 1.4 文件管理

本节将介绍有关文件管理的一些基本操作方法，包括新建文件、打开文件、保存文件、删除文件。

### 1.4.1　新建文件

【执行方式】

命令行：NEW

菜单栏：文件→新建

工具栏：标准→新建

【操作步骤】

执行上述命令后，系统打开如图1-15所示的“选择样板”对话框，在文件类型下拉列表框中有3种格式的图形样板，后缀分别是.dwt，.dwg，.dws的三种图形样板。一般情况，.dwt文件是标准的样板文件，通常将一些规定的标准性的样板文件设成.dwt文件；.dwg文件是普通的样板文件；而.dws文件是包含标准图层、标注样式、线型和文字样式的样板文件。

AutoCAD 还有一种快速创建图形功能，该功能是开始创建新图形的最快捷方法。

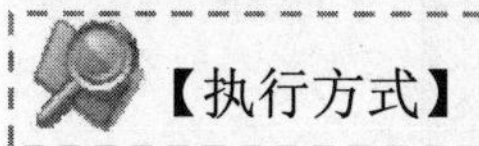【执行方式】

命令行：QNEW

工具栏：标准→新建

【操作步骤】

执行上述命令后，系统立即从所选的图形样板创建新图形，不显示任何对话框或提示。

在运行快速创建图形功能之前必须进行如下设置：

（1）将FILEDIA系统变量设置为1；将STARTUP系统变量设置为0。命令行提示与操作如下：

命令: FILEDIA↙

输入 FILEDIA 的新值 <1>:1↙

命令: STARTUP↙

输入 STARTUP 的新值 <0>:0↙

（2）从“工具”→“选项”菜单中选择默认图形样板文件。具体方法是：在“文件”选项卡下，单击标记为“样板设置”的节点，然后选择需要的样板文件路径，如图1-16所示。

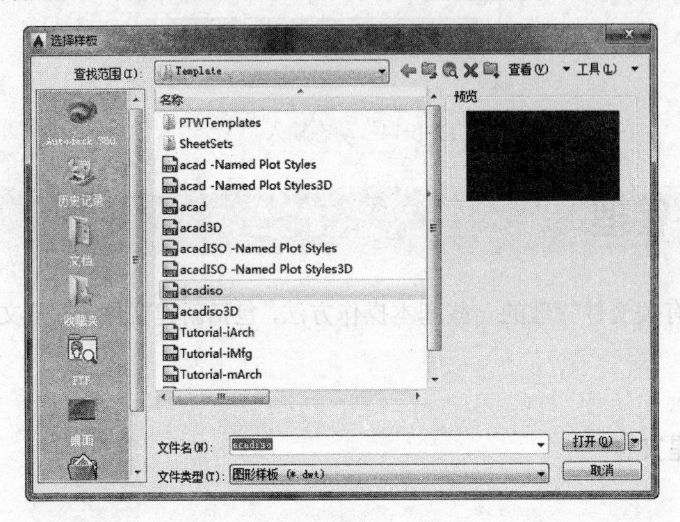


图 1-15 “选择样板”对话框

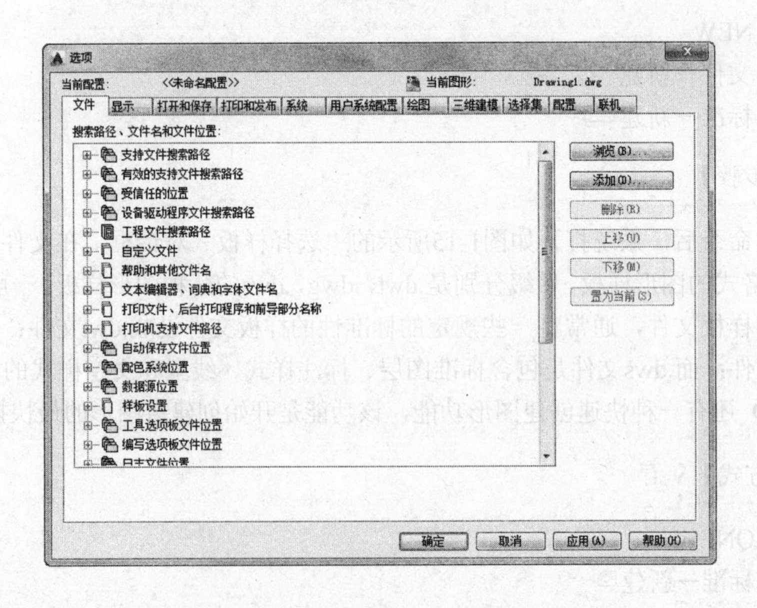


图 1-16 “选项”对话框的“文件”选项卡

## 1.4.2 打开文件

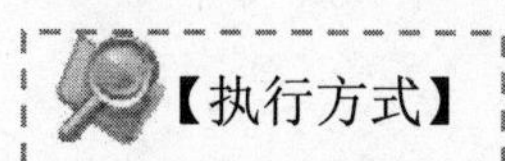


命令行：OPEN

菜单栏：文件→打开

工具栏：标准→打开

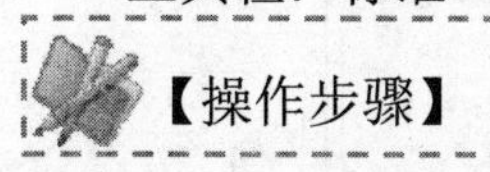


执行上述命令后，系统打开“选择文件”对话框，如图 1-17 所示，在“文件类型”列表框中用户可选.dwg 文件、.dwt 文件、.dxf 文件和.dws 文件。.dxf 文件是用文本形式存储的图形文件，能够被其他程序读取，许多第三方应用软件都支持.dxf 格式。

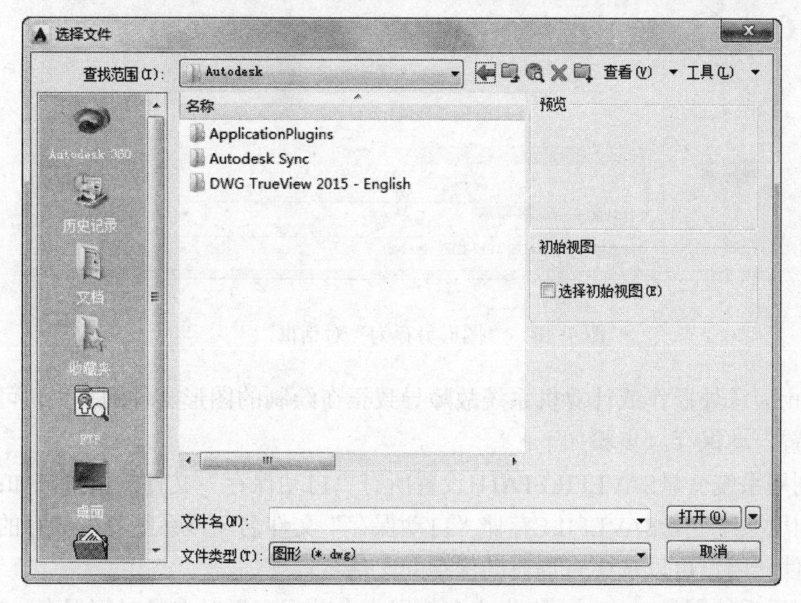


图 1-17 “选择文件”对话框

## 1.4.3 保存文件

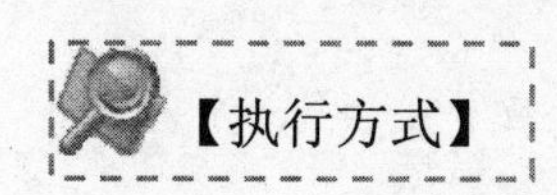


命令行：QSAVE(或 SAVE)

菜单栏：文件→保存

工具栏：标准→保存

执行上述命令后，若文件已命名，则AutoCAD自动保存；若文件未命名（即为默认

名drawing1.dwg)，则系统打开“图形另存为”对话框，如图1-18所示，用户可以命名保存。在“保存于”下拉列表框中可以指定保存文件的路径；在“文件类型”下拉列表框中可以指定保存文件的类型。

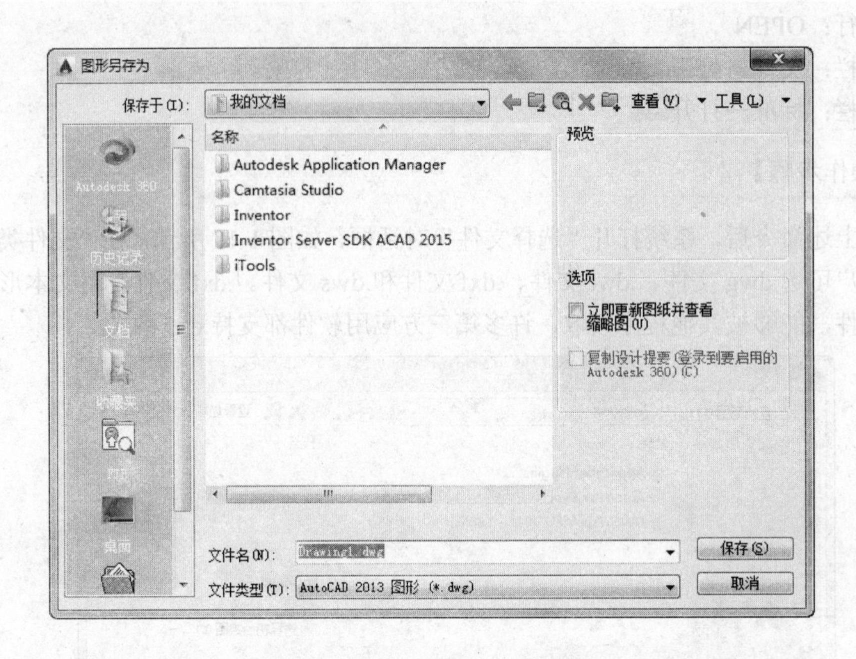


图1-18 “图形另存为”对话框

为了防止因意外操作或计算机系统故障导致正在绘制的图形文件的丢失，可以对当前图形文件设置自动保存。步骤如下：

（1）利用系统变量SAVEFILEPATH设置所有“自动保存”文件的位置，如：C:\HU\。

（2）利用系统变量SAVEFILE存储“自动保存”文件名。该系统变量储存的文件名文件是只读文件，用户可以从中查询自动保存的文件名。

（3）利用系统变量SAVETIME指定在使用“自动保存”时多长时间保存一次图形。

## 1.4.4 另存为

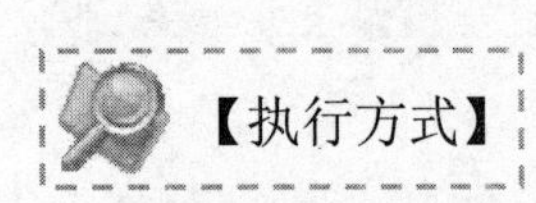

【执行方式】

命令行：SAVEAS

菜单栏：文件→另存为

【操作步骤】

执行上述命令后，系统打开“图形另存为”对话框，如图1-18所示，AutoCAD用另存名保存，并把当前图形更名。

## 1.4.5 退出

【执行方式】

命令行：QUIT或EXIT

菜单栏：文件→退出

按钮：AutoCAD操作界面右上角的“关闭”按钮

【操作步骤】

命令：QUIT↙(或 EXIT↙)

执行上述命令后，若用户对图形所做的修改尚未保存，则会出现图1-19所示的系统警告对话框。选择“是”按钮系统将保存文件，然后退出；选择“否”按钮系统将不保存文件。若用户对图形所做的修改已经保存，则直接退出。

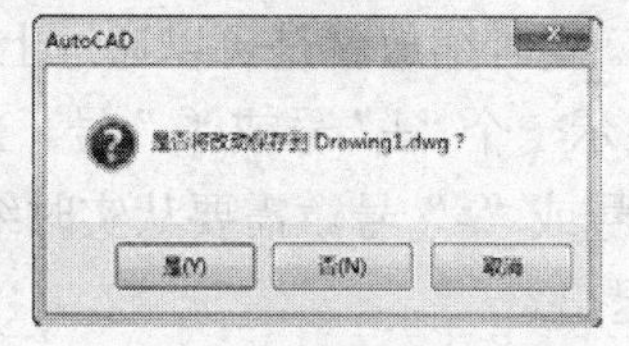


图1-19　系统警告对话框

# 1.5 图形显示工具

对于一个较为复杂的图形来说，在观察整幅图形时往往无法对其局部细节进行查看和操作，而当在屏幕上显示一个细部时又看不到其他部分，为解决这类问题，AutoCAD提供了缩放、平移、视图、鸟瞰视图和视口命令等一系列图形显示控制命令，可以用来任意地放大、缩小或移动屏幕上的图形显示，或者同时从不同的角度、不同的部位来显示图形。AutoCAD还提供了重画和重新生成命令来刷新屏幕、重新生成图形。

## 1.5.1 图形缩放

图形缩放命令类似于照相机的镜头，可以放大或缩小屏幕所显示的范围，只改变视图的比例，但是对象的实际尺寸并不发生变化。当放大图形一部分的显示尺寸时，可以更清楚地查看这个区域的细节；相反，如果缩小图形的显示尺寸，则可以查看更大的区域，如整体浏览。

图形缩放功能在绘制大幅面机械图，尤其是装配图时非常有用，是使用频率最高的命令之一。这个命令可以透明地使用，也就是说，该命令可以在其他命令执行时运行。用户完成涉及到透明命令的过程时，AutoCAD会自动地返回到在用户调用透明命令前正在运行的命令。执行图形缩放的方法如下：

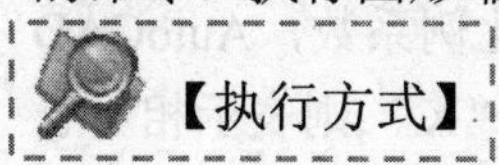
【执行方式】

命令行：ZOOM

菜单栏：视图→缩放

工具栏：缩放→缩放按钮（如图 1-20 所示）。

图 1-20 “缩放”工具栏

【操作步骤】

执行上述命令后，系统提示：

[全部(A)/中心(C)/动态(D)/范围(E)/上一个(P)/比例(S)/窗口(W)/对象(O)]<实时>:

【选项说明】

（1）实时：这是“缩放”命令的默认操作，即在输入“ZOOM”命令后，直接按Enter键，将自动调用实时缩放操作。实时缩放就是可以通过上下移动鼠标交替进行放大和缩小。在使用实时缩放时，系统会显示一个“+”号或“-”号。当缩放比例接近极限时，AutoCAD将不再与光标一起显示“+”号或“-”号。需要从实时缩放操作中退出时，可按Enter键、Esc键或是从菜单中选择Exit退出。

（2）全部(A)：执行“ZOOM”命令后，在提示文字后键入“A”，即可执行“全部(A)”缩放操作。不论图形有多大，该操作都将显示图形的边界或范围，即使对象不包括在边界以内，它们也将被显示。因此，使用“全部(A)”缩放选项，可查看当前视口中的整个图形。

（3）中心(C)：通过确定一个中心点，该选项可以定义一个新的显示窗口。操作过程中需要指定中心点以及输入比例或高度。默认新的中心点就是视图的中心点，默认的输入高度就是当前视图的高度，直接按Enter键后，图形将不会被放大。输入比例，则数值越大，图形放大倍数也将越大。也可以在数值后面紧跟一个X，如3X，表示在放大时不是按照绝对值变化，而是按相对于当前视图的相对值缩放。

（4）动态(D)：通过操作一个表示视口的视图框，可以确定所需显示的区域。选择该选项，在绘图窗口中出现一个小的视图框，按住鼠标左键左右移动可以改变该视图框的大小，定形后放开左键，再按下鼠标左键移动视图框，确定图形中的放大位置，系统将清除当前视口并显示一个特定的视图选择屏幕。这个特定屏幕，由有关当前视图及有效视图的信息所构成。

（5）范围(E)：可以使图形缩放至整个显示范围。图形的范围由图形所在的区域构成，剩余的空白区域将被忽略。应用这个选项，图形中所有的对象都尽可能地被放大。

（6）上一个(P)：在绘制一幅复杂的图形时，有时需要放大图形的一部分以进行细节的编辑。当编辑完成后，有时希望回到前一个视图。这种操作可以使用“上一个(P)”选项来实现。当前视口由“缩放”命令的各种选项或“移动”视图、视图恢复、平行投影或透视命令引起的任何变化，系统都将做保存。每一个视口最多可以保存10个视图。连续使用“上一个(P)”选项可以恢复前10个视图。

（7）比例(S)：提供了3种使用方法。在提示信息下，直接输入比例系数，AutoCAD将按照此比例因子放大或缩小图形的尺寸。如果在比例系数后面加一“X”,则表示相对于当前视图计算的比例因子。使用比例因子的第三种方法就是相对于图形空间，例如，可以在图样空间阵列布排或打印出模型的不同视图。为了使每一张视图都与图样空间单位成比例，可以使用“比例(S)”选项，每一个视图可以有单独的比例。

（8）窗口(W)：是最常使用的选项。通过确定一个矩形窗口的两个对角来指定所需缩放的区域，对角点可以由鼠标指定，也可以输入坐标确定。指定窗口的中心点将成为新的显示屏幕的中心点。窗口中的区域将被放大或者缩小。调用“ZOOM”命令时，可以在没有选择任何选项的情况下，利用光标在绘图窗口中直接指定缩放窗口的两个对角点。

（9）对象（O）：缩放以便尽可能大地显示一个或多个选定的对象并使其位于视图的中心。可以在启动 ZOOM 命令前后选择对象。

**注意**

**这里所提到的诸如放大、缩小或移动的操作，仅仅是对图形在屏幕上的显示进行控制，图形本身并没有任何改变。**

### 1.5.2 图形平移

当图形幅面大于当前视口时，例如使用图形缩放命令将图形放大，如果需要在当前视口之外观察或绘制一个特定区域时，可以使用图形平移命令来实现。平移命令能将在当前视口以外的图形的一部分移动进来查看或编辑，但不会改变图形的缩放比例。执行图形平移的方法如下：

【执行方式】

命令行：PAN

菜单栏：视图→平移

工具栏：标准→实时平移。

快捷菜单：绘图窗口中单击右键，选择“平移”选项。

激活平移命令之后，光标将变成一只“小手”，可以在绘图窗口中任意移动，以示当前正处于平移模式。单击并按住鼠标左键将光标锁定在当前位置，即“小手”已经抓住图形，然后，拖动图形使其移动到所需位置上。松开鼠标左键将停止平移图形。可以反复按下鼠标左键，拖动，松开，将图形平移到其他位置上。

平移命令预先定义了一些不同的菜单选项与按钮，它们可用于在特定方向上平移图形，在激活平移命令后，这些选项可以选择菜单栏“视图”→“平移”→“*”命令。

（1）实时：是平移命令中最常用的选项，也是默认选项，前面提到的平移操作都是指实时平移，通过鼠标的拖动来实现任意方向上的平移。

（2）点：这个选项要求确定位移量，这就需要确定图形移动的方向和距离。可以通过输入点的坐标或用鼠标指定点的坐标来确定位移。

（3）左：该选项移动图形使屏幕左部的图形进入显示窗口。

（4）右：该选项移动图形使屏幕右部的图形进入显示窗口。

（5）上：该选项向底部平移图形后，使屏幕顶部的图形进入显示窗口。

（6）下：该选项向顶部平移图形后，使屏幕底部的图形进入显示窗口。

**注意**

**在 AutoCAD 2015 中有些命令不仅可以直接在命令行中使用，而且还可以在其他命令的执行过程中，插入并执行，待该命令执行完毕后，系统继续执行原命令，这种命令称为透明命令。“缩放”和“平移”命令为透明命令。**

**实验 1　设置绘图环境。**

操作提示：

（1）选择菜单栏中的“文件”→“新建”命令，打开“创建新图形”对话框，选择好模板后，单击“打开”按钮。

（2）选择菜单栏中的“格式”→“单位”命令，系统打开“图形单位”对话框。

（3）分别逐项选择：单位为“小数”，精度为 0.00；角度为“度/分/秒”，精度为“0d00´00´´”；角度测量为“其他”数值为 135；角度方向为“顺时针”。

（4）选择菜单栏中的“格式”→“图形界限”命令，区域为“297X210”。

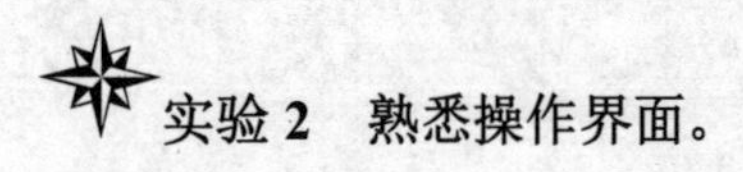

**实验 2　熟悉操作界面。**

操作提示：

（1）启动 AutoCAD 2015，进入绘图界面。

（2）调整操作界面大小。

（3）设置绘图窗口颜色与光标大小。

（4）打开、移动、关闭工具栏。

（5）尝试同时利用命令行、下拉菜单和工具栏绘制一条线段。

**实验 3　管理图形文件。**

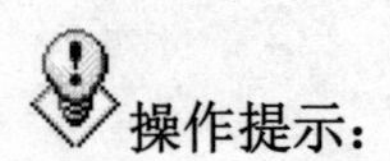

操作提示：

（1）启动 AutoCAD 2015，进入绘图界面。

（2）打开一幅已经保存过的图形。

（3）进行自动保存设置。

（4）进行加密设置。

（5）将图形以新的名字保存。

（6）尝试在图形上绘制任意图线。

（7）退出该图形。

（8）尝试重新打开按新名保存的原图形。

## 实验 4　数据输入。

**操作提示：**

（1）在命令行输入“LINE”命令。

（2）输入起点的直角坐标方式下的绝对坐标值。

（3）输入下一点的直角坐标方式下的相对坐标值。

（4）输入下一点的极坐标方式下的绝对坐标值。

（5）输入下一点的极坐标方式下的相对坐标值。

（6）用光标直接指定下一点的位置。

（7）按下状态栏上的“正交”按钮，用光标拉出下一点的方向，在命令行输入一个数值。

（8）回车结束绘制线段的操作。

## 实验 5　查看如图 1-21 所示的零件图的细节。

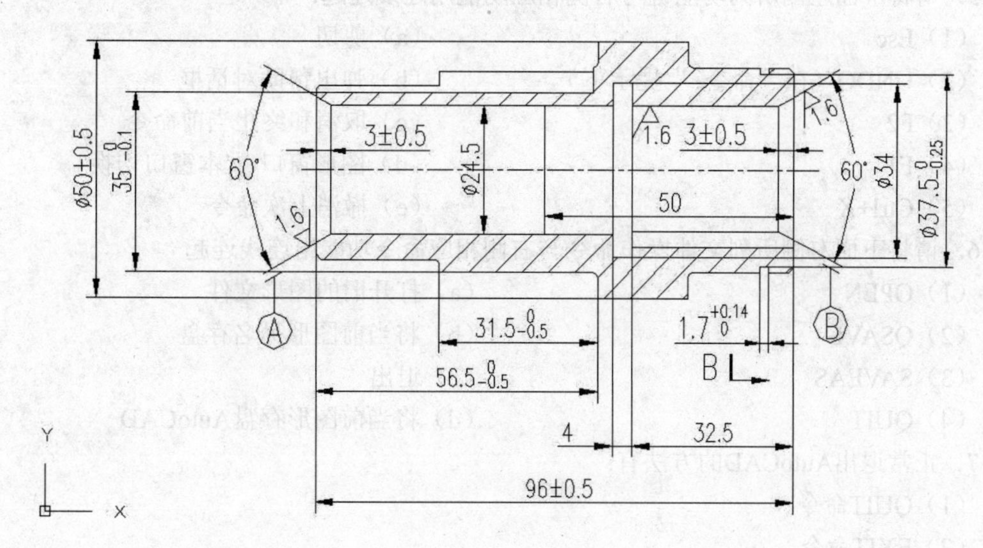


图 1-21　零件图

**操作提示：**

利用平移工具和缩放工具移动和缩放图形。

1．请指出AutoCAD 2015工作界面中标题栏、菜单栏、命令行、状态栏、工具栏的位置及作用。

2．打开未显示工具栏的方法是：

（1）选择菜单栏中的“视图”→“工具栏”命令，在打开的“工具栏”对话框中选中欲显示工具栏。

（2）用右链接击任一工具栏，在打开的“工具栏”快捷菜单中单击该工具栏名称，选中欲显示工具栏。

（3）在命令窗口输入TOOLBAR命令；

（4）以上均可。

3．调用AutoCAD命令的方法有：

（1）在命令行窗口输入命令名。

（2）在命令行窗口输入命令缩写字。

（3）单机下拉菜单中的菜单选项。

（4）单机工具栏中的对应图标。

（5）以上均可。

4．请用上题中的4种方法调用AutoCAD的画圆弧（ARC）命令。

5．请将下面左侧所列功能键与右侧相应功能用连线连起：

| | |
|---|---|
| （1）Esc | （a）剪切 |
| （2）UNDO（在“命令：”提示下） | （b）弹出帮助对话框 |
| （3）F2 | （c）取消和终止当前命令 |
| （4）F1 | （d）图形窗口/文本窗口切换 |
| （5）Ctrl+X | （e）撤消上次命令 |

6．请将下面左侧所列文件操作命令与右侧相应命令功能用连线连起

| | |
|---|---|
| （1）OPEN | （a）打开旧的图形文件 |
| （2）QSAVE | （b）将当前图形另名存盘 |
| （3）SAVEAS | （c）退出 |
| （4）QUIT | （d）将当前图形存盘AutoCAD |

7．正常退出AutoCAD的方法有：

（1）QUIT命令

（2）EXIT命令

（3）屏幕右上角的关闭按钮

（4）直接关机

8．用资源管理器打开文件C：\Program Files\AutoCAD 2015\Sample\colorwh.dwg。

9．将打开的文件另存为D：\图例\draw2，并加密码123，退出系统后重新打开。

10．利用缩放与平移命令查看路径X：Program Files\AutoCAD2015\ Sample\MKMPlan的图形细节。

# 第 2 章

# 基本绘图命令

二维图形是指在二维平面空间绘制的图形，主要由一些基本图形元素组成，如点、直线、圆弧、圆、椭圆、矩形、多边形等几何元素。AutoCAD提供了大量的绘图工具，可以帮助用户完成二维图形的绘制。本章主要介绍一些基本的二维绘图命令。

- 直线与构造线
- 圆、圆弧、椭圆与圆环
- 平面图形
- 点

# 2.1 基本输入操作

## 2.1.1 命令输入方式

AutoCAD交互绘图必须输入必要的指令和参数。有多种AutoCAD命令输入方式（以画直线为例）：

1．在命令窗口输入命令名

命令字符可不区分大小写。例如：命令：LINE↙。执行命令时，在命令行提示中经常会出现命令选项。如：输入绘制直线命令“LINE”后，命令行提示与操作如下：

命令：LINE↙

指定第一点：（在屏幕上指定一点或输入一个点的坐标）

指定下一点或 [放弃(U)]：

选项中不带括号的提示为默认选项，因此可以直接输入直线段的起点坐标或在屏幕上指定一点，如果要选择其他选项，则应该首先输入该选项的标识字符，如“放弃”选项的标识字符“U”，然后按系统提示输入数据即可。在命令选项的后面有时候还带有尖括号，尖括号内的数值为默认数值。

2．在命令窗口输入命令缩写字

如L（Line）、C（Circle）、A（Arc）、Z（Zoom）、R（Redraw）、M（More）、CO（Copy）、PL（Pline）、E（Erase）等。

3．选取绘图菜单直线选项

选取该选项后，在状态栏中可以看到对应的命令说明及命令名。

4．选取工具栏中的对应图标

选取该图标后在命令行中也可以看到对应的命令说明及命令名。

5．在命令行打开右键快捷菜单

如果在前面刚使用过要输入的命令，可以在命令行打开右键快捷菜单，在“最近使用的命令”子菜单中选择需要的命令，如图2-1所示。“最近使用的命令”子菜单中储存最近使用的6个命令，如果经常重复使用某个6次操作以内的命令，这种方法就比较快速简洁。

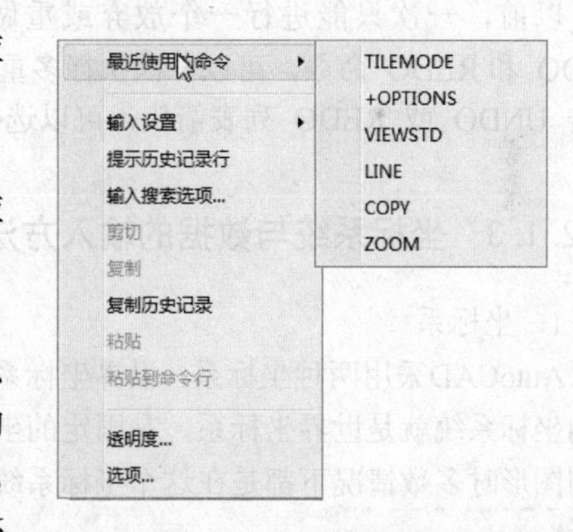


图 2-1　命令行右键快捷菜单

6．在绘图区右击鼠标

如果用户要重复使用上次使用的命令，可以直接在绘图区右击鼠标，选择第一项，系统立即重复执行上次使用的命令，这种方法适用于重复执行某个命令。

## 2.1.2　命令的重复、撤消、重做

1．命令的重复

在命令窗口中键入Enter键可重复调用上一个命令，不管上一个命令是完成了还是被取消了。

2．命令的撤消

在命令执行的任何时刻都可以取消和终止命令的执行。

【执行方式】

命令行：UNDO

菜单栏：编辑→放弃

工具栏：标准→放弃

快捷键：Ctrl+Z

3．命令的重做

已被撤消的命令还可以恢复重做。要恢复撤消的最后的一个命令。

【执行方式】

命令行：REDO

菜单：编辑→重做

工具栏：标准→重做

快捷键：Ctrl+Y

以前，一次只能进行一个放弃或重做操作。现在增强了UNDO 和 REDO 命令，可以一次执行多重放弃和重做操作。单击 UNDO 或 REDO 列表箭头，可以选择要放弃或重做的操作，如图2-2所示。

直线
命令组
缩放
Copy
放弃 6 个命令

图2-2　多重放弃或重做

## 2.1.3　坐标系统与数据的输入方法

1．坐标系

AutoCAD采用两种坐标系：世界坐标系（WCS）与用户坐标系。用户刚进入AutoCAD时的坐标系统就是世界坐标系，是固定的坐标系统。世界坐标系也是坐标系统中的基准，绘制图形时多数情况下都是在这个坐标系统下进行的。

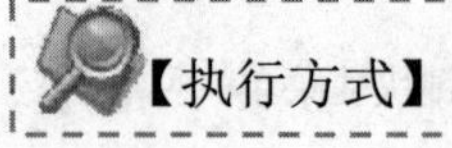
【执行方式】

命令行：UCS

菜单栏：工具→UCS

工具栏：UCS

AutoCAD有两种视图显示方式：模型空间和图样空间。模型空间是指单一视图显示法，通常使用的都是这种显示方式；图样空间是指在绘图区域创建图形的多视图。用户可以对其中每一个视图进行单独操作。在默认情况下，当前UCS与WCS重合。图2-3 a为模型空间

下的UCS坐标系图标，通常放在绘图区左下角处；如当前UCS和WCS重合，则出现一个W字，如图b；也可以指定它放在当前UCS的实际坐标原点位置，此时出现一个十字，如图c。图 d为图样空间下的坐标系图标。

2．数据输入方法

在AutoCAD 2015中，点的坐标可以用直角坐标、极坐标、球面坐标和柱面坐标表示，每一种坐标又分别具有两种坐标输入方式：绝对坐标和相对坐标。其中直角坐标和极坐标最为常用，下面主要介绍一下它们的输入。

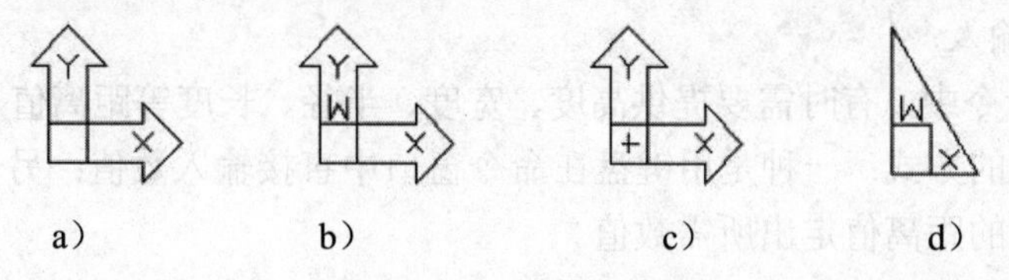


图 2-3　坐标系图标

（1）直角坐标法：用点的X、Y坐标值表示的坐标。

例如：在命令行中输入点的坐标提示下，输入“15，18”，则表示输入了一个X、Y的坐标值分别为15、18的点，此为绝对坐标输入方式，表示该点的坐标是相对于当前坐标原点的坐标值，如图2-4a所示。如果输入“@10，20”，则为相对坐标输入方式，表示该点的坐标是相对于前一点的坐标值，如图2-4c所示。

（2）极坐标法：用长度和角度表示的坐标，只能用来表示二维点的坐标。

在绝对坐标输入方式下，表示为：“长度<角度”，如“25<50”，其中长度表为该点到坐标原点的距离，角度为该点至原点的连线与X轴正向的夹角，如图2-4b所示。

在相对坐标输入方式下，表示为：“@长度<角度”，如“@25<45”，其中长度为该点到前一点的距离，角度为该点至前一点的连线与X轴正向的夹角，如图2-4d所示。

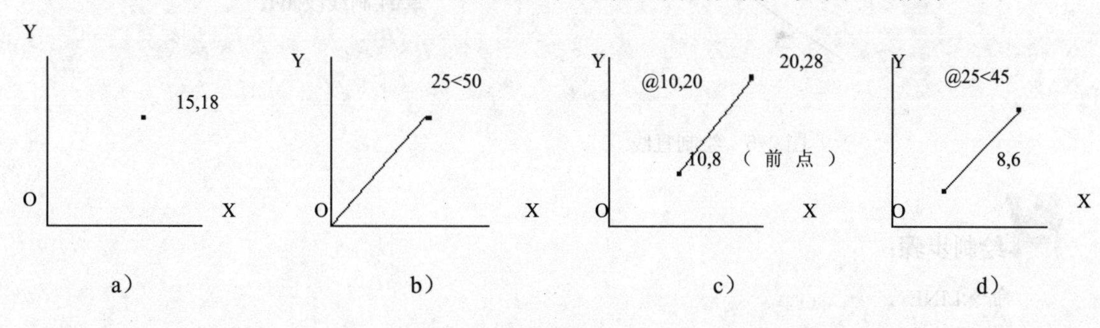


图 2-4　数据输入方法

下面分别讲述点与距离值的输入方法。

1．点的输入

绘图过程中常需要输入点的位置，AutoCAD提供了如下几种输入点的方式：

（1）用键盘直接在命令窗口中输入点的坐标：直角坐标有两种输入方式：x，y（点的绝对坐标值，例如：100，50）和@ x，y（相对于上一点的相对坐标值，例如：@ 50，-30）。坐标值均相对于当前的用户坐标系。

极坐标的输入方式为：长度 < 角度 （其中，长度为点到坐标原点的距离，角度为原

点至该点连线与X轴的正向夹角，例如：20<45）或@长度 < 角度（相对于上一点的相对极坐标，例如 @ 50 < -30）。

（2）用鼠标等定标设备移动光标单击左键在屏幕上直接取点。

（3）用目标捕捉方式捕捉屏幕上已有图形的特殊点（如端点、中点、中心点、插入点、交点、切点、垂足点等）。

（4）直接输入距离：先用光标拖拉出橡筋线确定方向，然后用键盘输入距离。这样有利于准确控制对象的长度等参数。

2．距离值的输入

在AutoCAD命令中，有时需要提供高度、宽度、半径、长度等距离值。AutoCAD提供了两种输入距离值的方式：一种是用键盘在命令窗口中直接输入数值；另一种是在屏幕上拾取两点，以两点的距离值定出所需数值。

### 2.1.4　实例——绘制线段

绘制一条20mm长的线段。

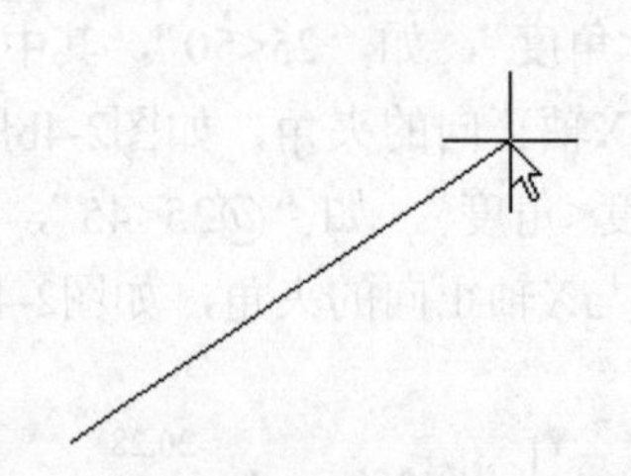

图 2-5　绘制直线

**实讲实训**
**多媒体演示**

多媒体演示参见配套光盘中的\\动画演示\第2章\绘制线段.avi。

**绘制步骤：**

命令:LINE ↙

指定第一点:（在屏幕上指定一点）

指定下一点或 [放弃(U)]:

这时在屏幕上移动鼠标指明线段的方向，但不要单击鼠标左键确认，如图2-5所示，然后在命令行输入20，这样就在指定方向上准确地绘制了长度为20mm的线段。

## 2.2　直线类命令

直线类绘图命令包括直线、射线和构造线。这几个命令是AutoCAD中最简单的绘图命令。

## 2.2.1 直线段

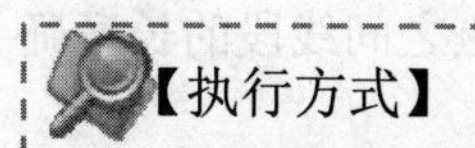【执行方式】

命令行：LINE

菜单栏：绘图→直线（如图2-6所示）

工具栏：绘图→直线（如图2-7所示）

功能区：“默认”选项卡中“绘图”面板上的“直线”按钮（如图2-8所示）

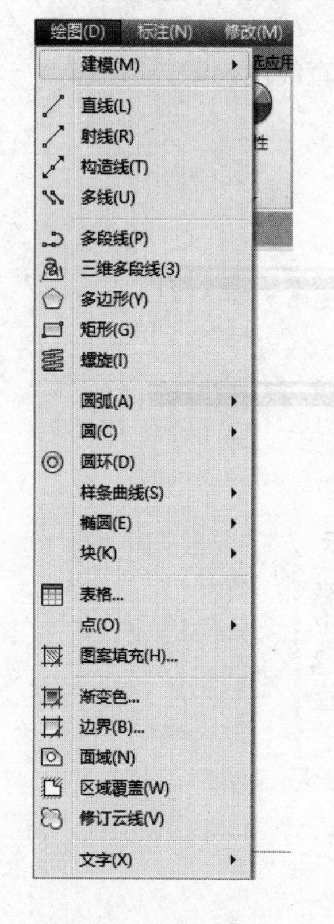


图 2-6 “绘图”菜单

图 2-7 “绘图”工具栏

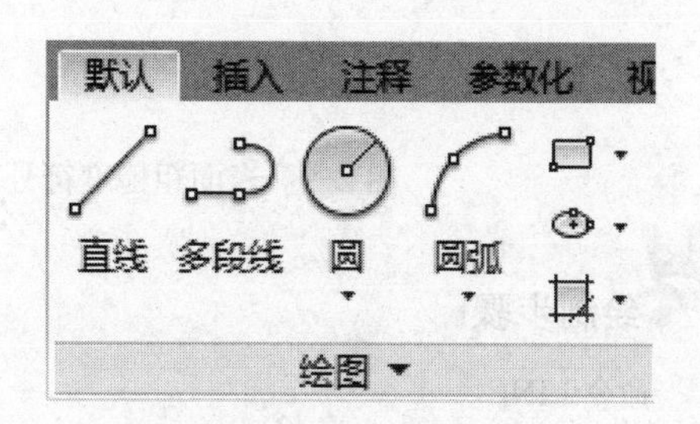


图 2-8 “绘图”面板

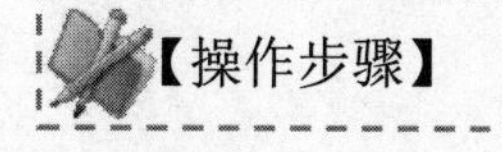【操作步骤】

命令: LINE↙

指定第一点:（输入直线段的起点，用鼠标指定点或者给定点的坐标）

指定下一点或 [放弃(U)]: （输入直线段的端点）

指定下一点或 [放弃(U)]: （输入下一直线段的端点。输入选项“U”表示放弃前面的输入；单击鼠标右键或按回车键 Enter，结束命令）

指定下一点或 [闭合(C)/放弃(U)]: (输入下一直线段的端点，或输入选项“C”使图形闭合，结束命令)

【选项说明】

（1）若用回车键响应“指定第一点:”提示，系统会把上次绘线（或弧）的终点作为本次操作的起始点。特别地，若上次操作为绘制圆弧，回车响应后绘出通过圆弧终点的与该圆弧相切的直线段，该线段的长度由鼠标在屏幕上指定的一点与切点之间线段的长度确定。

（2）在“指定下一点”提示下，用户可以指定多个端点，从而绘出多条直线段。但是，每一段直线是一个独立的对象，可以进行单独的编辑操作。

（3）绘制两条以上直线段后，若用C响应“指定下一点”提示，系统会自动链接起始点和最后一个端点，从而绘出封闭的图形。

（4）若用U响应提示，则擦除最近一次绘制的直线段。

（5）若设置正交方式（ORTHO ON），只能绘制水平直线或垂直线段。

## 2.2.2 实例——表面粗糙度符号

绘制图 2-9 所示表面粗糙度符号。

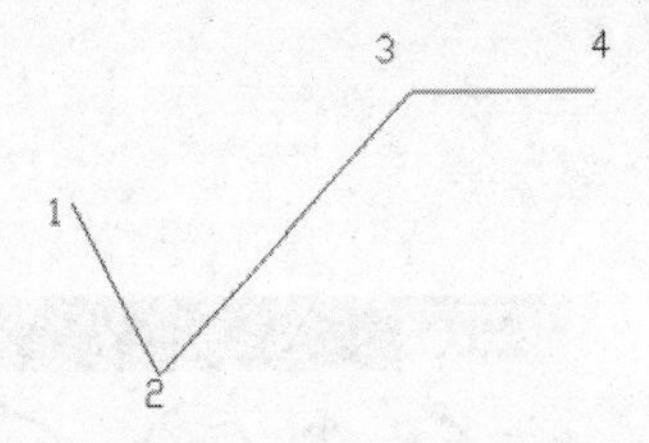


图 2-9 表面粗糙度符号

**实讲实训**
**多媒体演示**

多媒体演示参见配套光盘中的\\动画演示\第 2 章\表面粗糙度符号.avi。

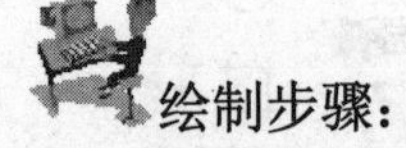

**绘制步骤：**

命令:LINE↙

指定第一点:150，240 （1 点）

指定下一点或 [放弃(U)]:@ 80 < -60 （2 点）

指定下一点或 [放弃(U)]: @ 160 < 60（3 点）

指定下一点或 [闭合(C)/放弃(U)]:↙（结束直线命令）

命令:↙（再次执行直线命令）

指定第一点;↙（以上次命令的最后一点即 3 点为起点）

指定下一点或 [放弃(U)]:@80，0 （4 点）

指定下一点或 [放弃(U)]:↙（结束直线命令）

## 2.2.3 构造线

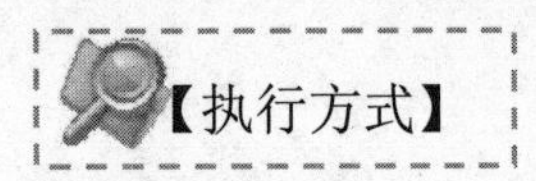

【执行方式】

命令行：XLINE

菜单栏：绘图→构造线

工具栏：绘图→构造线

功能区：“默认”选项卡中的“绘图”面板上的“构造线”按钮

【操作步骤】

命令: XLINE↙

指定点或 [水平(H)/垂直(V)/角度(A)/二等分(B)/偏移(O)]:（给出点 1）

指定通过点:（给定通过点 2，绘制一条双向无限长直线）

指定通过点:（继续给点，继续绘制线，如图 2-10 a，回车结束）

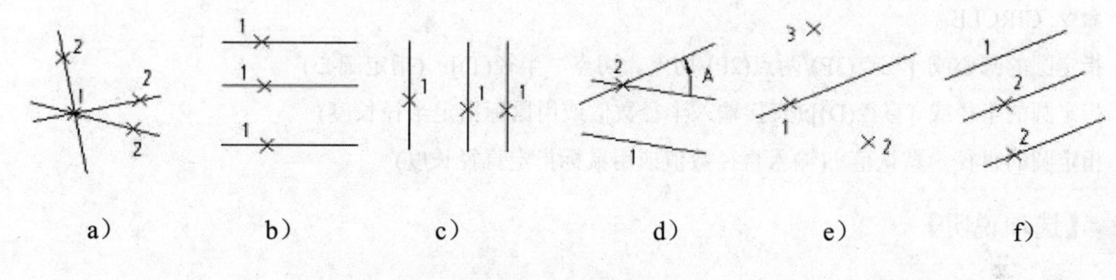


图 2-10　构造线

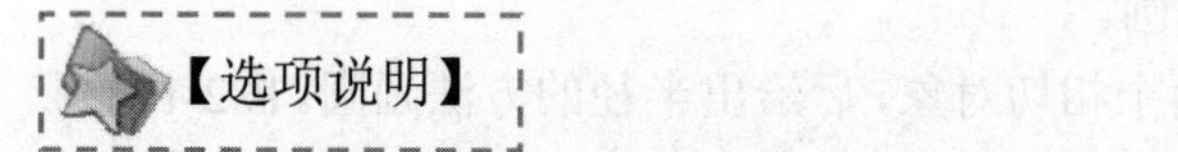

【选项说明】

（1）执行选项中有“指定点”“水平”“垂直”“角度”“二等分”和“偏移”六种方式绘制构造线，分别如图2-10a～f所示。

（2）这种线模拟手工作图中的辅助作图线。用特殊的线型显示，在绘图输出时可不作输出。常用于辅助作图。

应用构造线作为辅助线绘制机械图中三视图的绘图是构造线的最主要用途，构造线的应用保证了三视图之间“主俯视图长对正、主左视图高平齐、俯左视图宽相等”的对应关系。图2-11所示为应用构造线作为辅助线绘制机械图中三视图的绘图示例，构造线的应用保证了三视图之间“主俯视图长对正、主左视图高平齐、俯左视图宽相等”的对应关系。图中红色线为构造线，黑色线为三视图轮廓线。

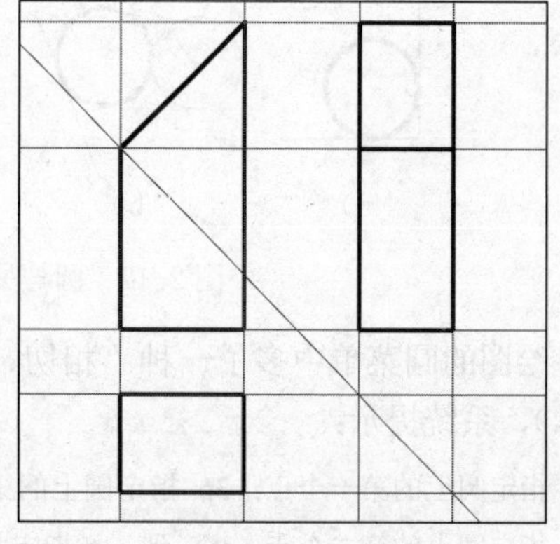

图 2-11　构造线辅助绘制三视图

## 2.3 圆类命令

圆类绘图命令主要包括“圆”“圆弧”“椭圆”“椭圆弧”以及“圆环”等命令，这几个命令是AutoCAD中最简单的曲线命令。

## 2.3.1 圆

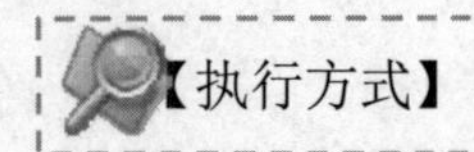【执行方式】

命令行：CIRCLE

菜单：绘图→圆

工具栏：绘图→圆

功能区：“默认”选项卡中“绘图”面板上的“圆”按钮

【操作步骤】

命令: CIRCLE↙

指定圆的圆心或 [三点(3P)/两点(2P)/切点、切点、半径(T)]：(指定圆心)

指定圆的半径或 [直径(D)]:(直接输入半径数值或用鼠标指定半径长度)

指定圆的直径 <默认值>:(输入直径数值或用鼠标指定直径长度)

【选项说明】

（1）三点(3P)：用指定圆周上三点的方法画圆。

（2）两点(2P)：指定直径的两端点画圆。

（3）切点、切点、半径(T)：按先指定两个相切对象，后给出半径的方法画圆。图2-12a～d给出了以“相切、相切、半径”方式绘制圆的各种情形（其中加黑的圆为最后绘制的圆）。

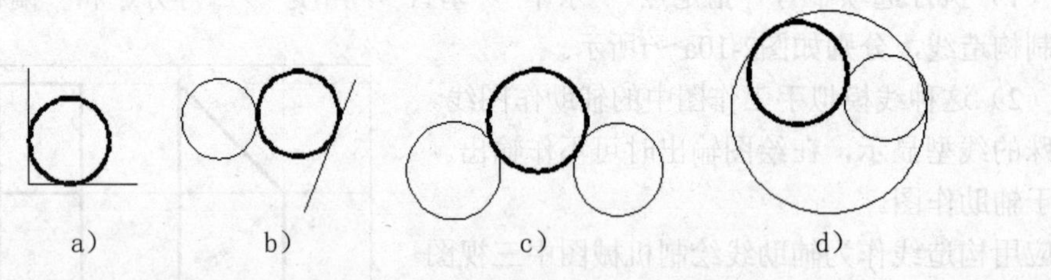


图 2-12　圆与另外两个对象相切的各种情形

绘图的圆菜单中多了一种“相切、相切、相切”的方法，当选择此方式时（如图2-13所示），系统提示：

指定圆上的第一个点: _3p 指定圆上的第一个点: _tan 到：（指定相切的第一个圆弧）

指定圆上的第二个点: _tan 到：（指定相切的第二个圆弧）

指定圆上的第三个点: _tan 到：（指定相切的第三个圆弧）

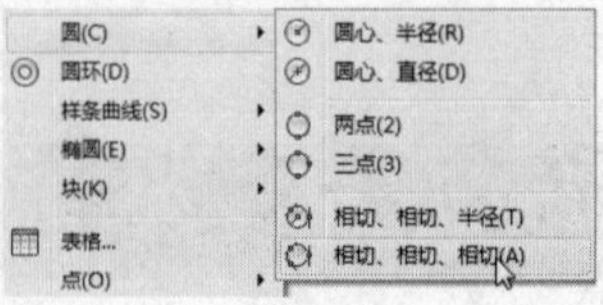

图 2-13　绘制圆的菜单方法

## 2.3.2 实例——绘制连环圆

绘制图 2-14 所示图形。

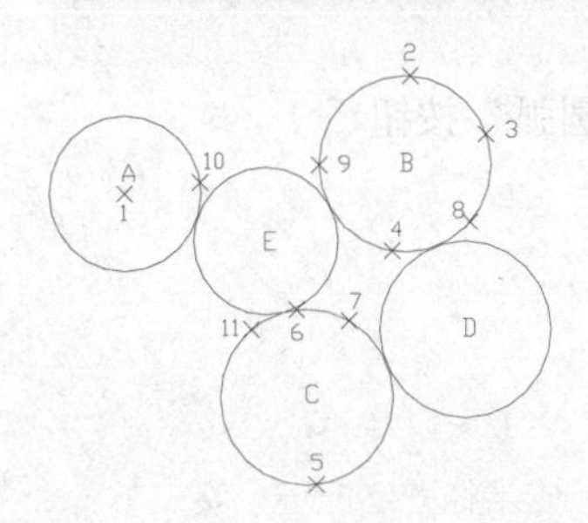


图 2-14 画圆示例

**实讲实训**
**多媒体演示**

多媒体演示参见配套光盘中的\\动画演示\第 2 章\绘制连环圆.avi。

**绘制步骤：**

命令: CIRCLE↙

指定圆的圆心或 [三点(3P)/两点(2P)/切点、切点、半径(T)]: 150,160(1 点)

指定圆的半径或 [直径(D)]:40↙（绘制出 A 圆）

命令: CIRCLE↙

指定圆的圆心或 [三点(3P)/两点(2P)/切点、切点、半径(T)]:3P↙（3 点绘制圆方式）

指定圆上的第一点: 300,220↙（2 点）

指定圆上的第二点: 340,190↙（3 点）

指定圆上的第三点: 290,130↙（4 点）（绘制出 B 圆）

命令:CIRCLE↙

指定圆的圆心或 [三点(3P)/两点(2P)/切点、切点、半径(T)]: 2P ↙（2 点绘制圆方式）

指定圆直径的第一个端点: 250,10↙（5 点）

指定圆直径的第二个端点: 240,100↙（6 点）（绘制出 C 圆）

命令:CIRCLE↙

指定圆的圆心或 [三点(3P)/两点(2P)/切点、切点、半径(T)]:T↙（相切、相切、半径绘制圆方式）

在对象上指定一点作圆的第一条切线:（在 7 点附近选中 C 圆）

在对象上指定一点作圆的第二条切线:（在 8 点附近选中 B 圆）

指定圆的半径:<45.2769>:45↙（绘制出 D 圆）

命令:_circle（选取下拉菜单“绘图/圆/相切、相切、相切”）

指定圆的圆心或 [三点(3P)/两点(2P)/切点、切点、半径(T)]:_3p

指定圆上的第一点:_tan 到 （9 点）

指定圆上的第二点: _tan 到 （10 点）

指定圆上的第三点: _tan 到 （11 点）（绘制出 E 圆）

## 2.3.3 圆弧

【执行方式】

命令行：ARC（缩写名：A）

菜单栏：绘图→圆弧

工具栏：绘图→圆弧

功能区：“默认”选项卡中“绘图”面板上的“圆弧”按钮

【操作步骤】

命令: ARC↙

指定圆弧的起点或 [圆心(C)]:（指定起点）

指定圆弧的第二点或 [圆心(C)/端点(E)]:（指定第二点）

指定圆弧的端点:（指定端点）

【选项说明】

（1）用命令方式画圆弧时，可以根据系统提示选择不同的选项，具体功能和用“绘制”菜单的“圆弧”子菜单提供的11种方式相似。这11种方式如图2-15所示。

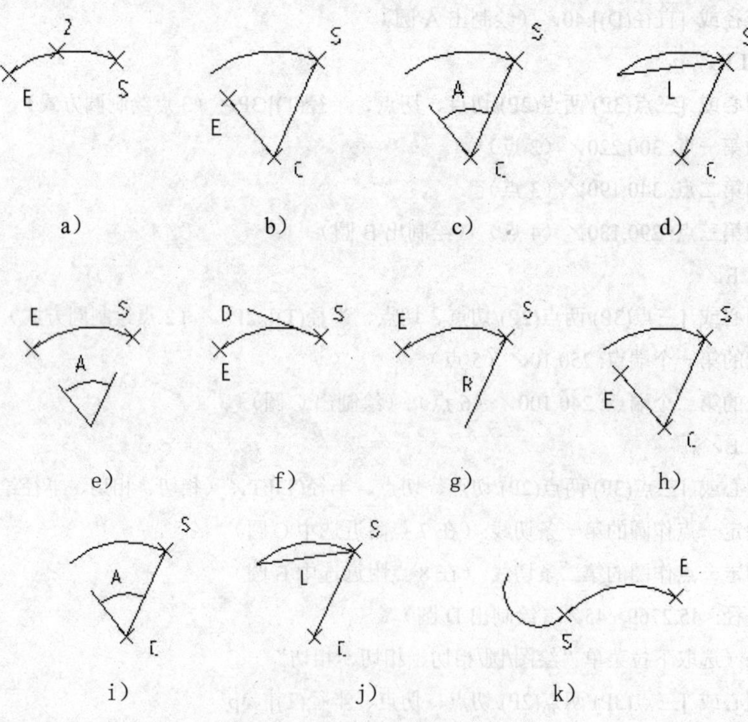

图 2-15　11 种绘制圆弧的方法

（2）需要强调的是“继续”方式，绘制的圆弧与上一线段或圆弧相切，继续画圆弧段，因此提供端点即可。

## 2.3.4 实例——五瓣梅

绘制图 2-16 所示的用不同方位的圆弧组成的梅花图案。

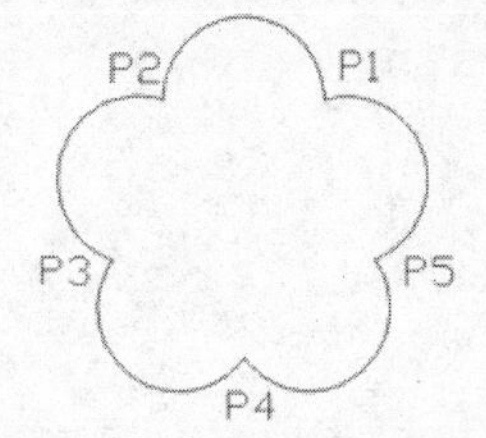


图 2-16 圆弧组成的梅花图案

**实讲实训**
**多媒体演示**

多媒体演示参见配套光盘中的\\动画演示\第 2 章\五瓣梅.avi。

**绘制步骤：**

命令: ARC↙

指定圆弧的起点或 [圆心(C)]: 140,110↙

指定圆弧的第二点或 [圆心(C)/端点(E)]: E↙

指定圆弧的端点: @40<180↙

指定圆弧的圆心或 [角度(A)/方向(D)/半径(R)]: R↙

指定圆弧半径: 20↙

命令:ARC↙

指定圆弧的起点或 [圆心(C)]: END↙ （此命令表示捕捉距离最近的端点，后面讲述）

于（点取 P2 点附近右上圆弧）

指定圆弧的第二点或 [圆心(C)/端点(E)]: E↙

指定圆弧的端点: @40<252↙

指定圆弧的圆心或 [角度(A)/方向(D)/半径(R)]: A↙

指定包含角: 180↙

命令:ARC↙

指定圆弧的起点或 [圆心(C)]: END↙

于（点取 P3 点附近左上圆弧）

指定圆弧的第二点或 [圆心(C)/端点(E)]: C↙

指定圆弧的圆心: @20<324↙

指定圆弧的端点或 [角度(A)/弦长(L)]: A↙

指定包含角: 180↙

命令:ARC↙

指定圆弧的起点或 [圆心(C)]: END↙

于（点取 P4 点附近左下圆弧）

指定圆弧的第二点或 [圆心(C)/端点(E)]: C↙

指定圆弧的圆心: @20<36↙

指定圆弧的端点或 [角度(A)/弦长(L)]: L↙

指定弦长: 40↙

命令:ARC↙

指定圆弧的起点或 [圆心(C)]: END↙

于（点取 P5 点附近右下圆弧）

指定圆弧的第二点或 [圆心(C)/端点(E)]: E↙

指定圆弧的端点: END↙

于（点取 P1 点附近上方圆弧）

指定圆弧的圆心或 [角度(A)/方向(D)/半径(R)]: D↙

指定圆弧的起点切向: @40,20↙

结果如图 2-16 所示。

## 2.3.5 椭圆与椭圆弧

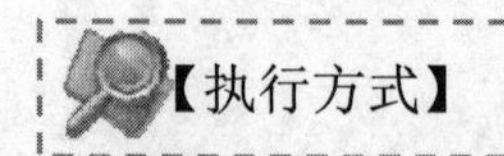

【执行方式】

命令行：ELLIPSE

菜单：绘图→椭圆→圆弧

工具栏：绘图→椭圆或绘制→椭圆弧

功能区：“默认”选项卡中“绘图”面板上的“椭圆”按钮

【操作步骤】

命令: ELLIPSE↙

指定椭圆的轴端点或 [圆弧(A)/中心点(C)]:（指定轴端点 1，如图 2-17a 所示）

指定轴的另一个端点: （指定轴端点 1，如图 2-17b 所示）

指定另一条半轴长度或 [旋转(R)]:

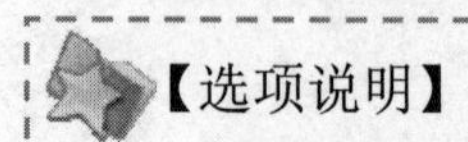

【选项说明】

（1）指定椭圆的轴端点：根据两个端点定义椭圆的第一条轴。第一条轴的角度确定了整个椭圆的角度。第一条轴既可定义椭圆的长轴也可定义短轴。

（2）旋转(R)：通过绕第一条轴旋转圆来创建椭圆。相当于将一个圆绕椭圆轴翻转一个角度后的投影视图。

（3）中心点(C)：通过指定的中心点创建椭圆。

（4）圆弧(A)：该选项用于创建一段椭圆弧。与“工具栏：绘制 → 椭圆弧”功能相同。其中第一条轴的角度确定了椭圆弧的角度。第一条轴既可定义椭圆弧长轴也可定义椭圆弧短轴。选择该项，系统继续提示：

指定椭圆弧的轴端点或 [中心点(C)]:（指定端点或输入 C）

指定轴的另一个端点:（指定另一端点）

指定另一条半轴长度或 [旋转(R)]:（指定另一条半轴长度或输入 R）

指定起始角度或 [参数(P)]:（指定起始角度或输入 P）

指定终止角度或 [参数(P)/包含角度(I)]:

其中各选项含义如下：

1）角度：指定椭圆弧端点的两种方式之一，光标与椭圆中心点连线的夹角为椭圆端点位置的角度,如图2-17b所示。

2）参数(P)：指定椭圆弧端点的另一种方式，该方式同样是指定椭圆弧端点的角度，但通过以下矢量参数方程式创建椭圆弧：

$$p(u) = c + a^* \cos(u) + b^* \sin(u)$$

式中，c 是椭圆的中心点，a 和 b 分别是椭圆的长轴和短轴。u为光标与椭圆中心点连线的夹角。

3）包含角度(I)：定义从起始角度开始的包含角度。

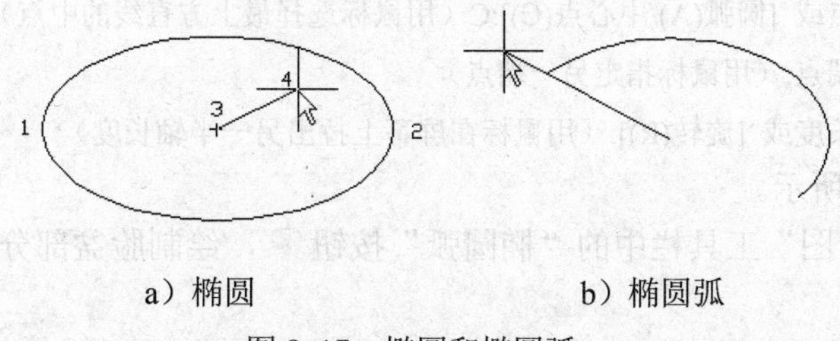


a）椭圆　　b）椭圆弧

图 2-17　椭圆和椭圆弧

## 2.3.6 实例——洗脸盆

绘制如图 2-18 所示洗脸盆。

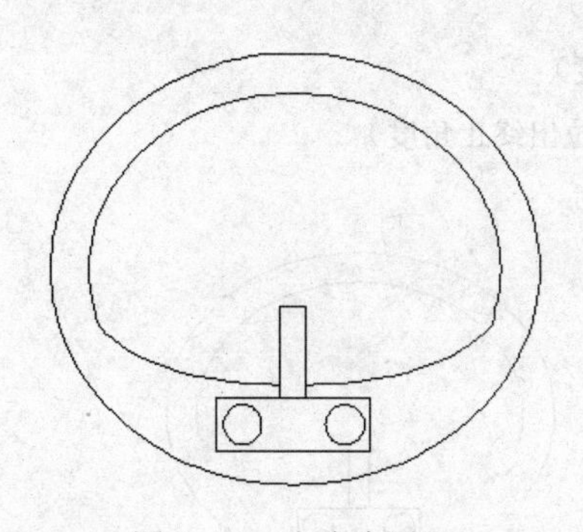

**实讲实训**
**多媒体演示**

多媒体演示参见配套光盘中的\\动画演示\第2章\洗脸盆.avi。

图 2-18　洗脸盆图形

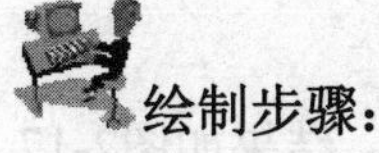

**绘制步骤：**

01 单击“绘图”工具栏中的“直线”按钮，绘制水龙头图形，结果如图 2-19 所示。

**02** 单击“绘图”工具栏中的“圆”按钮⊙，绘制两个水龙头旋钮，结果如图 2-20 所示。

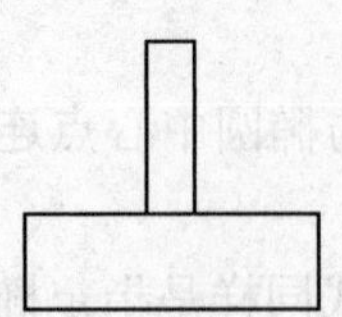

图 2-19　绘制水龙头　　　　图 2-20　绘制旋钮

**03** 单击“绘图”工具栏中的“椭圆”按钮，绘制脸盆外沿，命令行提示与操作如下：

命令: _ellipse

指定椭圆的轴端点或 [圆弧(A)/中心点(C)]:C（用鼠标选择最上方直线的中点）

指定轴的另一个端点:（用鼠标指定另一端点）

指定另一条半轴长度或 [旋转(R)]:（用鼠标在屏幕上拉出另一半轴长度）

结果如图 2-21 所示。

**04** 单击“绘图”工具栏中的“椭圆弧”按钮，绘制脸盆部分内沿，命令行提示与操作如下：

命令: _ellipse（选择工具栏或绘图菜单中的椭圆弧命令）

指定椭圆的轴端点或 [圆弧(A)/中心点(C)]: _a

指定椭圆弧的轴端点或 [中心点(C)]: C↙

指定椭圆弧的中心点:（按下状态栏“对象捕捉”按钮，捕捉刚才绘制椭圆中心点，关于“对象捕捉”后面介绍）

指定轴的端点: (适当指定一点)

指定另一条半轴长度或 [旋转(R)]: R↙

指定绕长轴旋转的角度:（用鼠标指定椭圆轴端点）

指定起始角度或 [参数(P)]:（用鼠标拉出起始角度）

指定终止角度或 [参数(P)/包含角度(I)]:（用鼠标拉出终止角度）

结果如图 2-22 所示。

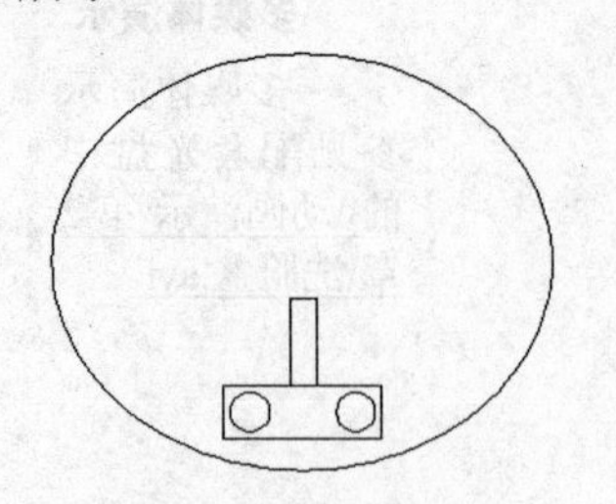

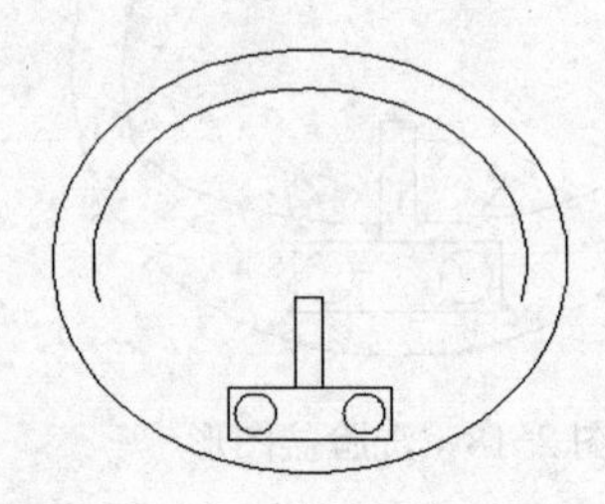

图 2-21　绘制脸盆外沿　　　　图 2-22　绘制脸盆部分内沿

**05** 单击“绘图”工具栏“圆弧”按钮，绘制脸盆内沿其他部分，结果如图2-17 所示。

### 2.3.7 圆环

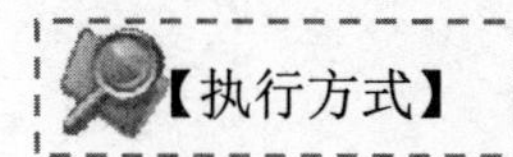
【执行方式】

命令行：DONUT

菜单：绘图→圆环

功能区：“默认”选项卡中“绘图”面板上的“圆环”按钮

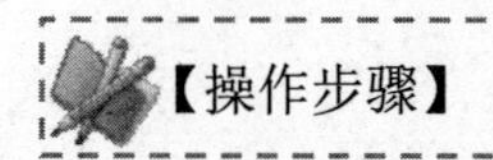
【操作步骤】

命令: DONUT↙

指定圆环的内径 <默认值>: (指定圆环内径)

指定圆环的外径 <默认值>: (指定圆环外径)

指定圆环的中心点或 <退出>:（指定圆环的中心点）

指定圆环的中心点或 <退出>:（继续指定圆环的中心点，则继续绘制相同内外径的圆环。用回车、空格键或鼠标右键结束命令，如图 2-23a 所示）。

【选项说明】

（1）若指定内径为零，则画出实心填充圆，如图2-23 b所示。

（2）用命令FILL可以控制圆环是否填充，具体方法是：

命令: FILL↙

输入模式 [开(ON)/关(OFF)] <开>:（选择 ON 表示填充，选择 OFF 表示不填充，如图 2-22c 所示）。

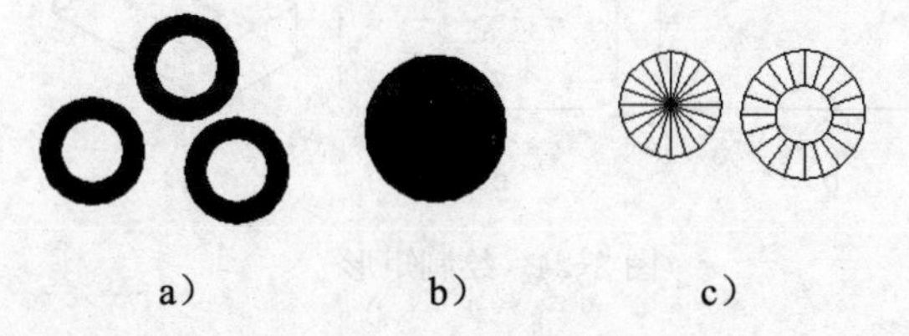


图 2-23 绘制圆环

## 2.4 平面图形命令

平面图形命令包括矩形命令和正多边形命令。

### 2.4.1 矩形

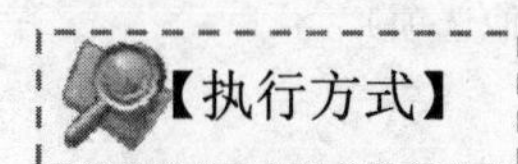
【执行方式】

命令行：RECTANG（缩写名：REC）

菜单栏：绘图→矩形

工具栏：绘图→矩形

功能区：“默认”选项卡中“绘图”面板上的“矩形”按钮

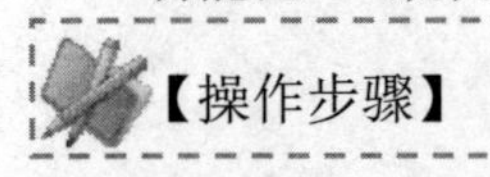【操作步骤】

命令: RECTANG↙

指定第一个角点或 [倒角(C)/标高(E)/圆角(F)/厚度(T)/宽度(W)]：（指定一点）

指定另一个角点或 [面积(A)/尺寸(D)/旋转(R)]:

【选项说明】

（1）第一个角点：通过指定两个角点确定矩形，如图2-24a所示。

（2）尺寸(D)：使用长和宽创建矩形。第二个指定点将矩形定位在与第一角点相关的4个位置之一内。

（3）倒角(C)：指定倒角距离，绘制带倒角的矩形，如图2-24b所示，每一个角点的逆时针和顺时针方向的倒角可以相同，也可以不同，其中第一个倒角距离是指角点逆时针方向倒角距离，第二个倒角距离是指角点顺时针方向倒角距离。

（4）标高(E)：指定矩形标高（Z坐标），即把矩形画在标高为Z，和XOY坐标面平行的平面上，并作为后续矩形的标高值。

（5）圆角(F)：指定圆角半径，绘制带圆角的矩形，如图2-24c所示。

（6）厚度(T)：指定矩形的厚度，如图2-24d所示。

（7）宽度(W)：指定线宽，如图2-24e所示。

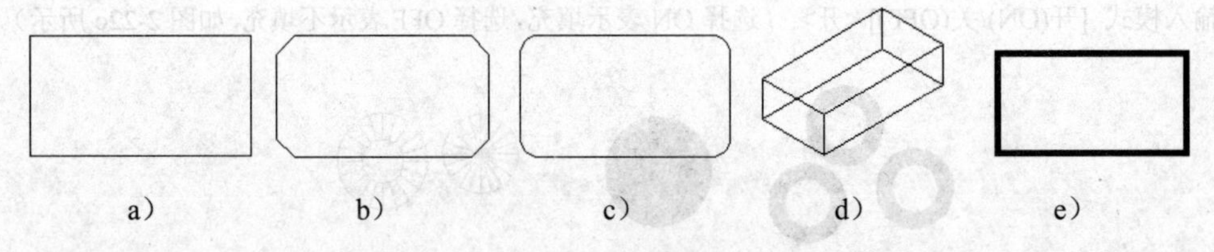


图 2-24　绘制矩形

（8）面积（A）：指定面积和长或宽创建矩形。选择该项，系统提示：

输入以当前单位计算的矩形面积 <20.0000>：（输入面积值）

计算矩形标注时依据 [长度(L)/宽度(W)] <长度>:（按 Enter 键或输入 W）

输入矩形长度 <4.0000>：（指定长度或宽度）

指定长度或宽度后，系统自动计算另一个宽度后绘制出矩形。如果矩形被倒角或圆角，则长度或宽度计算中会考虑此设置，如图2-25所示。

（9）旋转（R）：旋转所绘制矩形的角度。选择该项，系统提示：

指定旋转角度或 [拾取点(P)] <45>：（指定角度）

指定另一个角点或 [面积(A)/尺寸(D)/旋转(R)]：（指定另一个角点或选择其他选项）

指定旋转角度后，系统按指定角度创建矩形，如图2-26所示。

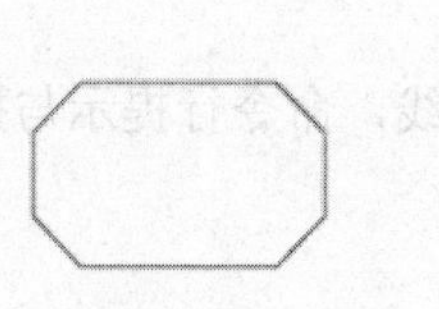

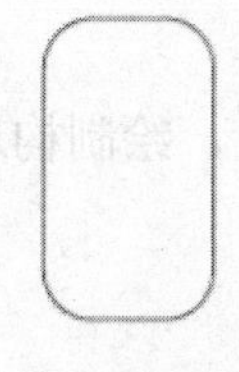

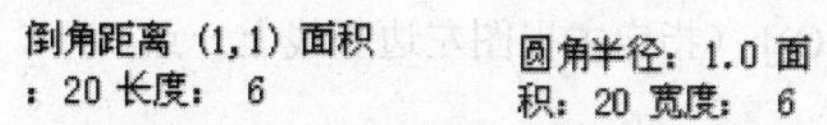


图 2-25 按面积绘制矩形

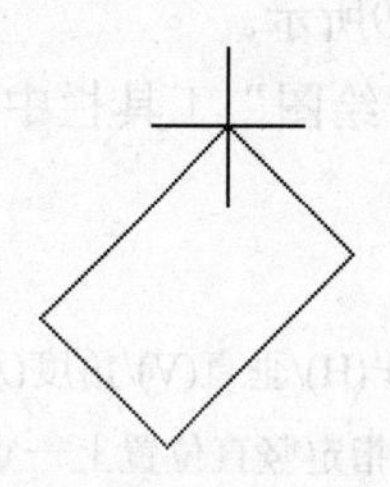

图 2-26 按指定旋转角度创建矩形

## 2.4.2 实例——方头平键

绘制如图 2-27 所示的方头平键。

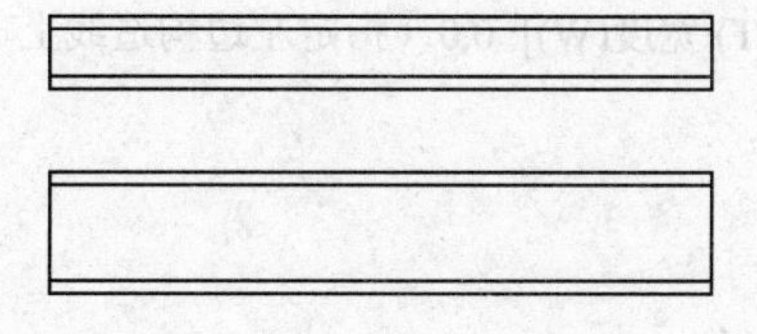

图 2-27 方头平键

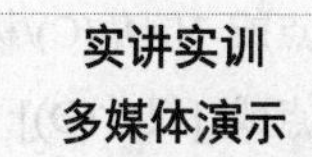


多媒体演示参见配套光盘中的\\动画演示\第 2 章\方头平键.avi。

**绘制步骤：**

**01** 单击"绘图"工具栏中的"矩形"按钮，绘制主视图外形。命令行提示与操作如下：

命令: RECTANG↙

指定第一个角点或 [倒角(C)/标高(E)/圆角(F)/厚度(T)/宽度(W)]: 0,30 ↙

指定另一个角点或 [尺寸(D)]: @100,11 ↙

结果如图2-28所示。

**02** 单击"绘图"工具栏中的"直线"按钮，绘制主视图棱线。命令行提示与操作如下：

命令: LINE↙

指定第一点: 0,32↙

指定下一点或 [放弃(U)]: @100,0↙

指定下一点或 [放弃(U)]:↙

命令: LINE↙

指定第一点: 0,39↙

指定下一点或 [闭合(C)/放弃(U)]: @100,0↙

指定下一点或 [闭合(C)/放弃(U)]: ↙

结果如图2-29所示。

**03** 单击“绘图”工具栏中的“构造线”按钮，绘制构造线，命令行提示与操作如下：

命令:XLINE↙

指定点或 [水平(H)/垂直(V)/角度(A)/二等分(B)/偏移(O)]:（指定主视图左边竖线上一点）

指定通过点:（指定竖直位置上一点）

指定通过点: ↙

用同样方法绘制右边竖直构造线，如图2-30所示。

图 2-28　绘制主视图外形

图 2-29　绘制主视图棱线

**04** 单击“绘图”工具栏中的“矩形”按钮和“直线”按钮，绘制俯视图。命令行提示与操作如下：

命令: RECTANG↙

指定第一个角点或 [倒角(C)/标高(E)/圆角(F)/厚度(T)/宽度(W)]: 0,0（指定左边构造线上一点）

指定另一个角点或 [尺寸(D)]: @100,18

命令: LINE↙

指定第一点: 0,2↙

指定下一点或 [放弃(U)]: @100,0↙

指定下一点或 [放弃(U)]: ↙

命令: LINE↙

指定第一点: 0,16↙

指定下一点或 [放弃(U)]: @100,0↙

指定下一点或 [放弃(U)]: ↙

结果如图 2-31 所示。

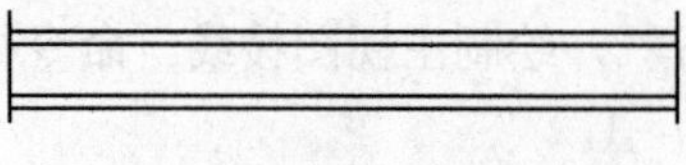

图 2-30　绘制竖直构造线

图 2-31　绘制俯视图

**05** 单击“绘图”工具栏中的“构造线”按钮，绘制左视图构造线。命令行提示与操作如下：

命令: XLINE

指定点或 [水平(H)/垂直(V)/角度(A)/二等分(B)/偏移(O)]: H↙

指定通过点:（指定主视图上右上端点）

指定通过点:（指定主视图上右下端点）

指定通过点:（捕捉俯视图上右上端点）

指定通过点:（捕捉俯视图上右下端点）

指定通过点: ↙

命令: ↙（回车表示重复绘制构造线命令）

指定点或 [水平(H)/垂直(V)/角度(A)/二等分(B)/偏移(O)]: A↙

输入构造线的角度 (0) 或 [参照(R)]: -45↙

指定通过点:（任意指定一点）

指定通过点: ↙

命令:XLINE↙

指定点或 [水平(H)/垂直(V)/角度(A)/二等分(B)/偏移(O)]: V↙

指定通过点:（指定斜线与第三条水平线的交点）

指定通过点:（指定斜线与第四条水平线的交点）

结果如图2-32所示。

**06** 单击“绘图”工具栏中的“矩形”按钮，设置矩形两个倒角距离为2，绘制左视图。命令行提示与操作如下：

命令: RECTANG↙

指定第一个角点或 [倒角(C)/标高(E)/圆角(F)/厚度(T)/宽度(W)]: C↙

指定矩形的第一个倒角距离 <0.0000>: (指定主视图上右上端点)

指定第二点: (指定主视图上右上第二个端点)

指定矩形的第二个倒角距离 <2.0000>:↙

指定第一个角点或 [倒角(C)/标高(E)/圆角(F)/厚度(T)/宽度(W)]:(按构造线确定位置指定一个角点)

指定另一个角点或 [尺寸(D)]: (按构造线确定位置指定另一个角点)

结果如图2-33所示。

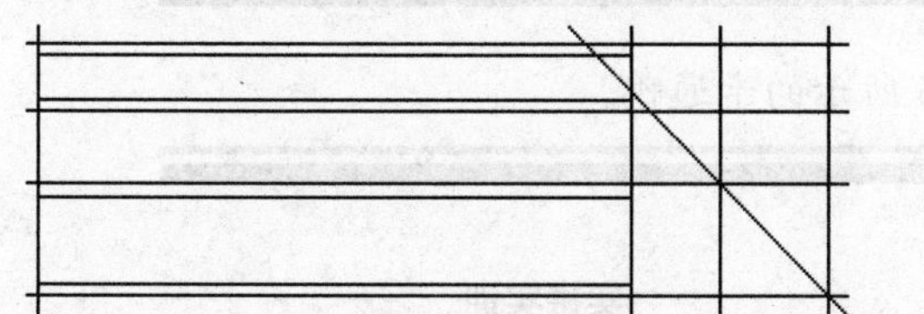

图 2-32　绘制左视图构造线

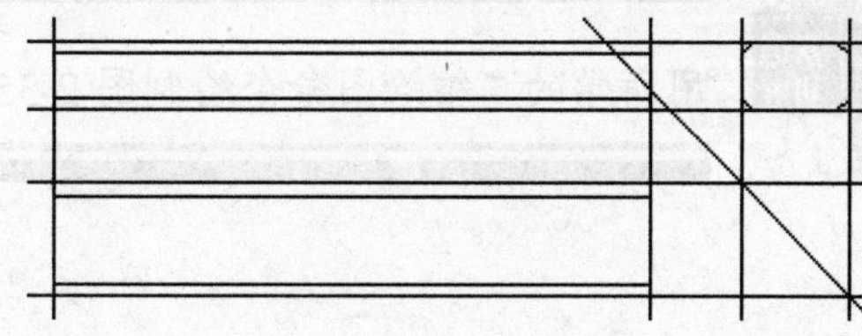

图 2-33　绘制左视图

**07** 删除构造线，最终结果如图2-27所示。

### 2.4.3　正多边形

【执行方式】

命令行：POLYGON

菜单栏：绘图→多边形

工具栏：绘图→多边形

功能区："默认"选项卡中"绘图"面板上的"多边形"按钮

【操作步骤】

命令: POLYGON↙

输入侧面数 <4>:（指定多边形的边数，默认值为 4。）

指定正多边形的中心点或 [边(E)]:（指定中心点）

输入选项 [内接于圆(I)/外切于圆(C)] <I>:（指定是内接于圆或外切于圆，I 表示内接如图 2-34a 所示，C 表示外切如图 2-34b 所示）

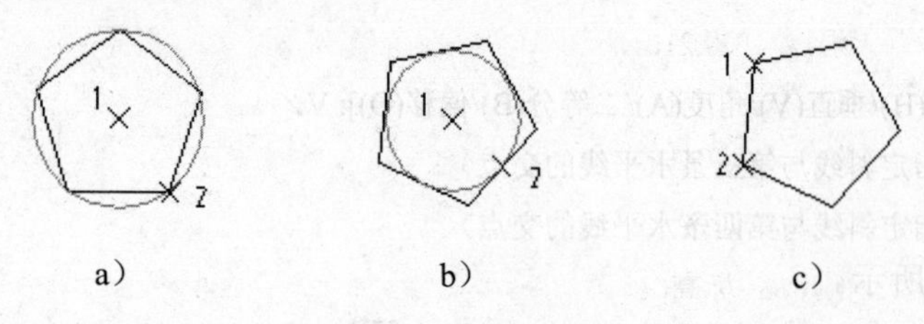


图 2-34　画正多边形

指定圆的半径:（指定外接圆或内切圆的半径）

【选项说明】

如果选择"边"选项，则只要指定多边形的一条边，系统就会按逆时针方向创建该正多边形，如图2-34c所示。

## 2.4.4　实例——卡通鸭

用所学的二维绘图命令绘制图 2-35 所示的卡通鸭。

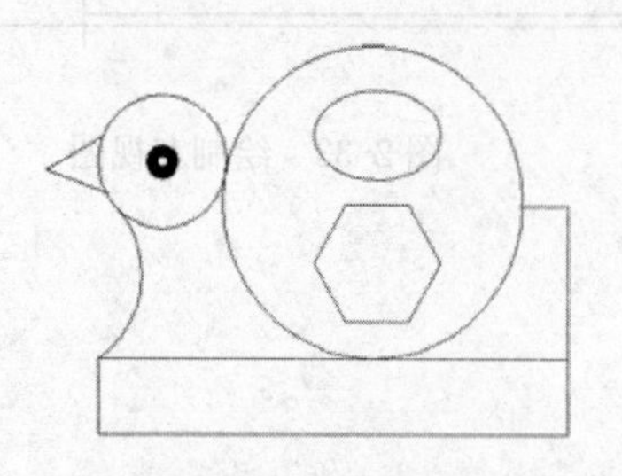

图 2-35　卡通鸭

**实讲实训**
**多媒体演示**

多媒体演示参见配套光盘中的\\动画演示\第 2 章\卡通鸭.avi。

绘制步骤：

**01** 单击"绘图"工具栏中的"圆"按钮，绘制左边小圆及圆环。命令行提示与

操作如下：

命令: CIRCLE↙（输入绘制圆命令并回车，或者用鼠标左键点击绘图工具栏中的绘制圆图标，下同）

指定圆的圆心或 [三点(3P)/两点(2P)/切点、切点、半径(T)]:230,210↙（输入圆心的 X,Y 坐标值）

指定圆的半径或 [直径(D)]: 30↙（输入圆的半径）

命令:DONUT↙（绘制圆环）

指定圆环的内径 <10.0000>:5↙（圆环内径）

指定圆环的外径 <20.0000>:15↙（圆环外径）

指定圆环的中心点 <退出>:230,210↙（圆环中心坐标值）

指定圆环的中心点 <退出>:↙（退出）

**02** 单击“绘图”工具栏中的“矩形”按钮，绘制矩形。命令行提示与操作如下：

命令:RECTANG↙ （绘制矩形）

指定第一个角点或 [倒角(C)/标高(E)/圆角(F)/厚度(T)/宽度(W)]:200,122↙（矩形左上角点坐标值）

指定另一个角点:420,88↙（矩形右上角点的坐标值）

**03** 单击“绘图”工具栏中的“圆”按钮，绘制右边大圆及椭圆。命令行提示与操作如下：

命令:CIRCLE↙

指定圆的圆心或 [三点(3P)/两点(2P)/切点、切点、半径(T)]: T↙（用指定两个相切对象及给出圆的半径的方式画圆）

在对象上指定一点作圆的第一条切线:(如图 2-36 所示用鼠标在 1 点附近选取小圆)

在对象上指定一点作圆的第二条切线:(如图 2-36 所示用鼠标在 2 点附近选取矩形)

指定圆的半径:<30.0000>：70↙

命令:ELLIPSE↙ （绘制椭圆）

指定椭圆的轴端点或 [圆弧(A)/中心点(C)]: C↙（用指定椭圆圆心的方式绘制椭圆）

指定椭圆的中心点:330,222↙（椭圆中心点的坐标值）

指定轴的端点:360,222↙（椭圆长轴的右端点的坐标值）

指定到其他轴的距离或 [旋转(R)]:20↙（椭圆短轴的长度）

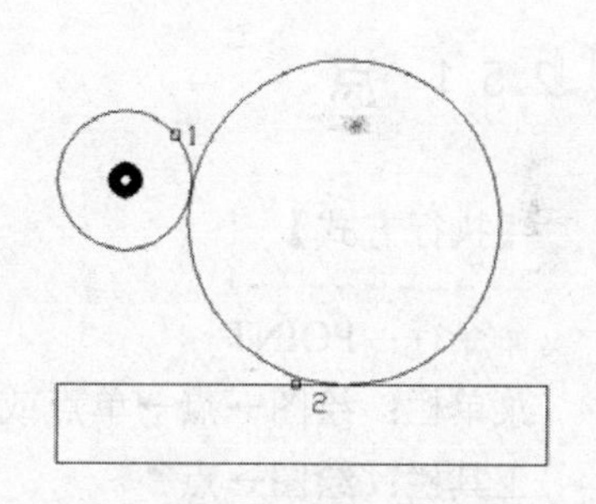


图 2-36 绘制过程图

命令:POLYGON↙ （画多边形）

输入边的数目 <4>:6↙（多边形的边数）

指定多边形的中心点或 [边(E)]:330,165↙（正六边形的中心点的坐标值）

输入选项 [内接于圆(I)/外切于圆(C)] <I>:↙（用内接于圆的方式画正六边形）

指定圆的半径: 30↙（正六边形内接圆的半径）

**04** 单击“绘图”工具栏中的“直线”按钮，绘制左边折线及圆弧。命令行提示与操作如下：

命令:LINE↙（绘制直线）

指定第一点:202,221↙

指定下一点或 [放弃(U)]:@30<-150↙（用相对极坐标值给定下一点的坐标值）

指定下一点或 [放弃(U)]:@30<-20↙（用相对极坐标值给定下一点的坐标值）

指定下一点或 [闭合(C)/放弃(U)]:↙（退出）

命令:ARC↙（绘制圆弧）

指定圆弧的起点或 [圆心(CE)]:200,122↙（给出圆弧的起点坐标值）

指定圆弧的第二点或 [圆心(C)/端点(E)]:E↙（用给出圆弧端点的方式绘制圆弧）

指定圆弧的端点:210,188↙（给出圆弧端点的坐标值）

指定圆弧的圆心或 [角度(A)/方向(D)/半径(R)]:R↙（用给出圆弧半径的方式绘制圆弧）

指定圆弧半径:45↙（圆弧半径值）

**05** 单击"绘图"工具栏中的"直线"按钮，绘制右边折线。命令行提示与操作如下：

命令:LINE↙

指定第一点:420,122↙

指定下一点或 [放弃(U)]:@68<90↙

指定下一点或 [放弃(U)]:@23<180↙

指定下一点或 [闭合(C)/放弃(U)]:↙

## 2.5 点命令

点在AutoCAD有多种不同的表示方式，用户可以根据需要进行设置。也可以设置等分点和测量点。

### 2.5.1 点

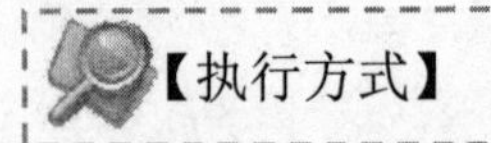

【执行方式】

命令行：POINT

菜单栏：绘图→点→单点或多点

工具栏：绘图→点

功能区："默认"选项卡中的"绘图"面板上的"点"按钮

【操作步骤】

命令: POINT↙

当前点模式: PDMODE=0 PDSIZE=0.0000

指定点:（指定点所在的位置）

【选项说明】

（1）通过菜单方法操作时（如图2-37所示），"单点"选项表示只输入一个点，"多点"选项表示可输入多个点。

（2）可以打开状态栏中的“对象捕捉”开关设置点捕捉模式，帮助用户拾取点；

（3）点在图形中的表示样式，共有20种。可通过命令DDPTYPE 或拾取菜单：格式→点样式，弹出“点样式”对话框来设置，如图2-38所示。

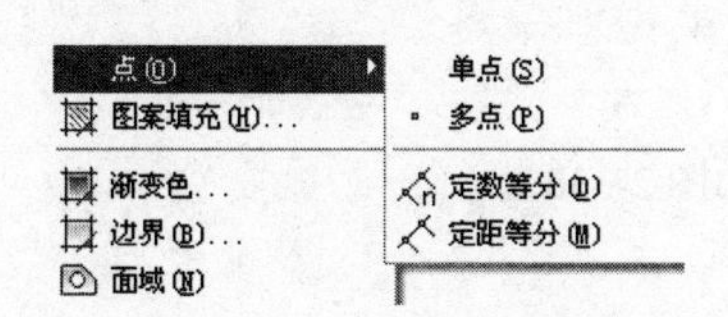


图 2-37 “点”子菜单

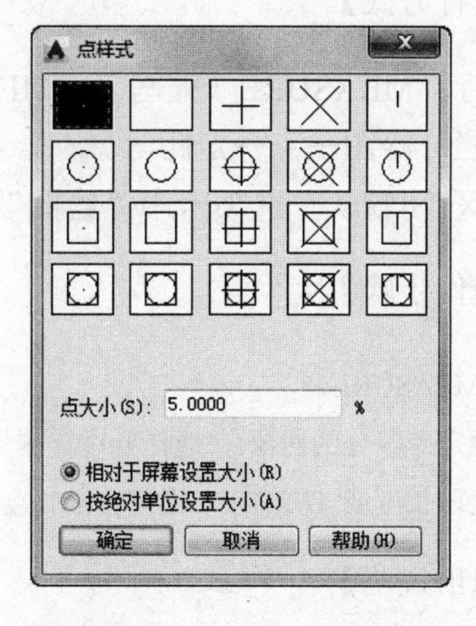


图 2-38 “点样式”对话框

## 2.5.2 等分点

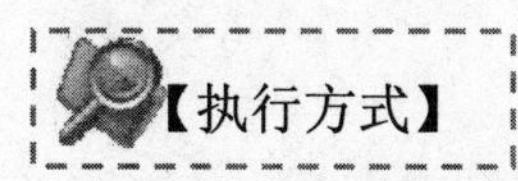

【执行方式】

命令行：DIVIDE（缩写名：DIV）

菜单栏：绘图→点→定数等分

功能区：“默认”选项卡中的“绘图”面板上的“定数等分”按钮

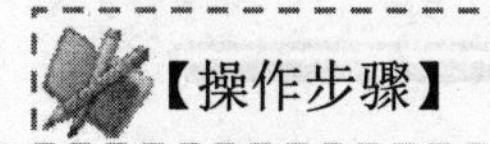

【操作步骤】

命令：DIVIDE↙

选择要定数等分的对象:（选择要等分的实体）

输入线段数目或 [块(B)]:（指定实体的等分数，绘制结果如图 2-39a）

【选项说明】

（1）等分数范围2～32767。

（2）在等分点处，按当前点样式设置画出等分点。

（3）在第二提示行选择“块(B)”选项时，表示在等分点处插入指定的块（BLOCK）

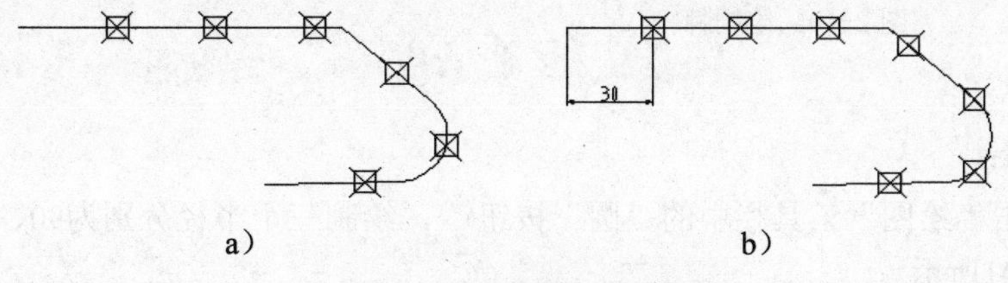


图 2-39 绘制等分点和测量点

## 2.5.3 测量点

【执行方式】

命令行：MEASURE（缩写名：ME）

菜单栏：绘图→点→定距等分

功能区："默认"选项卡中"绘图"面板上的"定距等分"按钮

【操作步骤】

命令: MEASURE↙

选择要定距等分的对象:（选择要设置测量点的实体）

指定线段长度或 [块(B)]:（指定分段长度，绘制结果如图 2-33b）

【选项说明】

（1）设置的起点一般是指指定线的绘制起点。

（2）在第二提示行选择"块(B)"选项时，表示在测量点处插入指定的块，后续操作与上节等分点类似。

（3）在等分点处，按当前点样式设置画出等分点。

（4）最后一个测量段的长度不一定等于指定分段长度。

## 2.5.4 实例——棘轮

绘制如图 2-40 所示的棘轮。

图 2-40 绘制棘轮

**实讲实训**
**多媒体演示**

多媒体演示参见配套光盘中的\\动画演示\第 2 章\棘轮.avi。

绘制步骤:

**01** 单击"绘图"工具栏中的"圆"按钮，绘制三个半径分别为90、60、40的同心圆，如图2-41所示。

**02** 设置点样式。选择菜单栏中的“格式”→“点样式”命令，在打开的“点样式”对话框中选择“X”样式。

**03** 等分圆。命令行提示与操作如下：

命令: DIVIDE↙

选择要定数等分的对象:（选取 R90 圆）

输入线段数目或 [块(B)]: 12↙

方法相同，等分R60圆，结果如图2-42所示。

**04** 单击“绘图”工具栏中的“直线”按钮，连接三个等分点，如图2-43所示。

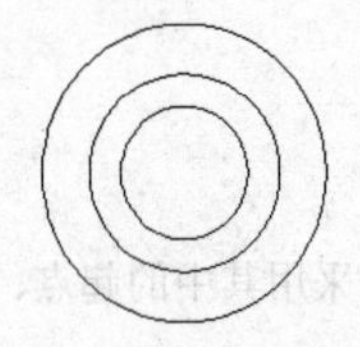

图 2-41 绘制同心圆

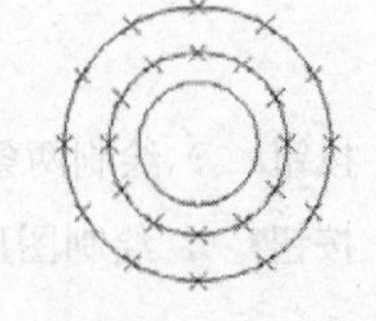

图 2-42 等分圆周

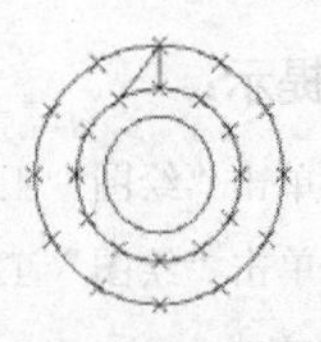

图 2-43 棘轮轮齿

**05** 用相同方法连接其他点，用鼠标选择多余的圆及圆弧，按下Delete键删除，选择菜单栏中的“格式”→“点样式”命令，在打开的“点样式”对话框中选择“•”样式，结果如图2-40所示。

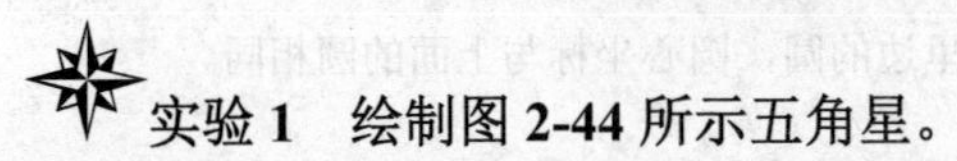

## 实验 1 绘制图 2-44 所示五角星。

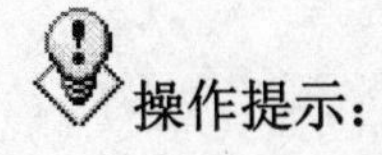

**操作提示：**

（1）计算好各个点的坐标。

（2）单击“绘图”工具栏中的“直线”按钮，绘制各条线段。

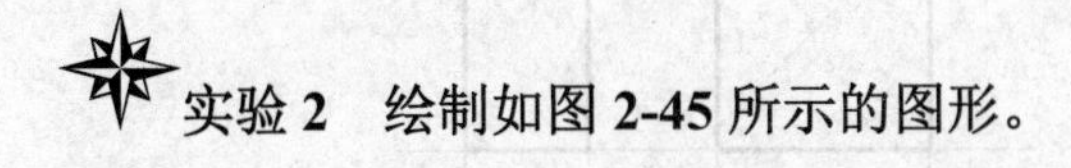

## 实验 2 绘制如图 2-45 所示的图形。

**操作提示：**

（1）以“圆心、半径”的方法绘制两个小圆。

（2）以“相切、相切、半径”的方法绘制中间与两个小圆均相切的大圆。

（3）选择菜单栏中的“绘图”→“圆” →“相切、相切、相切”命令，以已经绘制的三个圆为相切对象，绘制最外面的大圆。

## 实验 3 绘制如图 2-46 所示的圆头平键。

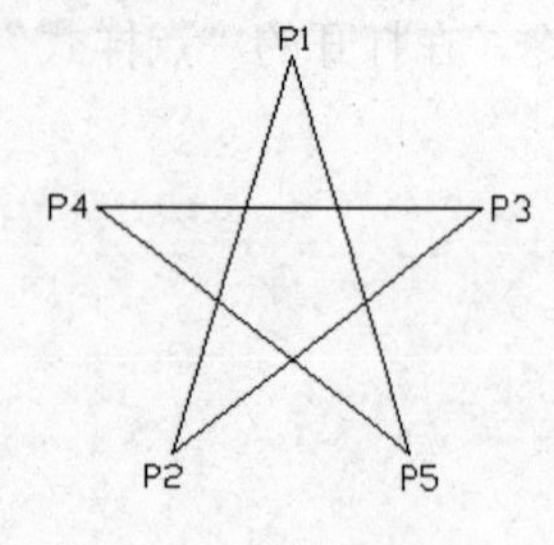

图 2-44　五角星

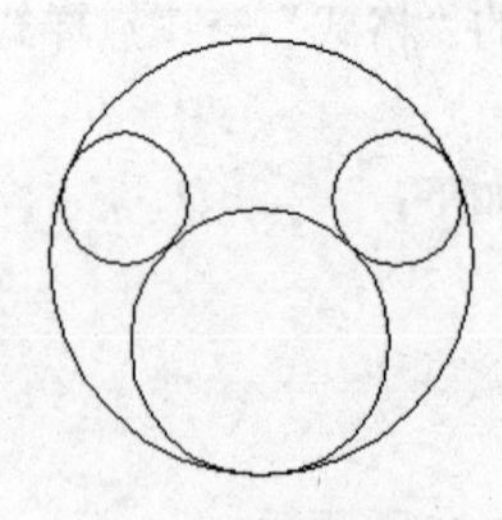
图 2-45　绘制圆形

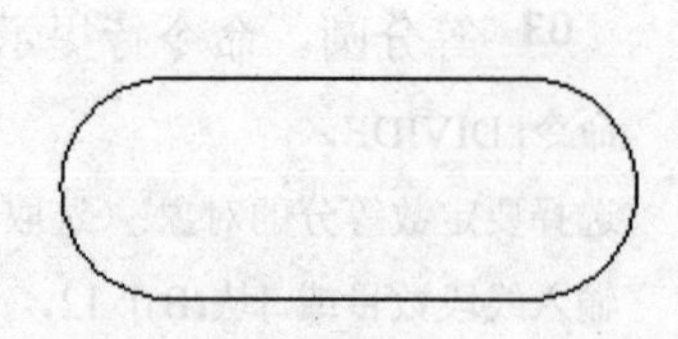
图 2-46　圆头平键

操作提示：

（1）单击“绘图”工具栏中的“直线”按钮，绘制两条平行直线。

（2）单击“绘图”工具栏中的“圆弧”按钮，绘制图形中圆弧部分，采用其中的起点、端点和包含角的方式。

**实验 4　绘制如图 2-47 所示的螺母。**

操作提示：

（1）单击“绘图”工具栏中的“圆”按钮，绘制一个圆。

（2）单击“绘图”工具栏中的“多边形”按钮，绘制圆的外切正六边形，注意正多边形的中心的坐标与上面的圆相同。

（3）单击“绘图”工具栏中的“圆”按钮，绘制里边的圆，圆心坐标与上面的圆相同。

**实验 5　绘制如图 2-48 所示的简单物体三视图。**

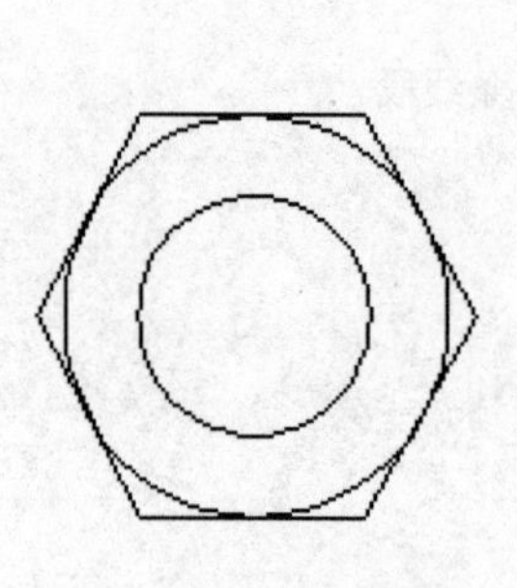
图 2-47　绘制螺母

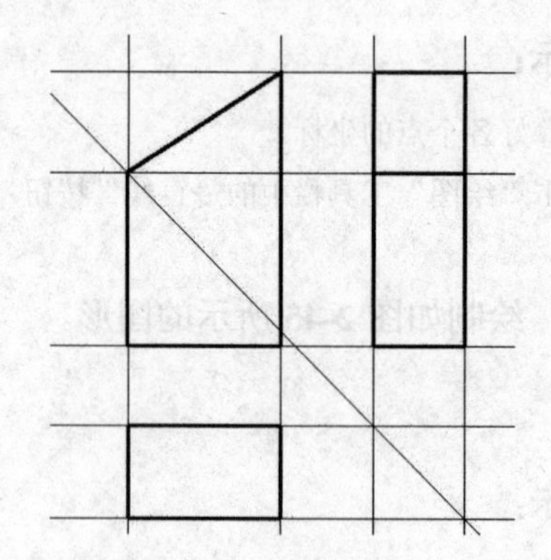
图 2-48　绘制三视图

操作提示：

（1）单击“绘图”工具栏中的“直线”按钮，绘制主视图。

（2）单击“绘图”工具栏中的“构造线”按钮，绘制竖直构造线。

（3）单击“绘图”工具栏中的“矩形”按钮，绘制俯视图。

（4）单击“绘图”工具栏中的“构造线”按钮，绘制竖直、水平以及45 °构造线。

（5）单击“绘图”工具栏中的“矩形”按钮，和“直线”按钮，绘制左视图。

1．将下面的命令与其命令名进行连线。

直线段　　　　RAY

构造线　　　　TRACE

轨迹线　　　　XLINE

射线　　　　　LINE

2．请写出绘制圆弧的10种以上的方法。

3．绘制如图2-49所示的螺栓。

4．绘制如图2-50所示的椅子。

5．绘制一个长为40mm，宽为30mm，倒角为5mm×3mm，线宽为2mm的矩形。

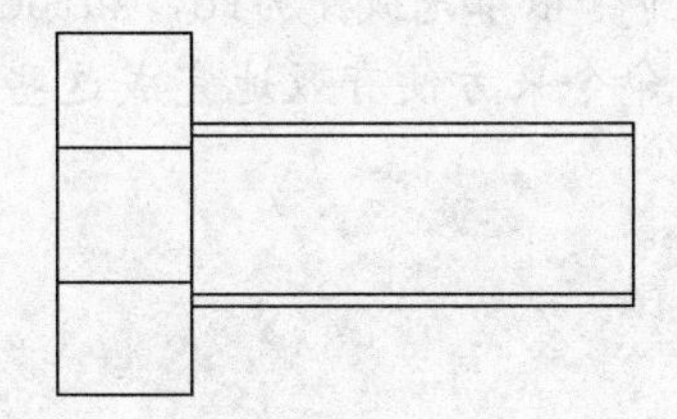

图 2-49　螺栓

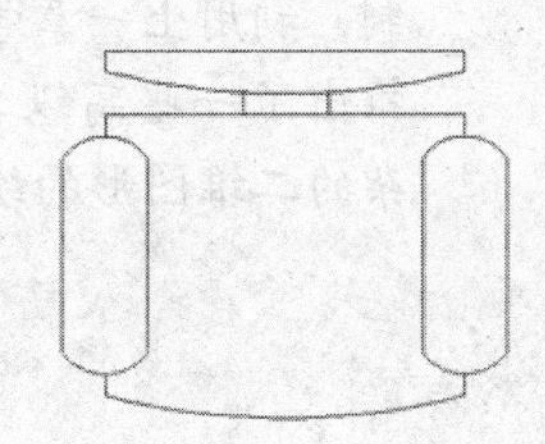

图 2-50　椅子

# 第 3 章

# 高级二维绘图命令

通过上一章中讲述的一些基本的二维绘图命令，可以完成一些简单二维图形的绘制。但是，有些二维图形的绘制，利用上一章学的这些命令很难完成。为此，AutoCAD推出了一些高级二维绘图命令来方便有效地完成这些复杂的二维图形的绘制。

- 多段线
- 样条曲线
- 多线
- 面域
- 图案填充

# 3.1 多段线

多段线是一种由线段和圆弧组合而成的不同线宽的多线，这种线由于其组合形式多样，线宽变化，弥补了直线或圆弧功能的不足，适合绘制各种复杂的图形轮廓。

## 3.1.1 绘制多段线

【执行方式】

命令行：PLINE（缩写名：PL）

菜单栏：绘图→多段线

工具栏：绘图→多段线

功能区："默认"选项卡中的"绘图"面板上的"多段线"按钮

【操作步骤】

命令:PLINE↙

指定起点：(指定多段线的起点)

当前线宽为 0.0000

指定下一个点或 [圆弧(A)/半宽(H)/长度(L)/放弃(U)/宽度(W)]:(指定多段线的下一点)

【选项说明】

多段线主要由连续的不同宽度的线段或圆弧组成，如果在上述提示中选"圆弧"，则命令行提示与操作如下：

指定圆弧的端点或[角度(A)/圆心(CE)/闭合(CL)/方向(D)/半宽(H)/直线(L)/半径(R)/第二个点(S)/放弃(U)/宽度(W)]:

绘制圆弧的方法与"圆弧"命令相似。

## 3.1.2 实例——弯月亮

绘制如图 3-1 所示的弯月亮造型。

图 3-1　弯月亮造型

| 实讲实训<br>多媒体演示 |
|---|
| 多媒体演示参见配套光盘中的\\动画演示\第 3 章\弯月亮.avi。 |

**绘制步骤：**

命令: PLINE↙

指定起点: <Snap on> 60，180↙（打开捕捉功能）

当前线宽为 0.0000

指定下一个点或 [圆弧(A)/半宽(H)/长度(L)/放弃(U)/宽度(W)]: w↙

指定起点宽度 <0.0000>: ↙

指定端点宽度 <0.0000>: 2↙

指定下一个点或 [圆弧(A)/半宽(H)/长度(L)/放弃(U)/宽度(W)]:  L↙

定直线的长度: 80↙

指定下一个点或 [圆弧(A)/半宽(H)/长度(L)/放弃(U)/宽度(W)]: A↙

指定圆弧的端点或[角度(A)/圆心(CE)/闭合(CL)/方向(D)/半宽(H)/直线(L)/半径(R)/第二个点(S)/放弃(U)/宽度(W)]: a↙

指定包含角: 45↙（指定圆弧包含的圆心角）

指定圆弧的端点或 [圆心(CE)/半径(R)]: r↙

指定圆弧的半 径: 50↙（指定半径值）

指定圆弧的弦方向 <260>: 60↙（指定圆弧弦的方向）

指定圆弧的端点或[角度(A)/圆心(CE)/闭合(CL)/方向(D)/半宽(H)/直线(L)/半径(R)第二个点(S)/放弃(U)/宽度(W)]: h↙

指定起点半宽 <1.0000>: ↙

指定端点半宽 <1.0000>: 2↙

指定圆弧的端点或[角度(A)/圆心(CE)/闭合(CL)/方向(D)/半宽(H)/直线(L)/半径(R)/第二个点(S)/放弃(U)/宽度(W)]: ce↙

指定圆弧的圆心: 110,220↙（指定中心点位置）

指定圆弧的端点或 [角度(A)/长度(L)]: L↙（指定圆弧的圆心角/弦长/<终点>）

指定弦长: 60↙（指定弦长）

指定圆弧的端点或[角度(A)/圆心(CE)/闭合(CL)/方向(D)/半宽(H)/直线(L)/半径(R)/第二个点(S)/放弃(U)/宽度(W)]: d↙

指定圆弧的起点切向: 0↙（指定从起点开始的方向角度）

指定圆弧的端点: 60，180↙ （指定圆弧终点）

指定下一个点或 [圆弧(A)/半宽(H)/长度(L)/放弃(U)/宽度(W)]:  ↙

指定圆弧的端点或[角度(A)/圆心(CE)/闭合(CL)/方向(D)/半宽(H)/直线(L)/半径(R)/第二个点(S)/放弃(U)/宽度(W)]: cl↙

绘制结果如图 3-1 所示。

## 3.2 样条曲线

AutoCAD 使用一种称为非一致有理B样条(NURBS) 曲线的特殊样条曲线类型。

NURBS 曲线在控制点之间产生一条光滑的曲线如图3-2所示。样条曲线可用于创建形状不规则的曲线，例如为地理信息系统 (GIS) 应用或汽车设计绘制轮廓线。

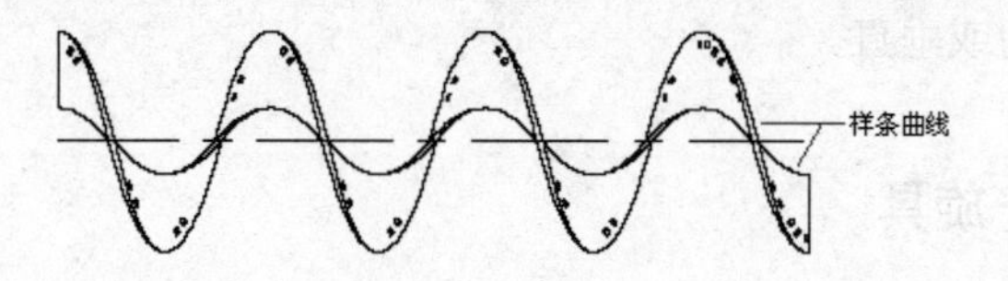


图 3-2　样条曲线

## 3. 2. 1　绘制样条曲线

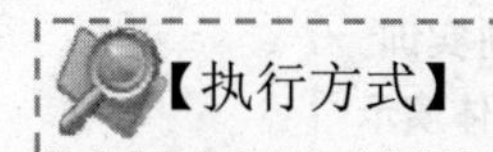

【执行方式】

命令行：SPLINE

菜单栏：绘图→样条曲线

工具栏：绘图→样条曲线

功能区：“默认”选项卡中“绘图”面板上的“样条曲线”按钮

【操作步骤】

命令：SPLINE↙

当前设置：方式=拟合　　节点=弦

指定第一个点或［方式(M)/节点(K)/对象(O)]：(指定一点或选择“对象(O)”选项)

输入下一个点或［起点切向(T)/公差(L)]：(指定一点)

输入下一个点或 [端点相切(T)/公差(L)/放弃(U)/闭合(C)]:

【选项说明】

（1）方式（M）：控制是使用拟合点还是使用控制点来创建样条曲线。选项会因您选择的是使用拟合点创建样条曲线的选项还是使用控制点创建样条曲线的选项而异。

（2）节点(K)：指定节点参数化，它会影响曲线在通过拟合点时的形状（SPLKNOTS 系统变量）。

（3）对象（O）：将二维或三维的二次或三次样条曲线拟合多段线转换为等价的样条曲线，然后（根据 DELOBJ系统变量的设置）删除该多段线。

（4）起点相切(T)：基于切向创建样条曲线。

（5）公差(L)：指定距样条曲线必须经过的指定拟合点的距离。公差应用于除起点和端点外的所有拟合点。

（6）端点相切(T)：停止基于切向创建曲线。可通过指定拟合点继续创建样条曲线。

选择“端点相切”后，将提示您指定最后一个输入拟合点的最后一个切点。

（7）闭合（C）：将最后一点定义为与第一点一致，并使它在连接处相切，这样可以闭合样条曲线。选择该项，系统继续提示：

指定切向:（指定点或按 Enter 键）

用户可以指定一点来定义切向矢量，或者使用“切点”和“垂足”对象捕捉模式使样条曲线与现有对象相切或垂直。

### 3.2.2 实例——旋具

绘制如图 3-3 所示的旋具。

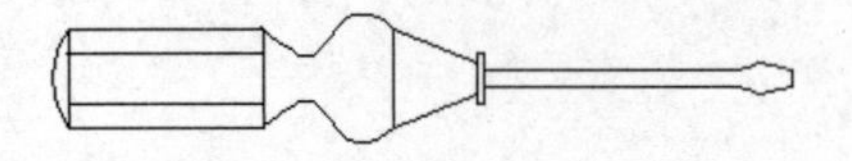

图 3-3 旋具

**实讲实训**
**多媒体演示**

多媒体演示参见配套光盘中的\\动画演示\第 3 章\旋具.avi。

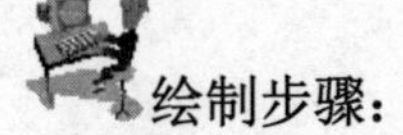

**绘制步骤:**

**01** 单击“绘图”工具栏中的“矩形”按钮、“直线”按钮、和“圆弧”按钮。绘制旋具左部把手。命令行提示与操作如下:

命令: REC↙ （矩形命令 RECTANG 的缩写名）

指定第一个角点或 [倒角(C)/标高(E)/圆角(F)/厚度(T)/宽度(W)]: 45,180↙

指定另一个角点: 170,120↙

命令:L↙

指定第一点: 45,166↙

指定下一点或 [放弃(U)]: @125<0↙

指定下一点或 [放弃(U)]: ↙

同样方法绘制直线，端点坐标是（45,134）、(@125<0)。

命令: A↙ （圆弧命令 ARC 的缩写名）

指定圆弧的起点或 [圆心(C)]: 45,180↙

指定圆弧的第二点或 [圆心(C)/端点(E)]: 35,150↙（给出圆弧上的第二点的坐标值）

指定圆弧的端点: 45,120↙（给出圆弧的端点的坐标值）

绘制的图形如图 3-4 所示。

**02** 单击“绘图”工具栏中的“直线”按钮和“样条曲线”按钮，绘制旋具的中间部分。命令行提示与操作如下:

命令: SPLINE↙

当前设置: 方式=拟合 节点=弦

指定第一个点或 [方式(M)/节点(K)/对象(O)]: 170,180↙

输入下一个点或 [起点切向(T)/公差(L)]: 192,165↙

输入下一个点或 [端点相切(T)/公差(L)/放弃(U)/闭合(C)]: 225,187↙

输入下一个点或 [端点相切(T)/公差(L)/放弃(U)/闭合(C)]: 255,180↙

输入下一个点或 [端点相切(T)/公差(L)/放弃(U)/闭合(C)]:↙

命令: SPLINE↙

当前设置: 方式=拟合　节点=弦

指定第一个点或 [方式(M)/节点(K)/对象(O)]: 170,120↙

输入下一个点或 [起点切向(T)/公差(L)]: 192,135↙

输入下一个点或 [端点相切(T)/公差(L)/放弃(U)/闭合(C)]:225,113↙

输入下一个点或 [端点相切(T)/公差(L)/放弃(U)/闭合(C)]:255,120↙

输入下一个点或 [端点相切(T)/公差(L)/放弃(U)/闭合(C)]:↙

**03** 单击“绘图”工具栏中的“直线线”按钮。绘制连续线段，端点坐标分别是(255,180)、(308,160)、(@5<90)、(@5<0)、(@30<-90)、(@5<-180)、(@5<90)、(255,120)、(255,180)，接着利用直线命令绘制另一线段，端点坐标分别是(308,160)、(@20<-90)。绘制完此步后的图形如图3-5所示。

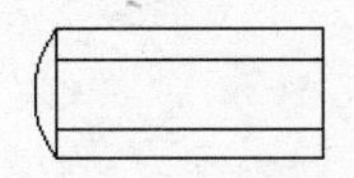

图 3-4　绘制旋具左部把手

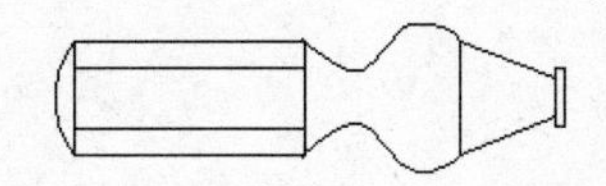

图 3-5　绘制完旋具中间部分后的图形

**04** 单击“绘图”工具栏中的“多段线”按钮，绘制旋具的右部。命令行提示与操作如下：

命令: PLINE↙　(绘制多段线)

指定起点: 313,155↙（给出多段线起点的坐标值）

当前线宽为 0.0000

指定下一点或 [圆弧(A)/闭合(C)/半宽(H)/长度(L)/放弃(U)/宽度(W)]: @162<0↙（用相对极坐标给出多段线下一点的坐标值）

指定下一点或 [圆弧(A)/闭合(C)/半宽(H)/长度(L)/放弃(U)/宽度(W)]: a↙（转为画圆弧的方式）

指定圆弧的端点或[角度(A)/圆心(CE)/闭合(CL)/方向(D)/半宽(H)/直线(L)/半径(R)/第二点(S)/放弃(U)/宽度(W)]: 490,160↙（给出圆弧的端点坐标值）

指定圆弧的端点或[角度(A)/圆心(CE)/闭合(CL)/方向(D)/半宽(H)/直线(L)/半径(R)/第二点(S)/放弃(U)/宽度(W)]: ↙（退出）

命令: ↙

指定起点: 313,145↙

当前线宽为 0.0000

指定下一点或 [圆弧(A)/闭合(C)/半宽(H)/长度(L)/放弃(U)/宽度(W)]: @162<0↙

指定下一点或 [圆弧(A)/闭合(C)/半宽(H)/长度(L)/放弃(U)/宽度(W)]: a↙

指定圆弧的端点或[角度(A)/圆心(CE)/闭合(CL)/方向(D)/半宽(H)/直线(L)/半径(R)/第二点(S)/放弃(U)/宽度(W)]: 490,140↙

指定圆弧的端点或[角度(A)/圆心(CE)/闭合(CL)/方向(D)/半宽(H)/直线(L)/半径(R)/第二点(S)/放弃(U)/宽度(W)]: l↙（转为直线方式）

指定下一点或 [圆弧(A)/闭合(C)/半宽(H)/长度(L)/放弃(U)/宽度(W)]: 510,145↙

指定下一点或 [圆弧(A)/闭合(C)/半宽(H)/长度(L)/放弃(U)/宽度(W)]: @10<90↙

指定下一点或 [圆弧(A)/闭合(C)/半宽(H)/长度(L)/放弃(U)/宽度(W)]: 490,160↙

指定下一点或 [圆弧(A)/闭合(C)/半宽(H)/长度(L)/放弃(U)/宽度(W)]: ↙

结果如图3-3所示。

## 3.3 多线

多线是一种复合线，由连续的直线段复合组成。这种线的一个突出的优点是能够提高绘图效率，保证图线之间的统一性。

### 3.3.1 绘制多线

【执行方式】

命令行：MLINE

菜单栏：绘图→多线

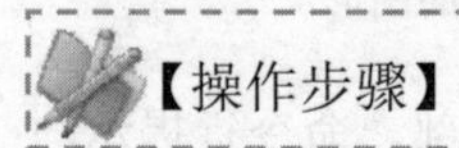【操作步骤】

命令：MLINE↙

当前设置：对正 = 上，比例 = 20.00，样式 = STANDARD

指定起点或 [对正(J)/比例(S)/样式(ST)]：(指定起点)

指定下一点：(给定下一点)

指定下一点或 [放弃(U)]：(给定下一点绘制线段。输入“U”，则放弃前一段的绘制；单击鼠标右键或按回车键，结束命令)

指定下一点或 [闭合(C)/放弃(U)]：(给定下一点绘制线段。输入“C”，则闭合线段，结束命令)

【选项说明】

（1）对正（J）：该项用于给定绘制多线的基准。共有三种对正类型“上”“无”和“下”。其中，“上（T）”表示以多线上侧的线为基准，依次类推。

（2）比例（S）：选择该项，要求用户设置平行线的间距。输入值为零时平行线重合，值为负时多线的排列倒置。

（3）样式（ST）：该项用于设置当前使用的多线样式。

### 3.3.2 定义多线样式

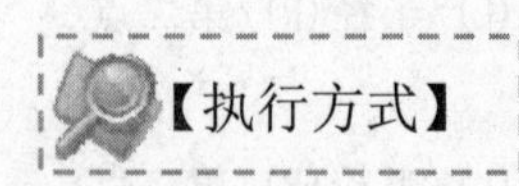【执行方式】

命令行：MLSTYLE

【操作步骤】

命令:MLSTYLE↙

系统自动执行该命令，打开如图3-6所示的“多线样式”对话框。在该对话框中，用户可以对多线样式进行定义、保存和加载等操作。下面通过定义一个新的多线样式来介绍该对话框的使用方法。欲定义的多线样式由三条平行线组成，中心轴线为紫色的中心线，其余两条平行线为黑色实线，相对于中心轴线上、下各偏移0.5。步骤如下：

（1）在“多线样式”对话框中单击“新建”按钮，打开如图3-7所示的“创建新的多线样式”对话框，在对话框中的“名称”中键入“THREE”。

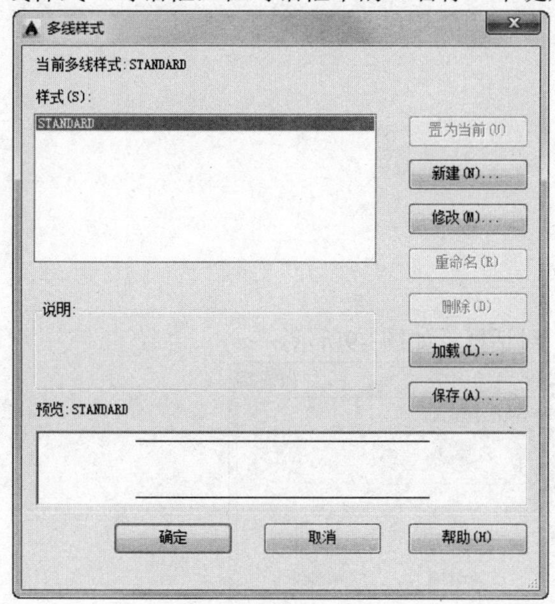


图 3-6 “多线样式”对话框

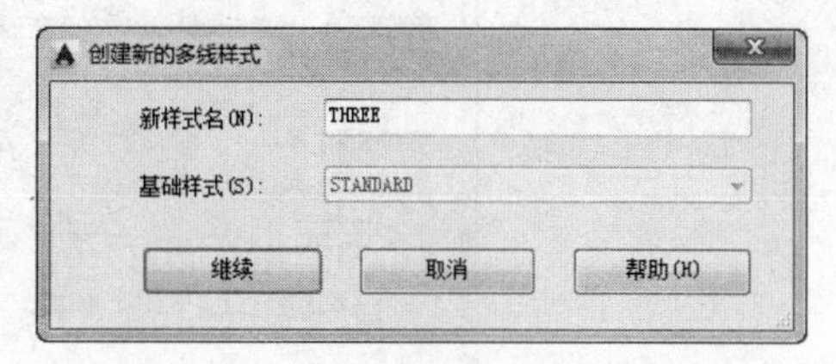


图 3-7 “创建新的多线样式”对话框

（2）单击“继续”按钮，打开如图3-8 所示的“新建多线样式：THREE”对话框。

图 3-8 “新建多线样式：THREE”对话框

（3）选择偏移为0的图元，单击“颜色”按钮，在打开的“颜色”对话框中选择“红”并返回。

（4）单击“线型”按钮，在打开的线型对话框中单击“加载”按钮，打开“加载或重载线型”对话框，选择CENTER线型，确定返回。

（5）单击“确定”按钮，返回到“新建多线样式：THREE”对话框。

（6）单击“保存”按钮，则将新定义的多线样式保存到文件“acad.mln”，单击“确定”按钮，则将“THREE”添加到多线样式列表中。

## 3.3.3 编辑多线

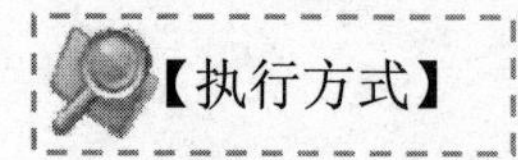

【执行方式】

命令行：MLEDIT

菜单栏：修改→对象 →多线

【操作步骤】

调用该命令后，打开“多线编辑工具”对话框，如图3-9所示。

图 3-9 “多线编辑工具”对话框

利用该对话框，可以创建或修改多线的模式。对话框中分四列显示了示例图形。其中，第一列管理十字交叉形式的多线，第二列管理T形多线，第三列管理拐角接合点和节点，第四列管理多线被剪切或连接的形式。

单击选择某个示例图形，然后单击“确定”按钮，就可以调用该项编辑功能。

下面介绍以“十字打开”为例介绍多线编辑方法:把选择的两条多线进行打开交叉。选择该选项后，出现如下提示：

选择第一条多线：(选择第一条多线)

选择第二条多线：(选择第二条多线)

选择完毕后，第二条多线被第一条多线横断交叉。系统继续提示：

选择第一条多线：

可以继续选择多线进行操作。选择“放弃（U）”功能会撤消前次操作。操作过程和执行结果如图3-10所示。

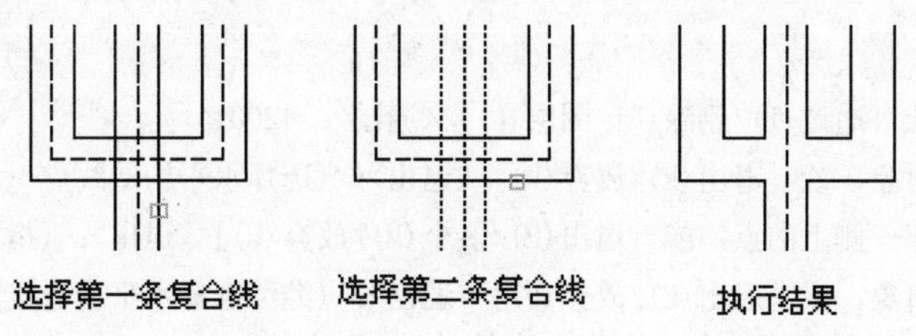


图 3-10　十字打开

## 3.3.4　实例——墙体

绘制如图 3-11 所示的墙体。

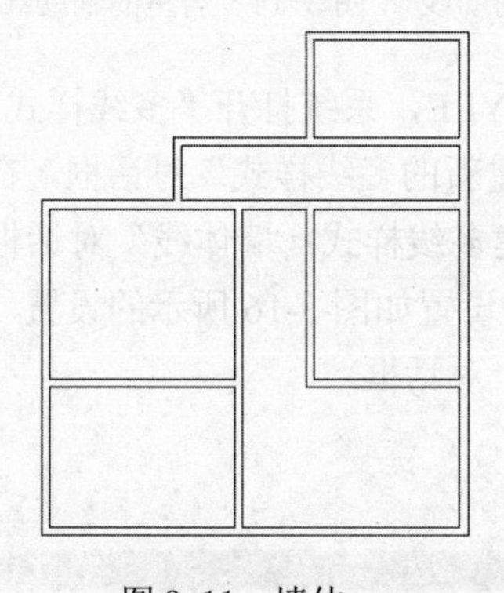

图 3-11　墙体

**实讲实训**
**多媒体演示**

多媒体演示参见配套光盘中的\\动画演示\第 3 章\墙体.avi。

**绘制步骤：**

**01** 单击“绘图”工具栏中的“构造线”按钮，绘制辅助线。命令行提示与操作如下：

命令：XLINE↙

指定点或 [水平(H)/垂直(V)/角度(A)/二等分(B)/偏移(O)]：(指定一点)

指定通过点：(指定水平方向一点)

指定通过点:↙

命令：XLINE↙

指定点或 [水平(H)/垂直(V)/角度(A)/二等分(B)/偏移(O)]: (指定一点)

指定通过点: (指定垂直方向一点)

指定通过点: ↙

绘制出一条水平构造线和一条竖直构造线，组成“十”字构造线，如图 3-12 所示。继续绘制辅助线，单击“默认”选项卡中“修改”面板上的“偏移”按钮，命令行提示与操作如下：

命令: OFFSET↙

指定偏移距离或 [通过(T)/删除(E)/图层(L)] <通过>: 4200↙

选择要偏移的对象，或 [退出(E)/放弃(U)] <退出>: (选择水平构造线)

指定要偏移的那一侧上的点，或 [退出(E)/多个(M)/放弃(U)] <退出>: (指定上边一点)

选择要偏移的对象，或 [退出(E)/放弃(U)] <退出>: (继续选择水平构造线)

相同方法，将偏移得到的水平构造线依次向上偏移5100、1800和3000，绘制的水平构造线如图3-13所示。同样方法绘制垂直构造线，向右偏移依次是3900、1800、2100和4500，结果如图3-14所示。

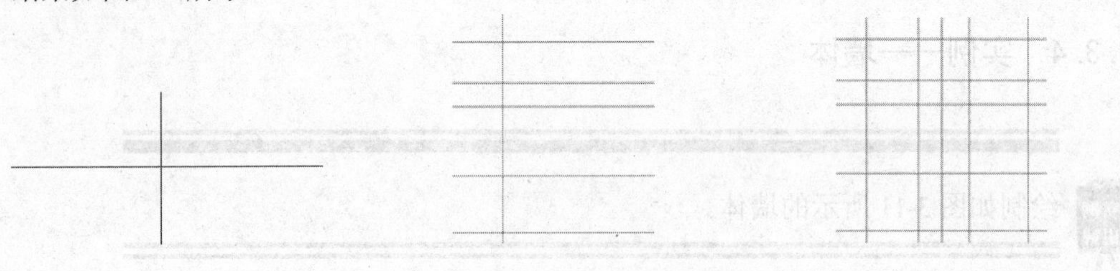

图 3-12 “十”字构造线　　图 3-13 水平方向的主要辅助线　　图 3-14 居室的辅助线网格

**02** 定义多线样式。在命令行输入命令 MLSTYLE，系统打开“多线样式”对话框，如图 3-15 所示。单击“新建”按钮，系统打开“创建新的多线样式”对话框，在“新样式名”中输入墙体线，单击“确定”按钮，打开“新建多线样式：墙体线”对话框，把其中的图元偏移量设为 120 和-120，在“封口”选项组中设置如图 3-16 所示的设置。把“墙体线”置为当前，确认退出。并确认退出“多线样式”对话框。

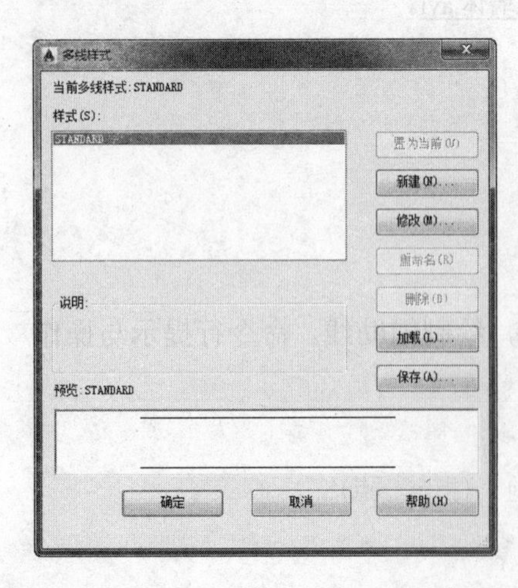


图 3-15 “多线样式”对话框　　　　图 3-16 “新建多线特性”对话框

**03** 绘制多线墙体。命令行提示与操作如下：

命令：MLINE↙

当前设置：对正 = 上，比例 = 20.00，样式 = 墙体线

指定起点或 [对正(J)/比例(S)/样式(ST)]： S↙

输入多线比例 <20.00>： 1↙

当前设置：对正 = 上，比例 = 1.00，样式 = 墙体线

指定起点或 [对正(J)/比例(S)/样式(ST)]： J↙

输入对正类型 [上(T)/无(Z)/下(B)] <上>： Z↙

当前设置：对正 = 无，比例 = 1.00，样式 = 墙体线

指定起点或 [对正(J)/比例(S)/样式(ST)]：(在绘制的辅助线交点上指定一点)

指定下一点：（在绘制的辅助线交点上指定下一点）

指定下一点或 [放弃(U)]：（在绘制的辅助线交点上指定下一点）

指定下一点或 [闭合(C)/放弃(U)]：（在绘制的辅助线交点上指定下一点）

……

指定下一点或 [闭合(C)/放弃(U)]:C↙

相同方法根据辅助线网格绘制多线，绘制结果如图 3-17 所示。

**04** 编辑多线。选择菜单栏中的“修改”→“对象”→“多线”命令，系统打开“多线编辑工具”对话框，如图 3-18 所示。选择其中的“T 形合并”选项，确认后，命令行提示与操作如下：

命令：MLEDIT↙

选择第一条多线：(选择多线)

选择第二条多线：(选择多线)

选择第一条多线或 [放弃(U)]：(选择多线)

……

选择第一条多线或 [放弃(U)]： ↙

使用其他多线编辑工具继续进行多线编辑，编辑的最终结果如图 3-11 所示。

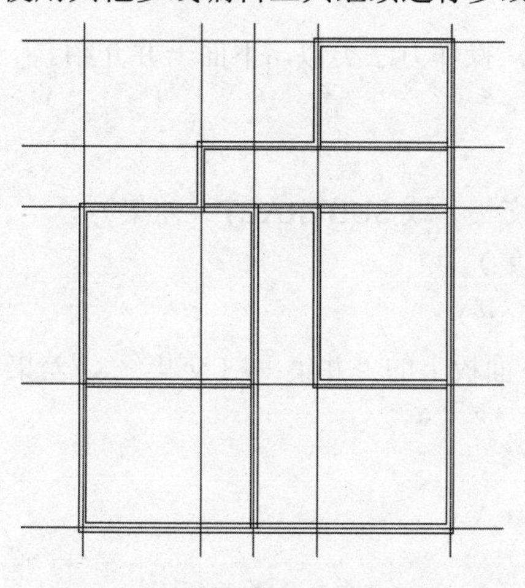

图 3-17　全部多线绘制结果

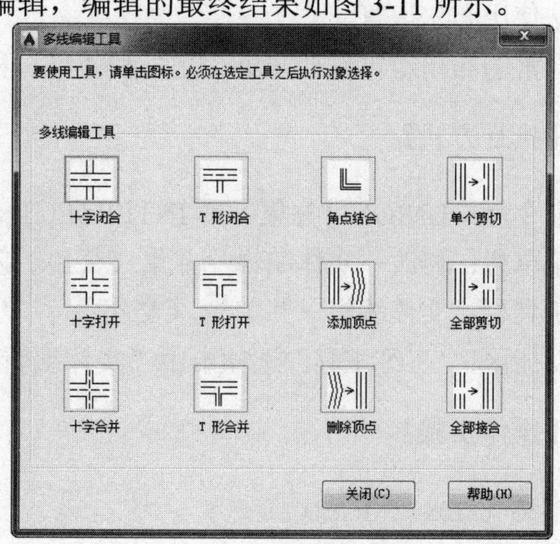


图 3-18　“多线编辑工具”对话框

# 3.4 面域

面域是具有边界的平面区域，内部可以包含孔。在AutoCAD 2015中，用户可以将由某些对象围成的封闭区域转变为面域，这些封闭区域可以是圆、椭圆、封闭二维多段线和封闭的样条曲线等对象，也可以是由圆弧、直线、二维多段线和样条曲线等对象构成的封闭区域。

## 3.4.1 创建面域

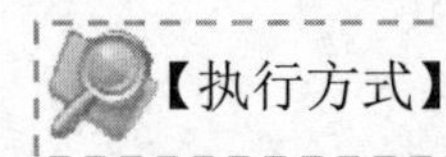
【执行方式】

命令行：REGION
菜单栏：绘图→面域
工具栏：绘图→面域
功能区："默认"选项卡中的"绘图"面板上的"面域"按钮

【操作步骤】

命令：REGION↙
选择对象：

选择对象后，系统自动将所选择的对象转换成面域。

## 3.4.2 面域的布尔运算

布尔运算是数学上的一种逻辑运算，用在AutoCAD绘图中，能够极大地提高绘图的效率。需要注意的是，布尔运算的对象只包括实体和共面的面域，对于普通的线条图形对象无法使用布尔运算。

通常的布尔运算包括并集、交集和差集三种，操作方法类似，下面一并介绍。

【执行方式】

命令行：UNION（并集）或INTERSECT（交集）或SUBTRACT（差集）
菜单栏：修改→实体编辑→并集（交集、差集）
工具栏：实体编辑→并集（交集、差集）
功能区："三维工具"选项卡中"实体编辑"面板上的"并集（交集、差集）"

【操作步骤】

命令：UNION（INTERSECT）↙
选择对象：

选择对象后，系统对所选择的面域做并集（交集）计算。

命令：SUBTRACT↙

选择对象：(选择差集运算的主体对象)

选择对象：(右键单击结束)

选择对象：(选择差集运算的参照体对象)

选择对象：(右键单击结束)

选择对象后，系统对所选择的面域做差集计算。运算逻辑是主体对象减去与参照体对象重叠的部分。

布尔运算的结果如图 3-19 所示。

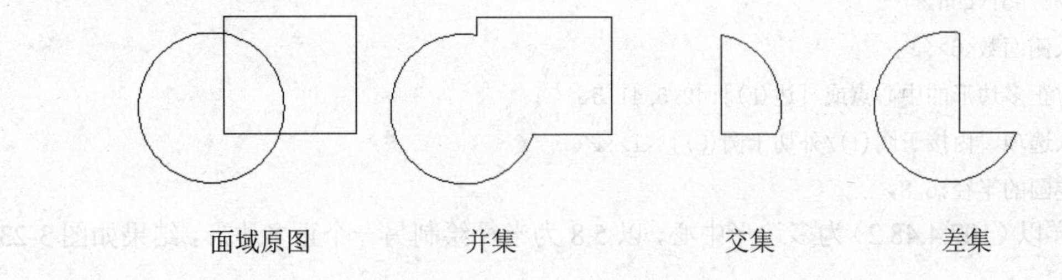


图 3-19 布尔运算的结果

### 3.4.3 实例——扳手

利用布尔运算绘制如图 3-20 所示的扳手。

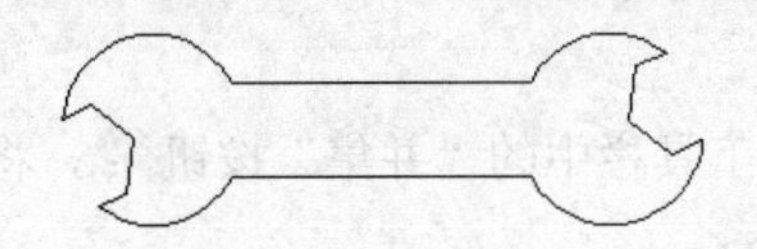

图 3-20 扳手平面图

**实讲实训**
**多媒体演示**

多媒体演示参见配套光盘中的\\动画演示\第3章\扳手.avi。

**绘制步骤：**

**01** 单击“绘图”工具栏中的“矩形”按钮，绘制矩形。命令行提示与操作如下：

命令:rectangle↙

指定第一个角点或 [倒角(C)/标高(E)/圆角(F)/厚度(T)/宽度(W)]: 50,50↙

指定另一个角点或 [尺寸(D)]: 100,40↙

结果如图 3-21 所示。

**02** 单击“绘图”工具栏中的“圆”按钮，绘制圆。命令行提示与操作如下：

命令: circle↙

指定圆的圆心或 [三点(3P)/两点(2P)/切点、切点、半径(T)]: 50,45↙

指定圆的半径或 [直径(D)]: 10↙

同样以（100,45）为圆心，以 10 为半径绘制另一个圆，结果如图 3-22 所示。

图 3-21　绘制矩形　　　　图 3-22　绘制圆

**03** 单击“绘图”工具栏中的“多边形”按钮，绘制正六边形。命令行提示与操作如下：

```
命令: polygon↙
输入侧面数<6>:↙
指定正多边形的中心点或 [边(E)]:42.5,41.5↙
输入选项 [内接于圆(I)/外切于圆(C)] <I>:↙
指定圆的半径:5.8↙
```

同样以（107.4,48.2）为多边形中心，以 5.8 为半径绘制另一个正多边形，结果如图 3-23 所示。

**04** 单击“绘图”工具栏中的“面域”按钮，将所有图形转换成面域。命令行提示与操作如下：

```
命令: _region↙
选择对象:(依次选择矩形、多边形和圆)
……
找到 5 个
选择对象: ↙
已提取 5 个环。
已创建 5 个面域。
```

**05** 单击“建模”或“实体编辑”工具栏中的“并集”按钮，将矩形分别与两个圆进行并集处理。命令行提示与操作如下：

```
命令：UNION↙
选择对象:(选择矩形)
选择对象:(选择一个圆)
选择对象:(选择另一个圆)
选择对象: ↙
```

并集处理结果如图 3-24 所示。

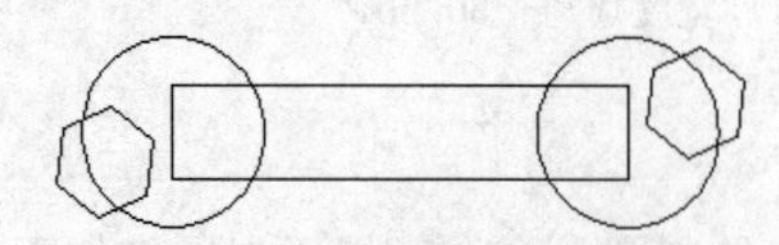

图 3-23　绘制正多边形

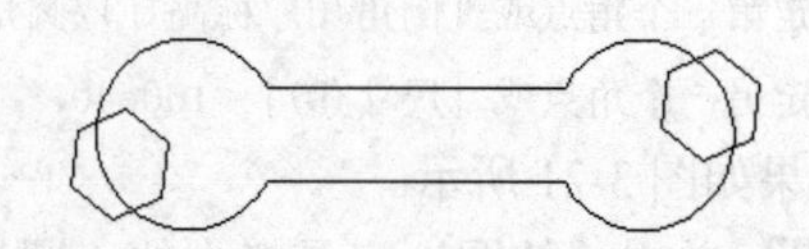

图 3-24　并集处理

**06** 单击“建模”工具栏中的“差集”按钮，以并集对象为主体对象，多边形为参照体，进行差集处理。命令行提示与操作如下：

命令: _subtract

选择要从中减去的实体或面域...

选择对象:（选择并集对象）

找到 1 个

选择对象: ↙

选择要减去的实体或面域 ..

选择对象:（选择一个多边形）

选择对象:（选择另一个多边形）

选择对象: ↙

结果如图 3-20 所示。

## 3.5 图案填充

当用户需要用一个重复的图案(pattern)填充一个区域时，可以使用 BHATCH 命令建立一个相关联的填充阴影对象，即所谓的图案填充。

### 3.5.1 基本概念

1. 图案边界

当进行图案填充时，首先要确定填充图案的边界。定义边界的对象只能是直线、双向射线、单向射线、多线、样条曲线、圆弧、圆、椭圆、椭圆弧、面域等对象或用这些对象定义的块，而且作为边界的对象在当前屏幕上必须全部可见。

2. 孤岛

在进行图案填充时，我们把位于总填充域内的封闭区域称为孤岛，如图 3-25 所示。在用 BHATCH 命令填充时，AutoCAD 允许用户以点取点的方式确定填充边界，即在希望填充的区域内任意点取一点，AutoCAD 会自动确定出填充边界，同时也确定该边界内的岛。如果用户是以点取对象的方式确定填充边界的，则必须确切地点取这些岛，有关知识将在下一节中介绍。

3. 填充方式

在进行图案填充时，需要控制填充的范围，AutoCAD 系统为用户设置了以下三种填充方式实现对填充范围的控制：

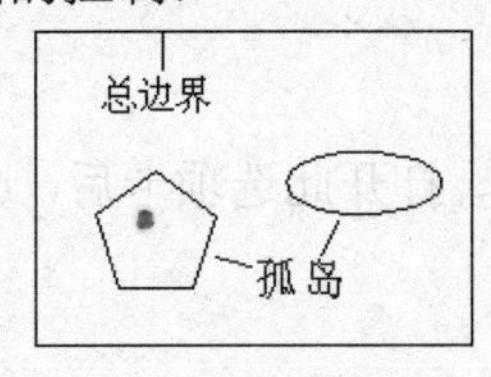


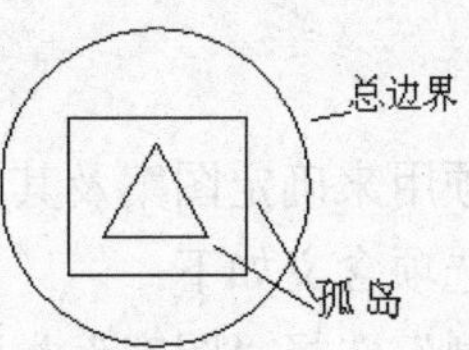


图 3-25 孤岛

（1）普通方式：如图 3-26a 所示，该方式从边界开始，由每条填充线或每个填充符号的两端向里画，遇到内部对象与之相交时，填充线或符号断开，直到遇到下一次相交时再继续画。采用这种方式时，要避免剖面线或符号与内部对象的相交次数为奇数。该方式为系统内部的默认方式。

（2）最外层方式：如图 3-26b 所示，该方式从边界向里画剖面符号，只要在边界内部与对象相交，剖面符号由此断开，而不再继续画。

（3）忽略方式：如图 3-27 所示，该方式忽略边界内的对象，所有内部结构都被剖面符号覆盖。

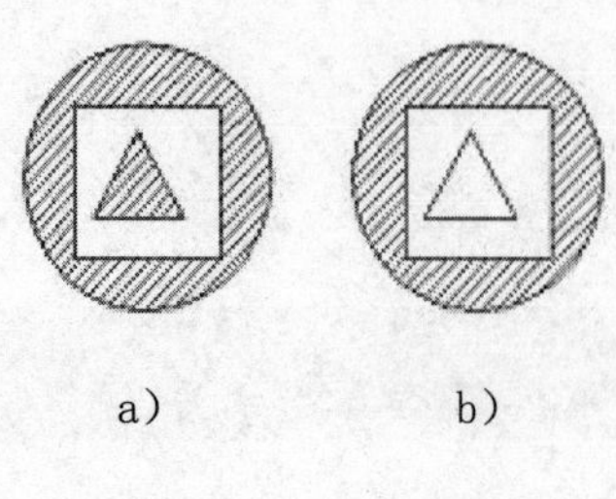


图 3-26　填充方式

图 3-27　忽略方式

## 3.5.2　图案填充的操作

【执行方式】

命令行：BHATCH

菜单栏：绘图→图案填充

工具栏：绘图→图案填充或绘图→渐变色

功能区：单击“默认”选项卡“绘图”面板上的“图案填充”按钮。

【操作步骤】

执行上述命令后系统打开图 3-28 所示的对话框，各选项组和按钮含义：

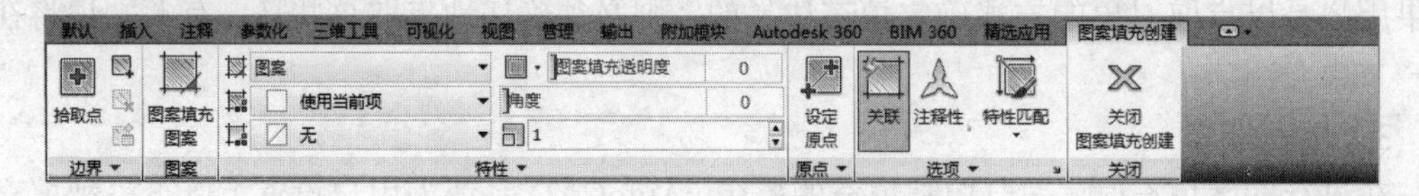


图 3-28　“图案填充创建”选项卡

1.“特性”面板

此选项卡中的各选项用来确定图案及其参数，打开此选项卡后，选择如图 3-28 中的“特性”面板，其中各选项含义如下：

（1）“图案填充类型”选择“图案”类型。

1）“图案填充类型”下拉列表框：用于确定填充图案的类型及图案。“用户定义”选项表示用户要临时定义填充图案，与命令行方式中的“U”选项作用相同；“自定义”选项表示选用 ACAD.PAT 图案文件或其他图案文件（.PAT 文件）中的图案填充；“预定义”

选项表示用 AutoCAD 标准图案文件（ACAD.PAT 文件）中的图案填充。

2）“图案填充颜色”下拉列表框：使用填充图案和实体填充的指定颜色替代当前颜色。

3）“背景色”下拉列表框：指定填充图案的背景色。

4）“角度”文本框：用于确定填充图案时的旋转角度。每种图案在定义时的旋转角度为 0，用户可以在“角度”文本框中设置所希望的旋转角度。

5）“比例”文本框：用于确定填充图案的比例值。每种图案在定义时的初始比例为 1，用户可以根据需要放大或缩小，其方法是在“比例”文本框中输入相应的比例值。

6）“双向”复选框：用于确定用户临时定义的填充线是一组平行线，还是相互垂直的两组平行线。只有在“图案填充类型”下拉列表框中选择“用户定义”类型时，该项才可以使用。

7）“相对图纸空间”按钮：相对于图纸空间单位缩放填充图案。

8）“间距”文本框：设置线之间的间距，在“间距”文本框中输入值即可。

9）“ISO 笔宽”下拉列表框：用于告诉用户根据所选择的笔宽确定与 ISO 有关的图案比例。只有选择了已定义的 ISO 填充图案后，才可确定它的内容。

（2）“图案填充类型”选择“渐变色”类型。

渐变色是指从一种颜色到另一种颜色的平滑过渡。渐变色能产生光的视觉感受，可为图形添加视觉立体效果。“图案填充类型”选择“渐变色”选项，如图 3-29 所示，其中各选项含义如下。

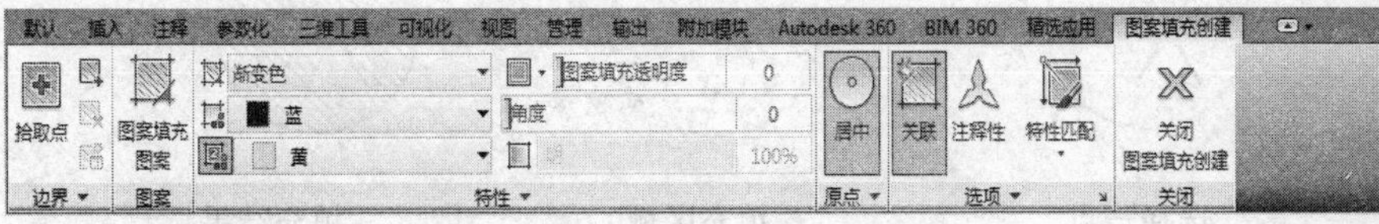

图 3-29 “渐变色”选项卡

1）“渐变色 1”按钮：应用单色对所选对象进行渐变填充。系统打开“选择颜色”对话框，如图 3-30 所示，该对话框将在第 5 章详细介绍。

2）“渐变色 2”按钮：应用双色对所选对象进行渐变填充。填充颜色从颜色 1 渐变到颜色 2，颜色 1 和颜色 2 的选择与单色选择相同。

3）“填充图案透明度”文本框：显示图案填充透明度的当前值，或接受替代图案填充透明度的值。

4）“角度”文本框：在该下拉列表框中选择的角度为渐变色倾斜的角度。

5）“渐变明暗”按钮：启用或禁用单色渐变明暗的选项。

2.“原点”面板

控制填充图案生成的起始位置。此图案填充（如砖块图案）需要与图案填充边界上的一点对齐。默认情况下，所有图案填充原点都对应于当前的 UCS 原点。也可以选择“指定的原点”单选钮，以及设置下面一级的选项重新指定原点。

3.“图案”面板

“图案填充图案”显示框：用于给出一个样本图案。可以单击该按钮，迅速查看或选择已有的填充图案，如图 3-31 所示。

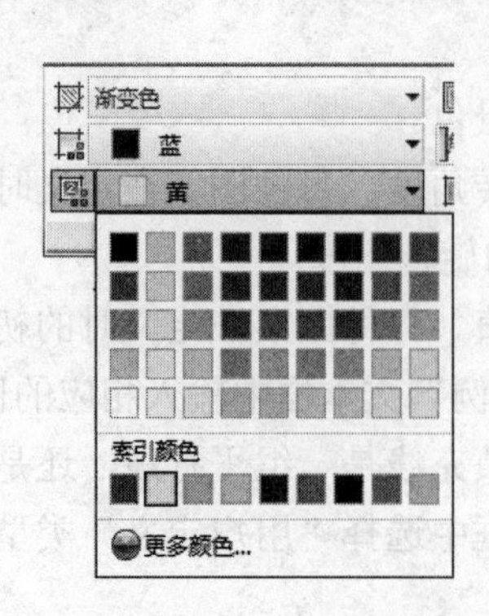


图 3-30 “选择颜色”对话框

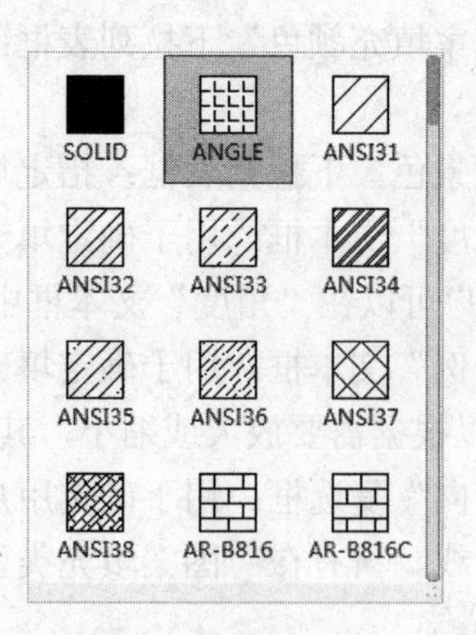


图 3-31 图案列表

4.“边界”面板

（1）“拾取点”按钮：以拾取点的方式自动确定填充区域的边界。在填充的区域内任意拾取一点，系统会自动确定包围该点的封闭填充边界，并且高亮度显示，如图 3-32 所示。

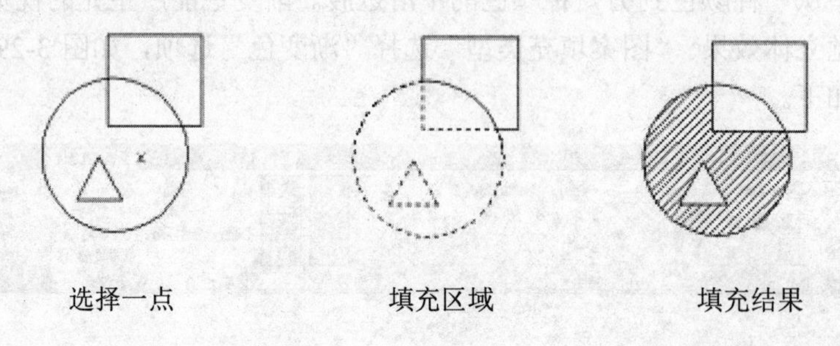


图 3-32 边界确定

（2）“选择边界对象”按钮：以选取对象的方式确定填充区域的边界。可以根据需要选取构成填充区域的边界。同样，被选择的边界也会以高亮度显示（如图 3-33 所示）。

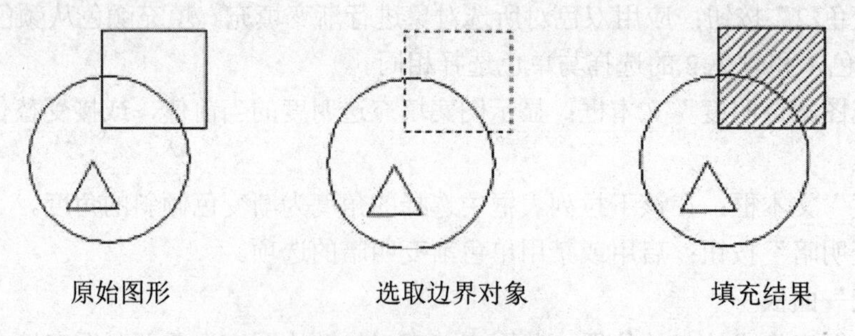


图 3-33 选取边界对象

（3）“删除边界对象”按钮：从边界定义中删除以前添加的任何对象（如图 3-34 所示）。

（4）“重新创建边界”按钮：围绕选定的图案填充或填充对象创建多段线或面域。

（5）“显示边界对象”按钮：观看填充区域的边界。点取该按钮，AutoCAD临时切换到作图屏幕，将所选择的作为填充边界的对象以高亮度方式显示。只有通过“拾取点”按钮或“选择对象”按钮选取了填充边界，“查看选择集”按钮才可以使用。

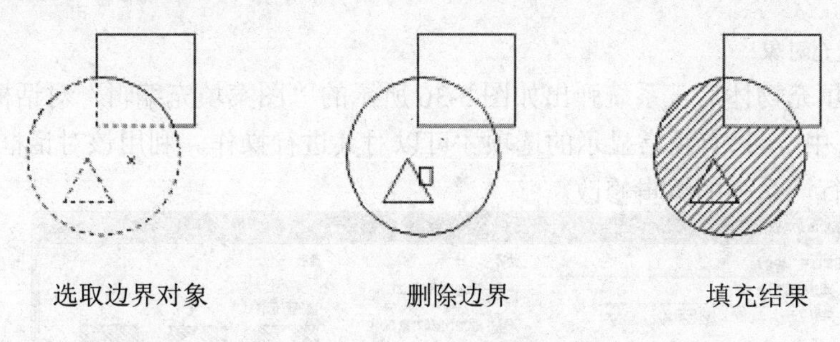

选取边界对象　　删除边界　　填充结果

图3-34　废除“岛”后的边界

5.“选项”面板

（1）“注释性”按钮：此特性会自动完成缩放注释过程，从而使注释能够以正确的大小在图纸上打印或显示。

（2）“关联”按钮：用于确定填充图案与边界的关系。勾选该复选框，则填充的图案与填充边界保持关联关系，即图案填充后，当用钳夹（Grips）功能对边界进行拉伸等编辑操作时，系统会根据边界的新位置重新生成填充图案。

（3）“创建独立的图案填充”按钮：当指定了几个独立的闭合边界时，控制是创建单个图案填充对象，还是多个图案填充对象，如图3-35所示。

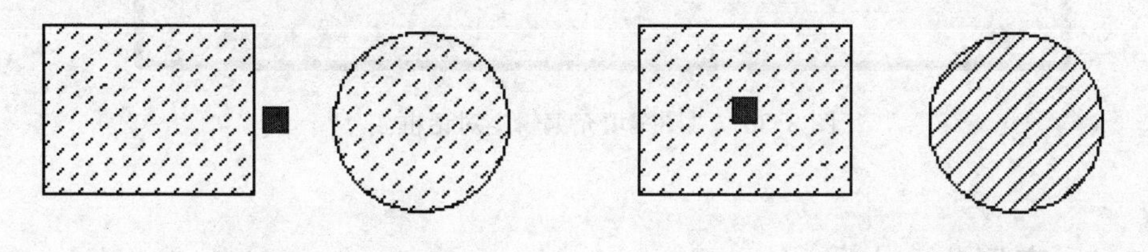

不独立，选中时是一个整体　　独立，选中时不是一个整体

图3-35　独立与不独立

（4）“外部孤岛检测”下拉列表框：相对于图案填充拾取点的位置，仅填充外部图案填充边界和任何内部孤岛之间的区域。

### 3.5.3　编辑填充的图案

利用HATCHEDIT命令可以编辑已经填充的图案。

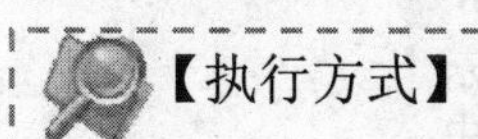

【执行方式】

命令行：HATCHEDIT

菜单栏：修改→对象→图案填充

功能区：“默认”选项卡中“修改”面板上的“图案填充”按钮

【操作步骤】

执行上述命令后，AutoCAD 会给出下面提示：

选择关联填充对象:

选取关联填充物体后，系统弹出如图 3-36 所示的“图案填充编辑”对话框。

在图 3-36 中 ，只有正常显示的选项才可以对其进行操作。利用该对话框，可以对已弹出的图案进行一系列的编辑修改。

图 3-36 “图案填充编辑”对话框

## 3.5.4 实例——小屋

用所学二维绘图命令绘制图 3-37 所示的小屋。

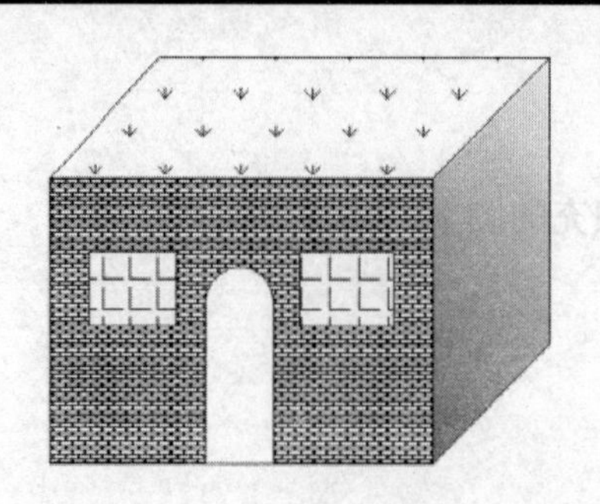

图 3-37 田间小屋

**实讲实训**
**多媒体演示**

多媒体演示参见配套光盘中的\\动画演示\第 3 章\小屋.avi。

**绘制步骤：**

**01** 单击“绘图”工具栏中的“矩形”按钮和“直线”按钮，绘制房屋外框。命令行提示与操作如下：

命令：REC↙

指定第一个角点或 [倒角(C)/标高(E)/圆角(F)/厚度(T)/宽度(W)]：210,160

指定另一个角点：400,25↙

命令：L↙

指定第一点： 210,160↙

指定下一点或 [放弃(U)]：@80<45↙

指定下一点或 [放弃(U)]：@190<0↙

指定下一点或 [闭合(C)/放弃(U)]： @135<-90↙

指定下一点或 [闭合(C)/放弃(U)]：400,25↙

指定下一点或 [闭合(C)/放弃(U)]：↙

同样方法绘制另一条直线，坐标是（400，160）、(@80<45)。

**02** 单击“绘图”工具栏中的“矩形”按钮，绘制窗户。一个矩形的两个角点坐标分别为（230，125）和（275，90）。另一个矩形的两个角点坐标分别为（335，125）和（380，90）。

**03** 单击“绘图”工具栏中的“多段线”按钮，绘制门。命令行提示与操作如下：

命令：PL↙

指定起点：288,25↙

当前线宽为 0.0000

指定下一点或 [圆弧(A)/闭合(C)/半宽(H)/长度(L)/放弃(U)/宽度(W)]：288,100↙

指定下一点或 [圆弧(A)/闭合(C)/半宽(H)/长度(L)/放弃(U)/宽度(W)]：a↙

指定圆弧的端点或[角度(A)/圆心(CE)/闭合(CL)/方向(D)/半宽(H)/直线(L)/半径(R)/第二点(S)/放弃(U)/宽度(W)]：a↙（用给定圆弧的包角方式画圆弧）

指定包含角：-180↙（包角值为负，则顺时针画圆弧；反之，则逆时针画圆弧）

指定圆弧的端点或 [圆心(CE)/半径(R)]：322,100↙（给出圆弧端点的坐标值）

指定圆弧的端点或[角度(A)/圆心(CE)/闭合(CL)/方向(D)/半宽(H)/直线(L)/半径(R)/第二点(S)/放弃(U)/宽度(W)]：l↙

指定下一点或 [圆弧(A)/闭合(C)/半宽(H)/长度(L)/放弃(U)/宽度(W)]：@75<-90↙

指定下一点或 [圆弧(A)/闭合(C)/半宽(H)/长度(L)/放弃(U)/宽度(W)]：↙

**04** 单击“默认”选项卡中的“图案填充”按钮，进行填充。命令行提示与操作如下：

命令：BHATCH↙ （填充命令，输入该命令后将出现“图案填充和渐变色”对话框，按照图 3-38 所示进行设置，填充屋顶小草）

选择内部点：（点击“拾取点”按钮，用鼠标在屋顶内拾取一点，如图 3-39 所示）

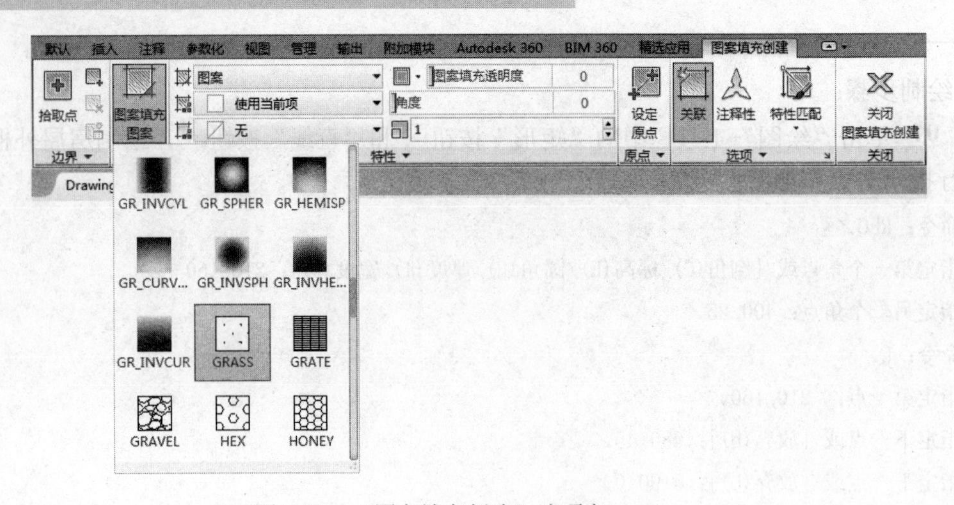


图 3-38 “图案填充创建”选项卡（一）

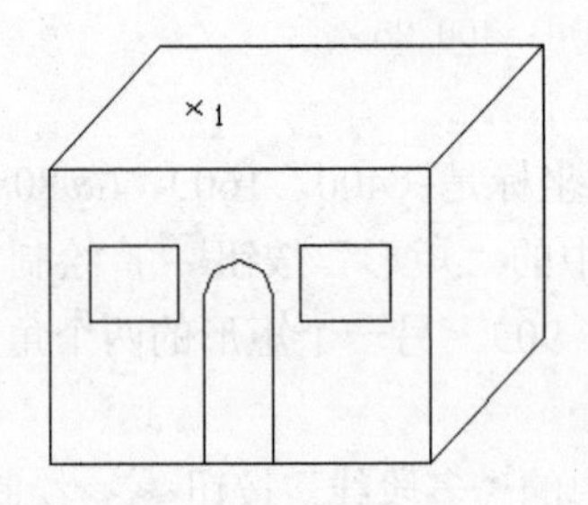

图 3-39 绘制步骤（一）

返回“边界图案填充”对话框，选择“确定”按钮，系统以选定的图案进行填充。

重复“图案填充”命令，按照图 3-40 所示进行设置，拾取如图 3-41 所示 2、3 两个位置的点填充窗户。

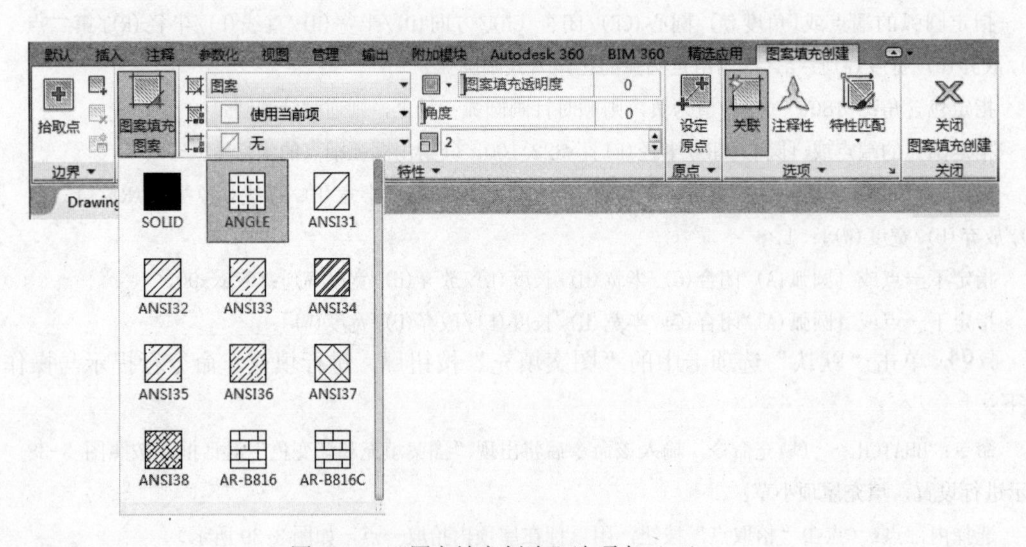


图 3-40 “图案填充创建”选项卡（二）

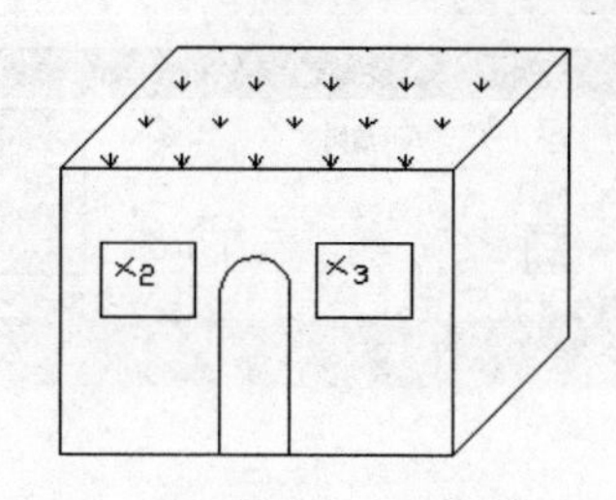


图 3-41 绘制步骤（二）

重复“图案填充”命令，按照图 3-42 所示进行设置，拾取如图 3-43 所示 4 位置的点填充小屋前面的砖墙。

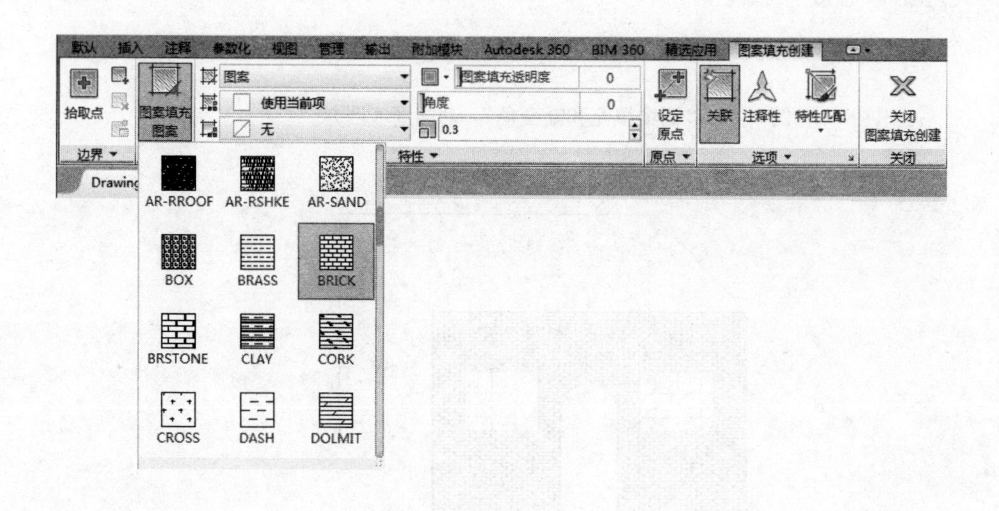


图 3-42 “图案填充和渐变色” 功能区（三）

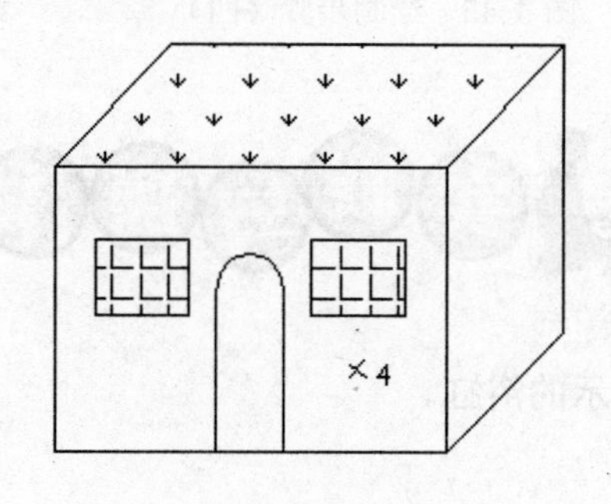


图 3-43 绘制步骤（三）

重复“图案填充”命令，“图案填充类型”选择“渐变色”，按照图 3-44 所示进行设置，拾取如图 3-45 所示 5 位置的点填充小屋前面的砖墙。

最终结果如图 3-37 所示。

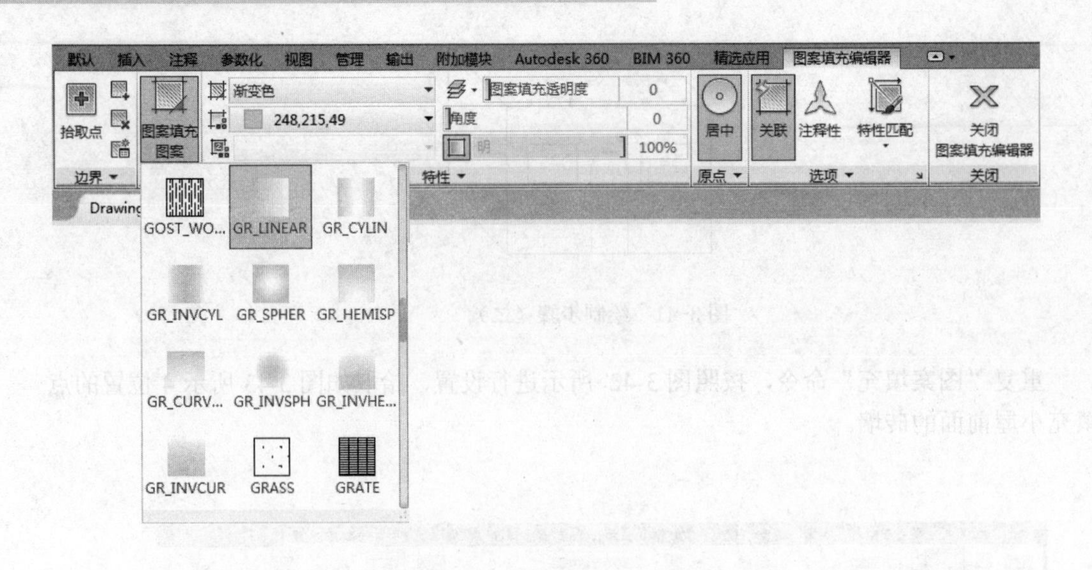


图 3-44 “图案填充和渐变色” 功能区（四）

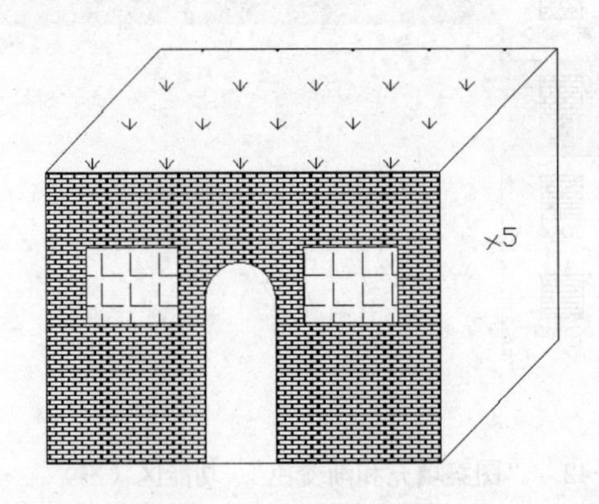


图 3-45 绘制步骤（四）

**实验 1 绘制如图 3-46 所示的浴缸。**

**操作提示：**

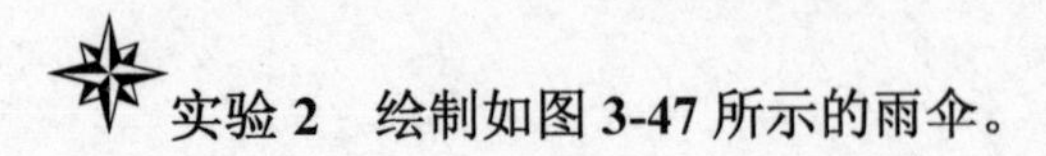

（1）单击“绘图”工具栏中的 “多段线”按钮，绘制浴缸外沿。

（2）单击“绘图”工具栏中的“椭圆”按钮，绘制缸底。

**实验 2 绘制如图 3-47 所示的雨伞。**

**操作提示：**

（1）单击“绘图”工具栏中的“圆弧”按钮，绘制伞的外框。

（2）单击“绘图”工具栏中的“样条曲线”按钮，绘制伞的底边。

（3）单击“绘图”工具栏中的“圆弧”按钮，绘制伞面。

（4）单击“绘图”工具栏中的 “多段线”按钮，绘制伞顶和伞把。

## 实验3　利用布尔运算绘制如图3-48所示三角铁。

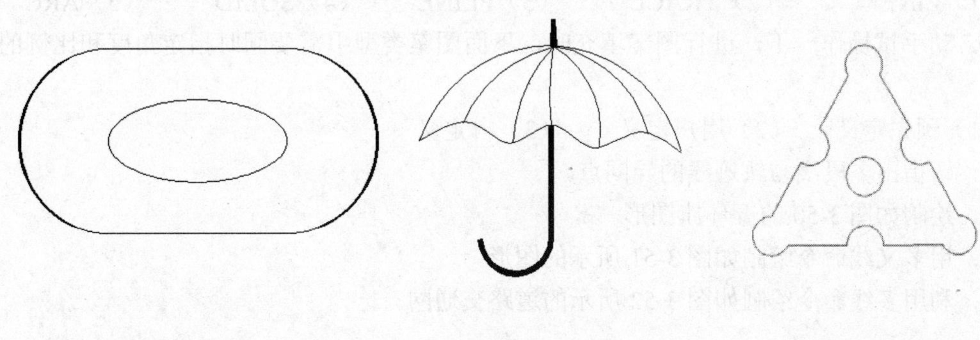

图3-46　浴缸　　图3-47　雨伞　　图3-48 三角铁

**操作提示：**

（1）单击“绘图”工具栏中的“正多边形”按钮和“圆”按钮，绘制初步轮廓。

（2）单击“绘图”工具栏中的“面域”按钮，将三角形以及其边上的六个圆转换成面域。

（3）单击“绘图”工具栏中的“并集”按钮，将正三角形分别与三个角上的圆进行并集处理。

（4）单击“绘图”工具栏中的“差集”按钮，以三角形为主体对象，三个边中间位置的圆为参照体，进行差集处理。

## 实验4　绘制如图3-49所示的滚花零件。

**操作提示：**

（1）单击“绘图”工具栏中的“直线”按钮，绘制零件主体部分。

（2）单击“绘图”工具栏中的“圆弧”按钮，绘制零件断裂部分示意线。

（3）单击“绘图”工具栏中的“图案填充”按钮，利用“图案填充”命令填充断面。

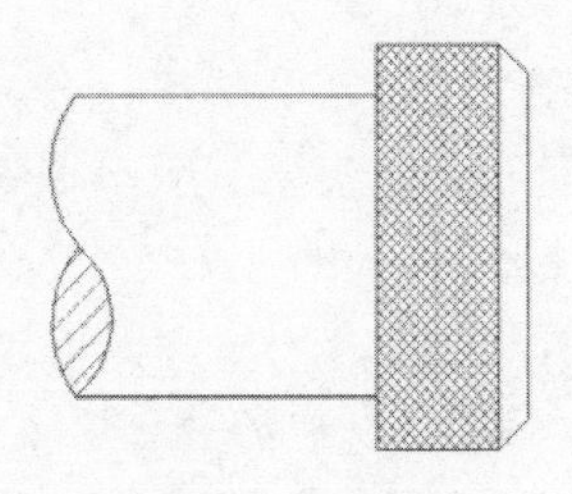

图3-49　滚花零件

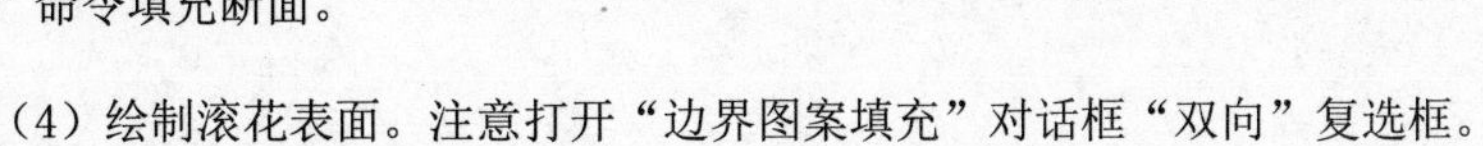

（4）绘制滚花表面。注意打开“边界图案填充”对话框“双向”复选框。

1．可以有宽度的线有：

（1）构造线　　（2）多段线　　（3）轨迹线　　（4）射线

2．可以用 FILL 命令进行填充的图形有：

（1）区域填充　　（2）多段线　　（3）圆环　　（4）轨迹线　　（5）多边形

3．下面的命令能绘制出线段或类线段图形的有：

（1）LINE　　（2）TRACE　　（3）PLINE　　（4）SOLID　　（5）ARC

4．动手试操作一下，进行图案填充时，下面图案类型中需要同时指定角度和比例的有：

（1）预先定义　　（2）用户定义　　（3）自定义

5．请指出多段线与轨迹线的异同点。

6．绘制如图 3-50 的五环旗图形。

7．用多义线命令绘制如图 3-51 所示的图形。

8．利用多线命令绘制如图 3-52 所示的道路交通网。

图 3-50　五环旗

图 3-51　图形

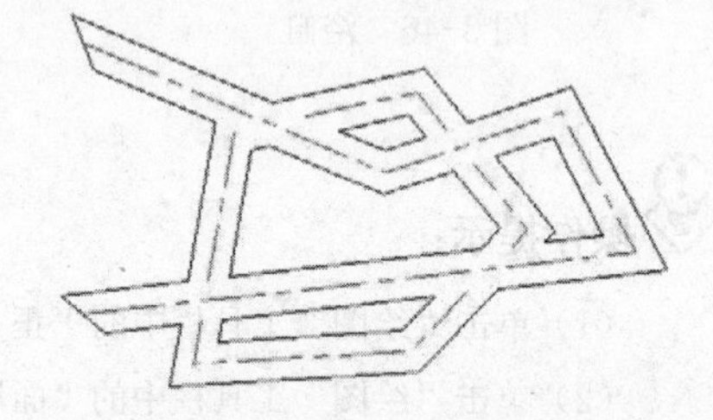

图 3-52　道路交通网

# 第 4 章

# 图层设置与精确定位

为了快捷准确地绘制图形和方便高效地管理图形，AutoCAD提供了多种必要的和辅助的绘图工具，如工具条、对象选择工具、图层管理器、精确定位工具等。利用这些工具，可以方便、迅速、准确地实现图形的绘制和编辑，不仅可提高工作效率，而且能更好地保证图形的质量。

学习要点

- 图层设置
- 精确定位
- 对象捕捉
- 自动追踪

## 4.1 图层设置

图层的概念类似投影片，将不同属性的对象分别画在不同的投影片（图层）上，例如将图形的主要线段、中心线、尺寸标注等分别画在不同的图层上，每个图层可设定不同的线型、线条颜色，然后把不同的图层堆栈在一起成为一张完整的视图，如此可使视图层次分明有条理，方便图形对象的编辑与管理。一个完整的图形就是它所包含的所有图层上的对象叠加在一起，如图4-1所示。

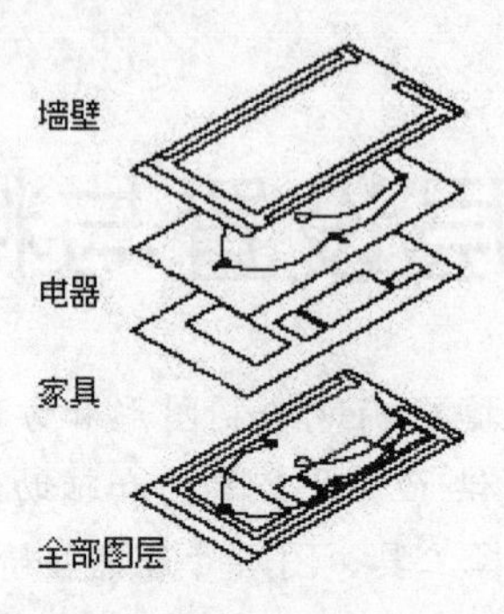


图 4-1　图层效果

### 4.1.1　设置图层

在用图层功能绘图之前，首先要对图层的各项特性进行设置，包括建立和命名图层、设置当前图层、设置图层的颜色和线型、图层是否关闭、是否冻结、是否锁定以及图层删除等。本节主要对图层的这些相关操作进行介绍。

1. 利用对话框设置图层

AutoCAD 2015提供了详细直观的“图层特性管理器”对话框，用户可以方便地通过对该对话框中的各选项及其二级对话框进行设置，从而实现建立新图层、设置图层颜色及线型等各种操作。

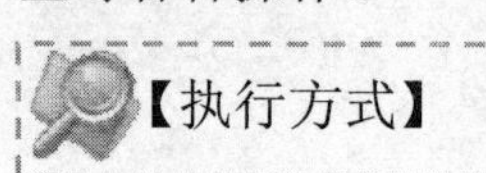
【执行方式】

命令行：LAYER

菜单栏：格式→图层

工具栏：图层→图层特性管理器

功能区：“默认”选项卡中“图层”面板上的“图层特性”按钮

【操作步骤】

命令：LAYER↙

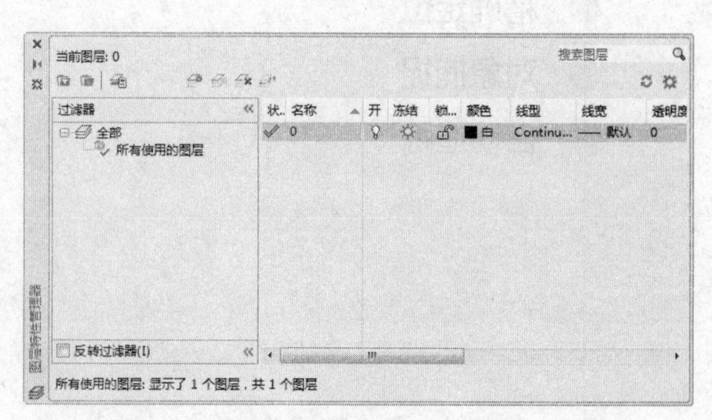


图 4-2　“图层特性管理器”对话框

系统打开如图4-2所示的“图层特性管理器”对话框。

【选项说明】

（1）“新建特性过滤器”按钮：显示“图层过滤器特性”对话框，如图4-3所示。从中可以基于一个或多个图层特性创建图层过滤器。

（2）“新建组过滤器”按钮：创建一个图层过滤器，其中包含用户选定并添加到该过滤器的图层。

（3）“图层状态管理器”按钮：显示“图层状态管理器”对话框，如图4-4所示。从中可以将图层的当前特性设置保存到命名图层状态中，以后可以再恢复这些设置。

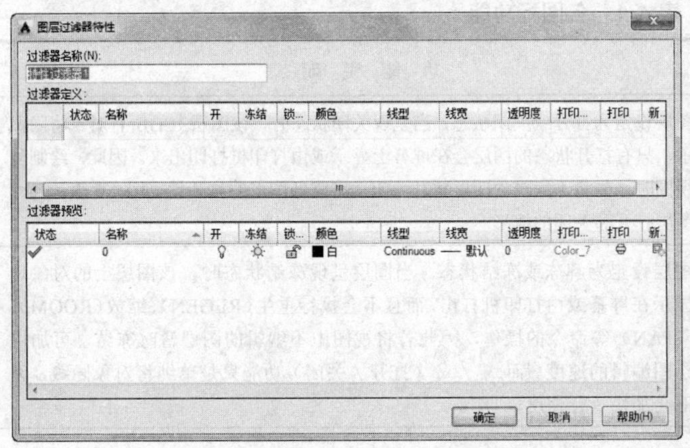


图4-3 “图层过滤器特性”对话框

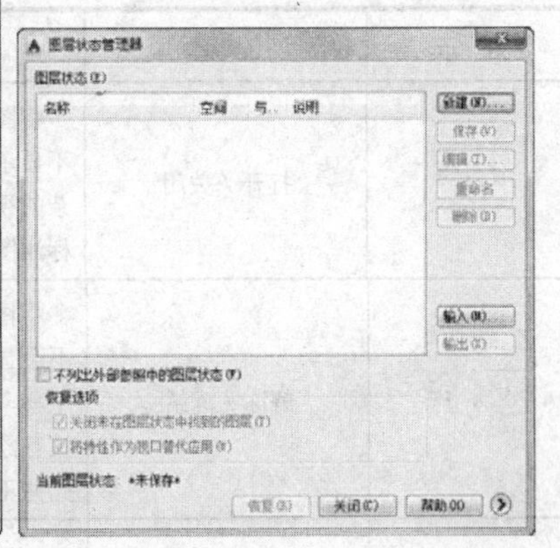


图4-4 “图层状态管理器”对话框

（4）“新建图层”按钮：建立新图层。单击此按钮，图层列表中出现一个新的图层名字“图层1”，用户可使用此名字，也可改名。要想同时产生多个图层，可选中一个图层名后，输入多个名字，各名字之间以逗号分隔。图层的名字可以包含字母、数字、空格和特殊符号，AutoCAD 2015支持长达255个字符的图层名字。新的图层继承了建立新图层时所选中的已有图层的所有特性（颜色、线型、ON/OFF状态等），如果新建图层时没有图层被选中，则新图层具有默认的设置。

（5）“在所有视口中都被冻结的新图层视口”按钮：创建新图层，然后在所有现有布局视口中将其冻结。可以在“模型”选项卡或布局选项卡上访问此按钮。

（6）“删除图层”按钮：删除所选层。在图层列表中选中某一图层，然后单击此按钮，则把该层删除。

（7）“置为当前”按钮：设置当前图层。在图层列表中选中某一图层，然后单击此按钮，则把该层设置为当前层，并在“当前图层”一栏中显示其名字。当前层的名字存储在系统变量CLAYER中。另外，双击图层名也可把该层设置为当前层。

（8）“搜索图层”文本框：输入字符时，按名称快速过滤图层列表。关闭图层特性管理器时并不保存此过滤器。

（9）“反转过滤器”复选框：打开此复选框，显示所有不满足选定图层特性过滤器中条件的图层。

（10）图层列表区：显示已有的图层及其特性。要修改某一图层的某一特性，单击它所对应的图标即可。右击空白区域或利用快捷菜单可快速选中所有图层。列表区中各列的含义如下：

1）名称：显示满足条件的图层的名字。如果要对某层进行修改，首先要选中该层，使其逆反显示。

2）状态转换图标：在“图层特性管理器”窗口的名称栏分别有一列图标，移动指针到图标上单击鼠标左键可以打开或关闭该图标所代表的功能，或从详细数据区中勾选或取消勾选关闭（ / ）、锁定（ / ）、在所有视口内冻结（ / ）及不打印（ / ）等项目，各图标功能说明见表4-1。

表4-1　各图标功能

| 图　示 | 名　称 | 功　能　说　明 |
| --- | --- | --- |
| / | 打开 / 关闭 | 将图层设定为打开或关闭状态，当呈现关闭状态时，该图层上的所有对象将隐藏不显示，只有打开状态的图层会在屏幕上显示或由打印机打印出来。因此，绘制复杂的视图时，先将不编辑的图层暂时关闭，可降低图形的复杂性。图4-5表示尺寸标注图层打开和关闭的情形 |
| / | 解冻 / 冻结 | 将图层设定为解冻或冻结状态。当图层呈现冻结状态时，该图层上的对象均不会显示在屏幕或由打印机打出，而且不会执行重生（REGEN）、缩放（ROOM）、平移（PAN）等命令的操作。因此若将视图中不编辑的图层暂时冻结，可加快执行绘图编辑的速度。而 / （打开 / 关闭）功能只是单纯将对象隐藏，因此并不会加快执行速度 |
| / | 解锁 / 锁定 | 将图层设定为解锁或锁定状态。被锁定的图层，仍然显示在画面上，但不能以编辑命令修改被锁定的对象，只能绘制新的对象，如此可防止重要的图形被修改 |
| / | 打印 / 不打印 | 设定该图层是否可以打印图形 |
| / | 视口冻结/解冻 | 将图层设定为视口冻结状态时，在当前视口中，不显示和打印图层中的对象，而在使用 HIDE 时会隐藏其他对象。解冻图层时，将重生成图形 |

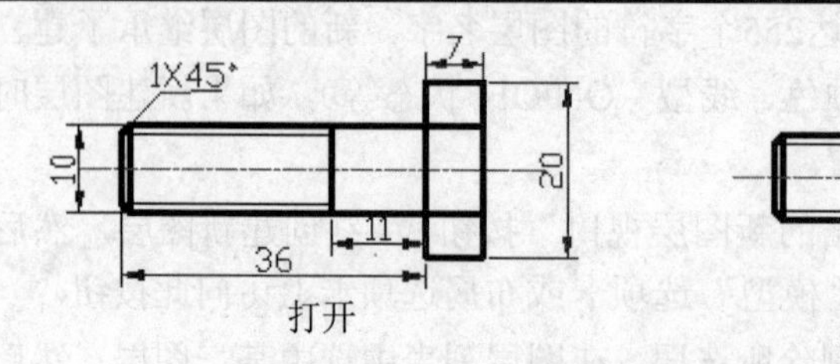


图4-5　打开或关闭尺寸标注图层

3）颜色：显示和改变图层的颜色。如果要改变某一层的颜色，单击其对应的颜色图标，AutoCAD打开如图4-6所示的“选择颜色”对话框，用户可从中选取需要的颜色。

4）线型：显示和修改图层的线型。如果要修改某一层的线型，单击该层的“线型”项，打开“选择线型”对话框，如图4-7所示，其中列出了当前可用的线型，用户可从中选取。具体内容下节详细介绍。

5）线宽：显示和修改图层的线宽。如果要修改某一层的线宽，单击该层的“线宽”项，打开“线宽”对话框，如图4-8所示，其中列出了AutoCAD设定的线宽，用户可从中选取。其中“线宽”列表框显示可以选用的线宽值，包括一些绘图中经常用到线宽，用户可从中选取需要的线宽。“旧的”显示行显示前面赋予图层的线宽。当建立一个新图层时，采用默认线宽（其值为0.01in即0.25 mm），默认线宽的值由系统变量LWDEFAULT设置。“新的”显示行显示赋予图层的新的线宽。

6）打印样式：修改图层的打印样式，所谓打印样式是指打印图形时各项属性的设置。

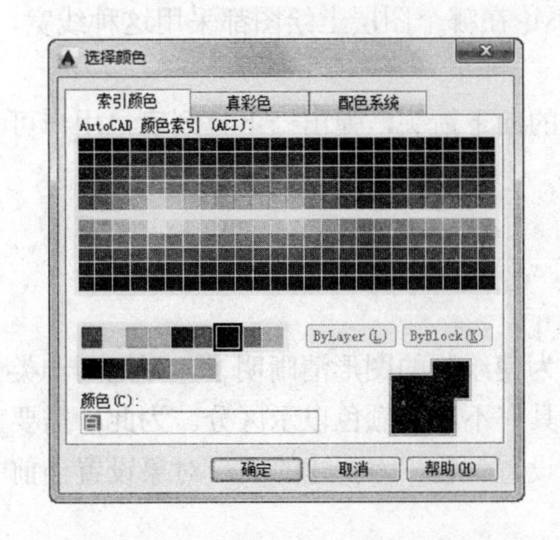


图 4-6 “选择颜色”对话框

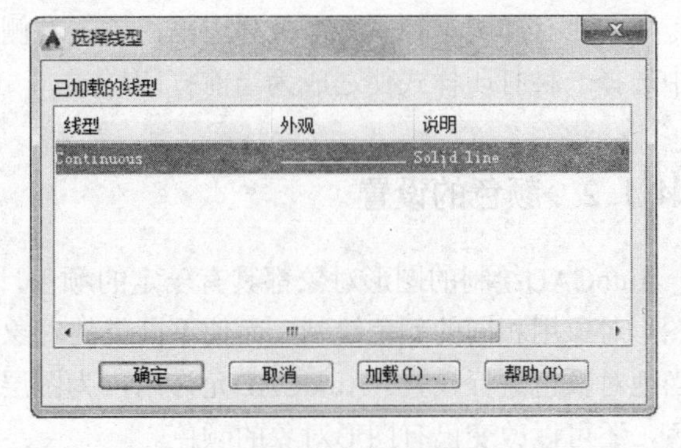


图 4-7 “选择线型”对话框

2．利用工具栏设置图层

AutoCAD提供了一个“特性”工具栏，如图4-9所示。用户能够控制和使用工具栏上的工具图标快速地察看和改变所选对象的图层、颜色、线型和线宽等特性。“对象特性”工具栏上的图层颜色、线型、线宽和打印样式的控制增强了察看和编辑对象属性的命令。在绘图屏幕上选择任何对象都将在工具栏上自动显示它所在图层、颜色、线型等属性。下面把“对象特性”工具栏各部分的功能简单说明一下：

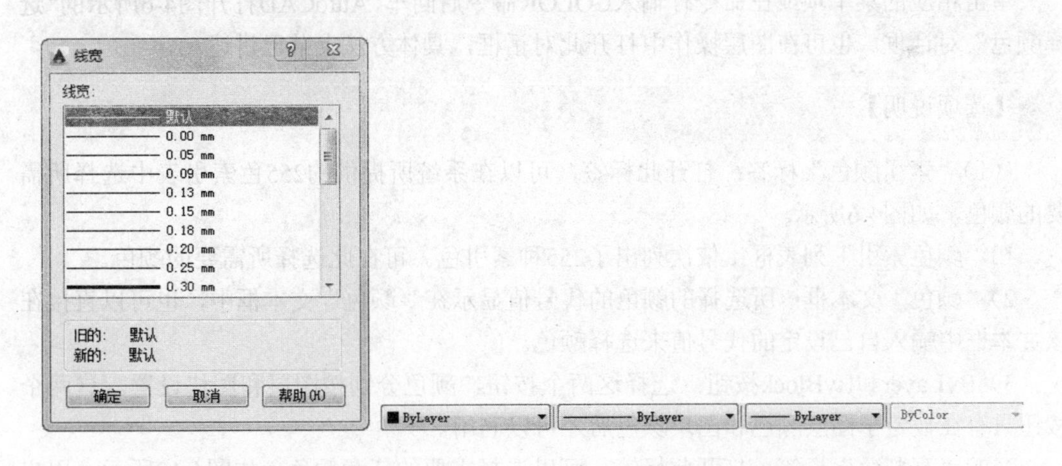


图 4-8 “线宽”对话框

图 4-9 “特性”工具栏

（1）“颜色控制”下拉列表框：单击右侧的向下箭头，弹出一下拉列表，用户可从中选择使之成为当前颜色，如果选择“选择颜色”选项，AutoCAD打开“选择颜色”对话框以选择其他颜色。修改当前颜色之后，不论在哪个图层上绘图都采用这种颜色，但对各个图层的颜色设置没有影响。

（2）“线型控制”下拉列表框：单击右侧的向下箭头，弹出一下拉列表，用户可从中选择某一线型使之成为当前线型。修改当前线型之后，不论在哪个图层上绘图都采用这种线型，但对各个图层的线型设置没有影响。

（3）“线宽”下拉列表框：单击右侧的向下箭头，弹出一下拉列表，用户可从中选择一个线宽使之成为当前线宽。修改当前线宽之后，不论在哪个图层上绘图都采用这种线宽，但对各个图层的线宽设置没有影响。

（4）“打印类型控制”下拉列表框：单击右侧的向下箭头，弹出一下拉列表，用户可从中选择一种打印样式使之成为当前打印样式。

## 4.1.2 颜色的设置

AutoCAD绘制的图形对象都具有一定的颜色，为使绘制的图形清晰明了，可把同一类的图形对象用相同的颜色绘制，而使不同类的对象具有不同的颜色以示区分。为此，需要适当地对颜色进行设置。AutoCAD允许用户为图层设置颜色，为新建的图形对象设置当前颜色，还可以改变已有图形对象的颜色。

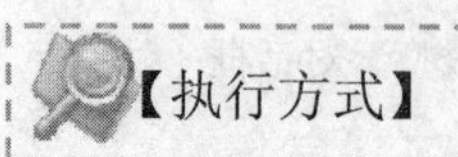
【执行方式】

命令行：COLOR

菜单栏：格式→颜色

【操作步骤】

命令：COLOR↙

单击相应的菜单项或在命令行输入COLOR命令后回车，AutoCAD打开图4-6所示的“选择颜色”对话框。也可在图层操作中打开此对话框，具体方法上节已讲述。

【选项说明】

（1）“索引颜色”标签：打开此标签，可以在系统所提供的255色索引表中选择所需要的颜色，如图4-6所示。

1）“颜色索引”列表框：依次列出了255种索引色。可在此选择所需要的颜色。

2）“颜色”文本框：所选择的颜色的代号值显示在“颜色”文本框中，也可以直接在该文本框中输入自己设定的代号值来选择颜色。

3）ByLayer和ByBlock按钮：选择这两个按钮，颜色分别按图层和图块设置。这两个按钮只有在设定了图层颜色和图块颜色后才可以利用。

（2）“真彩色”标签：打开此标签，可以选择需要的任意颜色，如图4-10所示。用户可以拖动调色板中的颜色指示光标和“亮度”滑块选择颜色及其亮度。也可以通过“色调”“饱和度”和“亮度”调节钮来选择需要的颜色。所选择的颜色的红、绿、蓝值显示在下面的“颜色”文本框中，也可以直接在该文本框中输入自己设定的红、绿、蓝值来选择颜色。

在此标签的右边，有一个“颜色模式”下拉列表框，默认的颜色模式为HSL模式，即如图4-11所示的模式。如果选择RGB模式，则如图4-12所示。在该模式下选择颜色方式与HSL模式下类似。

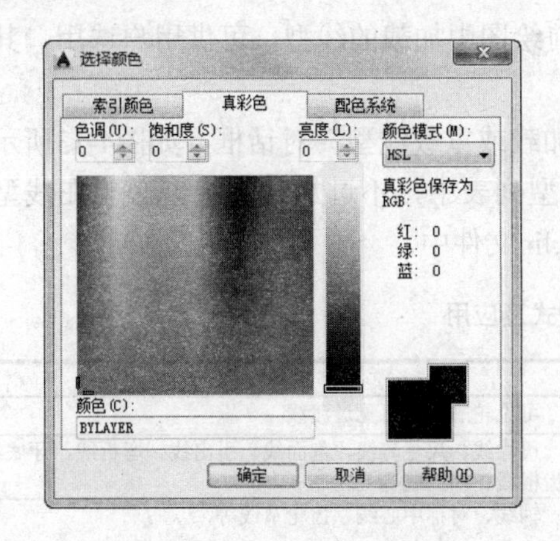


图 4-10 “真彩色”标签

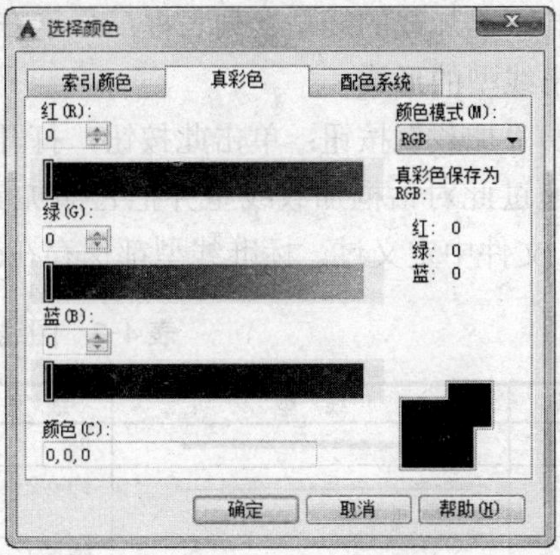

图 4-11 RGB 模式

（3）“配色系统”标签：打开此标签，可以从标准配色系统（比如，Pantone）中选择预定义的颜色。如图4-12所示。可以在“配色系统”下拉列表框中选择需要的系统，然后拖动右边的滑块来选择具体的颜色，所选择的颜色编号显示在下面的“颜色”文本框中，也可以直接在该文本框中输入编号值来选择颜色。

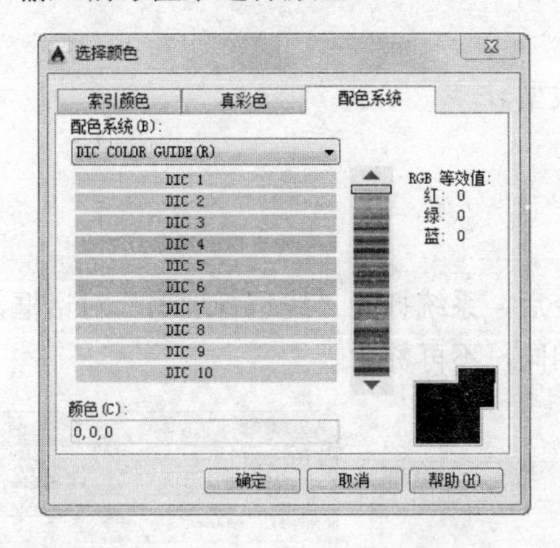


图 4-12 “配色系统”标签

## 4.1.3 图层的线型

在国家标准GB/T4457.4中，对机械图样中使用的各种图线的名称、线型、线宽以及在图样中的应用作了规定，见表4-2，其中常用的图线有4种，即：粗实线、细实线、虚线、细点画线。图线分为粗、细两种，粗线的宽度*b*应按图样的大小和图形的复杂程度，在0.5～2mm之间选择，细线的宽度约为*b*/2。

1. 在“图层特性管理器”中设置线型

按照上节讲述的方法，打开“图层特性管理器”对话框，如图4-2所示。在图层列表的线型项下单击线型名，系统打开“选择线型”对话框，如图4-7所示。对话框中选项的含义如下：

（1）“已加载的线型”列表框：显示在当前绘图中加载的线型，可供用户选用，其右侧显示出线型的形式。

（2）“加载”按钮：单击此按钮，打开“加载或重载线型”对话框，如图4-13所示，用户可通过此对话框加载线型并把它添加到线型列表中，不过加载的线型必须在线型库（LIN）文件中定义过。标准线型都保存在acad.lin文件中。

表 4-2　图线的型式及应用

| 图线名称 | 线　型 | 线 宽 | 主要用途 |
|---|---|---|---|
| 粗实线 | | $b$ | 可见轮廓线，可见过渡线 |
| 细实线 | | 约 $b/2$ | 尺寸线、尺寸界线、剖面线、引出线、弯折线、牙底线、齿根线、辅助线等 |
| 细点画线 | | 约 $b/2$ | 轴线、对称中心线、齿轮节线等 |
| 虚线 | | 约 $b/2$ | 不可见轮廓线、不可见过渡线 |
| 波浪线 | | 约 $b/2$ | 断裂处的边界线、剖视与视图的分界线 |
| 双折线 | | 约 $b/2$ | 断裂处的边界线 |
| 粗点画线 | | $b$ | 有特殊要求的线或面的表示线 |
| 双点画线 | | 约 $b/2$ | 相邻辅助零件的轮廓线、极限位置的轮廓线、假想投影的轮廓线 |

2．直接设置线型

用户也可以直接设置线型。

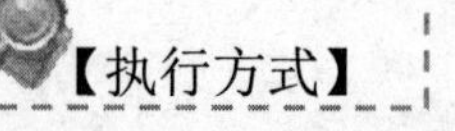

【执行方式】

命令行：LINETYPE

在命令行输入上述命令后，系统打开“线型管理器”对话框，如图4-14所示。该对话框与前面讲述的相关知识相同，不再赘述。

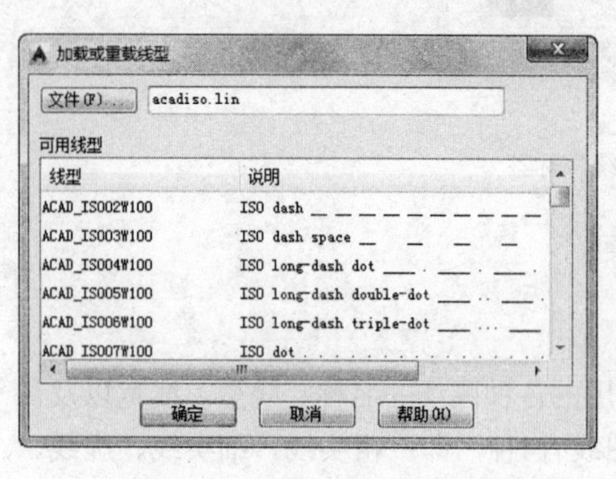


图 4-13　“加载或重载线型”对话框

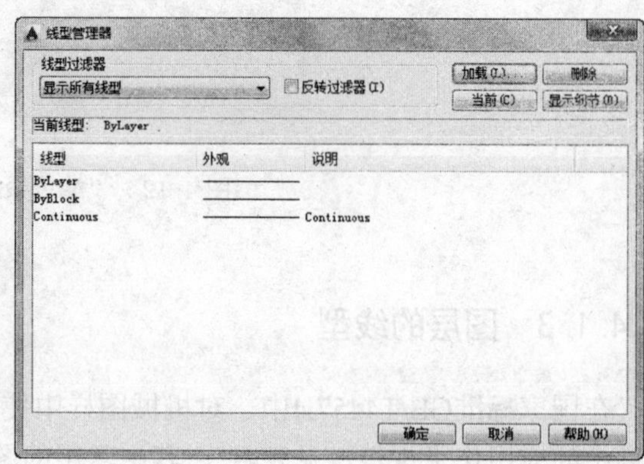


图 4-14　“线型管理器”对话框

## 4.1.4 实例——轴承座

绘制图 4-15 所示的轴承座。

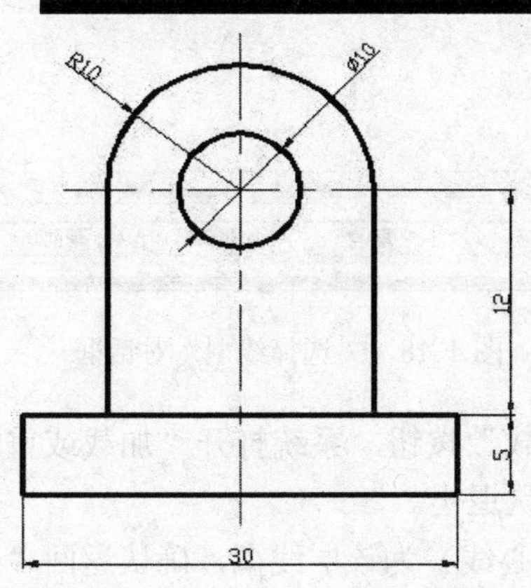


图 4-15 轴承座

**实讲实训**
**多媒体演示**

多媒体演示参见配套光盘中的\\动画演示\第4章\轴承座.avi。

**绘制步骤：**

**01** 单击“图层”工具栏中的“图层特性管理器”按钮，打开“图层特性管理器”对话框。

**02** 单击“新建”按钮创建一个新层，把该层的名字由默认的“图层1”修改为“中心线”，如图4-16所示。

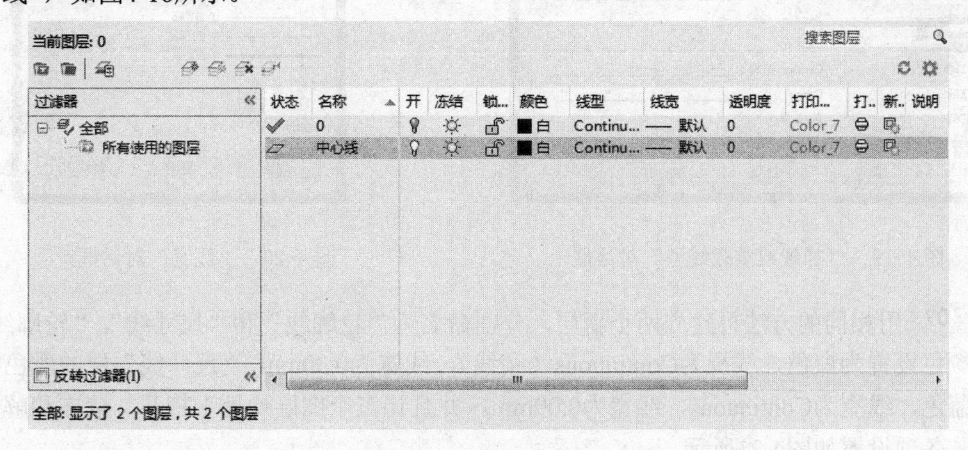


图 4-16 更改图层名

**03** 单击“中心线”层对应的“颜色”项，打开“选择颜色”对话框，选择红色为该层颜色，如图4-17所示。确认返回“图层特性管理器”对话框。

04 单击“中心线”层对应的“线型”项，打开“选择线型”对话框，如图4-18所示。

图 4-17　“选择颜色”对话框

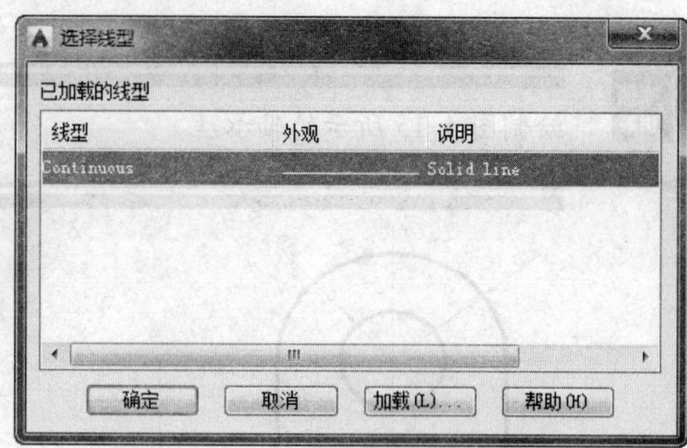

图 4-18　“选择线型”对话框

05 在“选择线型”对话框中，单击“加载”按钮，系统打开“加载或重载线型”对话框，选择CENTER线型，如图4-19所示。确认退出。

在“选择线型”对话框中选择CENTER（中心线）为该层线型，确认返回“图层特性管理器”对话框。

06 单击“中心线”层对应的“线宽”项，打开“线宽”对话框，选择0.09毫米线宽，如图4-20所示。确认退出。

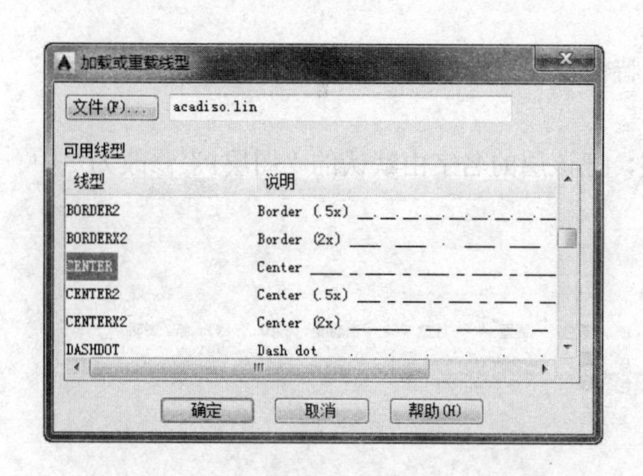

图 4-19　“加载或重载线型”对话框

图 4-20　“线宽”对话框

07 用相同的方法再建立两个新层，分别命名为“轮廓线”和“尺寸线”。“轮廓线”层的颜色设置为白色，线型为Continuous（实线），线宽为0.30mm。“尺寸线”层的颜色设置为蓝色，线型为Continuous，线宽为0.09mm。并且让三个图层均处于打开、解冻和解锁状态，各项设置如图4-21所示。

08 选中“中心线”层，单击“置为当前”按钮，将其设置为当前层，然后确认关闭“图层特性管理器”对话框。

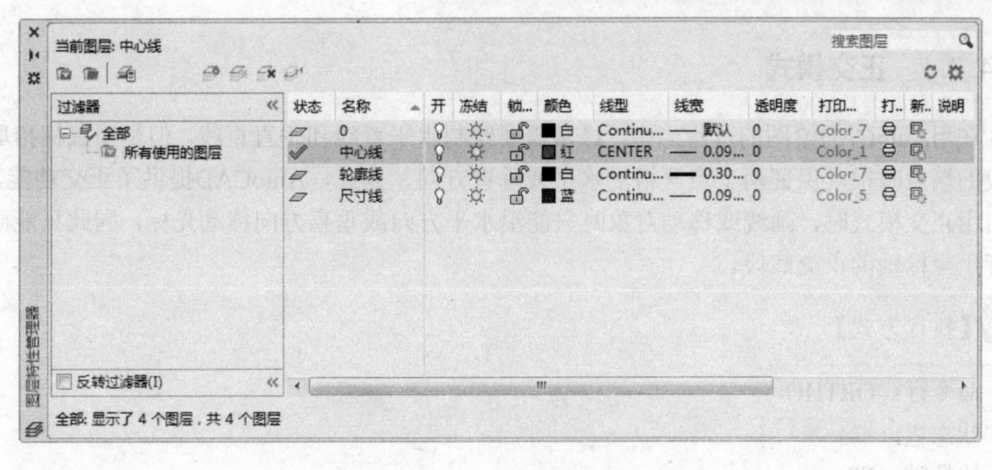


图 4-21　设置图层

**09** 在当前层“中心线”层上绘制图4-15中的两条中心线，如图4-22a所示。

**10** 单击“图层”工具栏中图层下拉列表的下拉按钮，将“轮廓线”层设置为当前层，并在其上绘制图4-15中的主体图形，如图4-22b所示。

**11** 将当前层设置为“尺寸线”层，并在“尺寸线”层上进行尺寸标注（后面讲述）。执行结果如图4-15所示。

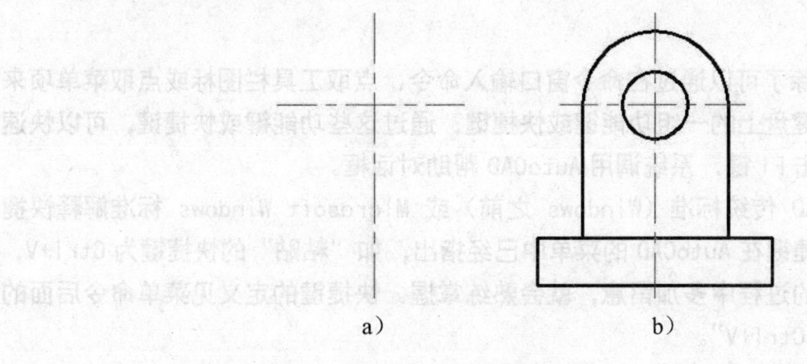

a）　　　　b）

图 4-22　绘制过程图

## 4.2 精确定位工具

精确定位工具是指能够帮助用户快速准确地定位某些特殊点（如端点、中点、圆心等）和特殊位置（如水平位置、垂直位置）的工具，包括捕捉、栅格、正交和对象捕捉等工具，这些工具主要集中在状态栏上，如图4-23所示。

图 4-23　状态栏按钮

## 4.2.1 正交模式

在用AutoCAD绘图的过程当中，经常需要绘制水平直线和垂直直线，但是用鼠标拾取线段的端点时很难保证两个点严格沿水平或垂直方向，为此，AutoCAD提供了正交功能，当启用正交模式时，画线或移动对象时只能沿水平方向或垂直方向移动光标，因此只能画平行于坐标轴的正交线段。

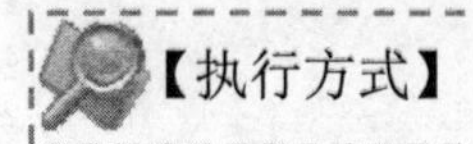【执行方式】

命令行：ORTHO
状态栏：
快捷键：F8

【操作步骤】

命令: ORTHO↙
输入模式 [开(ON)/关(OFF)] <开>: (设置开或关)

**注意**

在 AutoCAD 中，除了可以通过在命令窗口输入命令、点取工具栏图标或点取菜单项来完成外，还可以使用键盘上的一组功能键或快捷键，通过这些功能键或快捷键，可以快速实现指定功能，如单击 F1 键，系统调用 AutoCAD 帮助对话框。

系统使用 AutoCAD 传统标准（Windows 之前）或 Microsoft Windows 标准解释快捷键。有些功能键或快捷键在 AutoCAD 的菜单中已经指出，如“粘贴”的快捷键为 Ctrl+V，这些只要用户在使用的过程中多加留意，就会熟练掌握。快捷键的定义见菜单命令后面的说明，如“粘贴(P)  Ctrl+V”。

## 4.2.2 栅格工具

用户可以应用显示栅格工具使绘图区域上出现可见的网格，它是一个形象的画图工具，就像传统的坐标纸一样。本节介绍控制栅格的显示及设置栅格参数的方法。

【执行方式】

菜单栏：工具→绘图设置
状态栏：（仅限于打开与关闭）
快捷键：F7（仅限于打开与关闭）

【操作步骤】

按上述操作打开“草图设置”对话框，打开“捕捉和栅格”标签，如图4-24所示。

利用图 4-24 所示的“草图设置”对话框中的“捕捉和栅格”选项卡来设置，其中的“启用栅格”复选框控制是否显示栅格。“栅格 X 轴间距”和“栅格 Y 轴间距”文本框用来设置栅格在水平与垂直方向的间距，如果“栅格 X 轴间距”和“栅格 Y 轴间距”设置为 0，则 AutoCAD 会自动将捕捉栅格间距应用于栅格，且其原点和角度总是和捕捉栅格的原点和角度相同。还可以通过 Grid 命令在命令行设置栅格间距。不再赘述。

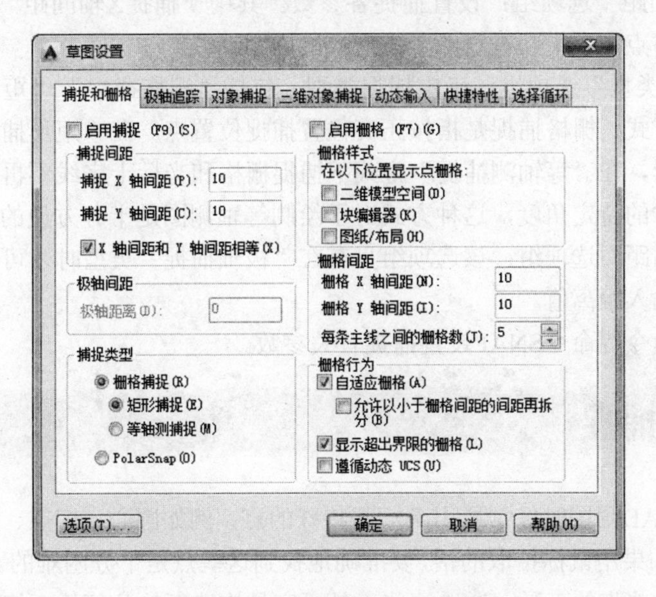


图 4-24 “草图设置”对话框

**在“栅格 X 轴间距”和“栅格 Y 轴间距”文本框中输入数值时，若在“栅格 X 轴间距”文本框中输入一个数值后回车，则 AutoCAD 自动传送给这个值给“栅格 Y 轴间距”这样可以减少工作量。**

### 4.2.3 捕捉工具

为了准确地在屏幕上捕捉点，AutoCAD提供了捕捉工具，可以在屏幕上生成一个隐含的栅格（捕捉栅格），这个栅格能够捕捉光标，约束它只能落在栅格的某一个节点上，使用户能够高精确度地捕捉和选择这个栅格上的点。本节介绍捕捉栅格的参数设置方法。

菜单栏：工具→绘图设置

状态栏：（仅限于打开与关闭）

快捷键：F9（仅限于打开与关闭）

按上述操作打开“草图设置”对话框，打开其中“捕捉和栅格”标签，如图 4-24 所示。

【选项说明】

（1）“启用捕捉”复选框：控制捕捉功能的开关，与F9快捷键或状态栏上的“捕捉”功能相同。

（2）“捕捉间距”选项组：设置捕捉各参数。其中“捕捉X轴间距”与“捕捉Y轴间距”确定捕捉栅格点在水平和垂直两个方向上的间距。

（3）“捕捉类型”选项组：确定捕捉类型。包括“栅格捕捉”、“矩形捕捉”和“等轴测捕捉”三种方式。栅格捕捉是指按正交位置捕捉位置点。在“矩形捕捉”方式下捕捉栅格是标准的矩形，在“等轴测捕捉”方式下捕捉栅格和光标十字线不再互相垂直，而是成绘制等轴测图时的特定角度，这种方式对于绘制等轴测图是十分方便的。

（4）“极轴间距”选项组：该选项组只有在“极轴捕捉”类型时才可用。可在“极轴距离”文本框中输入距离值。

也可以通过命令行命令SNAP设置捕捉有关参数。

## 4.3 对象捕捉

在利用AutoCAD画图时经常要用到一些特殊的点，例如圆心、切点、线段或圆弧的端点、中点等，但是如果用鼠标拾取的话，要准确地找到这些点是十分困难的。为此，AutoCAD提供了一些识别这些点的工具，通过这些工具可容易构造新的几何体，使创建的对象精确地画出来，其结果比传统手工绘图更精确更容易维护。在AutoCAD中，这种功能称之为对象捕捉功能。利用该功能，我们可以迅速、准确地捕捉到某些特殊点，从而迅速、准确地绘出图形。

### 4.3.1 特殊位置点捕捉

在绘制AutoCAD图形时，有时需要指定一些特殊位置的点，比如圆心、端点、中点、平行线上的点等，这些点见表4-3。可以通过对象捕捉功能来捕捉这些点。

表4-3 特殊位置点捕捉

| 名称 | 命令 | 含 义 |
| --- | --- | --- |
| 端点 | END | 线段或圆弧的端点 |
| 中点 | MID | 线段或圆弧的中点 |
| 交点 | INT | 线、圆弧或圆等的交点 |
| 外观交点 | APP | 图形对象在视图平面上的交点 |
| 延长线 | EXT | 指定对象的延伸线上的点 |
| 圆心 | CET | 圆或圆弧的圆心 |
| 象限点 | QUA | 距光标最近的圆或圆弧上可见部分象限点，即圆周上0°、90°、180°、270°位置点 |
| 切点 | TAN | 最后生成的一个点到选中的圆或圆弧上引切线的切点位置 |
| 垂足 | PER | 在线段、圆、圆弧或其延长线上捕捉一个点，使最后生成的对象线与原对象正交 |
| 平行线 | PAR | 指定对象平行的图形对象上的点 |
| 节点 | NOD | 捕捉用Point或DIVIDE等命令生成的点 |
| 插入点 | INS | 文本对象和图块的插入点 |
| 最近点 | NEA | 离拾取点最近的线段、圆、圆弧等对象上的点 |
| 无 | NON | 取消对象捕捉 |

AutoCAD提供了命令行、工具栏和右键快捷菜单三种执行特殊点对象捕捉的方法。

1．命令方式

绘图时，当在命令行中提示输入一点时，输入相应特殊位置点命令，如表4-3所示，然后根据提示操作即可。

2．工具栏方式

使用如图4-25所示的“对象捕捉”工具栏可以使用户更方便地实现捕捉点的目的。当命令行提示输入一点时，从“对象捕捉”工具栏上单击相应的按钮。当把鼠标放在某一图标上时，会显示出该图标功能的提示，然后根据提示操作即可。

3．快捷菜单方式

快捷菜单可通过同时按下Shift键和鼠标右键来激活菜单中列出了AutoCAD提供的对象捕捉模式，如图4-26所示。操作方法与工具栏相似，只要在AutoCAD提示输入点时单击快捷菜单上相应的菜单项，然后按提示操作即可。

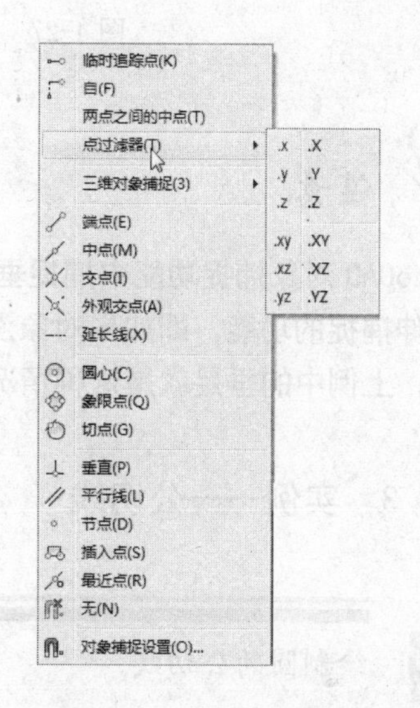


图 4-25 “对象捕捉”工具栏　　　　图 4-26 对象捕捉快捷菜单

## 4.3.2 实例——连接线段

从图 4-27a 中线段的中点到圆的圆心画一条线段。

【操作步骤】

> **实讲实训**
> **多媒体演示**
> 多媒体演示参见配套光盘中的\\动画演示\第 4 章\连接线段.avi。

命令：LINE↙

指定第一点：MID↙

于：（把十字光标放在线段上，如图 4-27b 所示，在线段的中点处出现一个三角形的中点捕捉标记，单击鼠标左键，拾取该点）

指定下一点或［放弃(U)］:CEN↙

于：（把十字光标放在圆上，如图 4-27c 所示，在圆心处出现一个圆形的圆心捕捉标记，单击鼠标左键拾取该点）

指定下一点或［放弃(U)]：↙

结果如图4-27d所示。

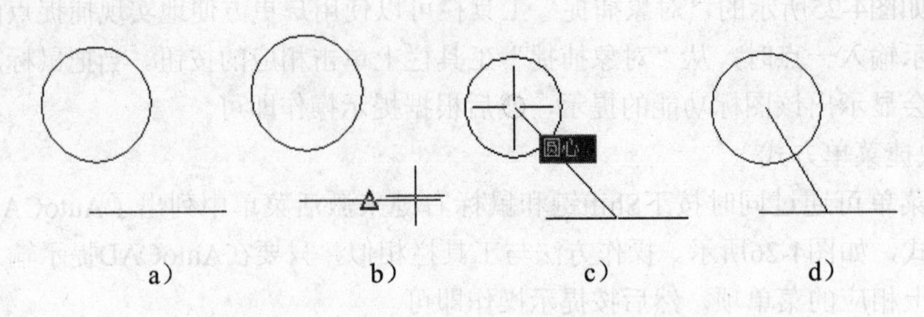


图 4-27　利用对象捕捉工具绘制线

AutoCAD 对象捕捉功能中捕捉垂足（Perpendiculer）和捕捉交点（Intersection）等项有延伸捕捉的功能，即如果对象没有相交，AutoCAD 会假想把线或弧延长，从而找出相应的点，上例中的垂足就是这种情况。

### 4.3.3　实例——公切线

绘制圆的公切线。

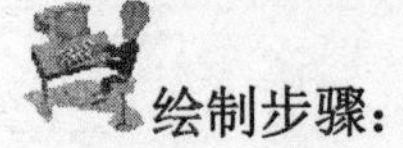


**01** 单击“图层”工具栏中的“图层特性管理器”按钮，新建“中心线”层：线型为CENTER，其余属性默认；粗实线层：线宽为0.30mm，其余属性默认。

**02** 将“中心线”层设置为当前层，单击“绘图”工具栏中的“直线”按钮，绘制适当长度的垂直相交中心线。结果如图4-28所示。

**03** 将“粗实线”层置为当前图层，单击“绘图”工具栏中的“圆”按钮，绘制图形轴孔部分，其中绘制圆时，分别以水平中心线与竖直中心线交点为圆心，以适当半径绘制两个圆，结果如图4-29所示。

**04** 打开“对象捕捉”工具栏，如图4-25所示。

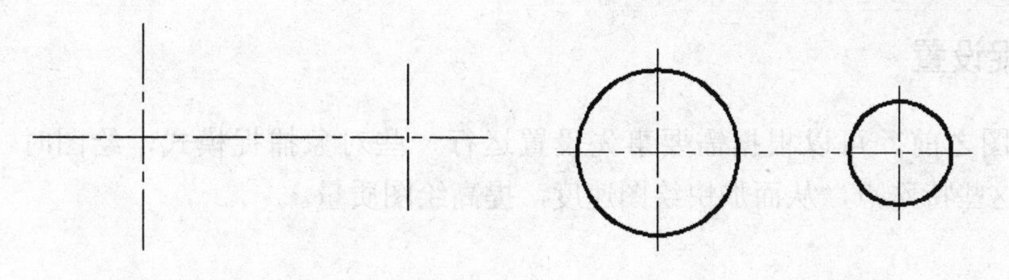

图 4-28　绘制中心线　　　　图 4-29　绘制圆

> **实讲实训 多媒体演示**
> 多媒体演示参见配套光盘中的\\动画演示\第 4 章\公切线.avi。

05 单击“绘图”工具栏中的“直线”按钮，绘制公切线。命令行提示与操作如下：

命令：_line
指定第一点：(单击“对象捕捉”工具栏上的“捕捉到切点”按钮)
_tan 到：(指定左边圆上一点，系统自动显示“递延切点”提示，如图 4-30 所示)
指定下一点或 [放弃(U)]：(单击“对象捕捉”工具栏上的“捕捉到切点”按钮)
_tan 到：(指定右边圆上一点，系统自动显示“递延切点”提示，如图 4-31 所示)
指定下一点或 [放弃(U)]：↙

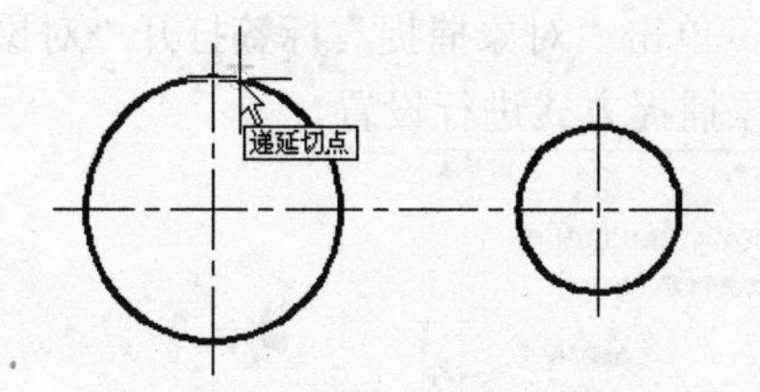


图 4-30　捕捉切点（一）

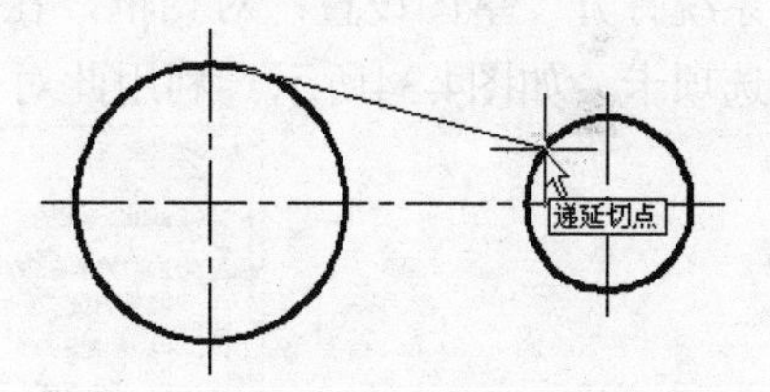


图 4-31　捕捉另一切点

06 单击“绘图”工具栏中的“直线”按钮，绘制公切线。同样利用“捕捉到切点”命令捕捉切点，如图4-32所示为捕捉第二个切点的情形。

07 系统自动捕捉到切点的位置，最终结果如图4-33所示。

**注意**

**不管用户指定圆上那一点作为切点，系统会自动根据圆的半径和指定的大致位置确定准确的切点，并且根据大致指定点与内外切点的距离依据距离趋近原则判断是绘制外切线还是内切线。**

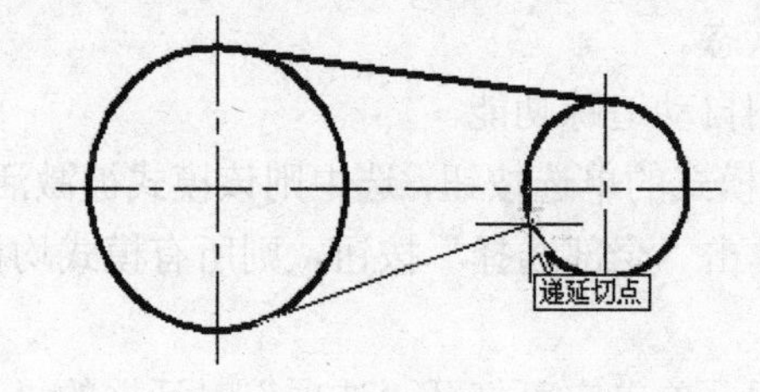


图 4-32　捕捉切点（二）

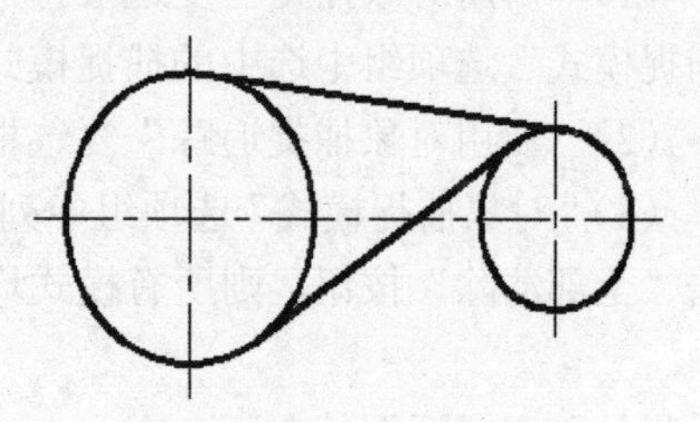

图 4-33　自动捕捉切点

## 4.3.4 对象捕捉设置

在用AutoCAD绘图之前，可以根据需要事先设置运行一些对象捕捉模式，绘图时AutoCAD能自动捕捉这些特殊点，从而加快绘图速度，提高绘图质量。

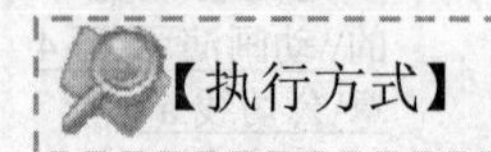

【执行方式】

命令行：DDOSNAP

菜单栏：工具→绘图设置

工具栏：对象捕捉→对象捕捉设置

状态栏：（功能仅限于打开与关闭）

快捷键：F3（功能仅限于打开与关闭）

快捷菜单：对象捕捉设置（如图4-27所示）

【操作步骤】

命令:DDOSNAP↙

系统打开“草图设置”对话框，在该对话框中，单击“对象捕捉”标签打开“对象捕捉”选项卡，如图4-34所示。利用此对话框可以对象捕捉方式进行设置。

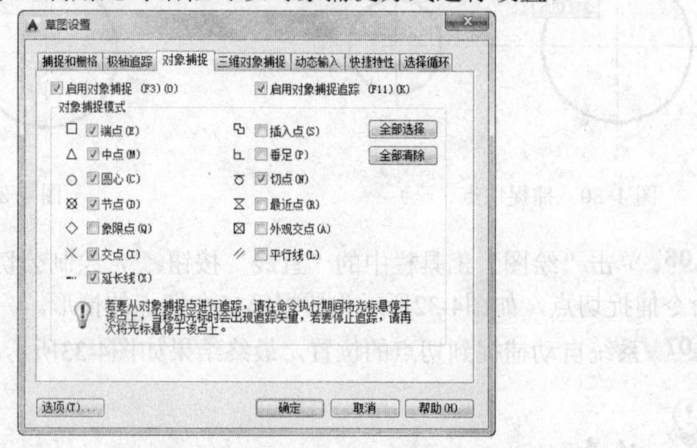


图4-34 “草图设置”对话框的“对象捕捉”选项卡

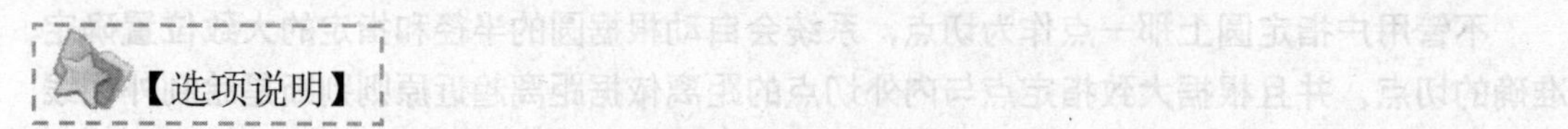

【选项说明】

（1）“启用对象捕捉”复选框打开或关闭对象捕捉方式。当选中此复选框时，在“对象捕捉模式”选项组中选中的捕捉模式处于激活状态。

（2）“启用对象捕捉追踪”复选框打开或关闭自动追踪功能。

（3）“对象捕捉模式”选项组中列出各种捕捉模式的单选按钮，选中则该模式被激活。单击“全部清除”按钮，则所有模式均被清除。单击“全部选择”按钮，则所有模式均被选中。

另外，在对话框的左下角有一个“选项”按钮，单击它可打开“选项”对话框的“草图”选项卡，利用该对话框可决定捕捉模式的各项设置。

## 4.3.5　实例——盘盖

绘制如图 4-35 所示的盘盖。

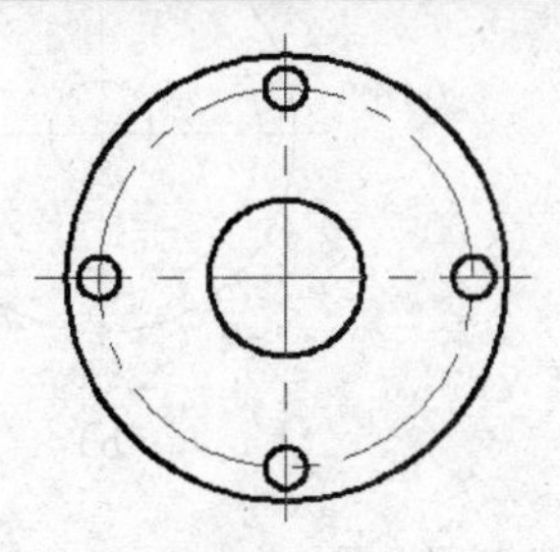

图 4-35　盘盖

> **实讲实训**
> **多媒体演示**
>
> 多媒体演示参见配套光盘中的\\动画演示\第4章\盘盖.avi。

**绘制步骤：**

**01** 单击“图层”工具栏中的“图层特性管理器”按钮，设置图层。中心线层：线型为CENTER，颜色为红色，其余属性默认；粗实线层：线宽为0.30mm，其余属性默认。

**02** 选择菜单栏中的“工具”→“绘图设置”命令。打开“草图设置”对话框中的“对象捕捉”选项卡，单击“全部选择”按钮，选择所有的捕捉模式，并打开“启用对象捕捉”复选框，如图4-36所示，确认退出。

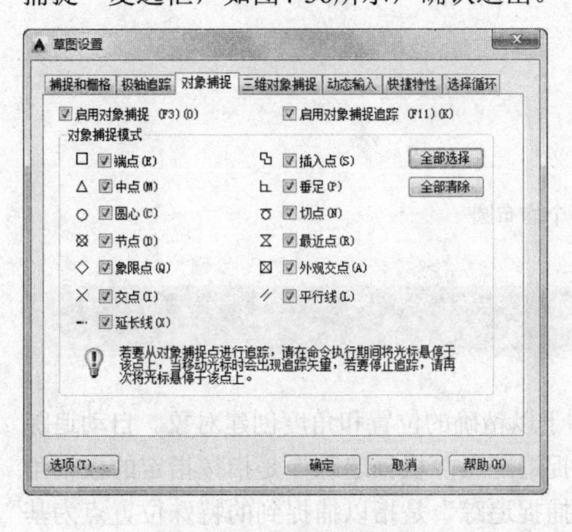


图 4-36　对象捕捉设置

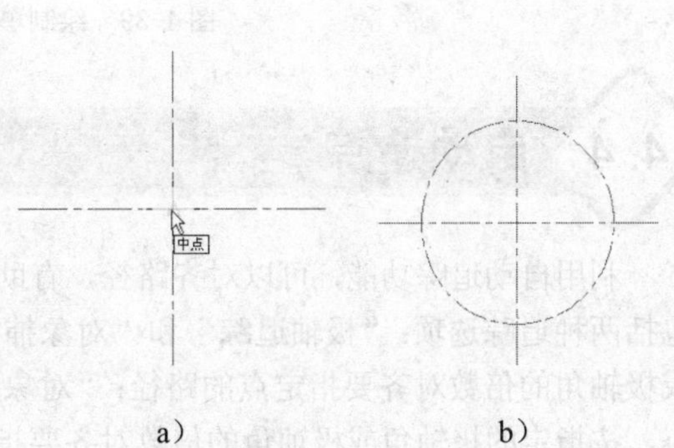


a)　　　　b)

图 4-37　绘制中心线

**03** 将“中心线层”设置为当前图层，单击“绘图”工具栏中的“直线”按钮，绘制相互垂直的中心线。

**04** 单击“绘图”工具栏中的“圆”按钮，绘制圆形中心线，在指定圆心时，捕捉垂直中心线的交点，如图4-37a所示。结果如图4-37b所示。

**05** 将“粗实线层”设置为当前图层，单击“绘图”工具栏中的“圆”按钮，绘制盘盖外圆和内孔，在指定圆心时，捕捉垂直中心线的交点，如图4-38a所示，结果如图4-38b所示。

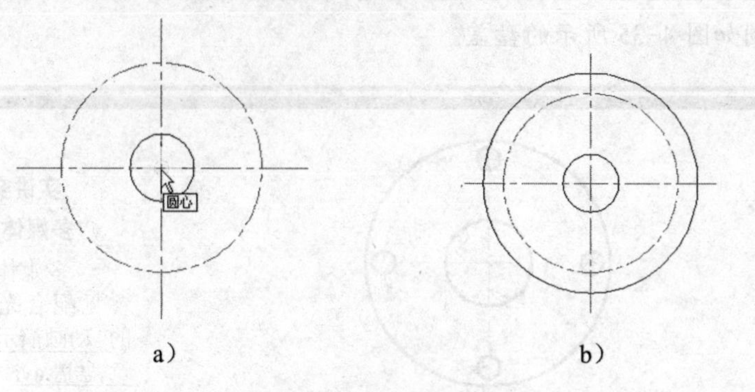


图 4-38　绘制同心圆

**06** 单击“绘图”工具栏中的“圆”按钮，绘制螺孔，在指定圆心时，捕捉圆形中心线与水平中心线或垂直中心线的交点，如图4-39a所示，结果如图4-39b所示。

**07** 同样方法绘制其他三个螺孔，最终结果如图4-35所示。

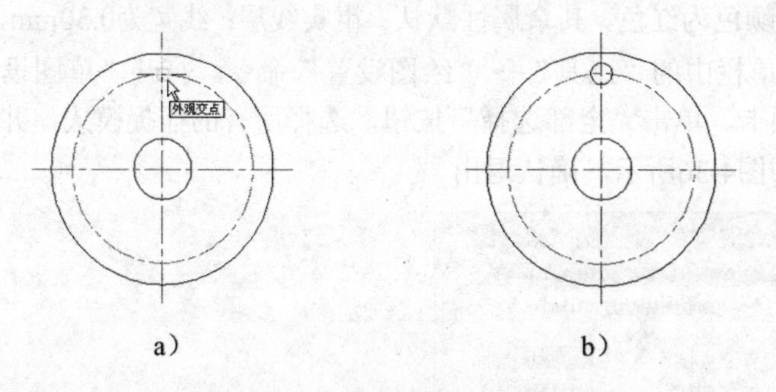


图 4-39　绘制单个均布圆

## 4.4 自动追踪

利用自动追踪功能，可以对齐路径，有助于以精确的位置和角度创建对象。自动追踪包括两种追踪选项：“极轴追踪”和“对象捕捉追踪”。“极轴追踪”是指按指定的极轴角或极轴角的倍数对齐要指定点的路径；“对象捕捉追踪”是指以捕捉到的特殊位置点为基点，按指定的极轴角或极轴角的倍数对齐要指定点的路径。

“极轴追踪”必须配合“极轴”功能和“对象追踪”功能一起使用，即同时打开状态栏上的“极轴”开关和“对象追踪”开关；“对象捕捉追踪”必须配合“对象捕捉”功能和“对象追踪”功能一起使用，即同时打开状态栏上的“对象捕捉”开关和“对象追踪”开关。

### 4.4.1 对象捕捉追踪

【执行方式】

命令行：DDOSNAP

菜单栏：工具→绘图设置

工具栏：对象捕捉→对象捕捉设置

状态栏：+

快捷键：F11

快捷菜单：对象捕捉设置（如图4-26所示）

【操作步骤】

按照上面执行方式操作或者在“对象捕捉”开关或“对象追踪”开关单击鼠标右键，在快捷菜单中选择“设置”命令，系统打开如图4-36所示的“草图设置”对话框的“对象捕捉”选项卡，选中“启用对象捕捉追踪”复选框，即完成了对象捕捉追踪设置。

### 4.4.2 实例——追踪线段

绘制一条线段，使该线段的一个端点与另一条线段的端点在一条水平线上。

**绘制步骤：**

01 同时打开状态栏上的和按钮，启动对象捕捉追踪功能。

02 单击“绘图”工具栏中的“直线”按钮，绘制一条线段。

03 单击“绘图”工具栏中的“直线”按钮，绘制第二条线段，命令行提示与操作如下：

> **实讲实训**
> **多媒体演示**
> 多媒体演示参见配套光盘中的\\动画演示\第4章\追踪线段.avi。

命令：LINE↙

指定第一点：（指定点1，如图 4-40a 所示）

指定下一点或［放弃(U)］：　（将光标移动到点 2 处，系统自动捕捉到第一条直线的端点 2，如图 4-40b 所示。系统显示一条虚线为追踪线，移动光标，在追踪线的适当位置指定一点 3，如图 4-40c 所示。）

指定下一点或［放弃(U)］：↙

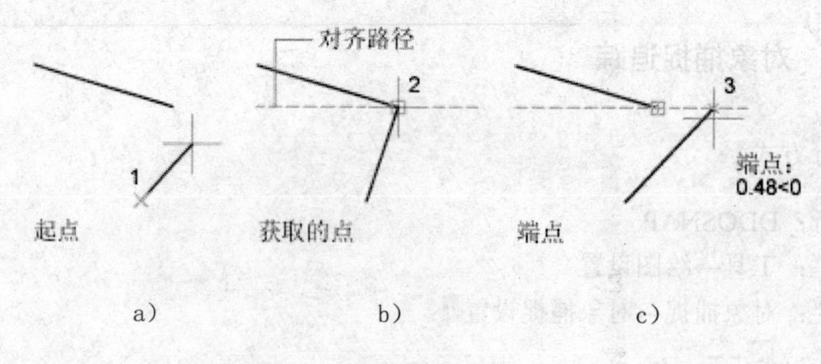


图 4-40 对象捕捉追踪

## 4.4.3 极轴追踪

【执行方式】

命令行：DDOSNAP

菜单栏：工具→绘图设置

工具栏：对象捕捉→对象捕捉设置

状态栏：+

快捷键：F10

快捷菜单：对象捕捉设置（如图4-26所示）

【操作步骤】

按照上面执行方式操作或者在“极轴”开关单击鼠标右键，在快捷菜单中选择“设置”命令，系统打开如图4-41所示的“草图设置”对话框的“极轴追踪”选项卡。其中各选项功能如下：

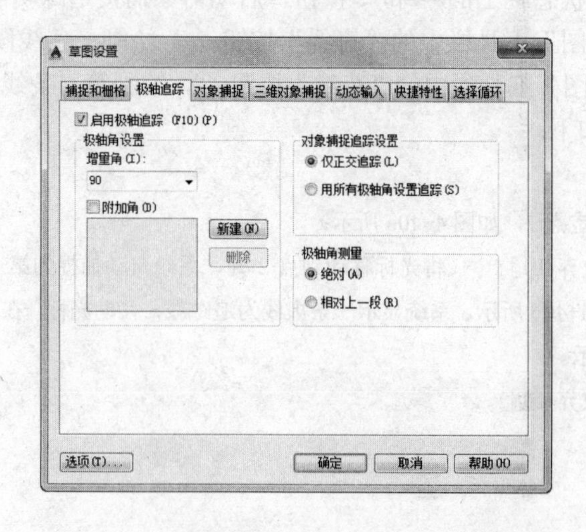


图 4-41 “草图设置”对话框“极轴追踪”选项卡

（1）“启用极轴追踪”复选框：选中该复选框，即启用极轴追踪功能。

（2）“极轴角设置”选项组：设置极轴角的值。可以在“增量角”下拉列表框中选择一种角度值。也可选中“附加角”复选框，单击“新建”按钮设置任意附加角，系统在进行极轴追踪时，同时追踪增量角和附加角，可以设置多个附加角。

（3）“对象捕捉追踪设置”和“极轴角测量”选项组：按界面提示设置相应单选选项。

**实验 1　利用图层命令绘制图 4-42 所示的螺栓。**

操作提示：

（1）设置三个新图层。

（2）绘制中心线。

（3）绘制螺栓轮廓线。

（4）绘制螺纹牙底线

**实验 2　如图 4-43 所示，过四边形上下边延长线交点作四边形右边的平行线。**

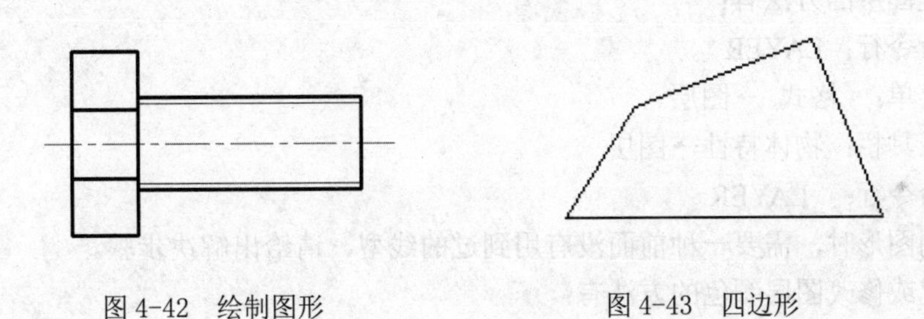

图 4-42　绘制图形　　　　图 4-43　四边形

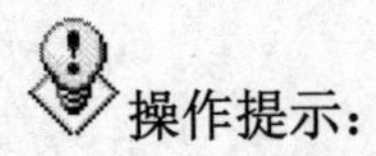

操作提示：

（1）打开“对象捕捉”工具栏。

（2）利用“对象捕捉”工具栏中的“交点”工具捕捉四边形上下边的延长线交点作为直线起点。

（3）利用“对象捕捉”工具栏中的“平行线”工具捕捉一点作为直线终点。

**实验 3　利用对象追踪功能，在图 4-44a 的基础上绘制一条特殊位置直线，如图 4-44b 所示。**

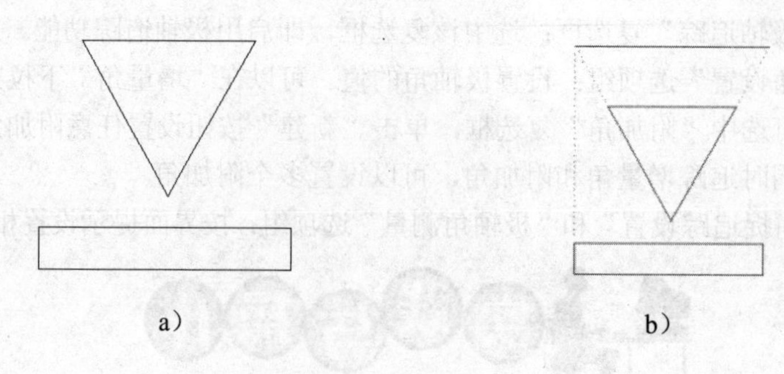


图 4-44　绘制直线

操作提示：

（1）设置对象追踪与对象捕捉功能。

（2）在三角形左边延长线上捕捉一点作为直线起点。

（3）结合对象追踪与对象捕捉功能在三角形右边延长线上捕捉一点作为直线终点。

1．试分析在绘图时如果不设置图层，将为绘图带来什么样的后果？

2．试分析图层的三大控制功能：打开/关闭，冻结/解冻和锁住/开锁有什么不同之处？

3．新建图层的方法有：

（1）命令行：LAYER

（2）菜单：　格式 →图层

（3）工具栏：物体特性→图层

（4）命令行：_LAYER

4．绘制图形时，需要一种前面没有用到过的线型，请给出解决步骤。

5．设置或修改图层颜色的方法有：

（1）命令行：LAYER

（2）命令行：_LAYER

（3）菜单：　格式→图层

（4）菜单：　格式→颜色

（5）工具栏：物体特性→图层

（6）工具栏：物体特性→颜色下拉箭头

6．试比较栅格与捕捉栅格的异同点。

7．物体捕捉的方法有：

（1）命令行方式

（2）菜单栏方式

（3）快捷菜单方式

（4）工具栏方式

8. 正交模式设置的方法有：

（1）命令行：ORTHO

（2）菜单：工具→辅助绘图工具

（3）状态栏：正交开关按钮

（4）快捷键：F8

9. 绘制两个圆，并用线段连接其圆心。

10. 设置图层并绘制如图4-45所示的螺母。

11. 设置物体捕捉功能，并绘制如图4-46所示的塔形三角形。

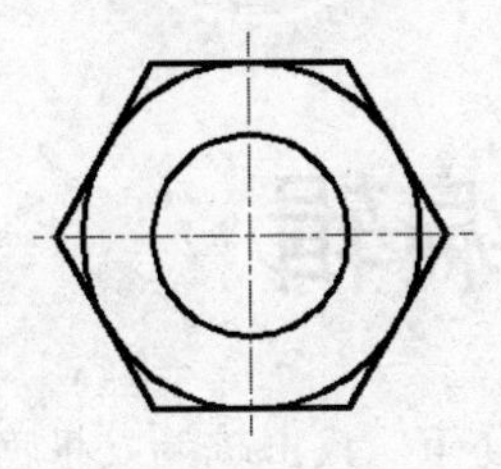

图 4-45 螺母

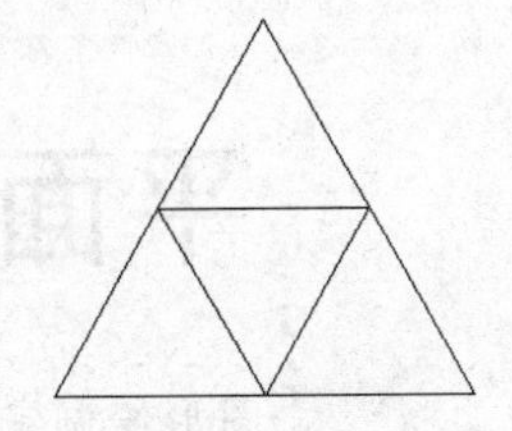

图 4-46 塔形三角形

# 第5章

# 平面图形的编辑

图形绘制完毕后，经常要进行复审，找出疏漏或根据变化来修改图形，力求达到准确与完美。这就是图形的编辑与修改。AutoCAD 2015立足实践中对图形的一些技术要求，提供了丰富的图形编辑修改功能，最大限度地满足用户工程技术上的指标要求。

这些编辑命令配合绘图命令的使用可以进一步完成复杂图形对象的绘制工作，并可使用户合理安排和组织图形，保证作图准确，减少重复，提高设计和绘图的效率。

学习要点

- 选择对象
- 复制类命令
- 改变位置类命令
- 改变几何特性类命令
- 对象编辑命令
- 删除及恢复类命令

## 5.1 选择对象

选择对象是进行编辑的前提。AutoCAD提供了多种对象选择方法，如点取方法、用选择窗口选择对象、用选择线选择对象、用对话框选择对象等。AutoCAD可以把选择的多个对象组成整体，如选择集和对象组，进行整体编辑与修改。

AutoCAD提供两种执行效果相同的途径编辑图形：

（1）先执行编辑命令，然后选择要编辑的对象。

（2）先选择要编辑的对象，然后执行编辑命令。

下面结合SELECT命令说明选择对象的方法。

SELECT命令可以单独使用，即在命令行键入SELECT后按Enter键，也可以在执行其他编辑命令时被自动调用。此时，屏幕出现提示：

选择对象：

等待用户以某种方式选择对象作为回答。AutoCAD 提供多种选择方式，可以键入“？”查看这些选择方式。选择该选项后，出现如下提示：

需要点或 [窗口(W)/上一个(L)/窗交(C)/框(BOX)/全部(ALL)/栏选(F)/圈围(WP)/圈交(CP)/编组(G)/添加(A)/删除(R)/多个(M)/前一个(P)/放弃(U)/自动(AU)/单个(SI)/子对象(SU)/对象(O)]

选择对象：

上面各选项含义如下：

（1）点：该选项表示直接通过点取的方式选择对象。这是较常用也是系统默认的一种对象选择方法。用鼠标或键盘移动拾取框，使其框住要选取的对象，然后单击，就会选中该对象并高亮显示。该点的选定也可以使用键盘输入一个点坐标值来实现。当选定点后，系统将立即扫描图形，搜索并且选择穿过该点的对象。

用户可以利用“工具”下拉菜单中的“选项”项打开的“选项”对话框设置拾取框的大小。在“选项”对话框中选择“选择”选项卡。

移动“拾取框大小”选项组的滑动标尺可以调整拾取框的大小。左侧的空白区中会显示相应的拾取框的尺寸大小。

（2）窗口（W）：用由两个对角顶点确定的矩形窗口选取位于其范围内部的所有图形，与边界相交的对象不会被选中。指定对角顶点时应该按照从左向右的顺序，如图5-1所示。

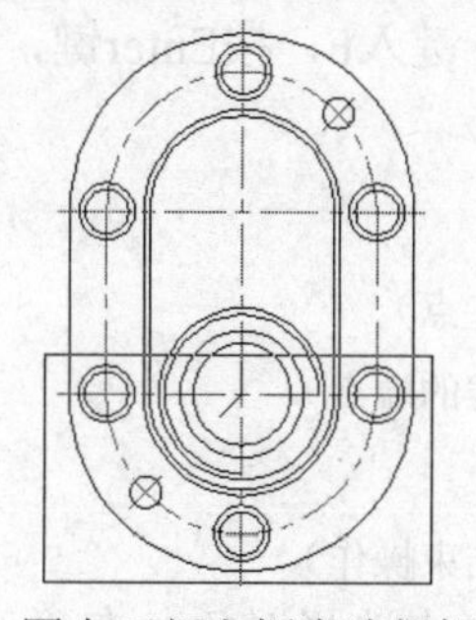
图中下部方框为选择框

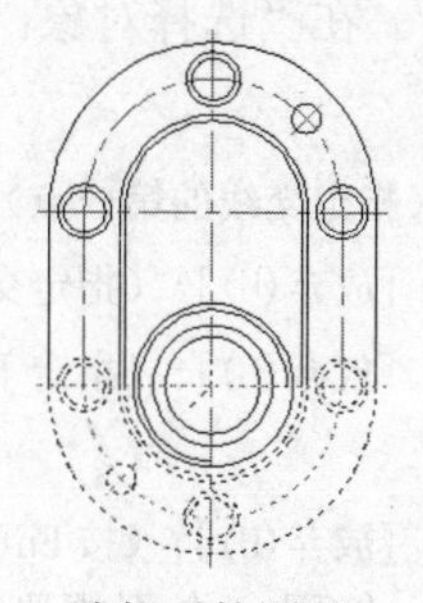
选择后的图形

图 5-1　窗口对象选择方式

在“选择对象:”提示下，键入W，按Enter键，选择该选项后，出现如下提示：

指定第一个角点:（输入矩形窗口的第一个对角点的位置）

指定对角点:（输入矩形窗口的另一个对角点的位置）

指定两个对角顶点后，位于矩形窗口内部的所有图形被选中，并高亮显示。

（3）上一个（L）：在“选择对象：”提示下键入L，按Enter键，系统会自动选取最后绘出的一个对象。

（4）窗交（C）：该方式与上述“窗口”方式类似，区别在于：它不但选择矩形窗口内部的对象，也选中与矩形窗口边界相交的对象，如图5-2所示。

在“选择对象:”提示下键入C，按Enter键，系统提示：

指定第一个角点:（输入矩形窗口的第一个对角点的位置）

指定对角点:（输入矩形窗口的另一个对角点的位置）

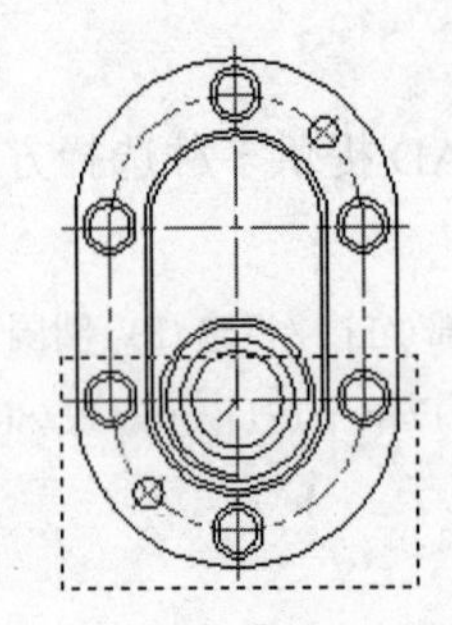

图中下部虚线框为选择框

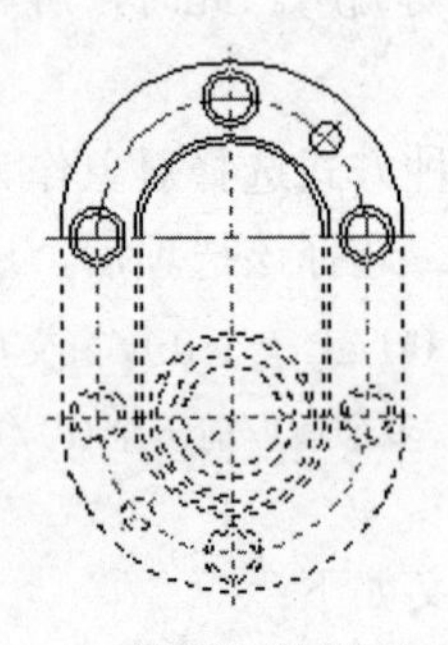

选择后的图形

图 5-2 “窗交”对象选择方式

（5）框（BOX）：该方式没有命令缩写字。使用时，系统根据用户在屏幕上给出的两个对角点的位置而自动引用“窗口”或“窗交”选择方式。若从左向右指定对角点，为“窗口”方式；反之，为“窗交”方式。

（6）全部（ALL）：选取图面上所有对象。在“选择对象：”提示下键入ALL，按Enter键。此时，绘图区域内的所有对象均被选中。

（7）栏选（F）：用户临时绘制一些直线，这些直线不必构成封闭图形，凡是与这些直线相交的对象均被选中，执行结果如图5-3所示。这种方式对选择相距较远的对象比较有效。交线可以穿过本身。在“选择对象：”提示下键入F，按Enter键，选择该选项后，出现如下提示：

指定第一个栏选点:（指定交线的第一点）

指定下一个栏选点或［放弃(U)］:（指定交线的第二点）

指定下一个栏选点或［放弃(U)］:（指定下一条交线的端点）

……

指定下一个栏选点或［放弃(U)］:（按 Enter 键，结束操作）

（8）圈围（WP）：使用一个不规则的多边形来选择对象。在“选择对象：”提示下键入WP，系统提示：

第一圈围点:（输入不规则多边形的第一个顶点坐标）

指定直线的端点或 [放弃(U)]:(输入第二个顶点坐标)

……

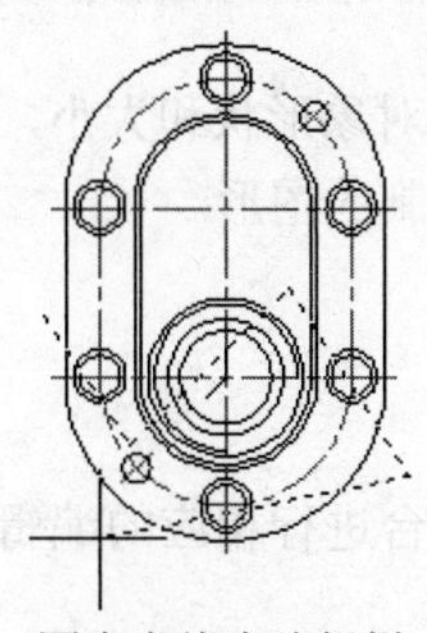

图中虚线为选择栏

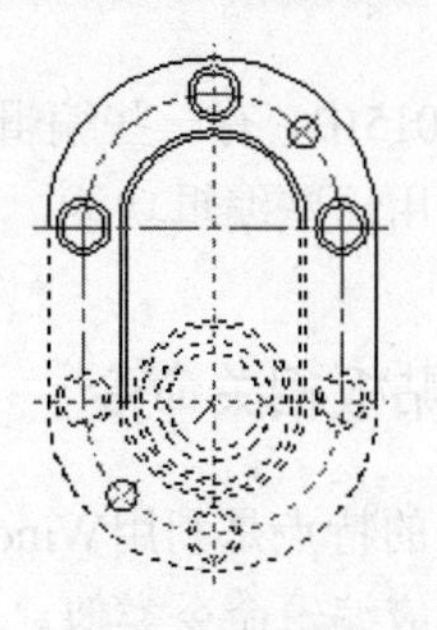

选择后的图形

图 5-3 “栏选”对象选择方式

指定直线的端点或 [放弃(U)]:(按 Enter 键,结束操作),如图 5-4 所示。

根据提示,用户顺次输入构成多边形所有顶点的坐标,直到最后用按Enter键做出空回答结束操作,系统将自动连接第一个顶点与最后一个顶点形成封闭的多边形。多边形的边不能接触或穿过本身。若键入U,取消刚才定义的坐标点并且重新指定。凡是被多边形围住的对象均被选中(不包括边界),执行结果如图5-4所示。

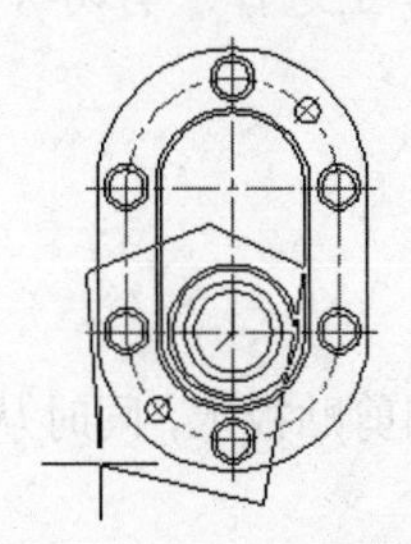

图中十字线所拉出多边形为选择框

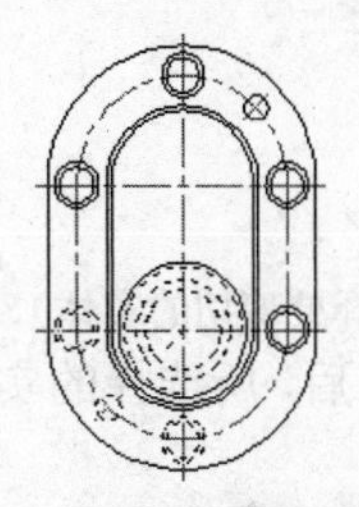

选择后的图形

图 5-4 “圈围”对象选择方式

(9)圈交(CP):类似于“圈围”方式,在提示后键入CP,后续操作与WP方式相同。区别在于:与多边形边界相交的对象也被选中,如图5-5所示。

其他选项与上面选项功能类似,这里不再赘述。

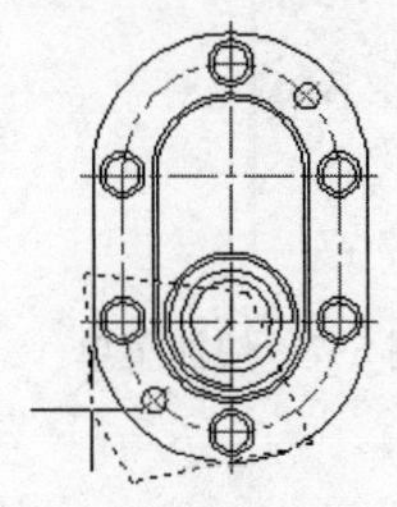

图中十字线所拉出多边形为选择框

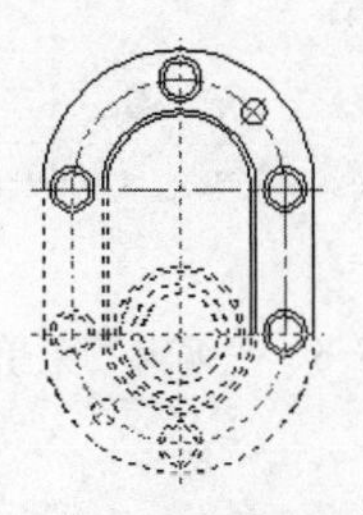

选择后的图形

图 5-5 “圈交”对象选择方式

# 5.2 基本编辑命令

AutoCAD 2015中，有一些编辑命令，不改变编辑对象形状和大小，只是改变对象相对位置和数量。利用这些编辑功能，可以方便地编辑绘制的图形。

## 5.2.1 剪贴板相关命令

这一类命令的特点是利用Windows剪贴板作为平台进行相应的编辑。与Windows系统中其他软件的相应编辑命令类似。

1．剪切命令

命令行：CUTCLIP

菜单栏：编辑→剪切（如图5-6所示）

工具栏：标准→剪切到剪贴板

快捷键：Ctrl+X

快捷菜单：在绘图区域右击鼠标，从打开的快捷菜单上选择“剪切”，如图5-7所示

【操作步骤】

命令：CUTCLIP↙

选择对象：（选择要剪切的实体）

执行上述命令后，所选择的实体从当前图形上剪切到剪贴板上，同时从原图形中消失。

2．复制命令

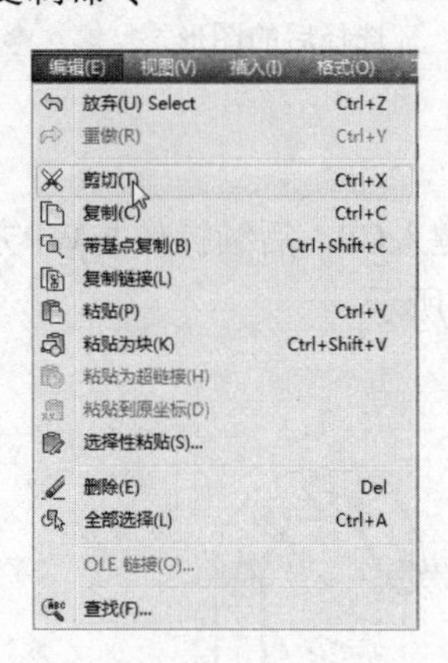


图5-6 “编辑”菜单

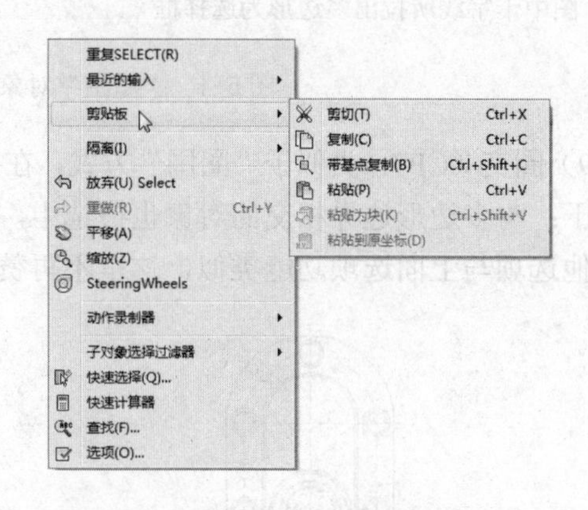


图5-7 快捷菜单

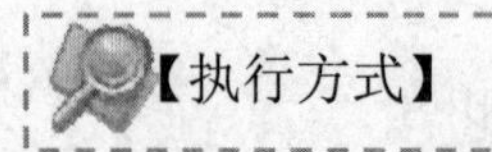


命令行：COPYCLIP

菜单栏：编辑→复制

工具栏：标准→复制到剪贴板

快捷键：Ctrl+C

快捷菜单：在绘图区域右击鼠标，从打开的快捷菜单上选择“复制”，如图5-7所示

【操作步骤】

命令：COPYCLIP↙

选择对象：（选择要复制的实体）

执行上述命令后，所选择的实体从当前图形上剪切到剪贴板上，原图不变。

使用“剪切”和“复制”功能复制对象时，已复制到目的文件的对象与源对象毫无关系，源对象的改变不会影响复制得到的对象。

3．带基点复制命令

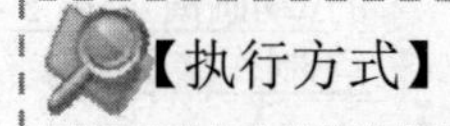
【执行方式】

命令行：COPYBASE

菜单栏：编辑→带基点复制

快捷键：Ctrl+Shift+C

快捷菜单：在绘图区域右击鼠标，从快捷菜单上选择“带基点复制”，如图5-7所示

【操作步骤】

命令：COPYBASE↙

指定基点：（指定基点）

选择对象：（选择要复制的实体）

执行上述命令后，所选择的实体从当前图形上剪切到剪贴板上，原图不变。本命令与“复制”相比，有明显的优越性，因为有基点信息，所以在粘贴插入时，可以根据基点找到准确的插入点。

4．粘贴命令

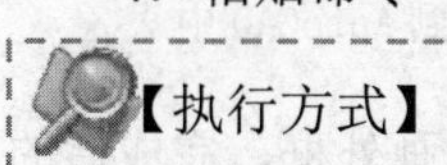
【执行方式】

命令行：PASTECLIP

菜单栏：编辑→粘贴

工具栏：标准→粘贴

快捷键：Ctrl+V

快捷菜单：在绘图区域右击鼠标，从打开的快捷菜单上选择“复制”，如图5-7所示

【操作步骤】

命令：PASTECLIP↙

执行上述命令后，保存在剪贴板上的实体粘贴到当前图形中。

## 5.2.2 实例——制作壁画

在 AutoCAD 中制作一幅壁画。

绘制步骤：

实讲实训
多媒体演示

多媒体演示参见配套光盘中的\\动画演示\第5章\制作壁画.avi。

**01** 启动Windows画图，打开一个图形文件。

**02** 在Windows画图中选取要插入到AutoCAD中的部分（如图5-8所示），选取编辑菜单中的复制选项，将这部分文档放到剪贴板中。

**03** 启动AutoCAD，新建一个文件，在编辑菜单中选取粘贴选项，将Windows画图图像粘贴到AutoCAD图形中，如图5-9所示。可以对该图像进行适当的缩放和平移操作。

图5-8 在Windows画图中选择图像对象　　图5-9 将Windows画图图像粘贴到AutoCAD中

**04** 绘制壁画外框。利用前面学过的矩形命令和直线命令绘制壁画外框，完成后的壁画如图5-10所示。

1．选择性粘贴对象

【执行方式】

命令行：PASTESPEC

菜单栏：编辑→选择性粘贴

【操作步骤】

命令：PASTESPEC↙

系统打开“选择性粘贴”对话框，如图5-11所示。在该对话框中进行相关参数设置。

2．粘贴为块

【执行方式】

命令行：PASTEBLOCK
菜单栏：编辑→粘贴为块
快捷键：Ctrl+Shift+V

图 5-10 制作壁画

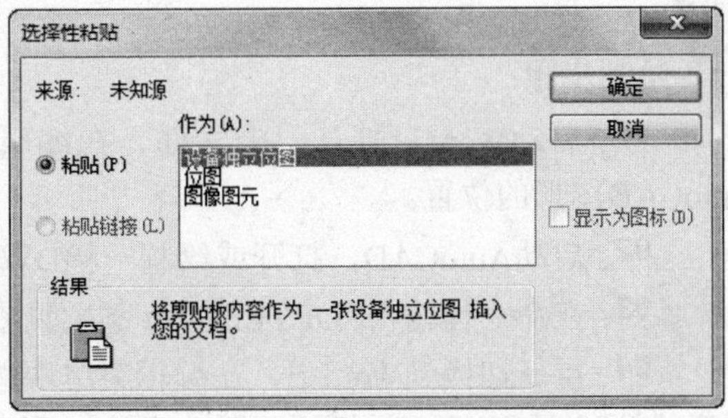


图 5-11 “选择性粘贴”对话框

【操作步骤】

命令：PASTEBLOCK↙
指定插入点：
指定插入点后，对象以块的形式插入到当前图形中。

## 5.2.3 复制链接对象

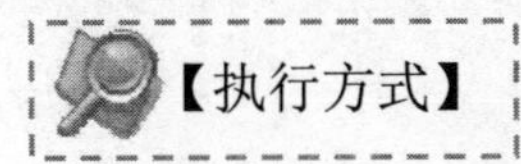【执行方式】

命令行：COPYLINK
菜单栏：编辑→复制链接

【操作步骤】

命令：COPYLINK↙

对象链接和嵌入的操作过程与用剪贴板粘贴的操作类似，但其内部运行机制却有很大的差异。

链接对象及其创建应用程序始终保持联系。例如，Word 文档中包含一个 AutoCAD 图形对象，在 Word 中双击该对象，Windows 自动将其装入 AutoCAD 中，以供用户进行编辑。如果对原始 AutoCAD 图形作了修改，则 Word 文档中的图形也随之发生相应的变化。如果是用剪贴板粘贴上的图形，则它只是 AutoCAD 图形的一个复制，粘贴之后，就不再与 AutoCAD 图形保持任何联系，原始图形的变化不会对它产生任何作用。

## 5.2.4 实例——在Word文档中链接AutoCAD图形对象

在Word文档中链接AutoCAD图形对象。

绘制步骤：

| 实讲实训<br>多媒体演示 |
| --- |
| 多媒体演示参见配套光盘中的\\动画演示\第5章\在Word文档中链接AutoCAD图形对象.avi。 |

01 启动Word，打开一个文件，在编辑窗口将光标移到要插入AutoCAD图形的位置。

02 启动AutoCAD，打开或绘制一幅DWG文件。

03 在命令行输入COPYLINK命令（如图5-12所示）。

04 重新切换到Word中，在编辑菜单中选取粘贴选项，AutoCAD图形就粘贴到AutoCAD图形中了，如图5-13所示。

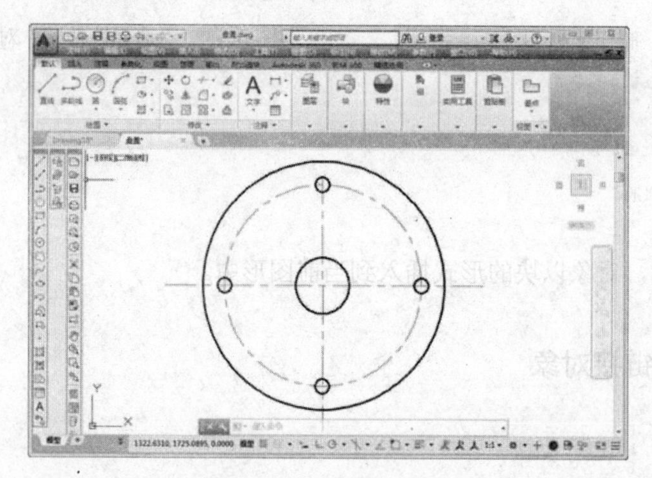

图5-12　选择AutoCAD对象

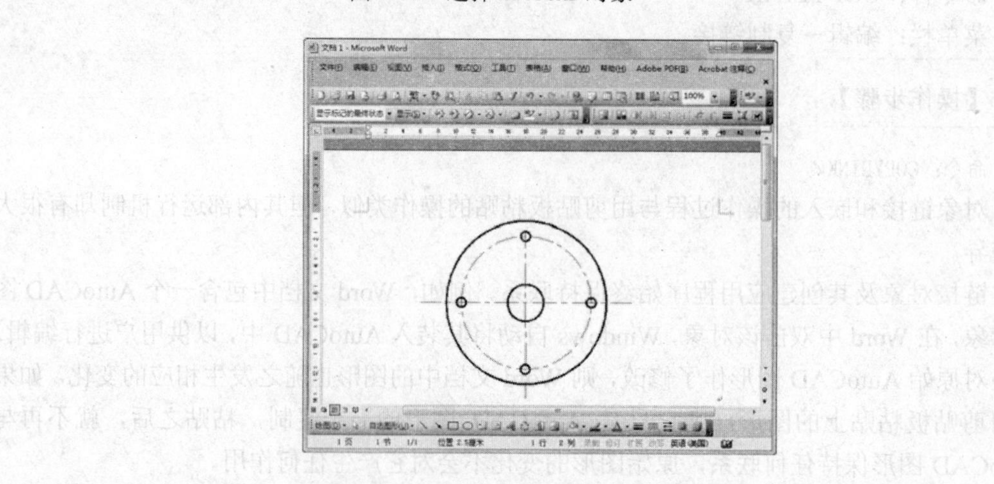

图5-13　将AutoCAD对象链接到Word文档

## 5.2.5　复制命令

【执行方式】

命令行：COPY

菜单栏：修改→复制（如图5-14所示）

工具栏：修改→复制 （如图5-15所示）

功能区："默认"选项卡中"修改"面板上的"复制"按钮

快捷菜单：选择要复制的对象，在绘图区域右击鼠标，从打开的快捷菜单上选择"复制选择"，如图5-7所示。

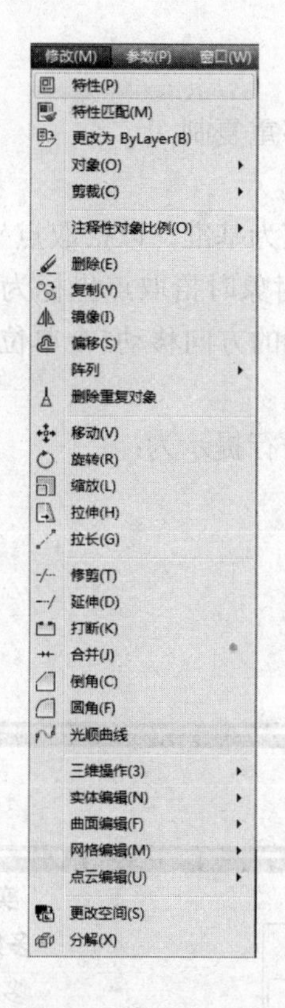


图 5-14　"修改"菜单

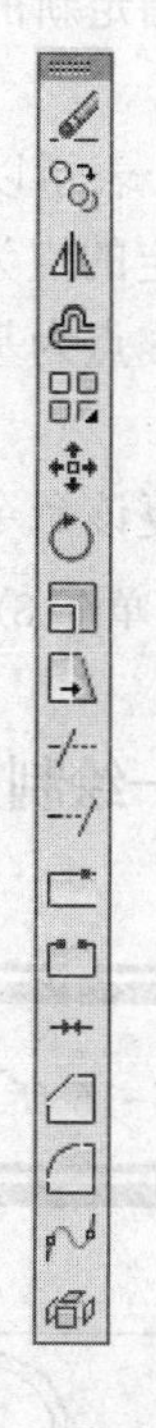

图 5-15　"修改"工具栏

【操作步骤】

命令：COPY↙

选择对象：(选择要复制的对象)

用前面介绍的对象选择方法选择一个或多个对象，回车结束选择操作。系统继续提示：

当前设置：　复制模式 = 多个

指定基点或 [位移(D)/模式(O)] <位移>：(指定基点或位移)

指定第二个点或 [阵列(A)] <使用第一个点作为位移>：

指定第二个点或 [阵列(A)/退出(E)/放弃(U)] <退出>:

【选项说明】

1．指定基点

指定一个坐标点后，AutoCAD 2015把该点作为复制对象的基点，并提示：

指定第二个点或 [阵列(A)] <使用第一个点作为位移>:

指定第二个点后，系统将根据这两点确定的位移矢量把选择的对象复制到第二点处。如果此时直接回车，即选择默认的“用第一点作位移”，则第一个点被当作相对于 X、Y、Z 的位移。例如，如果指定基点为 2,3 并在下一个提示下按 Enter 键，则该对象从它当前的位置开始在X方向上移动 2 个单位，在 Y 方向上移动 3 个单位。

复制完成后，系统会继续提示：

指定位移的第二点:

这时，可以不断指定新的第二点，从而实现多重复制。

2．位移

直接输入位移值，表示以选择对象时的拾取点为基准，以拾取点坐标为移动方向纵横比移动指定位移后确定的点为基点。例如，选择对象时拾取点坐标为（2，3），输入位移为5，则表示以（2，3）点为基准，沿纵横比为3∶2的方向移动5个单位所确定的点为基点。

3．模式

控制是否自动重复该命令。执行该命令，命令行提示为：

输入复制模式选项 [单个(S)/多个(M)] <多个>:

## 5.2.6 实例——绘制洗手台

绘制如图 5-16 所示的洗手台。

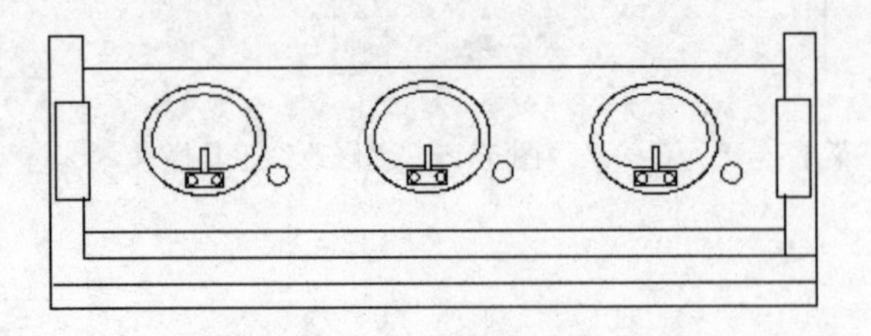

图 5-16 洗手台

**实讲实训**
**多媒体演示**

多媒体演示参见配套光盘中的\\动画演示\第 5 章\绘制洗手台.avi。

**绘制步骤：**

**01** 单击“绘图”工具栏中的“直线”按钮和“矩形”按钮，绘制洗手台架，如图5-17所示。

02 单击“绘图”工具栏中的“圆”按钮、“圆弧”按钮及“椭圆弧”按钮等命令绘制一个洗手盆及肥皂盒，如图5-18所示。

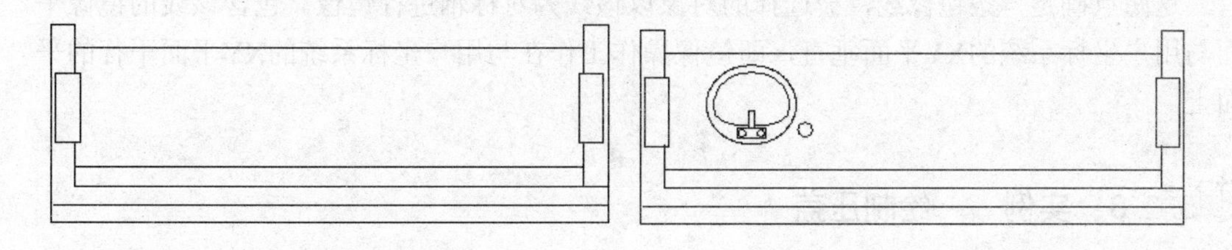

图 5-17 绘制洗手台架　　　　图 5-18 绘制一个洗手盆

03 单击“默认”选项卡中“修改”面板上的“复制”按钮，复制另两个洗手盆及肥皂盒，命令行提示与操作如下：

命令：_copy

选择对象：(框选上面绘制的洗手盆及肥皂盒)

找到 23 个

选择对象：↙

当前设置： 复制模式 = 多个

指定基点或 [位移(D)/模式(O)] <位移>：(指定一点为基点)

指定第二个点或 [阵列(A)] <使用第一个点作为位移>：(打开状态栏上的“正交”开关，指定适当位置一点)

指定第二个点或 [阵列(A)/退出(E)/放弃(U)] <退出>：( 指定适当位置一点)

指定第二个点或 [阵列(A)/退出(E)/放弃(U)] <退出>：↙

结果如图 5-16 所示。

## 5.2.7 镜像命令

镜像对象是指把选择的对象围绕一条镜像线作对称复制。镜像操作完成后，可以保留原对象也可以将其删除。

【执行方式】

命令行：MIRROR

菜单栏：修改→镜像

工具栏：修改→镜像

功能区：“默认”选项卡中的“修改”面板上的“镜像”按钮

【操作步骤】

命令：MIRROR↙

选择对象：(选择要镜像的对象)

指定镜像线的第一点：(指定镜像线的第一个点)

指定镜像线的第二点:（指定镜像线的第二个点）

要删除源对象吗？[是(Y)/否(N)] <N>:（确定是否删除原对象）

这两点确定一条镜像线，被选择的对象以该线为对称轴进行镜像。包含该线的镜像平面与用户坐标系统的XY平面垂直，即镜像操作工作在与用户坐标系统的XY平面平行的平面上。

## 5.2.8 实例——绘制压盖

绘制如图 5-19 所示的压盖。

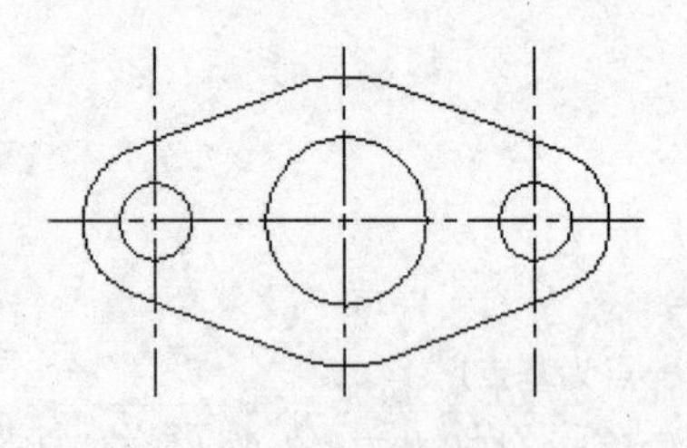

图 5-19 压盖

**实讲实训**
**多媒体演示**
多媒体演示参见配套光盘中的\\动画演示\第 5 章\绘制压盖.avi。

**绘制步骤：**

**01** 单击“图层”工具栏中的“图层特性管理器”按钮，新建图层：第一图层命名为“轮廓线”，线宽属性为0.3mm，其余属性默认。第二图层名称设为“中心线”，颜色设为红色，线型加载为CENTER，其余属性默认。

**02** 绘制中心线。将“中心线层”置为当前图层。单击“绘图”工具栏中的“直线”按钮，绘制一条直线。命令行提示与操作如下：

命令: line↙

指定第一点:

指定下一点或 [放弃(U)]:（用鼠标在水平方向上取两点）

指定下一点或 [放弃(U)]:↙

重复上述命令绘制竖直中心线。

结果如图5-20所示。

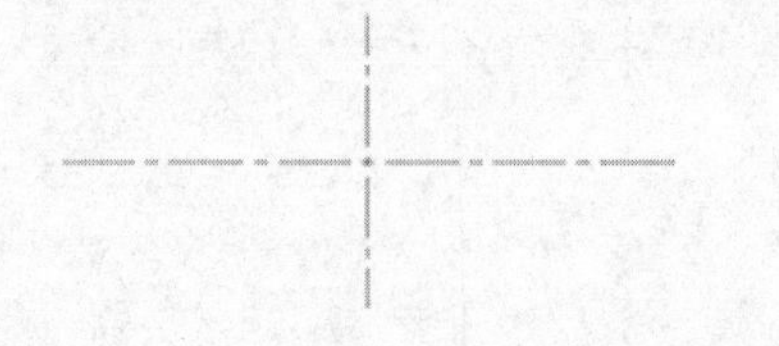

图 5-20 绘制中心线

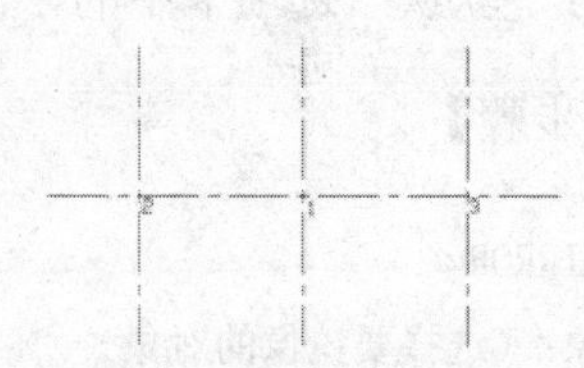

图 5-21 偏移处理

**03** 单击“修改”工具栏中的“偏移”按钮，对绘制的直线进行偏移处理。后面5.2.9具体讲述。命令行提示与操作如下：

命令：offset↙

当前设置：删除源=否　图层=源　OFFSETGAPTYPE=0

指定偏移距离或［通过(T)/删除(E)/图层(L)］〈通过〉：　26

选择要偏移的对象，或［退出(E)/放弃(U)］〈退出〉：(选择竖直中心线)

指定要偏移的那一侧上的点，或［退出(E)/多个(M)/放弃(U)］〈退出〉：(分别选择竖直中心线的两侧)

选择要偏移的对象，或［退出(E)/放弃(U)］〈退出〉：↙

结果如图5-21所示。

**04** 绘制圆。将“轮廓线层”置为当前图层。单击“绘图”工具栏中的“圆”按钮，绘制圆。命令行提示与操作如下：

命令：circle↙

指定圆的圆心或［三点(3P)/两点(2P)/切点、切点、半径(T)］：(选择点 1 为圆心)

指定圆的半径或［直径(D)］：19↙

重复上述命令绘制半径为11的同心圆，再以点2为圆心，分别绘制半径为5和10的同心圆。结果如图5-22所示。

**05** 单击“绘图”工具栏中的“直线”按钮，绘制直线。命令行提示与操作如下：

命令：line↙

指定第一点：tan

到（选择半径为 10 的圆）

指定下一点或［放弃(U)］：tan

到（选择半径为 19 的圆）

指定下一点或［放弃(U)］：↙

重复上述命令绘制另一条切线。结果如图5-23所示。

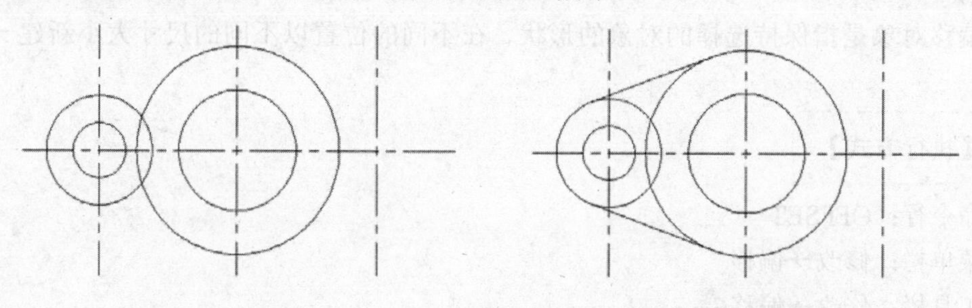

图 5-22　绘制圆　　图 5-23　绘制直线

**06** 单击“修改”工具栏中的“镜像”按钮，对图形进行镜像处理。命令行提示与操作如下：

命令：mirror↙

选择对象：(选择半径为 5 和 10 的圆及两条切线)

选择对象：↙

指定镜像线的第一点：指定镜像线的第二点：（在中间的中心线上选取两点）

要删除源对象吗？[是(Y)/否(N)] <N>:↙

结果如图5-24所示。

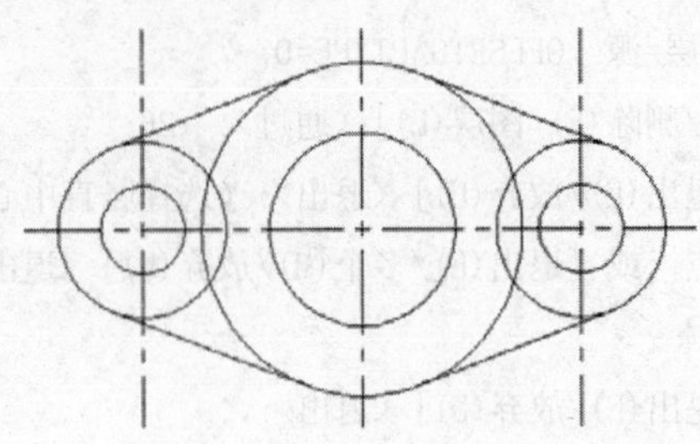

图 5-24 镜像处理

**07** 单击“修改”工具栏中的“修剪”按钮，对图形进行修剪处理。后面5.3.1具体讲述。命令行提示与操作如下：

命令：trim↙

当前设置:投影=UCS，边=无

选择剪切边...

选择对象或 <全部选择>:↙

选择要修剪的对象，或按住 Shift 键选择要延伸的对象，或[栏选(F)/窗交(C)/投影(P)/边(E)/删除(R)/放弃(U)]：(用鼠标选择要修剪的对象)

选择要修剪的对象，或按住 Shift 键选择要延伸的对象，或[栏选(F)/窗交(C)/投影(P)/边(E)/删除(R)/放弃(U)]:↙

结果如图5-19所示。

## 5.2.9 偏移命令

偏移对象是指保持选择的对象的形状、在不同的位置以不同的尺寸大小新建一个对象。

【执行方式】

命令行：OFFSET

菜单栏：修改→偏移

工具栏：修改→偏移

功能区：“默认”选项卡中“修改”面板上的“偏移”按钮

【操作步骤】

命令： OFFSET↙

当前设置：删除源=否 图层=源 OFFSETGAPTYPE=0

指定偏移距离或 [通过(T)/删除(E)/图层(L)] <通过>：(指定距离值)

选择要偏移的对象，或［退出(E)/放弃(U)］〈退出〉:（选择要偏移的对象。回车会结束操作）

指定要偏移的那一侧上的点，或［退出(E)/多个(M)/放弃(U)］〈退出〉:（指定偏移方向）

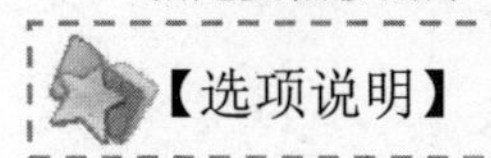

【选项说明】

（1）指定偏移距离：输入一个距离值，或回车使用当前的距离值，系统把该距离值作为偏移距离，如图5-25所示。

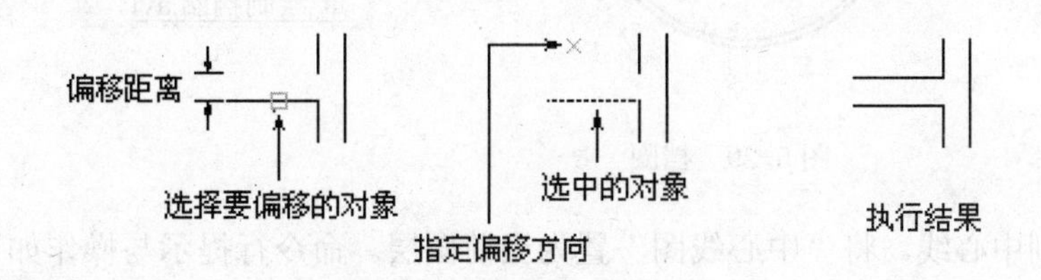


图 5-25　指定距离偏移对象

（2）通过(T)：指定偏移的通过点。选择该选项后出现如下提示：

选择要偏移的对象或〈退出〉:（选择要偏移的对象。回车会结束操作）

指定通过点：（指定偏移对象的一个通过点）

操作完毕后系统根据指定的通过点绘出偏移对象，如图5-26～图5-28所示。

图 5-26　指定要偏移的对象

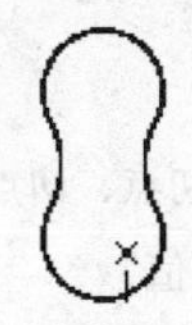

图 5-27　指定通过点偏移对象

图 5-28　执行结果

（3）图层（L）：确定将偏移对象创建在当前图层上还是源对象所在的图层上。选择该选项后出现如下提示：

输入偏移对象的图层选项［当前(C)/源(S)］〈源〉:

操作完毕后系统根据指定的图层绘出偏移对象。

### 5.2.10　实例——绘制挡圈

绘制如图 5-29 所示挡圈。

绘制步骤：

**01** 设置图层。单击“图层”工具栏中的“图层特性管理器”按钮，新建两个图层：粗实线图层：线宽0.3mm，其余属性默认；中心线图层：线型为CENTER，其余属性默认。

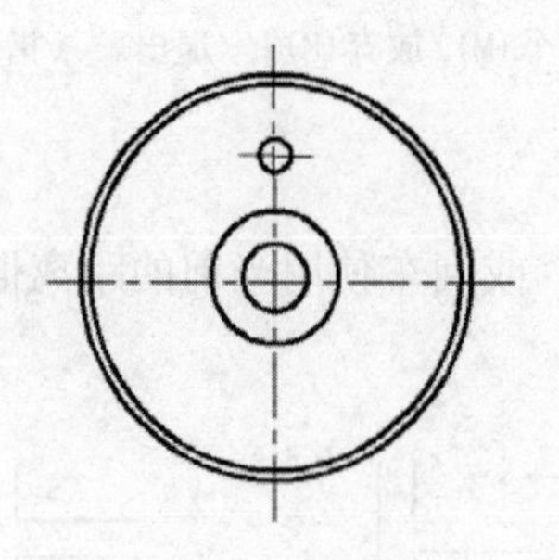

图 5-29　挡圈

| 实讲实训<br>多媒体演示 |
| --- |
| 多媒体演示参见配套光盘中的\\动画演示\第 5 章\绘制挡圈.avi。 |

**02** 绘制中心线。将“中心线图”置为当前图层。命令行提示与操作如下：

命令：_line

指定第一点：（用鼠标指定一点）

指定下一点或［放弃(U)］：〈正交 开〉(打开正交开关，用鼠标指定水平向右一点)

指定下一点或［放弃(U)］：↙

相同方法绘制竖直相交中心线以及偏上位置水平中心线。结果如图5-30所示。

**03** 单击“绘图”工具栏中的“圆”按钮，绘制挡圈内孔。将“粗实线层”置为当前图层。命令行提示与操作如下：

命令：_circle

指定圆的圆心或［三点(3P)/两点(2P)/切点、切点、半径(T)］:(捕捉中心线交点为圆心)

指定圆的半径或［直径(D)］:（指定半径值）

结果如图5-31所示。

**04** 单击“修改”工具栏中的“偏移”按钮，绘制挡圈其他轮廓线。命令行提示与操作如下：

命令：_offset

当前设置：删除源=否　图层=源　OFFSETGAPTYPE=0

指定偏移距离或［通过(T)/删除(E)/图层(L)］〈通过〉：3↙

选择要偏移的对象，或［退出(E)/放弃(U)］〈退出〉：（指定绘制的圆）

指定要偏移的那一侧上的点，或［退出(E)/多个(M)/放弃(U)］〈退出〉：（指定圆外侧）

选择要偏移的对象，或［退出(E)/放弃(U)］〈退出〉:↙

相同方法指定距离为 38 和 40 以初始绘制的圆为对象向外偏移该圆，如图 5-32 所示。

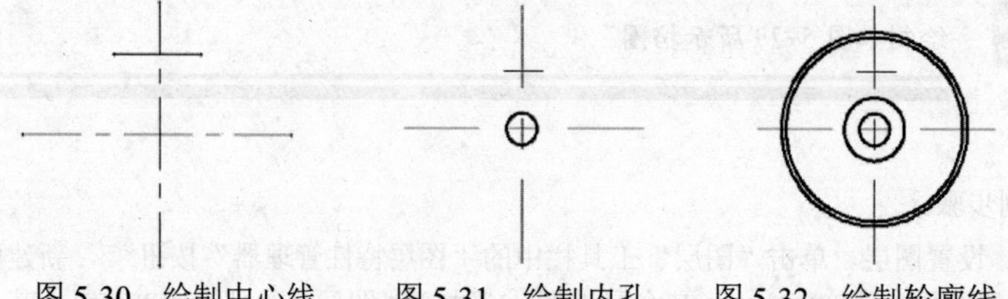

图 5-30　绘制中心线　图 5-31　绘制内孔　图 5-32　绘制轮廓线

05 绘制小孔。单击“绘图”工具栏中的“圆”按钮，以偏上位置的中心线交点为圆心绘制小孔，最终结果如图5-27所示。

**注意**

**本例绘制同心圆也可以采用绘制圆的方式实现。一般在绘制结构相同并且要求保持恒定的相对位置时，可以采用偏移命令实现。**

## 5.2.11 阵列命令

建立阵列是指多重复制选择的对象并把这些副本按矩形或环形排列。把副本按矩形排列称为建立矩形阵列，把副本按环形排列称为建立极阵列。建立极阵列时，应该控制复制对象的次数和对象是否被旋转；建立矩形阵列时，应该控制行和列的数量以及对象副本之间的距离。

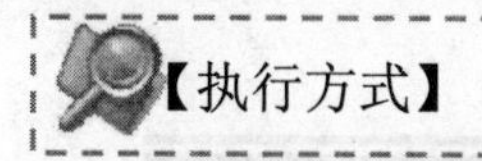【执行方式】

命令行：ARRAY

菜单栏：修改→阵列→矩形阵列或路径阵列或环形阵列

工具栏：阵列→矩形阵列，阵列→路径阵列，阵列→环形阵列

功能区：“默认”选项卡中的“修改”面板上的“矩形阵列”按钮

【操作步骤】

命令：ARRAY↙

选择对象：(使用对象选择方法)

输入阵列类型[矩形（R）/路径（PA）/极轴（PO）]〈矩形〉:PA↙

类型=路径 关联=是

选择路径曲线：(使用一种对象选择方法)

输入沿路径的项数或 [方向(O)/表达式(E)] 〈方向〉：（指定项目数或输入选项）

指定基点或 [关键点(K)] 〈路径曲线的终点〉：（指定基点或输入选项）

指定与路径一致的方向或 [两点(2P)/法线(N)] 〈当前〉：（按 Enter 键或选择选项）

指定沿路径的项目间的距离或 [定数等分(D)/全部(T)/表达式(E)]〈沿路径平均定数等分(D)〉:（指定距离或输入选项）

按 Enter 键接受或 [关联(AS)/基点(B)/项目(I)/行数(R)/层级(L)/对齐项目(A)/Z 方向(Z)/退出(X)] 〈退出〉：按 Enter 键或选择选项

【选项说明】

（1）方向（O）：控制选定对象是否将相对于路径的起始方向重定向（旋转），然后再移动到路径的起点。

（2）表达式(E)：使用数学公式或方程式获取值。

（3）基点（B）：指定阵列的基点。

（4）关键点(K)：对于关联阵列，在源对象上指定有效的约束点（或关键点）以用作基点。如果编辑生成的阵列的源对象，阵列的基点保持与源对象的关键点重合。

（5）定数等分(D)：沿整个路径长度平均定数等分项目。

（6）全部(T)：指定第一个和最后一个项目之间的总距离。

（7）关联（AS）：指定是否在阵列中创建项目作为关联阵列对象，或作为独立对象。

（8）项目（I）：编辑阵列中的项目数。

（9）行数（R）：指定阵列中的行数和行间距，以及它们之间的增量标高。

（10）层级（L）：指定阵列中的层数和层间距。

（11）对齐项目（A）：指定是否对齐每个项目以与路径的方向相切。对齐相对于第一个项目的方向（方向 选项）。

（12）Z 方向（Z）：控制是否保持项目的原始 Z 方向或沿三维路径自然倾斜项目。

## 5.2.12 实例——绘制轴承端盖

绘制如图 5-33 所示的轴承端盖。

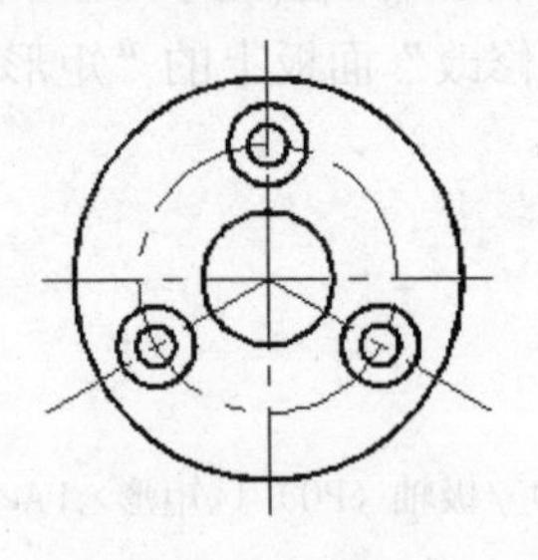

图 5-33 轴承端盖

**实讲实训**
**多媒体演示**

多媒体演示参见配套光盘中的\\动画演示\第 5 章\绘制轴承端盖.avi。

**绘制步骤：**

**01** 图层设定。单击“图层”工具栏中的“图层特性管理器”按钮，新建三个图层：粗实线层，线宽为0.50mm，其余属性默认。细实线层，线宽为0.30mm，所有属性默认。中心线层，线宽为0.30mm，颜色为红色，线型：CENTER，其余属性默认。

**02** 绘制左视图中心线。将线宽显示打开。将当前图层设置为中心线图层。单击“绘图”工具栏中的“直线”按钮和“圆”按钮，并结合“旋转”“对象捕捉”和“镜像”等工具选取适当尺寸绘制如图5-34所示的中心线。

**03** 左视图的轮廓线。将“粗实线层”置为当前图层。单击“绘图”工具栏中的“圆”按钮，并结合“对象捕捉”工具选取适当尺寸绘制如图5-35所示的圆。

**04** 阵列圆。单击“阵列”工具栏中的“环形阵列”按钮，项目数设置为3，填充角度设置为360，选择两个同心的小圆为阵列对象，捕捉中心线圆的圆心的阵列中心，阵列结果如图5-33所示。

图 5-34 轴承端盖左视图中心线

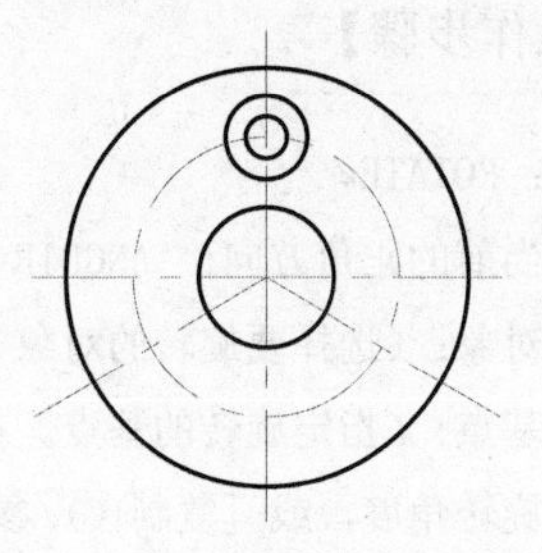

图 5-35 绘制左视图轮廓线

## 5.2.13 移动命令

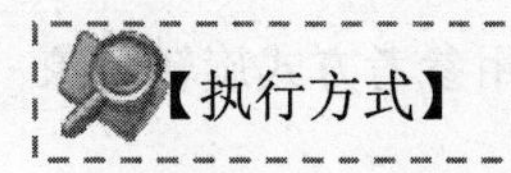
【执行方式】

命令行：MOVE

菜单栏：修改→移动

快捷菜单：选择要复制的对象，在绘图区域右击鼠标，从打开的快捷菜单选择“移动”。

工具栏：修改→移动

功能区：“默认”选项卡中的“修改”面板上的“移动”按钮

【操作步骤】

命令：MOVE↙

选择对象：(选择对象)

用前面介绍的对象选择方法选择要移动的对象，用回车结束选择。系统继续提示：

指定基点或［位移(D)］〈位移〉：(指定基点或移至点)

指定第二个点或〈使用第一个点作为位移〉：

在上述提示下，可以指定两个坐标点，系统把第一个点作为移动的基准点，把第二个点作为移至点，根据这两个点决定的位置矢量移动对象。对象被移动后，原位置处的对象消失。

## 5.2.14 旋转命令

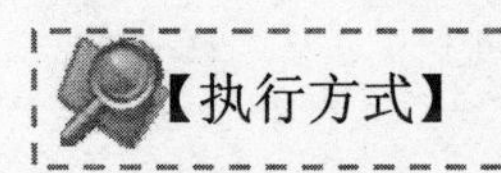
【执行方式】

命令行：ROTATE

菜单栏：修改→旋转

快捷菜单：选择要旋转的对象，在绘图区域右击鼠标，从打开的快捷菜单选择“旋转”。

工具栏：修改→旋转

功能区："默认"选项卡中"修改"面板上的"旋转"

【操作步骤】

命令：ROTATE↙

UCS 当前的正角方向： ANGDIR=逆时针 ANGBASE=0

选择对象：（选择要旋转的对象）

指定基点：（指定旋转的基点。在对象内部指定一个坐标点）

指定旋转角度，或 [复制(C)/参照(R)] <0>：（指定旋转角度）

【选项说明】

（1）旋转角度：决定对象绕基点旋转的角度。旋转轴通过指定的基点，并且平行于当前 UCS 的 Z 轴。

（2）复制（C）：创建要旋转的选定对象的副本。

（3）参照（R）：将对象从指定的角度旋转到新的绝对角度。采用参考方式旋转对象时，系统提示：

指定参照角 <0>：（指定要参考的角度，默认值为 0）

指定新角度或 [点(P)] <0>：（输入旋转后的角度值）

操作完毕后，对象被旋转至指定的角度位置。

**注意**

**可以用拖动鼠标的方法旋转对象。选择对象并指定基点后，从基点到当前光标位置会出现一条连线，移动鼠标选择的对象会动态地随着该连线与水平方向的夹角的变化而旋转，回车会确认旋转操作，如图 5-36 所示。**

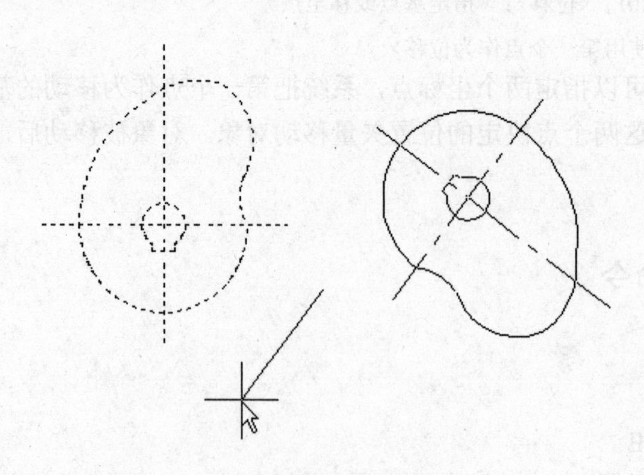

图 5-36 拖动鼠标旋转对象

## 5.2.15 实例——绘制曲柄

绘制如图 5-37 所示的曲柄。

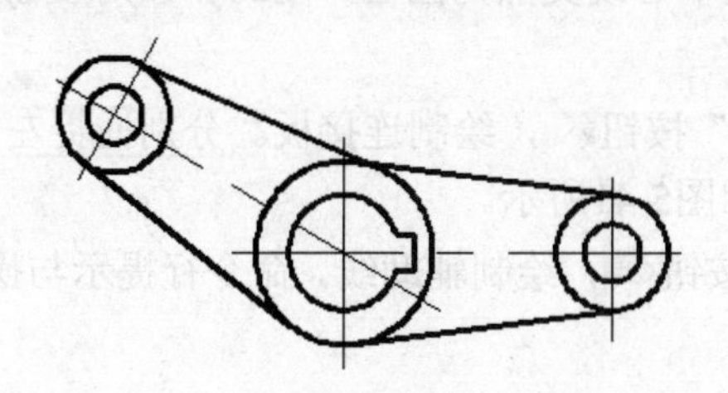

**实讲实训**
**多媒体演示**

多媒体演示参见配套光盘中的\\动画演示\第5章\绘制曲柄.avi。

图 5-37 曲柄

**绘制步骤:**

**01** 单击“图层”工具栏中的“图层特性管理器”按钮，新建图层：中心线层：线型为CENTER，其余属性默认；粗实线层：线宽为0.30mm，其余属性默认。

**02** 将“中心线层”置为当前图层，单击“绘图”工具栏中的“直线”按钮，绘制中心线。坐标分别为{(100,100),( 180,100)}和{( 120,120),( 120,80)},结果如图5-38所示。

图 5-38 绘制中心线　　　　图 5-39 偏移中心线

**03** 单击“修改”工具栏中的“偏移”按钮，绘制另一条中心线，单击“修改”工具栏中的“打断”按钮，剪掉多余部分。命令行提示与操作如下：

命令:O↙（对所绘制的竖直对称中心线进行偏移操作）

OFFSET 当前设置: 删除源=否　图层=源　OFFSETGAPTYPE=0

指定偏移距离或［通过(T)/删除(E)/图层(L)］〈通过〉: 48↙

选择要偏移的对象，或［退出(E)/放弃(U)］〈退出〉:（选择所绘制竖直对称中心线）

指定要偏移的那一侧上的点，或［退出(E)/多个(M)/放弃(U)］〈退出〉:（在选择的竖直对称中心线右侧任一点单击）

选择要偏移的对象，或［退出(E)/放弃(U)］〈退出〉:↙

命令: break↙（打断命令）

选择对象：（选择偏移的中心线上面适当位置一点）

指定第二个打断点 或［第一点(F)］:（向上选择超出偏移的中心线的位置一点）

命令: _break

选择对象: (选择偏移的中心线下面适当位置一点)

指定第二个打断点 或 [第一点(F)]: (向下选择超出偏移的中心线的位置一点)

结果如图5-39所示。

**04** 将“粗实线层”置为当前图层，单击“绘图”工具栏中的“圆”按钮，绘制图形轴孔部分，其中绘制圆时，以水平中心线与左边竖直中心线交点为圆心，以32和20为直径绘制同心圆，以水平中心线与右边竖直中心线交点为圆心，以20和10为直径绘制同心圆，结果如图5-40所示。

**05** 单击“绘图”工具栏中的“直线”按钮，绘制连接板。分别捕捉左右外圆的切点为端点，绘制上下两条连接线，结果如图5-41所示。

**06** 单击“修改”工具栏中“偏移”按钮，绘制辅助线。命令行提示与操作如下：

命令: _offset(偏移水平对称中心线)

当前设置: 删除源=否　图层=源　OFFSETGAPTYPE=0

指定偏移距离或 [通过(T)/删除(E)/图层(L)] <通过>: 3↙

选择要偏移的对象，或 [退出(E)/放弃(U)] <退出>:(选择水平对称中心线)

指定要偏移的那一侧上的点，或 [退出(E)/多个(M)/放弃(U)] <退出>:(在选择的水平对称中心线上侧任一点处单击)

选择要偏移的对象，或 [退出(E)/放弃(U)] <退出>:(继续选择水平对称中心线)

指定要偏移的那一侧上的点，或 [退出(E)/多个(M)/放弃(U)] <退出>:(在选择的水平对称中心线下侧任一点处单击)

选择要偏移的对象，或 [退出(E)/放弃(U)] <退出>:↙

命令: ↙(偏移竖直对称中心线)

_offset

当前设置: 删除源=否　图层=源　OFFSETGAPTYPE=0

指定偏移距离或 [通过(T)/删除(E)/图层(L)] <通过>: 12.8↙

选择要偏移的对象，或 [退出(E)/放弃(U)] <退出>:(选择竖直对称中心线)

指定要偏移的那一侧上的点，或 [退出(E)/多个(M)/放弃(U)] <退出>:(在选择的竖直对称中心线右侧任一点处单击)

选择要偏移的对象，或 [退出(E)/放弃(U)] <退出>:↙(结果如图 5-42 所示)

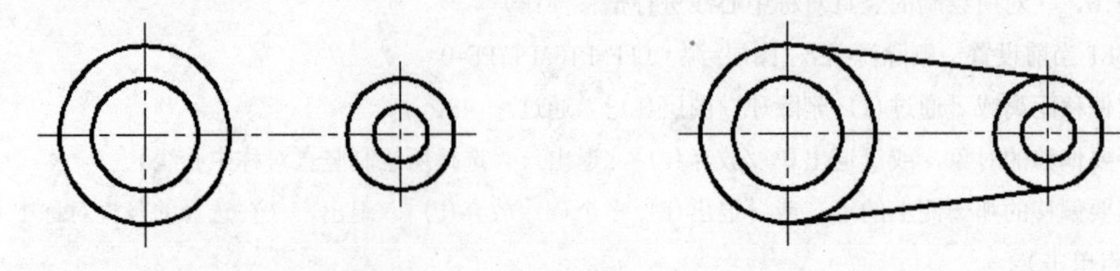

图 5-40　绘制同心圆　　　图 5-41　绘制切线

**07** 单击“绘图”工具栏中的“直线”按钮，绘制键槽。上面偏移产生的辅助线为键槽提供定位作用。捕捉刚绘制的辅助线与左边内圆交点以及辅助线之间相互交点为端点绘制直线，如图5-43所示。

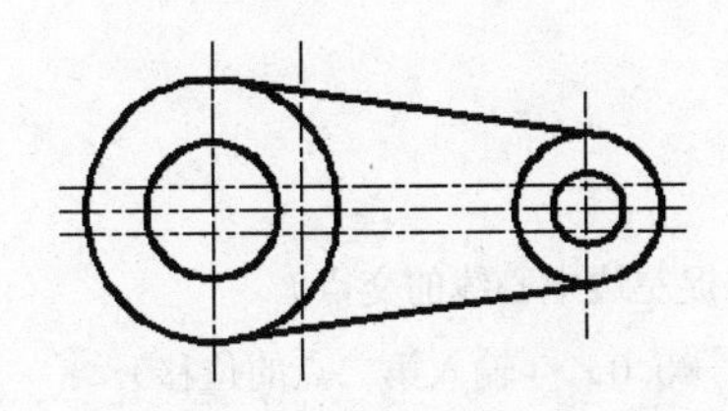
图 5-42 偏移中心线

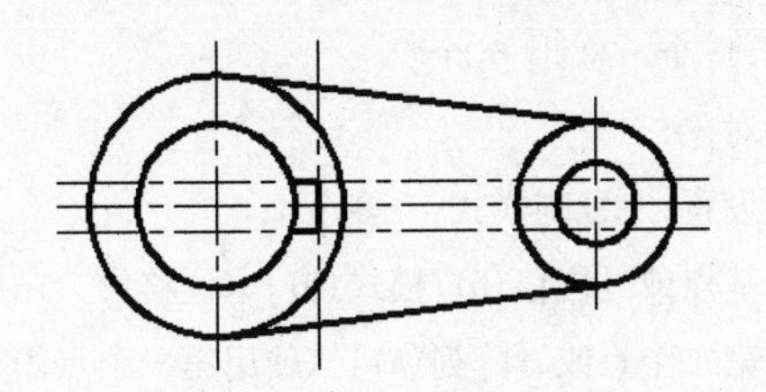
图 5-43 绘制键槽

**08** 单击“修改”工具栏中的“修剪”按钮，（第5.3.1节介绍）剪掉圆弧上键槽开口部分。命令行提示与操作如下：

命令：_trim（剪去多余的线段）

当前设置:投影=UCS，边=无

选择剪切边...

选择对象或 <全部选择>:（分别选择键槽的上下边）

……

找到 1 个，总计 2 个

选择对象:↙

选择要修剪的对象，或按住 Shift 键选择要延伸的对象，或[栏选(F)/窗交(C)/投影(P)/边(E)/删除(R)/放弃(U)]:（选择键槽中间的圆弧，结果如图 5-44 所示）

**09** 单击“修改”工具栏中的“删除”按钮，删除多余的辅助线，命令行提示与操作如下：

命令: ERASE↙（删除偏移的对称中心线）

选择对象:（分别选择偏移的三条对称中心线）

……

找到 1 个，总计 3 个

选择对象:↙

结果如图 5-45 所示。

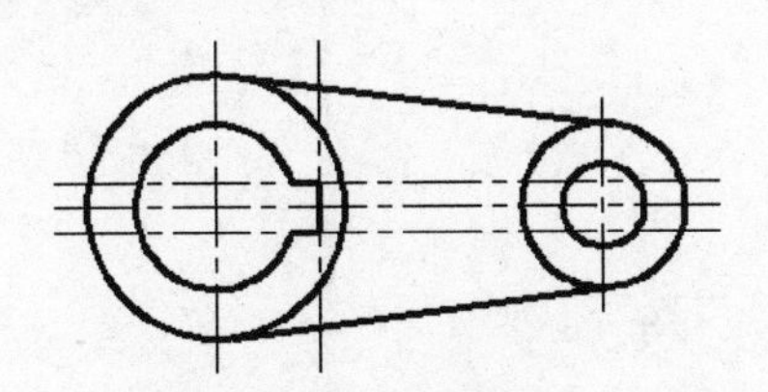
图 5-44 修剪键槽

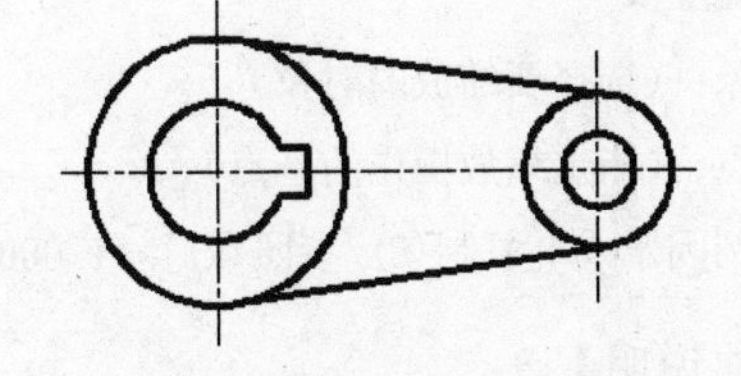
图 5-45 删除多余图线

**10** 单击“修改”工具栏中的“复制”按钮和“旋转”按钮，将所绘制的图形进行复制旋转，命令行提示与操作如下：

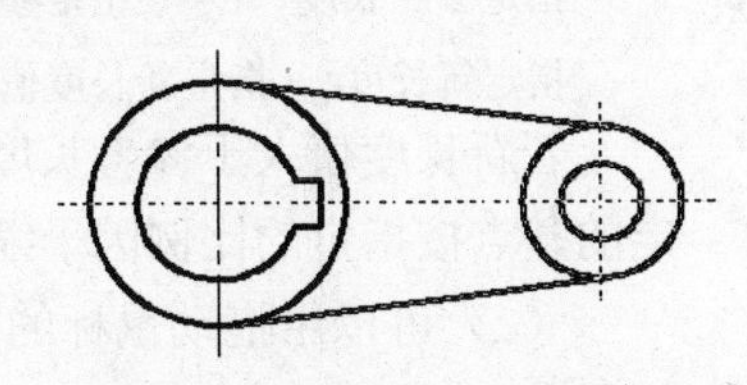
图 5-46 选择复制对象

命令: COPY↙（在原位置复制要旋转的部分）

选择对象:（如图 5-46 所示，选择图形中要旋转的部分）

……

找到 1 个，总计 6 个

选择对象:↙

当前设置: 复制模式 = 多个

指定基点或 [位移(D)/模式(O)] <位移>: _int 于（捕捉左边中心线的交点）

指定第二个点或 [阵列(A)] <使用第一个点作为位移>: @0,0↙（输入第二点的位移）

指定第二个点或 [阵列(A)/退出(E)/放弃(U)] <退出>: ↙

命令: ROTATE↙（旋转复制的图形）

UCS 当前的正角方向: ANGDIR=逆时针 ANGBASE=0

选择对象:（选择复制的图形）

……

找到 1 个，总计 6 个

选择对象:↙

指定基点: _int 于（捕捉左边中心线的交点）

指定旋转角度，或 [复制(C)/参照(R)] <0>: 150↙

最终结果如图5-37所示。

## 5.2.16 缩放命令

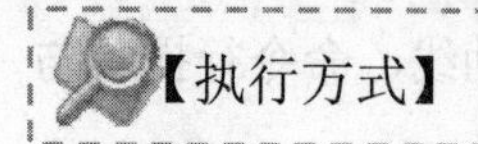

命令行：SCALE

菜单栏：修改→缩放

快捷菜单：选择要缩放的对象，在绘图区域右击鼠标，从打开的快捷菜单上选择缩放 。

工具栏：修改→缩放

命令：SCALE↙

选择对象：（选择要缩放的对象）

指定基点：（指定缩放操作的基点）

指定比例因子或 [复制(C)/参照(R)] <1.0000>:

（1）采用参考方向缩放对象时。系统提示：

指定参照长度 <1>:（指定参考长度值）

指定新长度：（指定新长度值）

若新长度值大于参考长度值，则放大对象；否则，缩小对象。操作完毕后，系统以指定的基点按指定的比例因子缩放对象。

（2）可以用拖动鼠标的方法缩放对象。选择对象并指定基点后，从基点到当前光标位置会出现一条连线，线段的长度即为比例大小。移动鼠标选择的对象会动态地随着该连

线长度的变化而缩放，回车确认缩放操作。

## 5.3 改变几何特性类命令

这一类编辑命令在对指定对象进行编辑后，使编辑对象的几何特性发生改变。包括倒斜角、倒圆角、断开、修剪、延长、加长、伸展等命令。

### 5.3.1 剪切命令

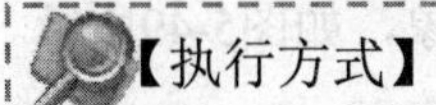

【执行方式】

命令行：TRIM

菜单栏：修改→修剪

工具栏：修改→修剪

功能区：“默认”选项卡中“修改”面板上的“修剪”按钮

【操作步骤】

命令：TRIM↙

当前设置:投影=UCS，边=无

选择剪切边...

选择对象或 <全部选择>:（选择用作修剪边界的对象）

回车结束对象选择，系统提示：

选择要修剪的对象，或按住 Shift 键选择要延伸的对象，或[栏选(F)/窗交(C)/投影(P)/边(E)/删除(R)/放弃(U)：

【选项说明】

（1）在选择对象时，如果按住Shift键，系统就自动将“修剪”命令转换成“延伸”命令，“延伸”命令将在下节介绍。

（2）选择“边”选项时，可以选择对象的修剪方式：

延伸(E)：延伸边界进行修剪。在此方式下，如果剪切边没有与要修剪的对象相交，系统会延伸剪切边直至与对象相交，然后再修剪。如图5-47所示。

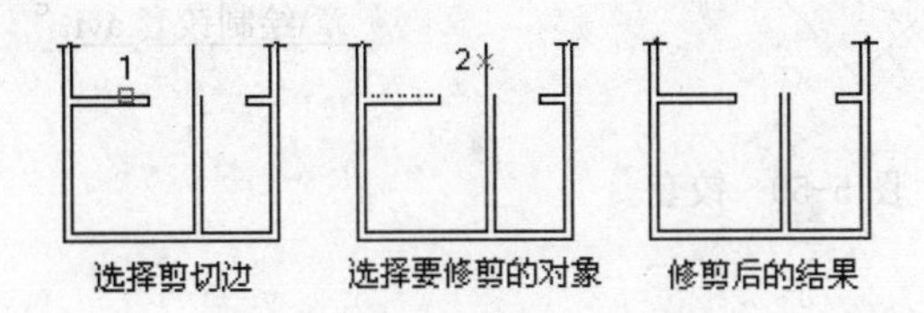


图 5-47 延伸方式修剪对象

不延伸(N)：不延伸边界修剪对象。只修剪与剪切边相交的对象。

（3）选择“栏选（F）”选项时，系统以栏选的方式选择被修剪对象。如图5-48所示。

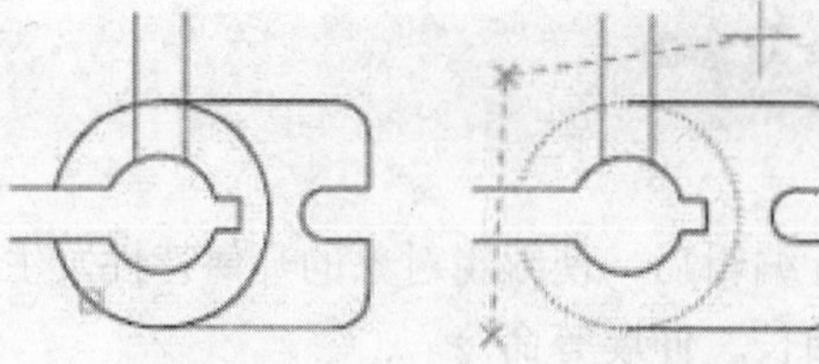

选定剪切边　　使用栏选选定的要修剪的对象　　结果

图 5-48　栏选修剪对象

（4）选择“窗交（C）”选项时，系统以栏选的方式选择被修剪对象，如图5-49所示。

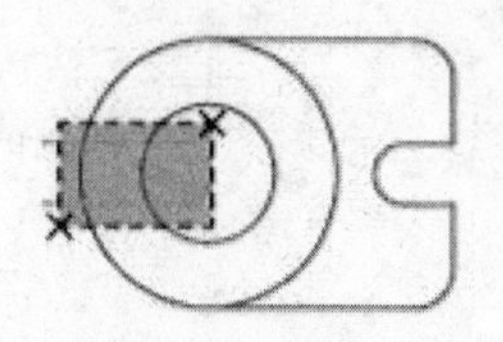

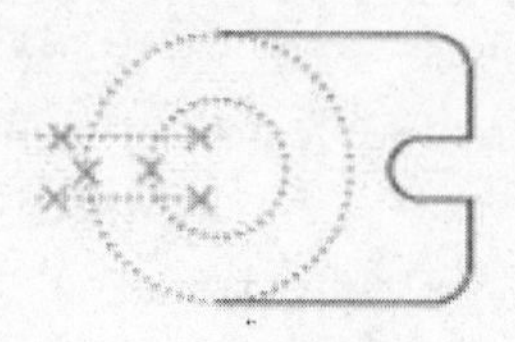

使用窗交选择选定的边　　选定要修剪的对象　　结果

图 5-49　窗交选择修剪对象

（5）被选择的对象可以互为边界和被修剪对象，此时系统会在选择的对象中自动判断边界。

## 5.3.2　实例——绘制铰套

绘制如图 5-50 所示的铰套。

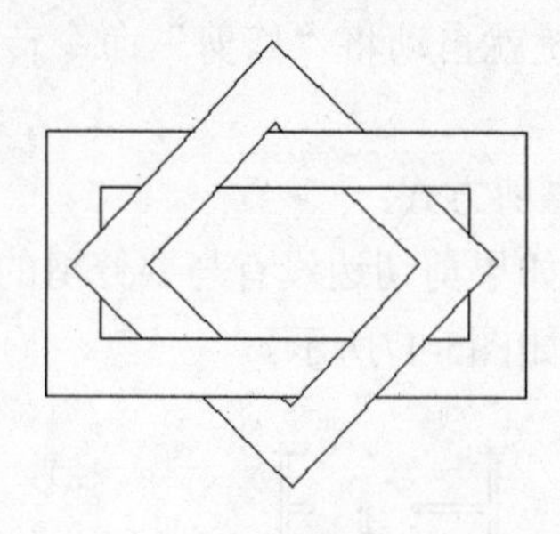

图 5-50　铰套

**实讲实训**
**多媒体演示**

多媒体演示参见配套光盘中的\\动画演示\第 5 章\绘制铰套.avi。

**绘制步骤：**

01 单击“绘图”工具栏中的“矩形”按钮，绘制两个矩形，如图5-51所示。

02 单击“修改”工具栏中的“偏移 ”按钮，绘制方形套。命令行提示与操作如下：

命令: OFFSET↙
当前设置:删除源=否　图层=源　OFFSETGAPTYPE=0
指定偏移距离或 [通过(T)/删除(E)/图层(L)] <通过>: （指定矩形内侧适当的点）
指定偏移距离或 [通过(T)/删除(E)/图层(L)] <通过>: 指定第二点: （指定矩形上适当的点）
选择要偏移的对象，或 [退出(E)/放弃(U)] <退出>:（指定图 5-50 中的一个矩形）
指定要偏移的那一侧上的点，或 [退出(E)/多个(M)/放弃(U)] <退出>:（指定其内侧）
选择要偏移的对象，或 [退出(E)/放弃(U)] <退出>:（指定图 5-50 中另一个矩形）
指定要偏移的那一侧上的点，或 [退出(E)/多个(M)/放弃(U)] <退出>:（指定其内侧）
选择要偏移的对象，或 [退出(E)/放弃(U)] <退出>:↙

结果如图5-52所示。

**03** 单击“修改”工具栏中的“修剪”按钮，修剪出层次关系。命令行提示与操作如下：

命令: TRIM↙
当前设置:投影=UCS，边=延伸

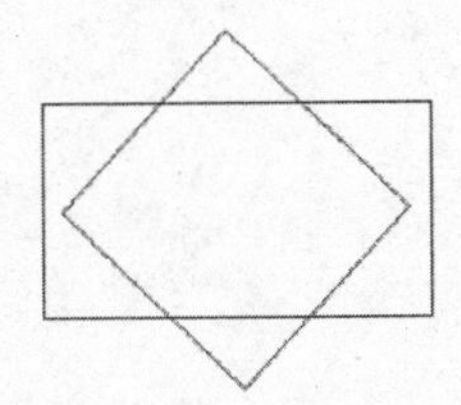

图 5-51　绘制矩形

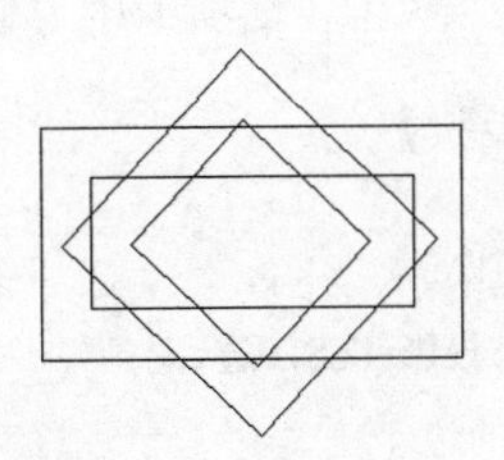

图 5-52　绘制方形套

选择剪切边...
选择对象或 <全部选择>:（框选整个图形）
指定对角点:
找到 4 个
选择对象:↙
选择要修剪的对象，或按住 Shift 键选择要延伸的对象，或[栏选(F)/窗交(C)/投影(P)/边(E)/删除(R)/放弃(U)]:（按层次关系依次选择要剪切掉的部分图线）
……
选择要修剪的对象，或按住 Shift 键选择要延伸的对象，或[栏选(F)/窗交(C)/投影(P)/边(E)/删除(R)/放弃(U)]:↙

最终结果如图5-50所示。

**注意**

**上面利用“剪切”命令时，一次性地将剪切对象与被剪切对象一起选择，这种剪切方法称为“互为剪切”，即同一对象相对另一个对象，既是剪切边界，又是被剪切边，这种群体性的相互剪切与下一个练习将要讲到的单个剪切比较，优点是方便快捷。**

## 5.3.3 延伸命令

延伸对象是指延伸对象直至到另一个对象的边界线。如图5-53所示。

图 5-53 延伸对象

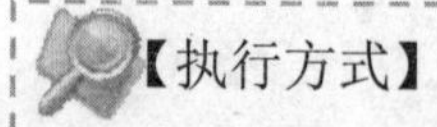

【执行方式】

命令行：EXTEND

菜单栏：修改→延伸

工具栏：修改→延伸

功能区：“默认”选项卡中“修改”面板上的“延伸”按钮

【操作步骤】

命令：EXTEND↙

当前设置：投影=UCS，边=无

选择边界的边...

选择对象或〈全部选择〉：(选择边界对象)

此时可以选择对象来定义边界。若直接回车，则选择所有对象作为可能的边界对象。

AutoCAD规定可以用作边界对象的对象有：直线段、射线、双向无限长线、圆弧、圆、椭圆、二维和三维多义线、样条曲线、文本、浮动的视口、区域。如果选择二维多义线作边界对象，系统会忽略其宽度而把对象延伸至多义线的中心线。

选择边界对象后,系统继续提示:

选择要延伸的对象，或按住 Shift 键选择要修剪的对象，或[栏选(F)/窗交(C)/投影(P)/边(E)/放弃(U)]:

【选项说明】

（1）如果要延伸的对象是适配样条多义线，则延伸后会在多义线的控制框上增加新节点。如果要延伸的对象是锥形的多义线，AutoCAD 2015会修正延伸端的宽度，使多义线从起始端平滑地延伸至新终止端。如果延伸操作导致终止端的宽度可能为负值，则取宽度值为0，如图5-54所示。

图 5-54 延伸对象

（2）选择对象时，如果按住Shift键，系统自动将“修剪”命令转换成“延伸”命令。

## 5.3.4 实例——绘制螺钉

绘制如图 5-55 所示的螺钉。

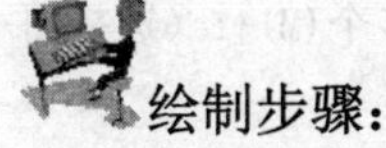

**绘制步骤：**

**01** 单击“图层”工具栏中的“图层特性管理器”按钮，新建三个新图层：粗实线层：线宽0.3mm，其余属性默认；细实线层：所有属性默认；中心线层：颜色红色，线型CENTER，其余属性默认。

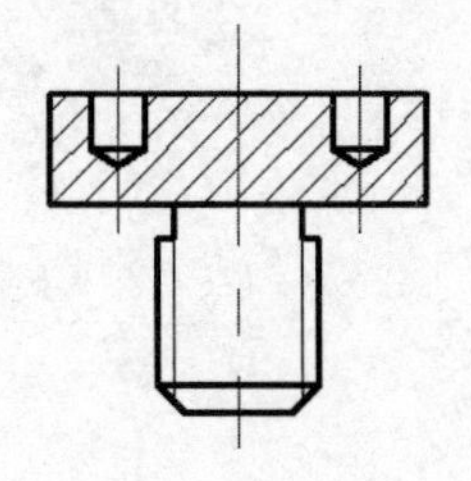

图 5-55 螺钉

| 实讲实训<br>多媒体演示 |
| --- |
| 多媒体演示参见配套光盘中的\\动画演示\第 5 章\绘制螺钉.avi。 |

**02** 将“中心线层”置为当前图层，单击“默认”选项卡中的“绘图”面板上的“直线”按钮，绘制中心线。坐标分别是{(930,460),(930,430)}和{(921,445),(921,457)}，结果如图5-56所示。

**03** 将“粗实线层”置为当前图层，单击“默认”选项卡中的“绘图”面板上的“直线”按钮，绘制轮廓线。坐标分别是{(930,455),(916,455),(916,432)}，结果如图5-57所示。

**04** 单击“修改”工具栏中的“偏移”按钮，绘制初步轮廓，将刚绘制的竖直轮廓线分别向右偏移3、7、8和9.25，将刚绘制的水平轮廓线分别向下偏移4、8、11、21和23，如图5-58所示。

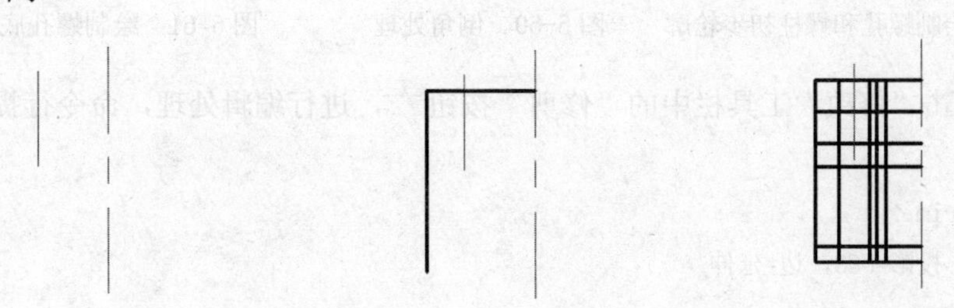

图 5-56 绘制中心线　　图 5-57 绘制轮廓线　　图 5-58 偏移轮廓线

**05** 分别选取适当的界线和对象，单击“修改”工具栏中的“修剪”按钮，修剪偏移产生的轮廓线，结果如图5-59所示。

**06** 单击“修改”工具栏中的“倒角”按钮，对螺钉端部进行倒角，命令行提示与操作如下：

命令：_chamfer↙

（“修剪”模式）当前倒角距离 1 = 0.0000，距离 2 = 0.0000

选择第一条直线或 [放弃(U)/多段线(P)/距离(D)/角度(A)/修剪(T)/方式(E)/多个(M)]：d↙

指定第一个倒角距离 <0.0000>：2↙

指定第二个倒角距离 <2.0000>：↙

选择第一条直线或 [放弃(U)/多段线(P)/距离(D)/角度(A)/修剪(T)/方式(E)/多个(M)]：（选择图5-59最下边的直线）

选择第二条直线：（选择与其相交的侧面直线）

结果如图5-60所示。

**07** 单击“绘图”工具栏中的“直线”按钮，绘制螺孔底部。命令行提示与操作如下：

命令：line↙

指定第一点:919,451↙

指定下一点或 [放弃(U)]：@10<-30↙

命令：↙

LINE 指定第一点:923,451↙

指定下一点或 [放弃(U)]：@10<210↙

指定下一点或 [放弃(U)]：↙

结果如图5-61所示。

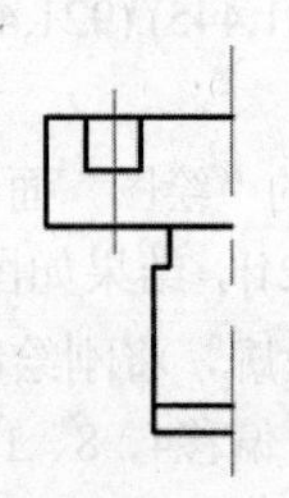

图 5-59　绘制螺孔和螺柱初步轮廓

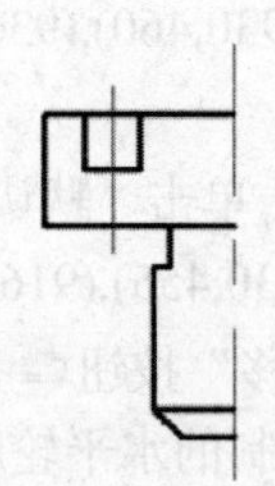

图 5-60　倒角处理

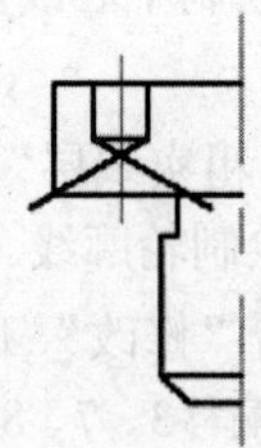

图 5-61　绘制螺孔底部

**08** 单击“修改”工具栏中的“修剪”按钮，进行编辑处理，命令行提示与操作如下：

命令：_trim↙

当前设置:投影=UCS，边=延伸

选择修剪边...

选择对象或 <全部选择>：（选择刚绘制的两条斜线）↙

选择对象：（选择刚绘制的两条斜线）↙

选择对象：↙

选择要修剪的对象，或按住 Shift 键选择要延伸的对象，或[栏选(F)/窗交(C)/投影(P)/边(E)/删除(R)/放弃(U)]：（选择刚绘制的两条斜线的下端）↙

修剪结果如图5-62所示。

**09** 将“细实线层”置为当前图层，单击“绘图”工具栏中的“直线”按钮，绘制两条螺纹牙底线，如图5-63所示。

**10** 单击“修改”工具栏中的“延伸”按钮，将牙底线延伸至倒角处，命令行提示与操作如下：

命令：_extend

当前设置:投影=UCS，边=无

选择边界的边...

选择对象或 <全部选择>:（选择倒角生成的斜线）

找到 1 个

选择对象：↙

选择要延伸的对象，或按住 Shift 键选择要修剪的对象，或[栏选(F)/窗交(C)/投影(P)/边(E)/放弃(U)]:（选择刚绘制的细实线）

选择要延伸的对象，或按住 Shift 键选择要修剪的对象，或[栏选(F)/窗交(C)/投影(P)/边(E)/放弃(U)]: ↙

结果如图5-64所示。

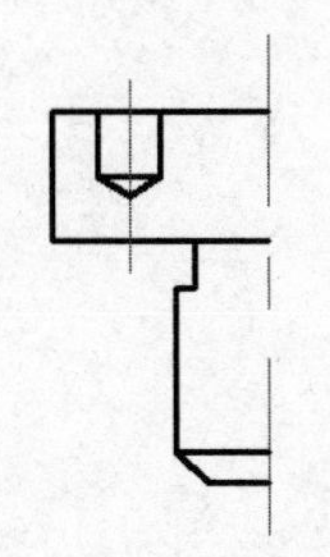

图 5-62　修剪螺孔底部图线

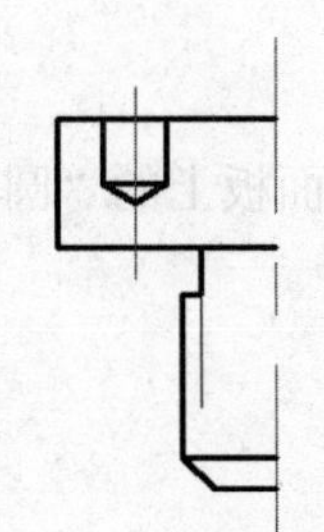

图 5-63　绘制螺纹牙底线

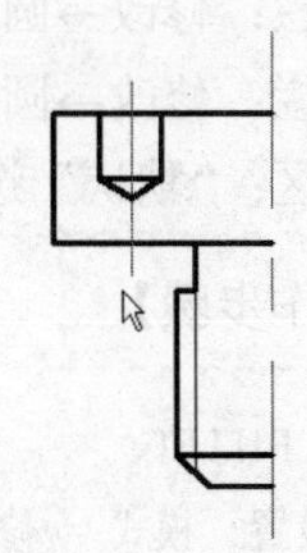

图 5-64　延伸螺纹牙底线

**11** 单击“修改”工具栏中的“镜像”按钮，对图形进行镜像处理，以长中心线为轴，该中心线左边所有的图线为对象进行镜像，结果如图5-65所示。

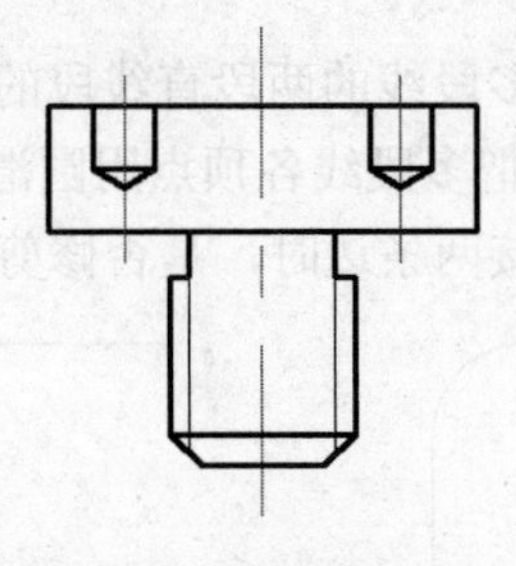

图 5-65　镜像对象

**12** 单击“绘图”工具栏中的“图案填充”按钮，绘制剖面，打开“图案填充创建”选项卡，如图5-66所示。“图案填充类型”选择“用户定义”，“角度”为45，“图案填充间距”为1.5，单击“拾取点”按钮，在图形中要填充的区域拾取点，回车后在功能区中单击“关闭图案填充创建”按钮，最终结果如图5-55所示。

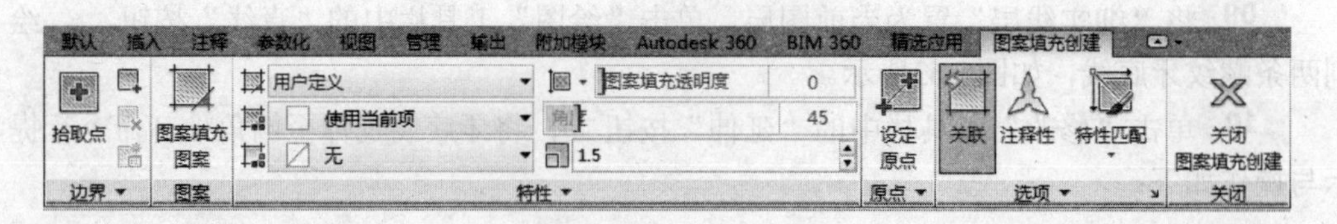


图 5-66 “图案填充创建”功能区

## 5.3.5 圆角命令

圆角是指用指定的半径决定的一段平滑的圆弧连接两个对象。AutoCAD规定可以圆滑连接一对直线段、非圆弧的多义线段、样条曲线、双向无限长线、射线、圆、圆弧和椭圆。可以在任何时刻圆滑连接多义线的每个节点。

【执行方式】

命令行：FILLET

菜单栏：修改→圆角

工具栏：修改→圆角

功能区：“默认”选项卡中的“修改”面板上的“圆角”按钮

【操作步骤】

命令：FILLET↙

当前设置：模式 = 修剪，半径 = 0.0000

选择第一个对象或 [放弃(U)/多段线(P)/半径(R)/修剪(T)/多个(M)]:(选择第一个对象或别别的选项)

选择第二个对象，或按住 Shift 键选择要应用角点的对象：(选择第二个对象)

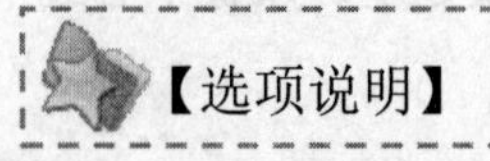


（1）多段线(P)：在一条二维多段线的两段直线段的节点处插入圆滑的弧。选择多段线后系统会根据指定的圆弧的半径把多段线各顶点用圆滑的弧连接起来。

（2）修剪(T)：决定在圆滑连接两条边时，是否修剪这两条边，如图5-67所示。

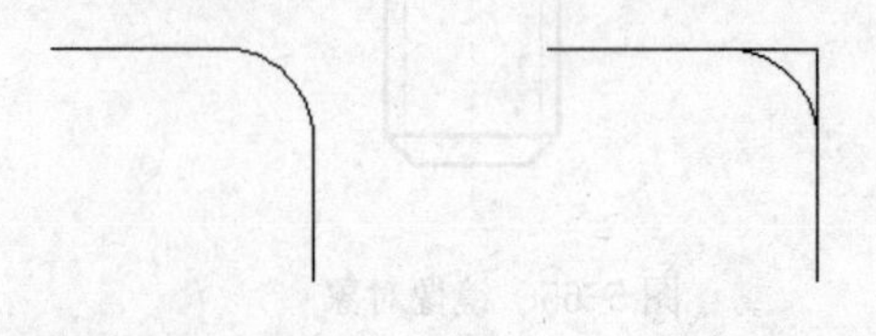

修剪方式　　不修剪方式

图 5-67 圆角连接

（3）多个（M）：同时对多个对象进行圆角编辑，而不必重新起用命令。

（4）快速创建零距离倒角或零半径圆角：按住Shift键并选择两条直线，可以快速创建零距离倒角或零半径圆角。

## 5.3.6 实例——绘制吊钩

绘制如图 5-68 所示的吊钩。

绘制步骤：

01 设置图层。单击“图层”工具栏中的“图层特性管理器”按钮，新建两个图层：轮廓线层，线宽属性为0.3mm，其余属性默认。辅助线层，颜色设为红色，线型加载为CENTER，其余属性默认。

02 绘制定位直线。将“辅助线层”置为当前图层。单击“绘图”工具栏中的“直线”按钮，绘制两条垂直辅助线，结果如图5-69所示。

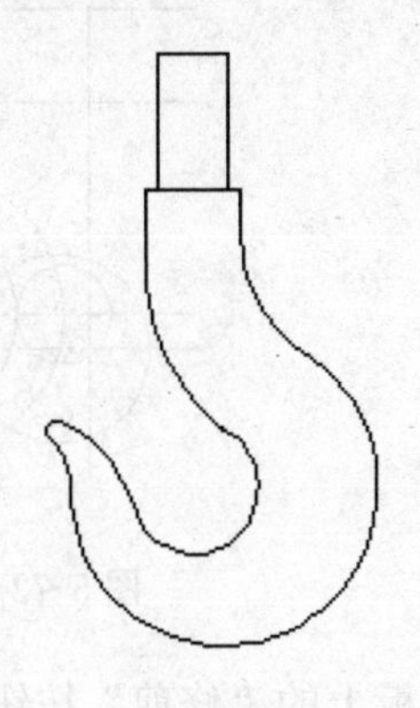

图 5-68 吊钩

**实讲实训**
**多媒体演示**

多媒体演示参见配套光盘中的\\动画演示\第5章\绘制吊钩.avi。

03 单击“默认”选项卡中“修改”面板上的“偏移”按钮，偏移处理。命令行提示与操作如下：

```
命令: offset↙
当前设置: 删除源=否  图层=源  OFFSETGAPTYPE=0
指定偏移距离或 [通过(T)/删除(E)/图层(L)] <通过>: 142↙
选择要偏移的对象，或 [退出(E)/放弃(U)] <退出>:（选择竖直直线）
指定要偏移的那一侧上的点，或 [退出(E)/多个(M)/放弃(U)] <退出>: （选择竖直直线的右侧）
选择要偏移的对象，或 [退出(E)/放弃(U)] <退出>:↙
```

重复“偏移”命令，将竖直直线向右偏移160，将水平直线分别向下偏移180，210，结果如图5-70所示。

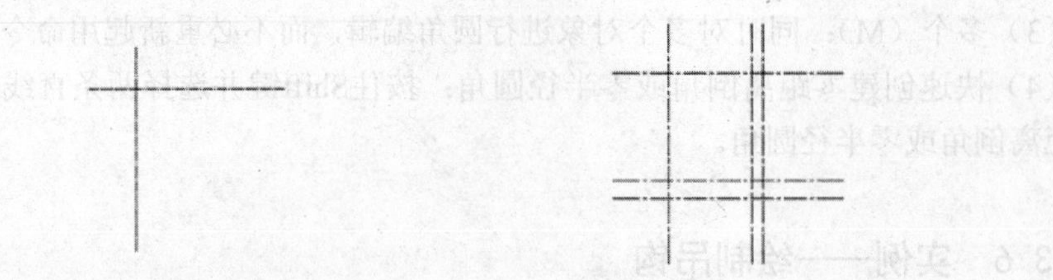

图 5-69　绘制定位直线

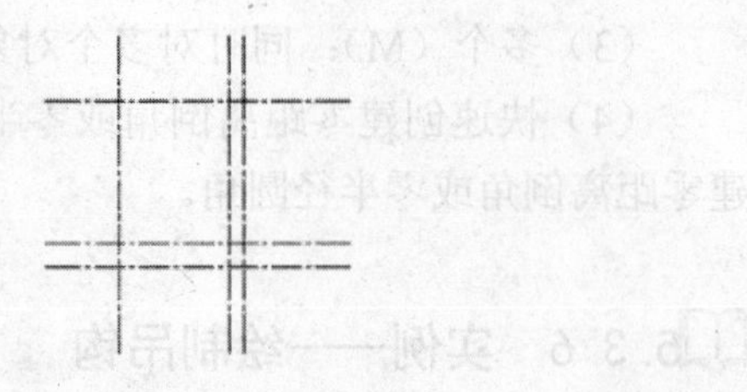

图 5-70　偏移处理

**04** 将“轮廓线层”置为当前图层，单击“默认”选项卡中的“绘图”面板上的“圆”按钮，绘制圆。命令行提示与操作如下：

命令: circle↙

指定圆的圆心或 [三点(3P)/两点(2P)/切点、切点、半径(T)]:（以点 1 为圆心）

指定圆的半径或 [直径(D)]: 120↙

重复“圆”命令，绘制半径为40的同心圆，再以点2为圆心绘制半径为96的圆，以点3为圆心绘制半径为80的圆，以点4为圆心绘制半径为42的圆。结果如图5-71所示。

**05** 偏移处理。单击“默认”选项卡中“修改”面板上的“偏移”按钮，将线段5分别向两侧偏移22.5和30，将线段6向上偏移80，结果如图5-72所示。

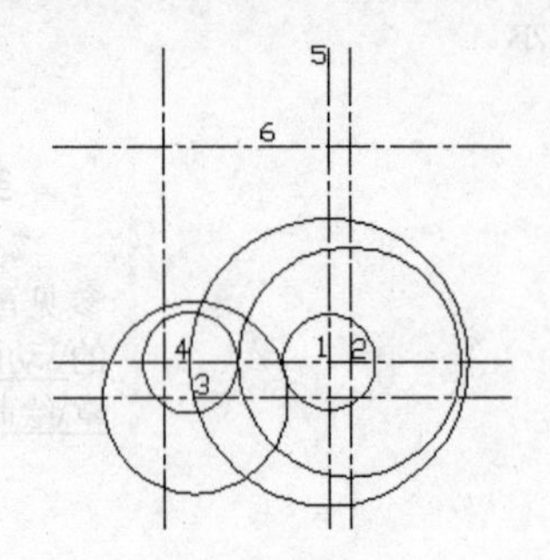


图 5-71　绘制圆

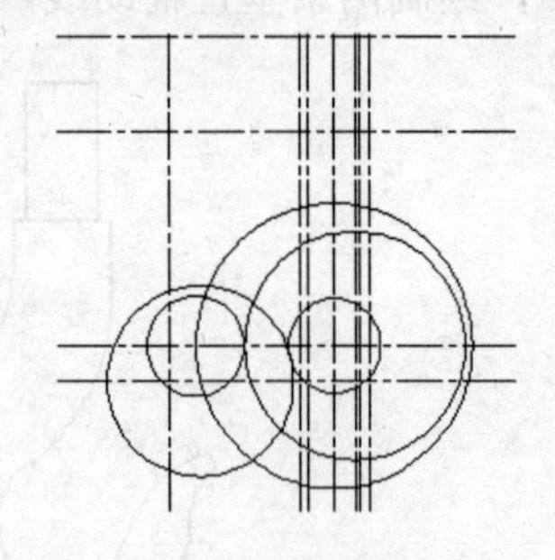

图 5-72　偏移处理

**06** 单击“默认”选项卡中“修改”面板上的“修剪”按钮，修剪处理。命令行提示与操作如下：

命令: trim↙

当前设置:投影=UCS，边=无

选择剪切边...

选择对象或 <全部选择>:↙

选择要修剪的对象，或按住 Shift 键选择要延伸的对象，或[栏选(F)/窗交(C)/投影(P)/边(E)/删除(R)/放弃(U)]:（用鼠标选择要修剪的对象）

选择要修剪的对象，或按住 Shift 键选择要延伸的对象，或[栏选(F)/窗交(C)/投影(P)/边(E)/删除(R)/放弃(U)]:↙

结果如图5-73所示。

**07** 单击“默认”选项卡中“修改”面板上的“圆角”按钮，对图形倒圆角。命令行提示与操作如下：

命令：fillet↙

当前设置：模式 = 不修剪，半径 = 0.0000

选择第一条直线或［放弃(U)/多段线(P)/距离(D)/角度(A)/修剪(T)/方式(E)/多个(M)]：t↙

输入修剪模式选项［修剪(T)/不修剪(N)］〈不修剪〉：t↙

选择第一条直线或［放弃(U)/多段线(P)/距离(D)/角度(A)/修剪(T)/方式(E)/多个(M)]：r↙

指定圆角半径〈0.0000〉：80↙

选择第一条直线或［放弃(U)/多段线(P)/距离(D)/角度(A)/修剪(T)/方式(E)/多个(M)]：(选择线段7)

选择第二个对象：(选择半径为96的圆)

重复“圆角”命令，选择线段8和半径为40的圆，进行倒圆角，半径为120。结果如图5-74所示。

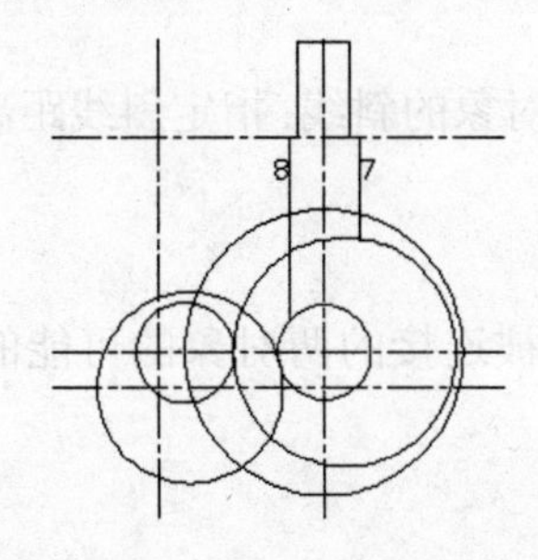


图5-73　修剪处理

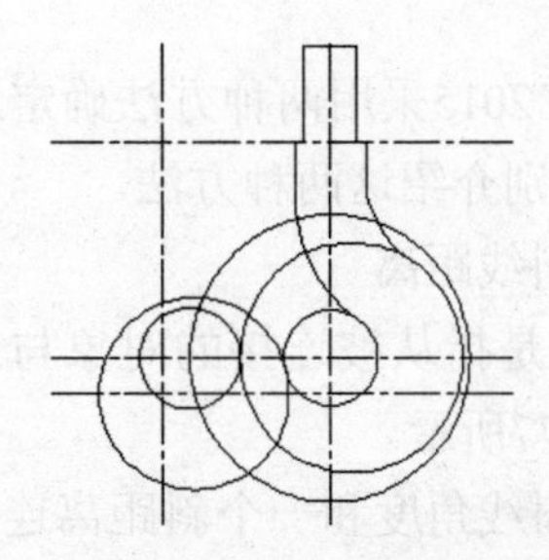

图5-74　圆角处理

**08** 单击“绘图”工具栏中的“圆”按钮，绘制圆。命令行提示与操作如下：

命令：circle↙

指定圆的圆心或［三点(3P)/两点(2P)/切点、切点、半径(T)]：3p↙

指定圆上的第一个点：tan↙

到（选择半径为42的圆）

指定圆上的第二个点：tan↙

到（选择半径为96的圆）

指定圆上的第三个点：tan↙

到（选择半径为80的圆）

结果如图5-75所示。

**09** 修剪处理。单击“默认”选项卡中“修改”面板上的“修剪”按钮，将多余线段进行修剪，结果如图5-76所示。

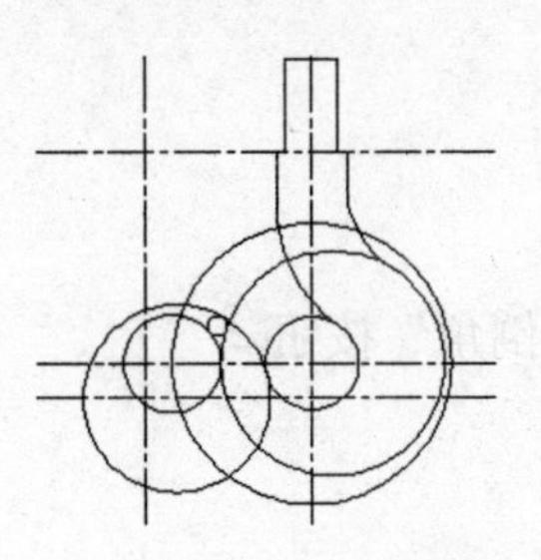

图5-75　绘制圆

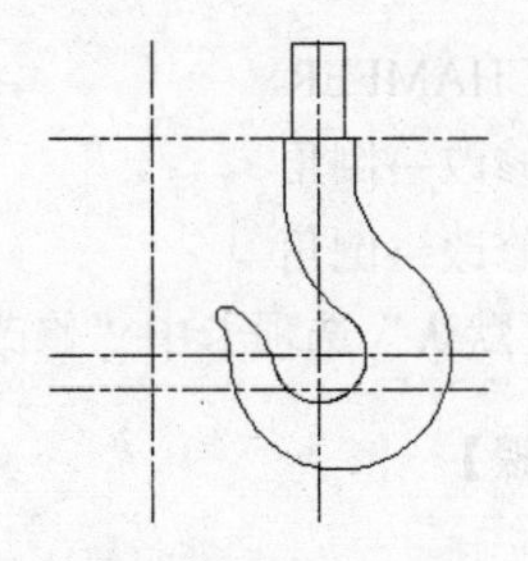

图5-76　修剪处理

**10** 单击“默认”选项卡中“修改”面板上的“删除”按钮，删除多余线段。命令行提示与操作如下：

命令：erase↙

选择对象：（选择多余的线段）

选择对象：↙

结果如图5-68所示。

## 5.3.7 倒角命令

斜角是指用斜线连接两个不平行的线型对象。可以用斜线连接直线段、双向无限长线、射线和多义线。

AutoCAD 2015采用两种方法确定连接两个线型对象的斜线：指定斜线距离和指定斜线角度。下面分别介绍这两种方法。

1．指定斜线距离

斜线距离是指从被连接的对象与斜线的交点到被连接的两对象的可能的交点之间的距离。如图5-77所示。

2．指定斜线角度和一个斜距离连接选择的对象

采用这种方法斜线连接对象时，需要输入两个参数：斜线与一个对象的斜线距离和斜线与该对象的夹角，如图5-78所示。

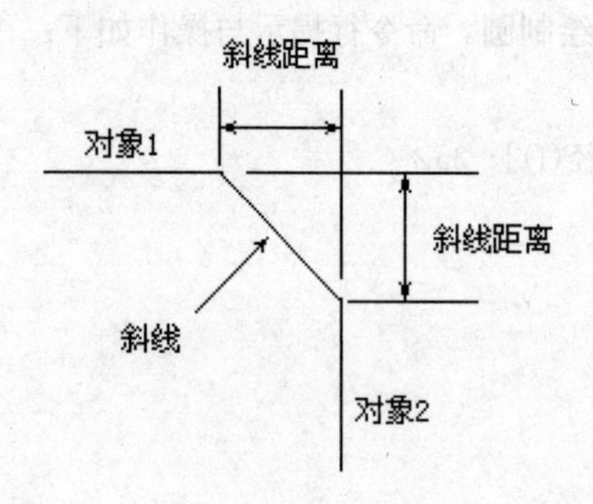


图5-77　斜线距离

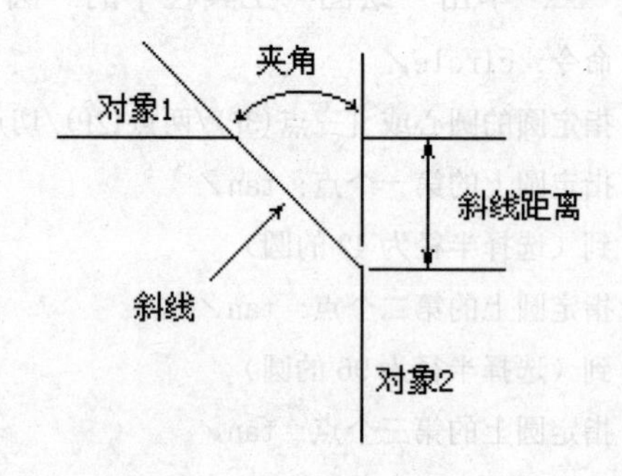


图5-78　斜线距离与夹角

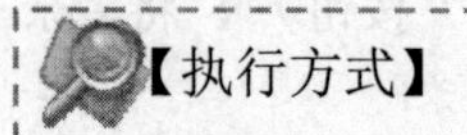【执行方式】

命令行：CHAMFER

菜单栏：修改→倒角

工具栏：修改→倒角

功能区：“默认”选项卡中“修改”面板上的“倒角”按钮

【操作步骤】

命令：CHAMFER↙

（“不修剪”模式）当前倒角距离 1 = 0.0000，距离 2 = 0.0000

选择第一条直线或［放弃(U)/多段线(P)/距离(D)/角度(A)/修剪(T)/方式(E)/多个(M)］:(选择第一条直线或别的选项)

选择第二条直线:（选择第二条直线）

**注意**

**有时用户在执行圆角和斜角命令时，发现命令不执行或执行没什么变化，那是因为系统默认圆角半径和斜角距离均为 0，如果不事先设定圆角半径或斜角距离，系统就以默认值执行命令，所以看起来好象没有执行命令。**

（1）多段线（P）：对多段线的各个交叉点倒斜角。为了得到最好的连接效果，一般设置斜线是相等的值。系统根据指定的斜线距离把多义线的每个交叉点都作斜线连接，连接的斜线成为多段线新添加的构成部分，如图5-79所示。

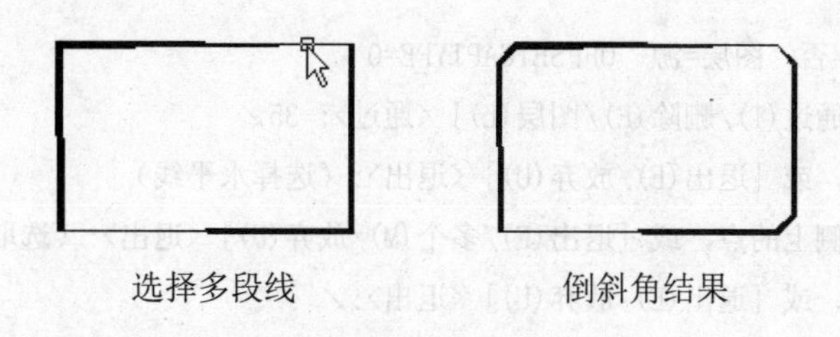


图 5-79　斜线连接多义线

（2）距离(D)：选择倒角的两个斜线距离。这两个斜线距离可以相同或不相同，若二者均为0，则系统不绘制连接的斜线，而是把两个对象延伸至相交并修剪超出的部分。

（3）角度(A)：选择第一条直线的斜线距离和第一条直线的倒角角度。

（4）修剪(T)：与圆角连接命令FILLET相同，该选项决定连接对象后是否剪切原对象。

（5）方式(E)：决定采用“距离”方式还是“角度”方式来倒斜角。

（6）多个(M)：同时对多个对象进行倒斜角编辑。

## 5.3.8　实例——绘制齿轮轴

绘制如图 5-80 所示的齿轮轴。

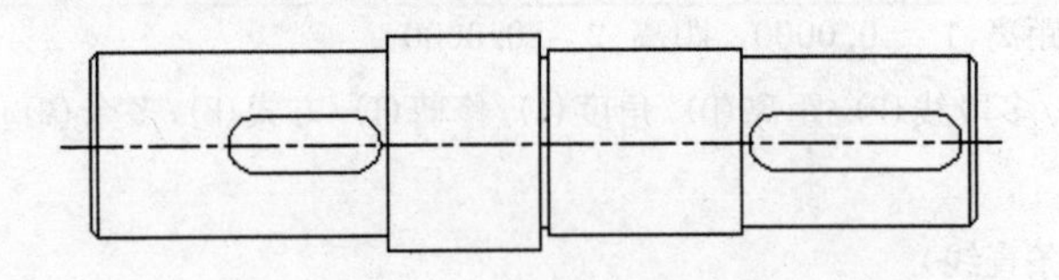

图 5-80　齿轮轴

**实讲实训**
**多媒体演示**

多媒体演示参见配套光盘中的\\动画演示\第5章\绘制齿轮轴.avi。

**绘制步骤：**

**01** 单击“图层”工具栏中的“图层特性管理器”按钮，新建两个图层：轮廓线层，线宽属性为0.3mm，其余属性默认。中心线层，颜色设为红色，线型加载为CENTER，其余属性默认。

**02** 绘制定位直线。将“中心线层”置为当前图层。单击“绘图”工具栏中的“直线”按钮，绘制中心线。将“轮廓线层”设置为当前层。重复“直线”命令，绘制竖直线。结果如图5-81所示。

**03** 单击“默认”选项卡中“修改”面板上的“偏移”按钮，偏移处理。命令行提示与操作如下：

```
命令：offset↙
当前设置：删除源=否　图层=源　OFFSETGAPTYPE=0
指定偏移距离或［通过(T)/删除(E)/图层(L)］<通过>：35↙
选择要偏移的对象，或［退出(E)/放弃(U)］<退出>：(选择水平线)
指定要偏移的那一侧上的点，或［退出(E)/多个(M)/放弃(U)］<退出>：(选取水平线的上侧)
选择要偏移的对象，或［退出(E)/放弃(U)］<退出>：↙
```

图 5-81　绘制定位直线

重复“偏移”命令，将水平直线分别向上偏移30、27.5、25，将竖直线分别向右偏移2.5、108、163、166、235、315.5、318。然后选择偏移形成的四条水平点划线，将其所在层修改为“轮廓线层”图层，将其线型转换成实线，结果如图5-82所示。

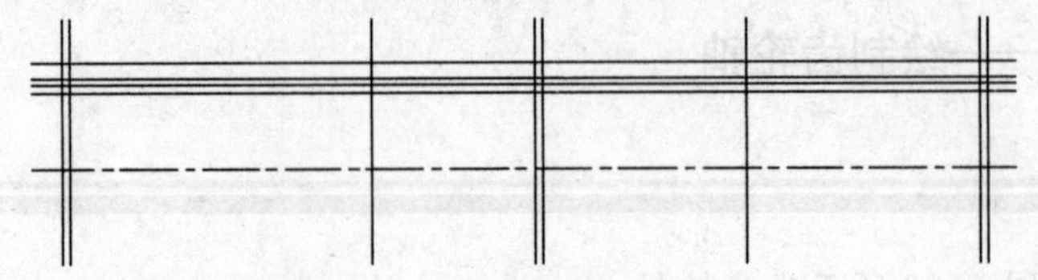

图 5-82　偏移直线

**04** 单击“默认”选项卡中“修改”面板上的“修剪”按钮，对图形进行修剪处理。命令行提示与操作如下：

命令：trim↙

当前设置:投影=UCS，边=无

选择剪切边...

选择对象或 <全部选择>:↙

选择要修剪的对象，或按住 Shift 键选择要延伸的对象，或[栏选(F)/窗交(C)/投影(P)/边(E)/删除(R)/放弃(U)]:（用鼠标选取要修剪的对象）

选择要修剪的对象，或按住 Shift 键选择要延伸的对象，或[栏选(F)/窗交(C)/投影(P)/边(E)/删除(R)/放弃(U)]:↙

结果如图5-83所示。

**05** 单击“默认”选项卡中“修改”面板上的“倒角”按钮□，对图形进行倒角处理。命令行提示与操作如下：

命令：chamfer↙

（“修剪”模式）当前倒角距离 1 = 0.0000，距离 2 = 0.0000

选择第一条直线或 [放弃(U)/多段线(P)/距离(D)/角度(A)/修剪(T)/方式(E)/多个(M)]: d↙

指定第一个倒角距离 <0.0000>: 2.5↙

指定第二个倒角距离 <2.5000>:↙

选择第一条直线或 [放弃(U)/多段线(P)/距离(D)/角度(A)/修剪(T)/方式(E)/多个(M)]:（选择最左侧的竖直线）

选择第二条直线:（选择左侧的水平线）

重复上述命令将右端进行倒角处理，结果如图5-84所示。

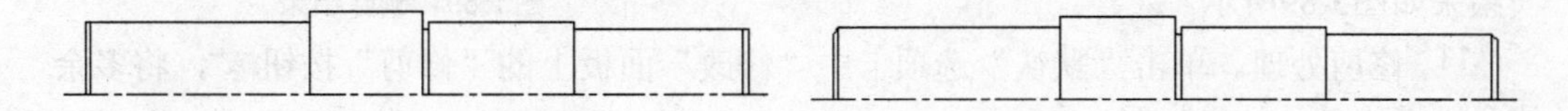

图 5-83　修剪处理　　　　图 5-84　倒角处理

**06** 单击“默认”选项卡中“修改”面板上的“镜像”按钮⚠，对图形进行镜像处理。命令行提示与操作如下：

命令：mirror↙

选择对象:（全部选择）

选择对象:↙

指定镜像线的第一点:

指定镜像线的第二点:（选择水平定位直线上的两点）

要删除源对象吗？[是(Y)/否(N)] <N>:↙

结果如图5-85所示。

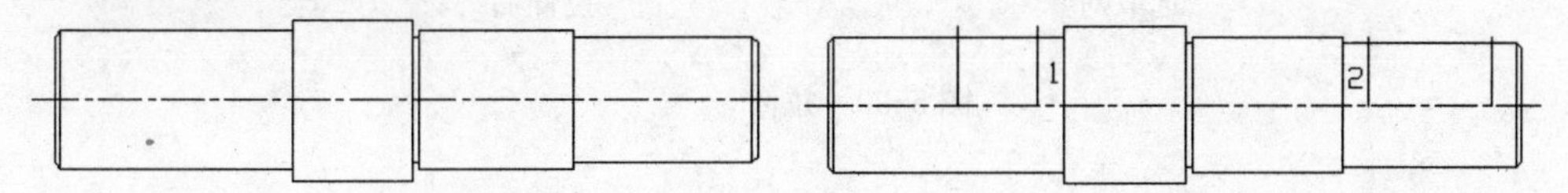


图 5-85　镜像处理　　　　图 5-86　偏移处理

**07** 偏移处理。单击“默认”选项卡中“修改”面板上的“偏移”按钮，将线段1分别向左偏移12、49，将线段2分别向右为12、69。结果如图5-86所示。

**08** 单击“绘图”工具栏中的“圆”按钮，绘制圆。命令行提示与操作如下：

命令：circle↙

指定圆的圆心或［三点(3P)/两点(2P)/切点、切点、半径(T)］：(分别选取偏移后的线段与水平定位直线的交点为圆心)

指定圆的半径或［直径(D)］：9↙

结果如图5-87所示。

**09** 绘制直线。单击“绘图”工具栏中的“直线”按钮，绘制与圆相切的直线，结果如图5-88所示。

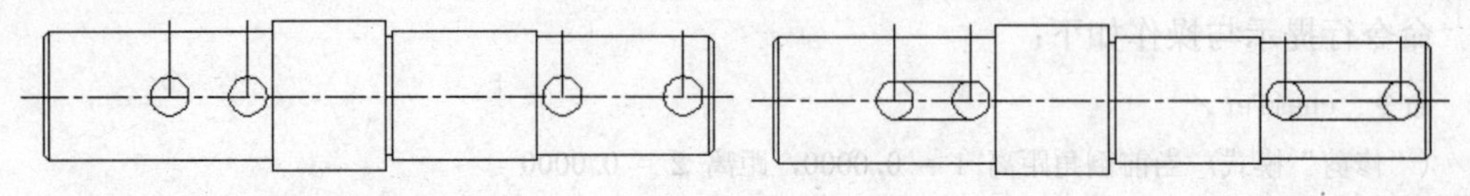

图 5-87　绘制圆　　图 5-88　绘制直线

**10** 单击“默认”选项卡中“修改”面板上的“删除”按钮，删除并修剪修建图形。命令行提示与操作如下：

命令：erase↙

选择对象：(选择步骤 6 所偏移后的线段)

选择对象：↙

结果如图5-89所示。

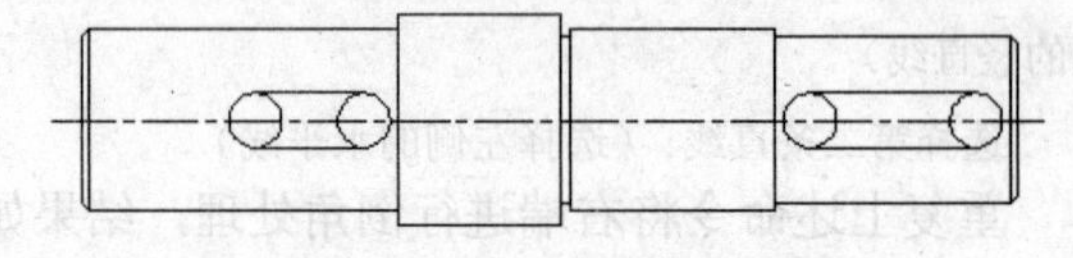

图5-89　删除结果

**11** 修剪处理。单击“默认”选项卡中“修改”面板上的“修剪”按钮，将多余的线段进行修剪，结果如图5-80所示。

## 5.3.9　拉伸命令

拉伸对象是指拖拉选择的对象，且对象的形状发生改变。拉伸对象时应指定拉伸的基点和移置点。利用一些辅助工具如捕捉、钳夹功能及相对坐标等可以提高拉伸的精度。如图5-90所示。

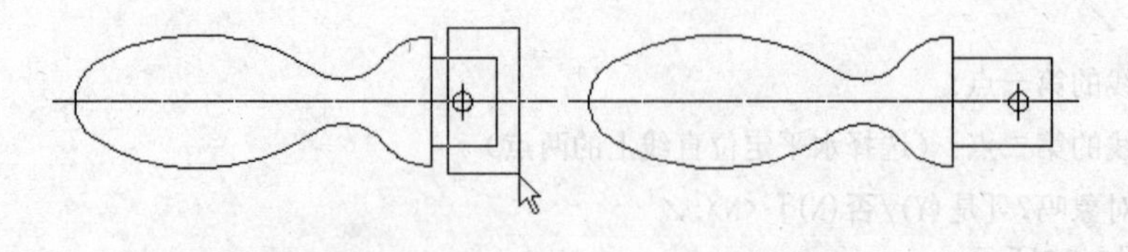

选取对象　　拉伸后

图 5-90　拉伸

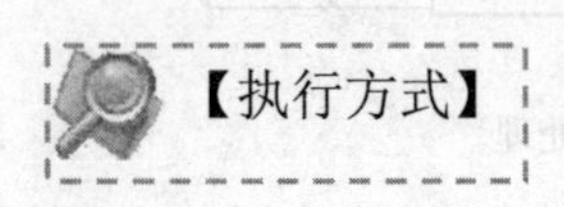

命令行：STRETCH

菜单栏：修改→拉伸

工具栏：修改→拉伸

功能区："默认"选项卡中"修改"面板上的"拉伸"按钮

【操作步骤】

命令：STRETCH↙

以交叉窗口或交叉多边形选择要拉伸的对象...

选择对象：（采用交叉窗口的方式选择要拉伸的对象）

指定基点或［位移(D)］〈位移〉：（指定拉伸的基点）

指定第二个点或〈使用第一个点作为位移〉：（指定拉伸的移至点）

此时，若指定第二个点，系统将根据这两点决定的矢量拉伸对象。若直接回车，系统会把第一个点的坐标值作为X和Y轴的分量值。

注意

**用交叉窗口选择拉伸对象后，落在交叉窗口内的端点被拉伸，落在外部的端点保持不动。**

## 5.3.10　实例——绘制手柄

绘制如图 5-91 所示的手柄。

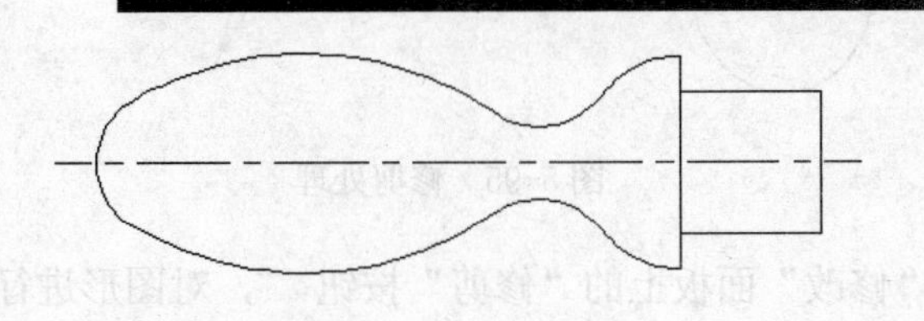

图 5-91　手柄

| 实讲实训<br>多媒体演示 |
|---|
| 多媒体演示参见配套光盘中的\\动画演示\第5章\绘制手柄.avi。 |

**绘制步骤：**

**01** 设置图层。单击"图层"工具栏中的"图层特性管理器"按钮，新建两个图层：轮廓线层，线宽属性为0.3mm，其余属性默认。中心线层，颜色设为红色，线型加载为CENTER，其余属性默认。

**02** 将"中心线层"置为当前图层。单击"绘图"工具栏中的"直线"按钮，绘制直线，命令行提示与操作如下：

命令：line↙

指定第一点：150,150↙

指定下一点或［放弃(U)］：@100,0↙

指定下一点或［放弃(U)］：↙

结果如图5-92所示。

**03** 将“轮廓线层”置为当前图层。单击“绘图”工具栏中的“圆”按钮，命令行提示与操作如下：

命令：circle↙

指定圆的圆心或［三点(3P)/两点(2P)/切点、切点、半径(T)］：160,150↙

指定圆的半径或［直径(D)］：10↙

以（235,150）为圆心，半径 15 画圆。再画半径为 50 的圆与前两个圆相切。

结果如图5-93所示。

图 5-92　绘制直线

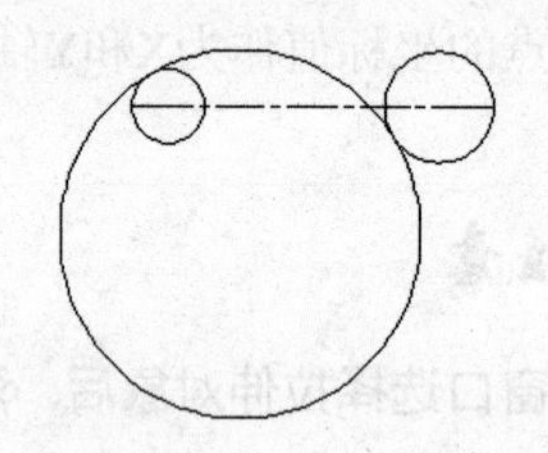

图 5-93　绘制圆

**04** 绘制直线。单击“绘图”工具栏中的“直线”按钮，绘制直线，各端点坐标为{（250,150）（@10<90）（@15<180）}，重复“直线”命令，绘制从点（235,165）到点（235,150）的直线，结果如图5-94所示。

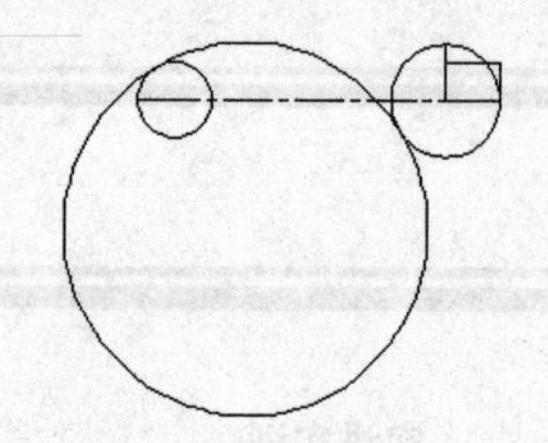

图 5-94　绘制直线

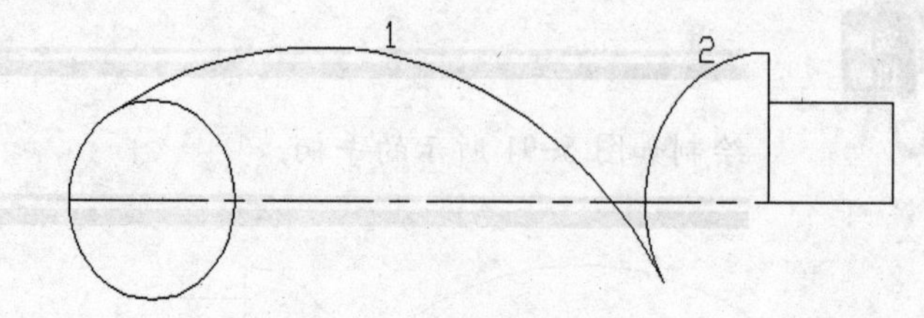


图 5-95　修剪处理

**05** 单击“默认”选项卡中“修改”面板上的“修剪”按钮，对图形进行修建处理。命令行提示与操作如下：

命令：trim↙

当前设置:投影=UCS，边=无

选择剪切边...

选择对象或 <全部选择>:↙

选择要修剪的对象，或按住 Shift 键选择要延伸的对象，或[栏选(F)/窗交(C)/投影(P)/边(E)/删除(R)/放弃(U)]:（用鼠标选取要修剪的对象）

选择要修剪的对象，或按住 Shift 键选择要延伸的对象，或[栏选(F)/窗交(C)/投影(P)/边(E)/删除(R)/放弃(U)]:↙

结果如图5-95所示。

06 绘制圆。单击“绘图”工具栏中的“圆”按钮，绘制与圆弧1和圆弧2相切的圆，半径为12。结果如图5-96所示。

07 修剪处理。单击“默认”选项卡中“修改”面板上的“修剪”按钮，将多余的圆弧进行修剪，结果如图5-97所示。

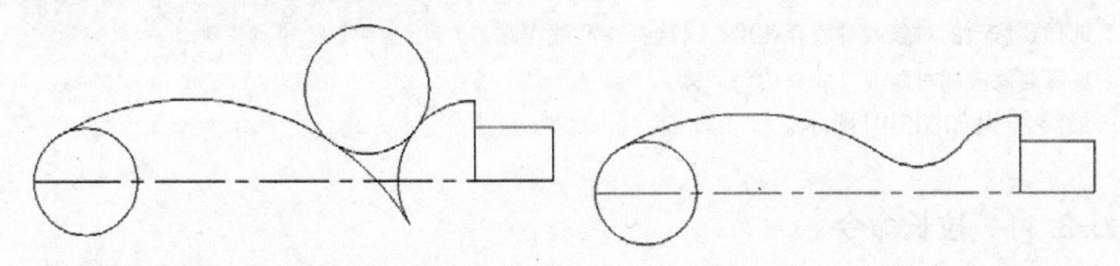

图 5-96　绘制圆　　　　图 5-97　修剪处理

08 镜像处理。单击“默认”选项卡中“修改”面板上的“镜像”按钮，命令以中心线为对称轴，不删除原对象，将绘制的中心线以上对象镜像，结果如图5-98所示。

09 修剪处理。单击“修改”工具栏中的“修剪”按钮，进行修剪处理，结果如图5-99所示。

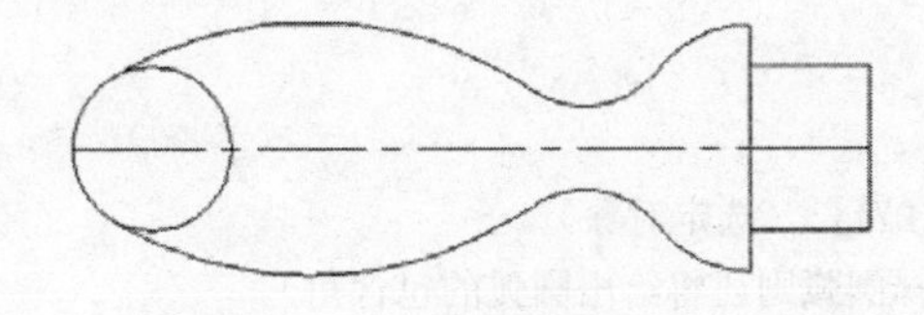

图 5-98　镜像处理

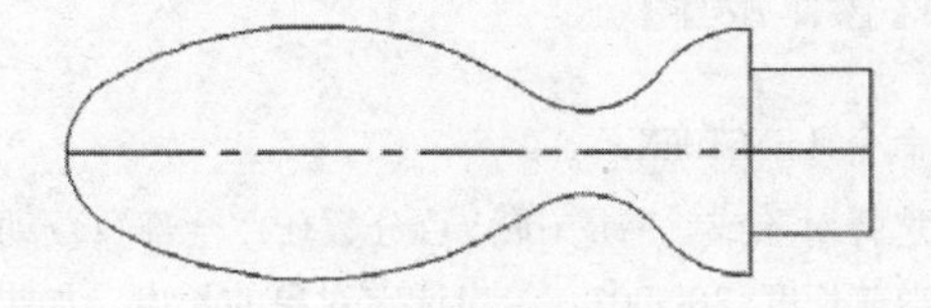

图 5-99　修剪结果

10 选择菜单栏中的“修改”→“拉伸”命令，拉长接头部分。命令行提示与操作如下：

命令：STRETCH↙
以交叉窗口或交叉多边形选择要拉伸的对象...
选择对象：C↙
指定第一个角点：（框选手柄接头部分，如图 5-100 所示）
指定对角点：找到 6 个
选择对象：↙
指定基点或 [位移(D)] <位移>:100，100↙
指定第二个点或 <使用第一个点作为位移>:105，100↙

结果如图5-101所示。

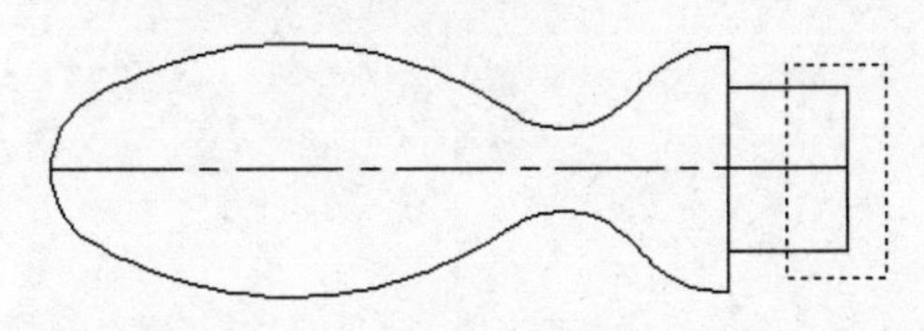

图 5-100　选择对象

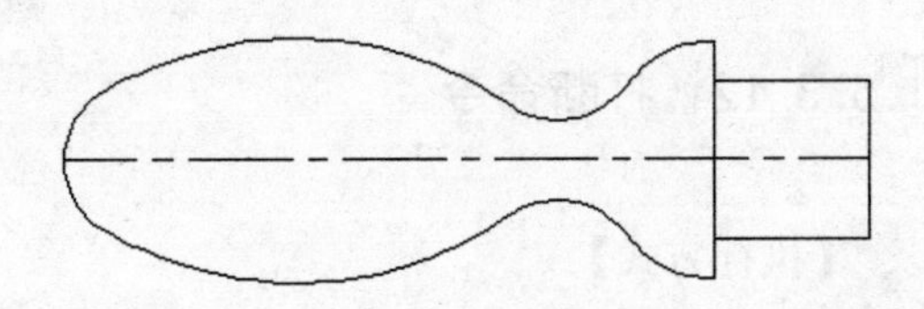

图 5-101　拉伸结果

11 选择菜单栏中的“修改”→“拉长”命令，拉长中心线。命令行提示与操作如下：

命令：_lengthen

选择对象或 [增量(DE)/百分数(P)/全部(T)/动态(DY)]: DE↙

输入长度增量或 [角度(A)] <0.0000>:4↙

选择要修改的对象或 [放弃(U)]:（选择中心线右端）

选择要修改的对象或 [放弃(U)]: （选择中心线左端）

选择要修改的对象或 [放弃(U)]: ↙

最终结果如图5-91所示。

## 5.3.11 拉长命令

【执行方式】

命令行：LENGTHEN

菜单栏：修改→拉长

功能区：“默认”选项卡中“修改”面板上的“拉长”按钮

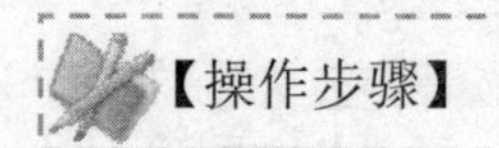

【操作步骤】

命令:LENGTHEN↙

选择对象或 [增量(DE)/百分数(P)/全部(T)/动态(DY)]:（选定对象）

当前长度: 30.5001（给出选定对象的长度，如果选择圆弧则还将给出圆弧的包含角）

选择对象或 [增量(DE)/百分数(P)/全部(T)/动态(DY)]: DE↙（选择拉长或缩短的方式。如选择“增量（DE）”方式）

输入长度增量或 [角度(A)] <0.0000>: 10↙（输入长度增量数值。如果选择圆弧段，则可输入选项“A”给定角度增量）

选择要修改的对象或 [放弃(U)]:（选定要修改的对象，进行拉长操作）

选择要修改的对象或 [放弃(U)]:（继续选择，回车结束命令）

【选项说明】

（1）增量(DE)：用指定增加量的方法改变对象的长度或角度。

（2）百分数(P)：用指定占总长度的百分比的方法改变圆弧或直线段的长度。

（3）全部(T)：用指定新的总长度或总角度值的方法来改变对象的长度或角度。

（4）动态(DY)：打开动态拖拉模式。在这种模式下，可以使用拖拉鼠标的方法来动态地改变对象的长度或角度。

## 5.3.12 打断命令

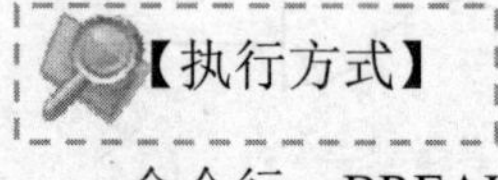

【执行方式】

命令行：BREAK

菜单栏：修改→打断

工具栏：修改→打断

功能区："默认"选项卡中"修改"面板上的"打断"按钮

【操作步骤】

命令：BREAK↙

选择对象：(选择要打断的对象)

指定第二个打断点或［第一点(F)］：(指定第二个断开点或键入F)

【选项说明】

如果选择"第一点(F)"，AutoCAD将丢弃前面的第一个选择点，重新提示用户指定两个断开点。

## 5.3.13 实例——删除中心线

将图5-102a中过长的中心线删除掉。

绘制步骤：

01 单击"默认"选项卡中"修改"面板上的"打断"按钮。按命令行提示选择过长的中心线需要打断的地方，如图5-102a所示。

> **实讲实训 多媒体演示**
>
> 多媒体演示参见配套光盘中的\\动画演示\第5章\删除中心线.avi。

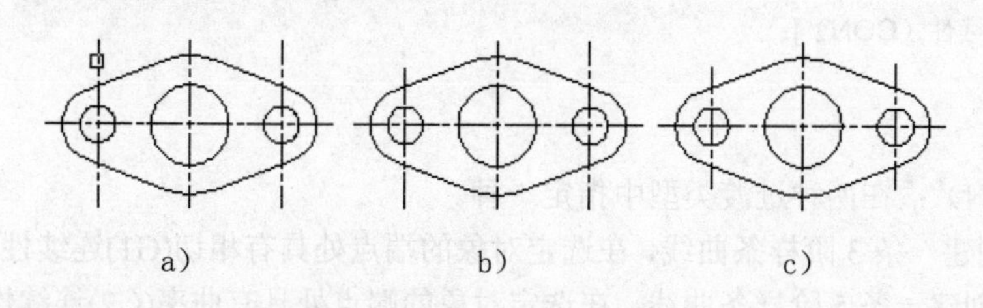


图5-102 打断对象

02 这时被选中的中心线亮显，在中心线的延长线上选择第二点，多余的中心线被删除，结果如图5-102b所示。

03 相同方法删除掉多余中心线，结果如图5-102c所示。

## 5.3.14 打断于点命令

打断于点命令是指在对象上指定一点从而把对象在此点拆分成两部分。此命令与打断命令类似。

【执行方式】

工具栏：修改→打断于点

功能区："默认"选项卡中"修改"面板上的"打断"按钮

【操作步骤】

输入此命令后，命令行提示与操作如下：

选择对象：（选择要打断的对象）

指定第二个打断点或［第一点(F)］：_f（系统自动执行"第一点(F)"选项）

指定第一个打断点：（选择打断点）

指定第二个打断点：@（系统自动忽略此提示）

## 5.3.15　光顺曲线

在两条选定直线或曲线之间的间隙中创建样条曲线。

1．执行方式

命令行：BLEND

菜单栏：修改→光顺曲线

工具栏：修改→光顺曲线

2．操作格式

命令: BLEND↙

连续性=相切

选择第一个对象或[连续性（CON）]：CON

输入连续性[相切（T）/平滑（S）]<切线>:

选择第一个对象或[连续性（CON）]:

选择第二个点:

3．选项说明

（1）连续性（CON）：在两种过渡类型中指定一种。

（2）相切（T）：创建一条 3 阶样条曲线，在选定对象的端点处具有相切(G1)连续性 。

（3）平滑（S）：创建一条 5 阶样条曲线，在选定对象的端点处具有曲率(G2)连续性。

如果使用"平滑"选项，请勿将显示从控制点切换为拟合点。此操作将样条曲线更改为 3 阶，这会改变样条曲线的形状。

## 5.3.16　分解命令

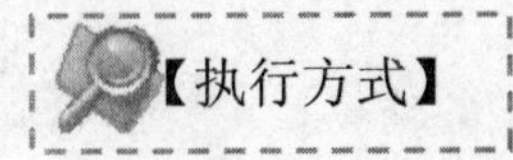
【执行方式】

命令行：EXPLODE

菜单栏：修改→分解

工具栏：修改→分解

功能区：“默认”选项卡中“修改”面板上的“分解”按钮

【操作步骤】

命令：EXPLODE↙

选择对象：（选择要分解的对象）

选择一个对象后，该对象会被分解。系统将继续提示该行信息，允许分解多个对象。

【选项说明】

选择的对象不同，分解的结果就不同。下面列出了几种对象的分解结果。

（1）块：对块的分解操作一次分解会移去一个分组层。如果块中包含中多义线或嵌套块，首先把多义线或嵌套块从该块中分解出来，把它们再分解成单个对象。如果块中元素具有相同的坐标，则该块被分解为其构成元素；如果块中元素坐标不统一，执行分解操作可能会产生意想不到的结果。

（2）二维多段线：分解后会丢失所有的宽度和切线方向信息。

（3）宽多段线：沿原多段线的中心线放置分解出来的直线段或弧，并丢失所有的宽度和切线方向信息。

（4）三维多段线：分解成直线段。该三维多段线的任何线型将被应用于各个产生的对象。

（5）复合线：分解成直线段和弧。

（6）多文本：分解成单文本实体。

（7）区域：分解成直线段、弧或样条曲线。

## 5.4 对象编辑

### 5.4.1 钳夹功能

利用钳夹功能可以快速方便地编辑对象。AutoCAD在图形对象上定义了一些特殊点，称为夹持点，利用夹持点可以灵活地控制对象。

要使用钳夹功能编辑对象必须先打开钳夹功能，打开的方法是：

菜单栏：工具→选项

在“选项”对话框中选择“选择集”选项卡，在“选择集”选项卡的夹点选项组下面，打开“显示夹点”复选框。在该页面上还可以设置代表夹点的小方格的尺寸和颜色。

也可以通过GRIPS系统变量控制是否打开钳夹功能，1代表打开，0代表关闭。

打开了钳夹功能后，应该在编辑对象之前先选择对象。夹点表示了对象的控制位置。

使用夹点编辑对象，要选择一个夹点作为基点，称为基准夹点。然后，选择一种编辑操作：删除、移动、复制选择、旋转和缩放。可以用空格键、回车键或键盘上的快捷键循环选择这些功能。

下面仅就其中的拉伸对象操作为例进行讲述，其他操作类似。

在图形上拾取一个夹点，该夹点马上改变颜色，此点为夹点编辑的基准点。这时系统提示：

** 拉伸 **

指定拉伸点或 [基点(B)/复制(C)/放弃(U)/退出(X)]:

在上述拉伸编辑提示下输入缩放命令或右击鼠标在右键快捷菜单中选择“缩放”命令，系统就会转换为“缩放”操作，其他操作类似。

## 5.4.2 实例——利用钳夹功能编辑绘制的图形

绘制如图 5-103a 图形，并利用钳夹功能编辑成 5-103b 所示的图形。

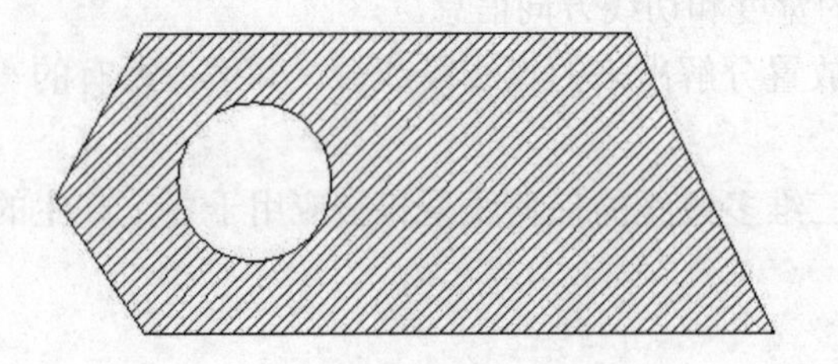

a）绘制图形

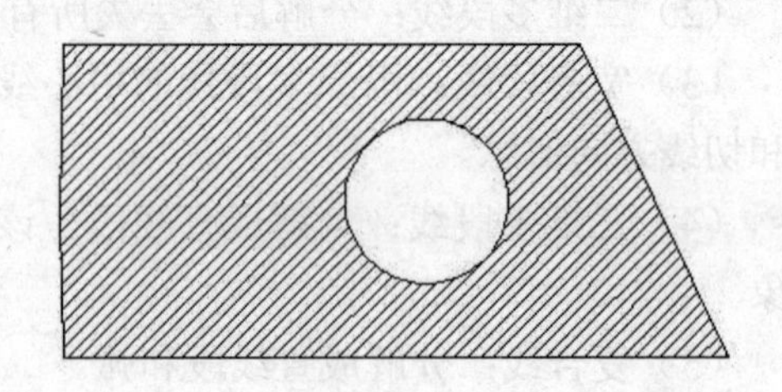

b）编辑图形

图 5-103 编辑前的填充图案

**绘制步骤：**

**实讲实训 多媒体演示**

多媒体演示参见配套光盘中的\\动画演示\第 5 章\利用钳夹功能编辑绘制的图形.avi。

**01** 单击“绘图”工具栏中的“直线”按钮和“圆”按钮，绘制图形轮廓。

**02** 单击“绘图”工具栏中的“图案填充”按钮，进行图案填充。输入填充命令，系统打开“图案填充编辑器”选项卡，在“图案填充类型”下拉列表框中选择“用户定义”选项，“角度”设置为45，间距设置为20，结果如图5-103a所示。

**注意**

**一定要选择“组合”选项组中“关联”单选按钮，如图 5-104 所示。**

**03** 钳夹功能设置。选择菜单栏中的“工具”→“选项”命令，系统打开“选项”对话框，选择“选择集”选项卡，在“夹点”选项组打开“显示夹点”复选框，并进行其他设置。确认退出。

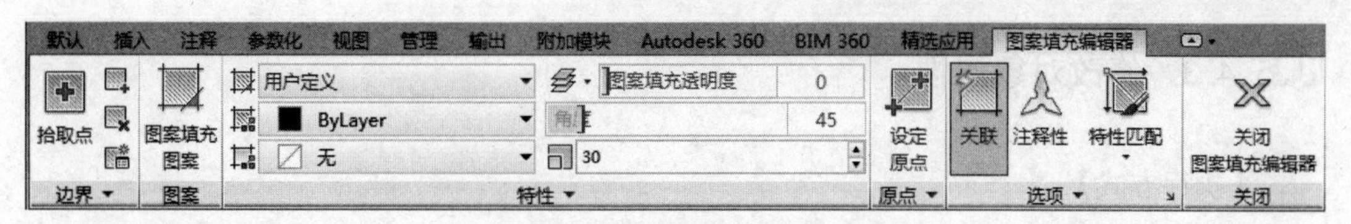


图 5-104 “图案填充编辑器”选项卡

**04** 钳夹编辑。用鼠标分别点取图5-105中所示图形的左边界的两线段，这两线段上会显示出相应的特征点方框，再用鼠标点取图中最左边的特征点，该点则以醒目方式显示（如图5-105）。拖动鼠标，使光标移到图5-106中的相应位置，按Esc键确认，得到图5-107所示的图形。

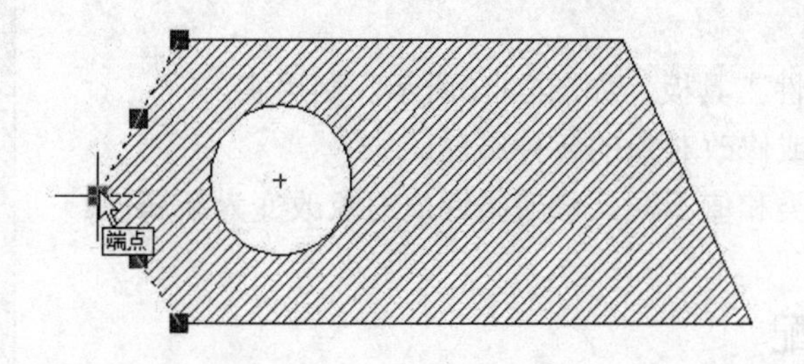


图 5-105 显示边界特征点

用鼠标点取圆，圆上会出现相应的特征点，再用鼠标点取圆的圆心部位，则该特征点以醒目方式显示（如图5-108）。拖动鼠标，使光标位于另一点的位置，如图5-109所示，然后按Esc键确认，得到图5-103b的结果。

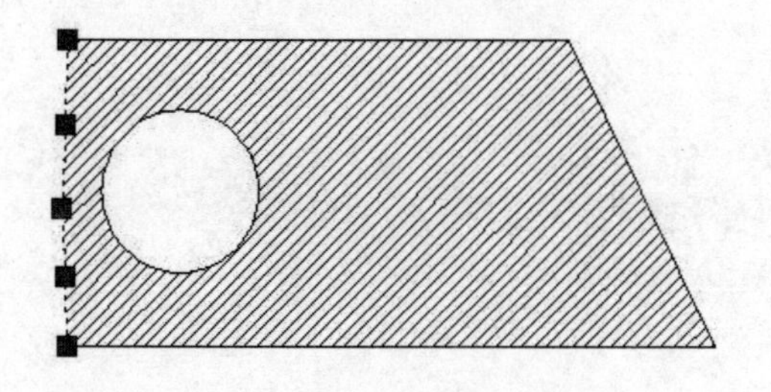

图 5-106 移动夹点到新位置

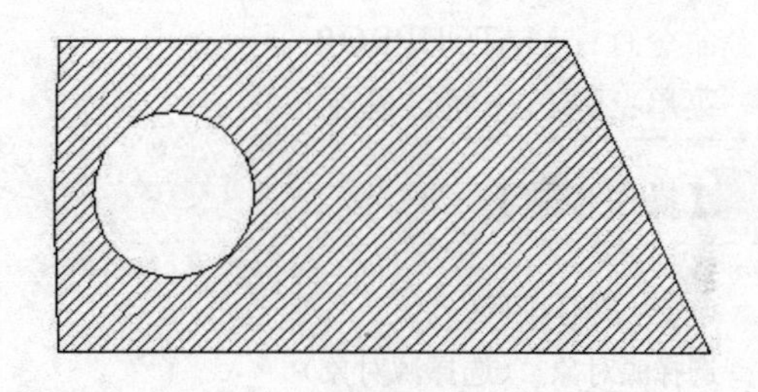

图 5-107 编辑后的图案

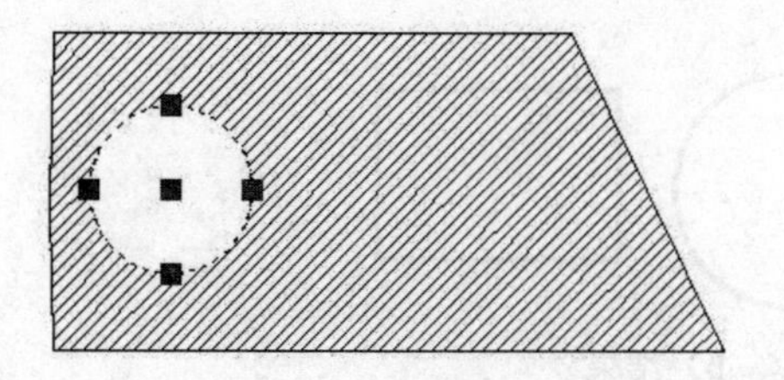

图 5-108 显示圆上特征点

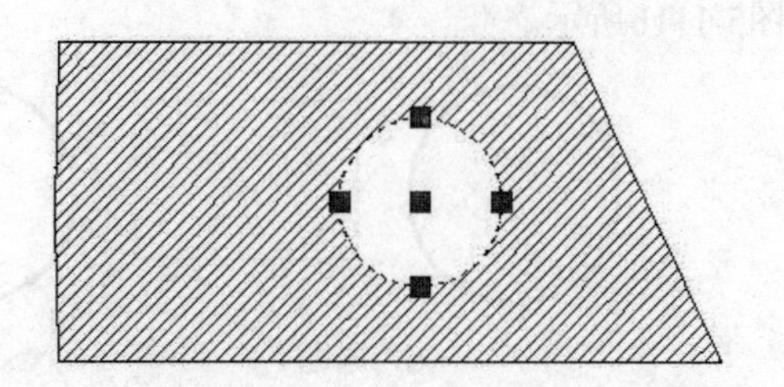

图 5-109 夹点移动到新位置

## 5.4.3 修改对象属性

【执行方式】

命令行：DDMODIFY或PROPERTIES

菜单栏：修改→特性

工具栏：标准→特性

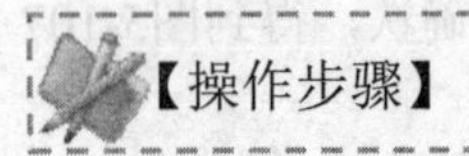【操作步骤】

命令：DDMODIFY↙

AutoCAD打开特性工具板，如图5-110所示。利用它可以方便地设置或修改对象的各种属性。

不同对象属性种类和值不同，修改属性值对象改变为新属性。

| 直线 | |
|---|---|
| 常规 | |
| 颜色 | ByLayer |
| 图层 | 0 |
| 线型 | —— ByL... |
| 线型比例 | 1 |
| 打印样式 | BYCOLOR |
| 线宽 | —— ByL... |
| 透明度 | ByLayer |
| 超链接 | |
| 厚度 | 0 |
| 三维效果 | |
| 材质 | ByLayer |
| 几何图形 | |
| 起点 ... | 1900.6645 |
| 起点 ... | 1157.3033 |
| 起点 ... | 0 |
| 端点 ... | 1851.5086 |
| 端点 ... | 617.2233 |
| 端点 ... | 0 |
| 增量 X | -49.1559 |
| 增量 Y | -540.08 |
| 增量 Z | 0 |
| 长度 | 542.3123 |
| 角度 | 265 |

图 5-110 特性工具板

## 5.4.4 特性匹配

利用特性匹配功能可以将目标对象的属性与源对象的属性进行匹配，使目标对象变为与源对象相同。利用特性匹配功能可以方便快捷地修改对象属性，并保持不同对象的属性相同。

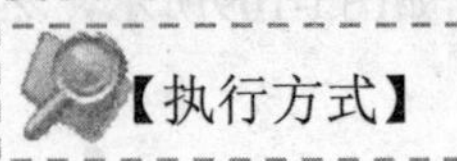【执行方式】

命令行：MATCHPROP

菜单：修改→特性匹配

【操作步骤】

命令：MATCHPROP↙

选择源对象：(选择源对象)

选择目标对象或［设置(S)］：(选择目标对象)

图5-111a为两个不同属性的对象，以左边的圆为源对象，对右边的矩形进行属性匹配，结果如图5-111b所示。

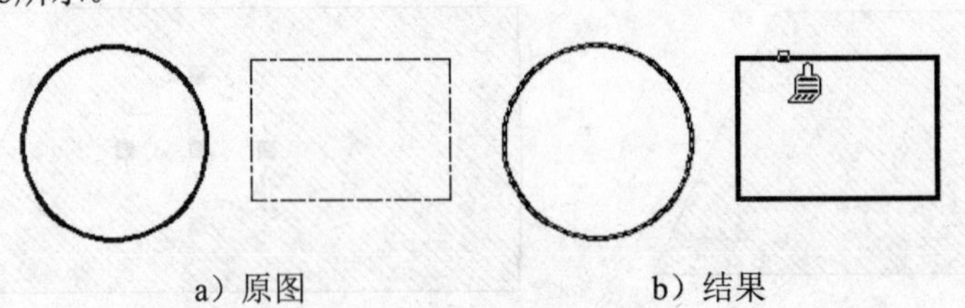

a）原图　　b）结果

图 5-111 特性匹配

## 5.5 删除及恢复类命令

### 5.5.1 删除命令

如果所绘制的图形不符合要求或不小心错绘了图形，可以使用删除命令 ERASE 把它删除。

【执行方式】

命令行：ERASE

菜单栏：修改→删除

快捷菜单：选择要删除的对象，在绘图区域右击鼠标，从打开的快捷菜单上选择“删除”

工具栏：修改→删除

功能区：“默认”选项卡中“修改”面板上的“删除”按钮

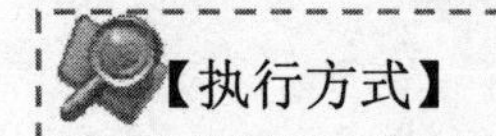【操作步骤】

可以先选择对象后调用删除命令，也可以先调用删除命令然后再选择对象。选择对象时可以使用前面介绍的对象选择的各种方法。

当选择多个对象时，多个对象都被删除；若选择的对象属于某个对象组，则该对象组的所有对象都被删除。

### 5.5.2 恢复命令

若不小心误删除了图形，可以使用恢复命令OOPS恢复误删除的对象。

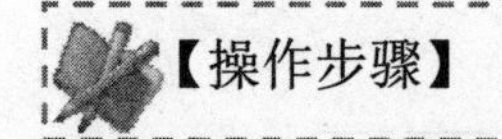【执行方式】

命令行：OOPS或U

工具栏：标准→回退

快捷键：Ctrl+Z

【操作步骤】

在命令窗口的提示行上输入OOPS，回车。

### 5.5.3 清除命令

此命令与删除命令功能完全相同。

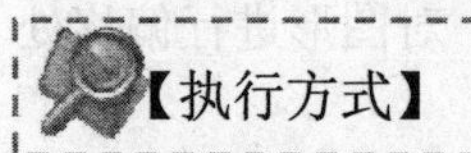【执行方式】

快捷键：Del

【操作步骤】

用菜单或快捷键输入上述命令后，系统提示：

选择对象：(选择要清除的对象，按回车键执行清除命令)

### 5.5.4 实例——绘制弹簧

绘制如图 5-112 所示的弹簧。

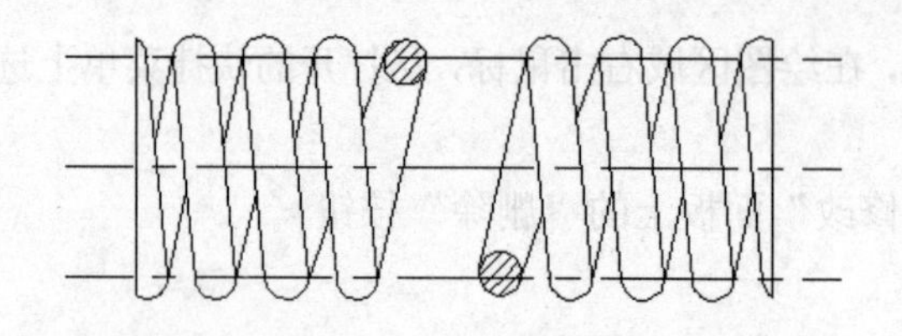

图 5-112 弹簧

实讲实训
多媒体演示

多媒体演示参见配套光盘中的\\动画演示\第5章\绘制弹簧.avi。

**绘制步骤：**

**01** 设置图层。单击“图层”工具栏中的“图层特性管理器”按钮，新建三个图层：轮廓线层，线宽属性为0.3mm，其余属性默认。中心线层，颜色设为红色，线型加载为CENTER，其余属性默认。细实线层，颜色设为蓝色，其余属性默认。

**02** 绘制中心线。将“中心线层”置为当前图层。单击“绘图”工具栏中的“直线”按钮，命令行提示与操作如下：

```
命令: line↙
指定第一点:
指定下一点或 [放弃(U)]: (用鼠标在水平方向上取两点)
指定下一点或 [放弃(U)]:↙
```

结果如图5-113所示。

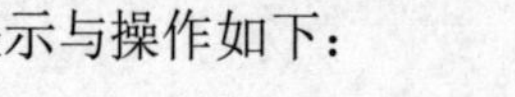

图 5-113 绘制中心线

图 5-114 偏移处理

**03** 单击“默认”选项卡中“修改”面板上的“偏移”按钮，对图形进行偏移处理。命令行提示与操作如下：

```
命令: offset↙
```

当前设置：删除源=否　图层=源　OFFSETGAPTYPE=0

指定偏移距离或 [通过(T)/删除(E)/图层(L)] <通过>：15↙

选择要偏移的对象，或 [退出(E)/放弃(U)] <退出>：(选择中心线)

指定要偏移的那一侧上的点，或 [退出(E)/多个(M)/放弃(U)] <退出>：(选择中心线的上侧)

选择要偏移的对象，或 [退出(E)/放弃(U)] <退出>：↙

重复上述命令将中心线向下偏移15。结果如图5-114所示。

**04** 单击“绘图”工具栏中的“直线”按钮，绘制辅助直线。命令行提示与操作如下：

命令：line↙

指定第一点：(在水平直线上方任取一点)

指定下一点或 [放弃(U)]：@-45<96↙

指定下一点或 [放弃(U)]：↙

结果如图 5-115 左图所示。

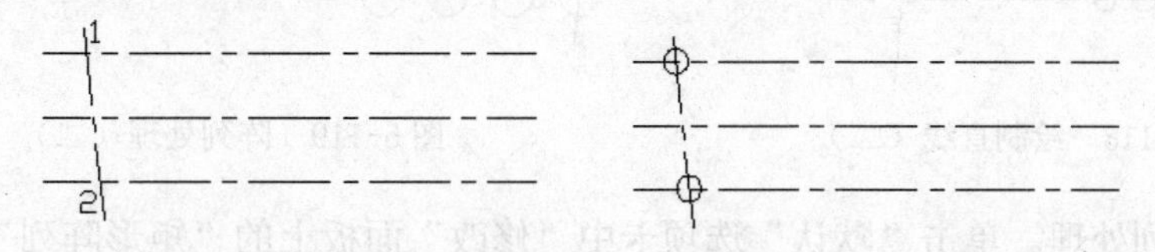


图 5-115　绘制辅助直线和圆

**05** 将“轮廓线层”置为当前图层。单击“绘图”工具栏中的“圆”按钮，绘制圆，命令行提示与操作如下：

命令：circle↙

指定圆的圆心或 [三点(3P)/两点(2P)/切点、切点、半径(T)]：(选取点 1)

指定圆的半径或 [直径(D)]：3↙

重复“圆”命令，以点2为圆心绘制半径为3的圆。结果如图5-118所示。

**06** 绘制直线。单击“绘图”工具栏中的“直线”按钮，绘制两条与两个圆相切的直线，结果如图5-116所示。

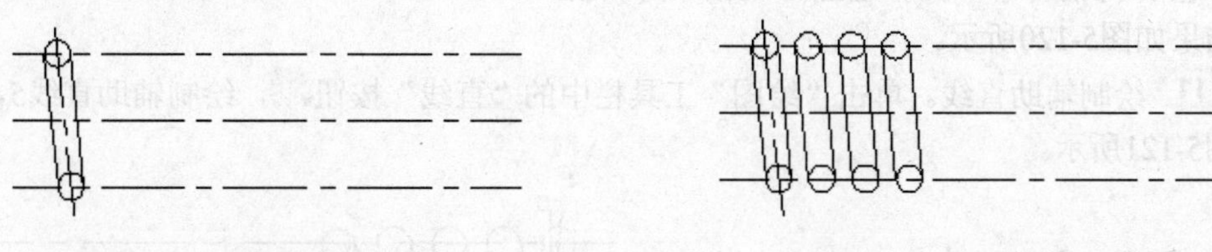

图 5-116　绘制直线（一）　　图 5-117　阵列处理（一）

**07** 单击“默认”选项卡中“修改”面板上的“矩形阵列”按钮，对图形进行阵列处理，命令行提示与操作如下：

命令：_arrayrect↙

选择对象：找到 1 个

选择对象：

类型 = 矩形　关联 = 否

为项目数指定对角点或 [基点(B)/角度(A)/计数(C)] 〈计数〉:cou
输入行数或 [表达式(E)] 〈4〉: 1
输入列数或 [表达式(E)] 〈4〉: 4
指定对角点以间隔项目或 [间距(S)] 〈间距〉: s
指定列之间的距离或 [表达式(E)] 〈373.7527〉: 10
按 Enter 键接受或 [关联(AS)/基点(B)/行(R)/列(C)/层(L)/退出(X)] 〈退出〉:

结果如图5-118所示。

**08** 绘制直线。单击“绘图”工具栏中的“直线”按钮，绘制与圆相切的线段3和线段4。结果如图5-118所示。

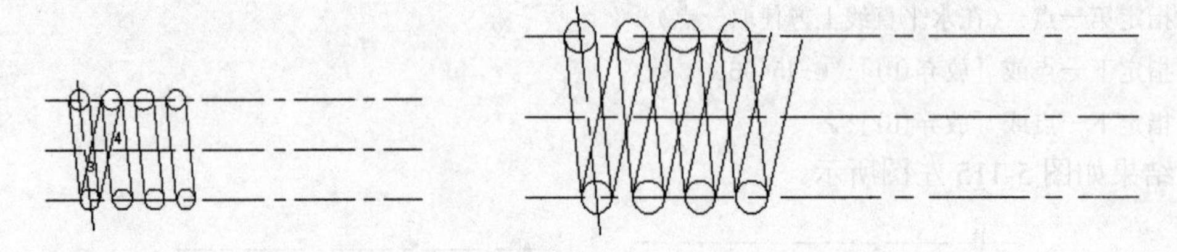


图 5-118 绘制直线（二）　　图 5-119 阵列处理（二）

**09** 阵列处理。单击“默认”选项卡中“修改”面板上的“矩形阵列”按钮，选择对象为线段3和线段4。结果如图5-119所示。

**10** 单击“默认”选项卡中“修改”面板上的“复制”按钮，复制圆。命令行提示与操作如下：

命令: copy↙
选择对象: 找到 1 个（选取图形上侧最右边的圆）
选择对象:↙
当前设置:  复制模式 = 多个
指定基点或 [位移(D)/模式(O)] 〈位移〉:（选择圆心）
指定第二个点或 [阵列(A)] 〈使用第一个点作为位移〉: 10↙（鼠标向右偏移）
指定第二个点或 [阵列(A)/退出(E)/放弃(U)] 〈退出〉:

结果如图5-120所示。

**11** 绘制辅助直线。单击“绘图”工具栏中的“直线”按钮，绘制辅助直线5，结果如图5-121所示。

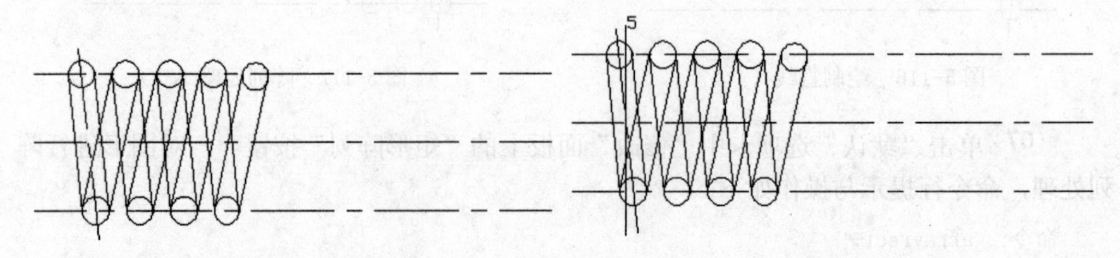


图 5-120 复制圆　　图 5-121 绘制辅助直线

**12** 单击“默认”选项卡中“修改”面板上的“修剪”按钮，对图形进行修剪。

命令行提示与操作如下：

命令：trim↙

当前设置:投影=UCS，边=无

选择剪切边...

选择对象或 <全部选择>:↙

选择要修剪的对象，或按住 Shift 键选择要延伸的对象，或[栏选(F)/窗交(C)/投影(P)/边(E)/删除(R)/放弃(U)]：(用鼠标选择要修剪的对象)

选择要修剪的对象，或按住 Shift 键选择要延伸的对象，或[栏选(F)/窗交(C)/投影(P)/边(E)/删除(R)/放弃(U)]:↙

结果如图5-122所示。

**13** 单击“默认”选项卡中“修改”面板上的“删除”按钮，删除多余直线。命令行提示与操作如下：

命令：erase↙

选择对象：找到 1 个，总计 2 个

选择对象:↙

结果如图5-123所示。

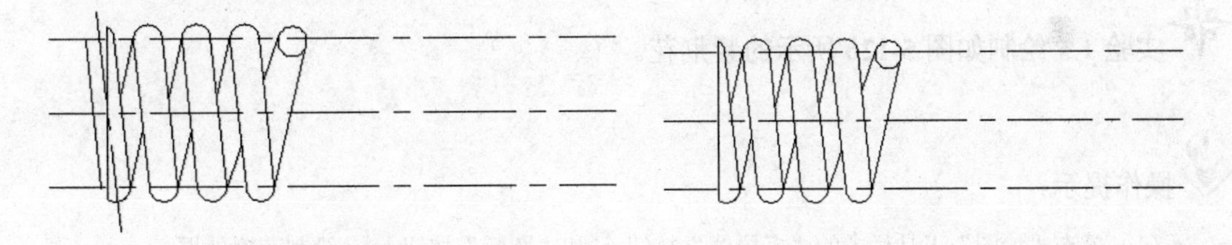

图 5-122 修剪处理　　图 5-123 删除多余直线

**14** 复制。单击“默认”选项卡中“修改”面板上的“复制”按钮，复制左侧的图形，结果如图5-124所示。

**15** 单击“默认”选项卡中“修改”面板上的“旋转”按钮，对图形进行旋转处理。命令行提示与操作如下：

命令：rotate↙

UCS 当前的正角方向：ANGDIR=逆时针 ANGBASE=0

选择对象：（选择右侧的图形）

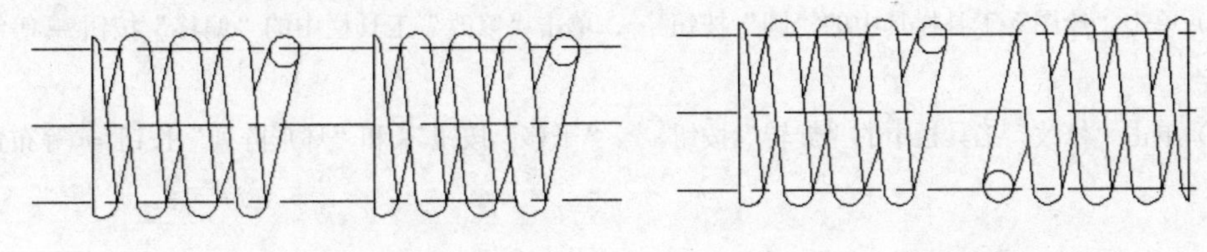

图 5-124 复制结果　　图 5-125 旋转处理

找到 25 个

指定基点：（在水平中心线上取一点）

指定旋转角度，或［复制(C)/参照(R)]：180↙

结果如图5-125所示。

**16** 图案填充。将“细实线层”置为当前图层。单击“绘图”工具栏中的“图案填充”按钮，填充图形。

命令：bhatch↙

选择内部点：正在选择所有对象...

正在选择所有可见对象...

正在分析所选数据...

正在分析内部孤岛...

选择内部点：

系统打开“图案填充和渐变色”对话框，选择“用户定义”类型，选择角度为45°，间距为3；选择相应的填充区域。确认后进行填充，结果如图5-112所示。

## 实验1 绘制如图5-126所示的紫荆花。

**操作提示：**

（1）单击“绘图”工具栏中的“多段线”按钮和“圆弧”按钮，绘制花瓣外框。

（2）单击“绘图”工具栏中的“正多边形”按钮、“直线”按钮和“修剪”按钮等绘制五角星。

（3）单击“修改”工具栏中的“环形阵列”按钮，阵列花瓣。

## 实验2 绘制如图5-127所示的餐桌布置图。

**操作提示：**

（1）单击“绘图”工栏中的“直线”按钮、“圆弧”按钮、“复制”按钮等绘制椅子。

（2）单击“绘图”工具栏具中的“圆”按钮、单击“修改”工具栏中的“偏移”按钮等绘制桌子。

（3）单击“修改”工具栏中的“旋转”按钮、“平移”按钮和“环形阵列”按钮等布置桌椅。

## 实验3 绘制如图5-128所示的轴承座。

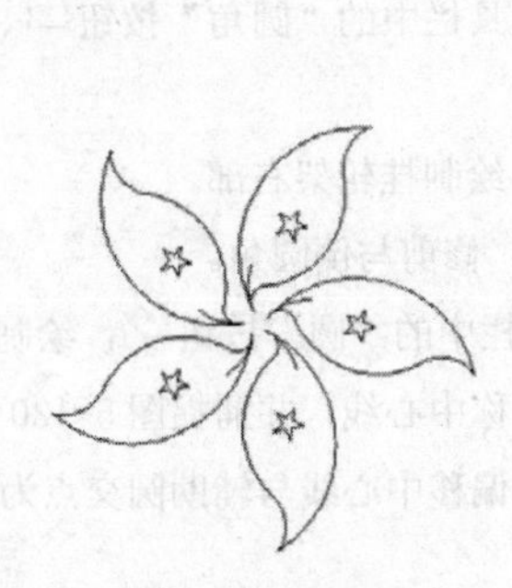
图 5-126 紫荆花

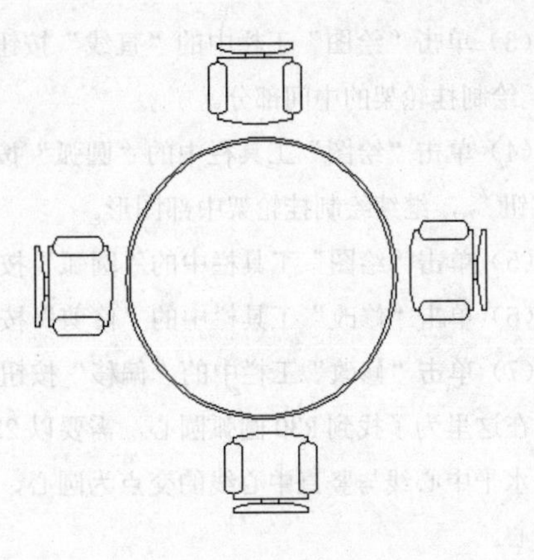
图 5-127 餐厅桌椅摆放图

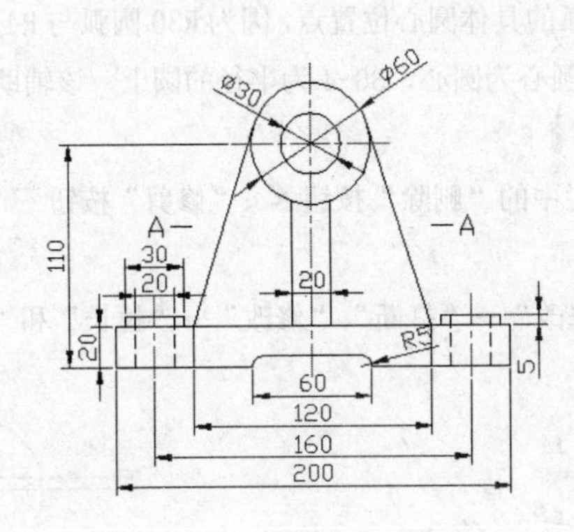

图 5-128 轴承座

**操作提示：**

（1）单击“图层”工具栏中的“图层特性管理器”按钮，设置三个图层。

（2）单击“绘图”工栏中的“直线”按钮，绘制中心线。

（3）单击“绘图”工栏中的“直线”按钮和“圆”按钮，绘制部分轮廓线。

（4）单击“修改”工具栏中的“圆角”按钮，进行圆角处理。

（5）单击“绘图”工栏中的“直线”按钮，绘制螺孔线。

（6）单击“修改”工具栏中的“镜像”按钮，对左端局部结构进行镜像。

## 实验 4 绘制如图 5-129 所示的挂轮架。

**操作提示：**

（1）单击“图层”工具栏中的“图层特性管理器”按钮，设置图层。

（2）单击“绘图”工栏中的“直线”按钮、“圆”按钮和单击“修改”工栏中的“偏移”按钮、“修剪”按钮，绘制中心线，

（3）单击“绘图”工栏中的“直线”按钮、“圆”按钮和单击“修改”工栏中的“偏移”按钮，绘制挂轮架的中间部分。

（4）单击“绘图”工具栏中的“圆弧”按钮和单击“修改”工具栏中的“圆角”按钮、“修剪”按钮，继续绘制挂轮架中部图形。

（5）单击“绘图”工具栏中的“圆弧”按钮、“圆”按钮，绘制挂轮架右部。

（6）单击“修改”工具栏中的“修剪”按钮、“圆角”按钮，修剪与倒圆角。

（7）单击“修改”工栏中的“偏移”按钮和单击“绘图”工具栏中的“圆”按钮，绘制 R30 圆弧。在这里为了找到 R30 圆弧圆心，需要以 23 为距离向右偏移竖直对称中心线，并捕捉图 5-130 上边第二条水平中心线与竖直中心线的交点为圆心，绘制 R26 辅助圆，以所偏移中心线与辅助圆交点为 R30 圆弧圆心。

之所以偏移距离为 23，因为半径为 30 的圆弧的圆心在中心线左右各 30-Φ14/2 处的平行线上。而绘制辅助圆的目的是找到 R30 圆弧的具体圆心位置点，因为 R30 圆弧与 R4 圆弧内切，根据相切的几何关系，R30 圆弧的圆心应在以 R4 圆弧圆心为圆心，30-4 为半径的圆上，该辅助圆与上面偏移复制平行线的交点即为 R30 圆弧的圆心。

（8）单击“修改”工具栏中的“删除”按钮、“修剪”按钮、“圆角”按钮、“镜像”按钮，绘制把手图形部分。

（9）选择菜单栏中的“修改”→“打断”、“修改”→“拉长”和“修改”→“删除”命令对图形中的中心线进行整理。

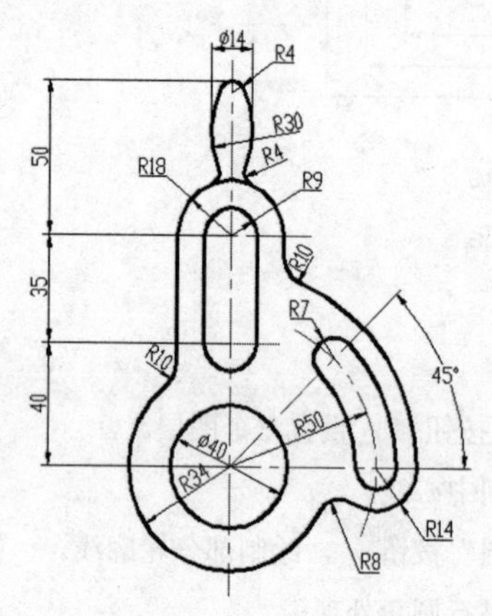


图 5-129　挂轮架

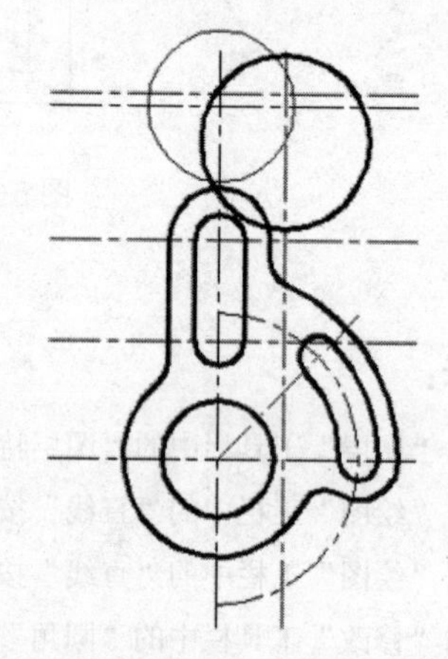

图 5-130　绘制圆

1．能够改变一条线段的长度的命令有

（1）DDMODIFY　（2）LENTHEN　（3）EXTEND　（4）TRIM

（5）STRETCH　（6）SCALE　（7）BREAK　（8）MOVE

2．能够将物体的某部分进行大小不变的复制的命令有

（1）MIRROR　（2）COPY

（3）ROTATE　（4）ARRAY

3．将下列命令与其命令名连线。

CHAMFER　　伸展
LENGTHEN　　倒圆角
FILLET　　加长
STRETCH　　倒斜角

4．下面命令中哪一个命令在选择物体时必须采取交叉窗口或交叉多边形窗口进行选择？

（1）LENTHEN　（2）STRETCH　（3）ARRAY　（4）MIRROR

5．下列命令中哪些可以用来去掉图形中不需要的部分？

（1）删除　（2）清除　（3）剪切　（4）恢复

6．请分析COPYCLIP与COPYLINK两个命令的异同。

7．在利用修剪命令对图形进行修剪时，有时无法实现修剪，试分析可能的原因。

8．绘制如图5-131所示沙发图形。

9．绘制如图5-132所示的厨房洗菜盆。

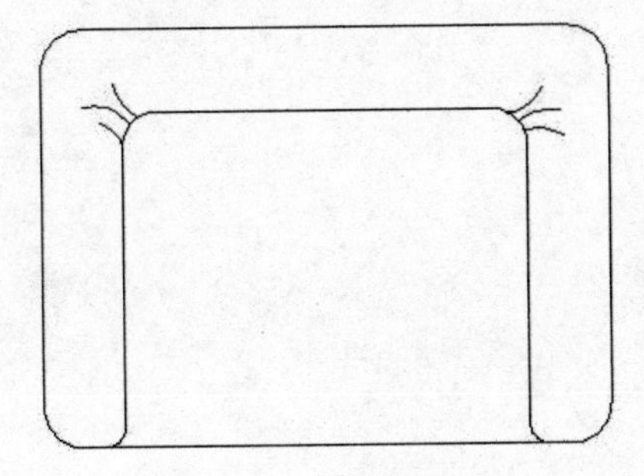

图 5-131　沙发图形

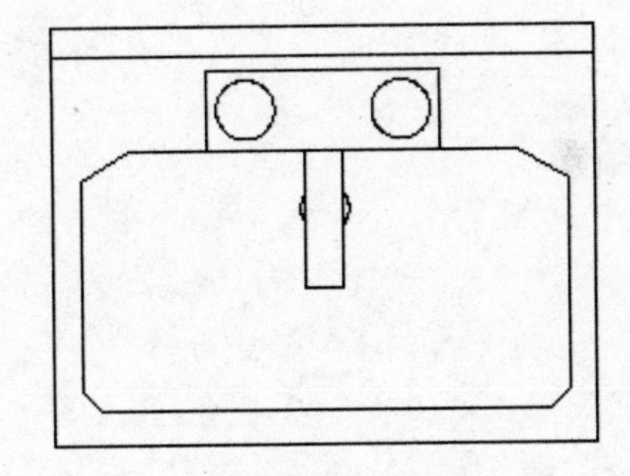

图 5-132　洗菜盆

10．绘制如图5-133所示的圆头平键。

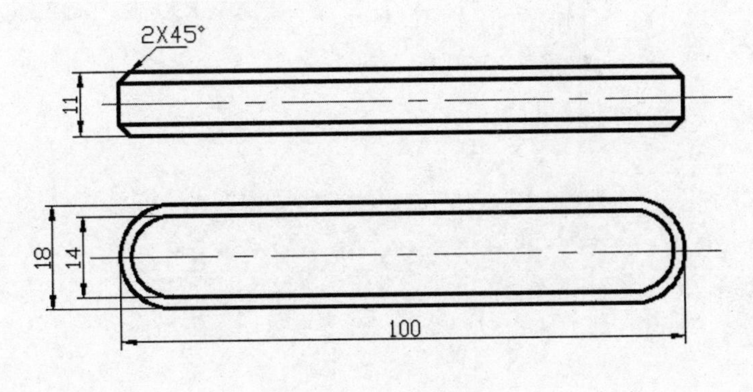


图 5-133　圆头平键

11．绘制如图5-134所示的均布结构图形。

12．绘制如图5-135所示的圆锥滚子轴承。

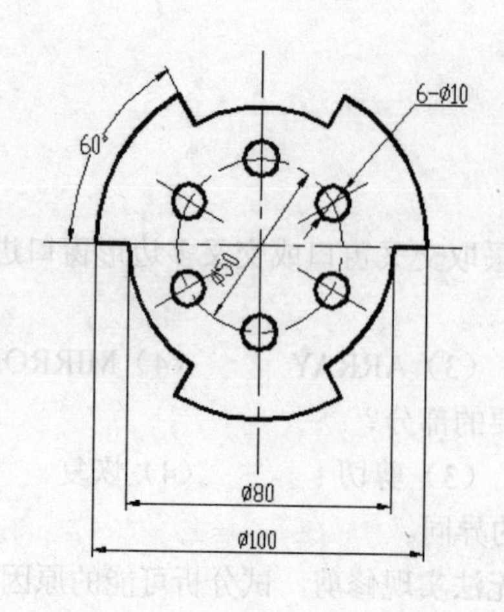


图 5-134　均布结构图形

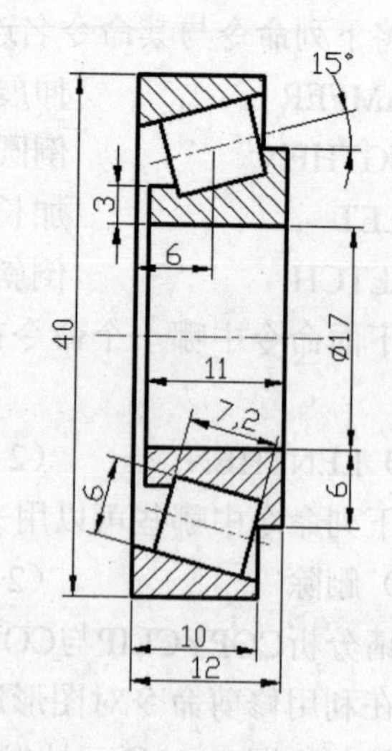


图 5-135　圆锥滚子轴承

第 6 章

# 文字与表格

文字注释是图形中很重要的一部分内容，进行各种设计时，通常不仅要绘出图形，还要在图形中标注一些文字，如技术要求、注释说明等，对图形对象加以解释。AutoCAD提供了多种写入文字的方法，本章将介绍文本的注释和编辑功能。图表在AutoCAD图形中也有大量的应用，如明细表、参数表和标题栏等。AutoCAD新增的图表功能使绘制图表变得方便快捷。

- 文本样式
- 文本标注
- 文本编辑
- 表格样式及其定义
- 创建表格
- 编辑表格

## 6.1 文本样式

所有AutoCAD图形中的文字都有和其相对应的文本样式。当输入文字对象时，AutoCAD使用当前设置的文本样式。文本样式是用来控制文字基本形状的一组设置。模板文件ACAD.DWT和ACADISO.DWT中定义了名叫STANDARD的默认文本样式。

AutoCAD 2015提供了“文字样式”对话框，通过这个对话框可方便直观地定制需要的文本样式，或是对已有样式进行修改。

【执行方式】

命令行：STYLE或DDSTYLE

菜单栏：格式→文字样式

工具栏：文字→文字样式

功能区：“默认”选项卡中“注释”面板上的“文字样式”按钮

【操作步骤】

命令: STYLE↙

在命令行输入STYLE或DDSTYLE命令，或在“格式”菜单中选择“文字样式”命令，系统打开“文字样式”对话框，如图6-1所示。

图6-1 “文字样式”对话框

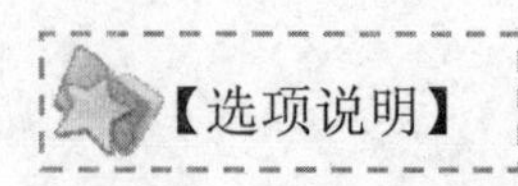

【选项说明】

（1）“字体”选项组：确定字体式样。文字的字体确定字符的形状，在AutoCAD中，除了它固有的SHX形状字体文件外，还可以使用TrueType字体（如宋体、楷体、italley等）。如图6-2所示一种字体可以设置不同的效果从而被多种文本样式使用。

（2）“大小”选项组：

1）“注释性”复选框：指定文字为注释性文字。

2）“使文字方向与布局匹配”复选框：指定图纸空间视口中的文字方向与布局方向匹配。如果清除“注释性”选项，则该选项不可用。

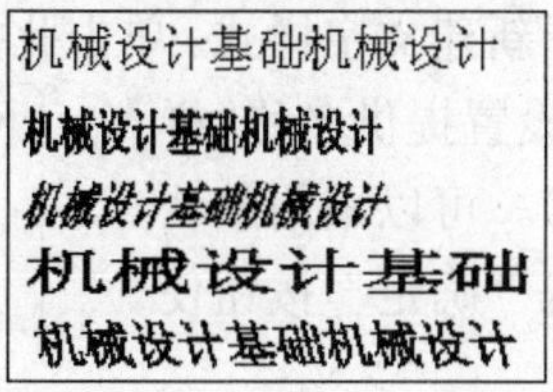

机械设计基础机械设计
机械设计基础机械设计
机械设计基础机械设计
机械设计基础
机械设计基础机械设计

图 6-2　同一字体的不同样式

3）“高度”复选框：设置文字高度。如果输入0.0，则每次用该样式输入文字时，文字默认值为0.2高度。

（3）“效果”选项组：此矩形框中的各项用于设置字体的特殊效果。

1）“颠倒”复选框：选中此复选框，表示将文本文字倒置标注，如图6-3a所示。

2）“反向”复选框：确定是否将文本文字反向标注，如图6-3b所示。

3）“垂直”复选框：确定文本是水平标注还是垂直标注。此复选框选中时为垂直标注，否则为水平标注，如图6-4所示。

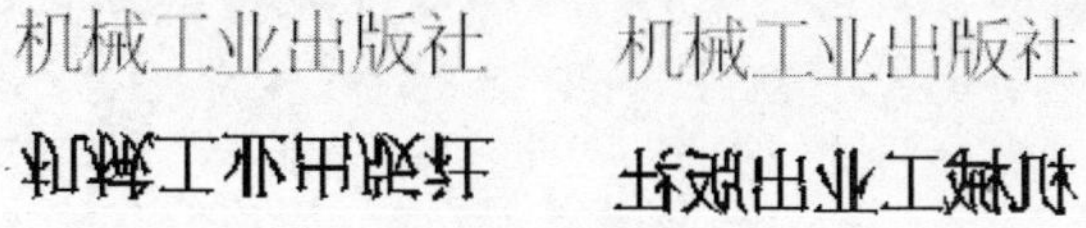

机械工业出版社　　机械工业出版社

a）　　b）

图 6-3　文字倒置标注与反向标注

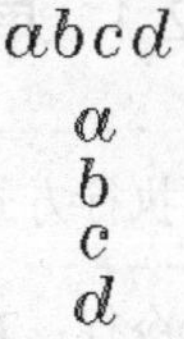

abcd
a
b
c
d

图 6-4　垂直标注

**注意**

“垂直”复选框只有在 SHX 字体下才可用。

4）宽度因子：设置宽度系数，确定文本字符的宽、高比。当比例系数为1时表示将按字体文件中定义的宽、高比标注文字。当此系数小于1时字会变窄，反之变宽，如图6-5a所示。

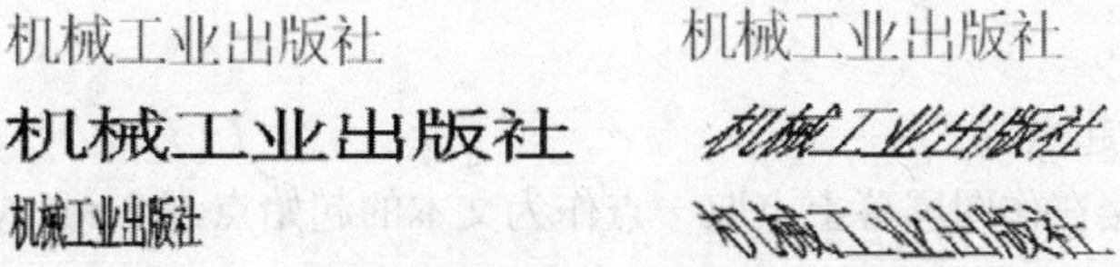

机械工业出版社　　机械工业出版社
机械工业出版社　　机械工业出版社
机械工业出版社　　机械工业出版社

a）　　b）

图 6-5　不同宽度系数的文字标注与文字倾斜标注

5）倾斜角度：用于确定文字的倾斜角度。角度为0时不倾斜，为正时向右倾斜，为负时向左倾斜，如图6-5b所示。

（4）“置为当前”按钮：该按钮用于将在“样式”下选定的样式设置为当前。

（5）“新建”按钮：该按钮用于新建文字样式。单击此按钮系统弹出如图6-6所示的“新建文字样式”对话框并自动为当前设置提供名称“样式n”（其中n为所提供样式的编号）。可以采用默认值或在该框中输入名称，然后单击“确定”按钮使新样式名使用当前样式设置。

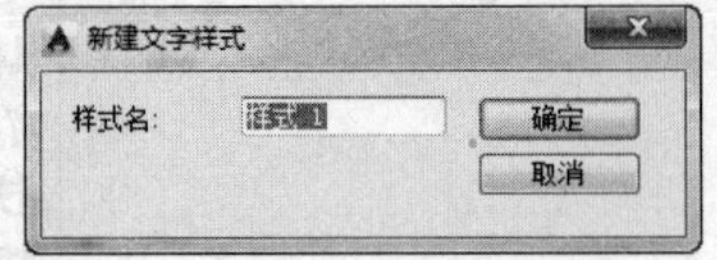

图 6-6 “新建文字样式”对话框

（6）“删除”按钮：该按钮用于删除未使用文字样式。

## 6.2 文本标注

在制图过程中文字传递了很多设计信息，它可能是一个很长很复杂的说明，也可能是一个简短的文字信息。当需要标注的文本不太长时，可以利用TEXT命令创建单行文本。当需要标注很长、很复杂的文字信息时，用户可以用MTEXT命令创建多行文本。

### 6.2.1 单行文本标注

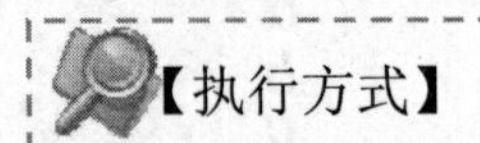

【执行方式】

命令行：TEXT

菜单栏：绘图→文字→单行文字

工具栏：文字→单行文字

功能区：“默认”选项卡中“注释”面板上的“单行文字”按钮

【操作步骤】

命令: TEXT↙

选择相应的菜单项或在命令行输入TEXT命令后回车，AutoCAD提示：

当前文字样式: Standard　当前文字高度: 0.2000

指定文字的起点或 [对正(J)/样式(S)]:

【选项说明】

1. 指定文字的起点

在此提示下直接在作图屏幕上点取一点作为文本的起始点，AutoCAD提示：

指定高度 <0.2000>:（确定字符的高度）

指定文字的旋转角度 <0>:（确定文本行的倾斜角度）

输入文字: (输入文本)

在此提示下输入一行文本后回车，AutoCAD继续显示“输入文字:”提示，可继续输入文本，待全部输入完后在此提示下直接回车，则退出TEXT命令。可见，由TEXT命令也可创建多行文本，只是这种多行文本每一行是一个对象，不能对多行文本同时进行操作。

**注意**

**只有当前文本样式中设置的字符高度为0时，在使用TEXT命令时AutoCAD才出现要求用户确定字符高度的提示。AutoCAD允许将文本行倾斜排列，如图6-5b所示为倾斜角度分别是0°、30°和－30°时的排列效果。在“指定文字的旋转角度 <0>:”提示下输入文本行的倾斜角度或在屏幕上拉出一条直线来指定倾斜角度。**

2．对正(J)

在上面的提示下键入J，用来确定文本的对齐方式，对齐方式决定文本的哪一部分与所选的插入点对齐。执行此选项，AutoCAD提示：

输入选项 [对齐(A)/调整(F)/中心(C)/中间(M)/右®/左上(TL)/中上(TC)/右上(TR)/左中(ML)/正中(MC)/右中(MR)/左下(BL)/中下(BC)/右下(BR)]:

在此提示下选择一个选项作为文本的对齐方式。当文本串水平排列时，AutoCAD为标注文本串定义了图6-7所示的顶线、中线、基线和底线，各种对齐方式如图6-8所示，图中大写字母对应上述提示中各命令。

下面以“对齐”为例进行简要说明：

图6-7 文本行的底线、基线、中线和顶线

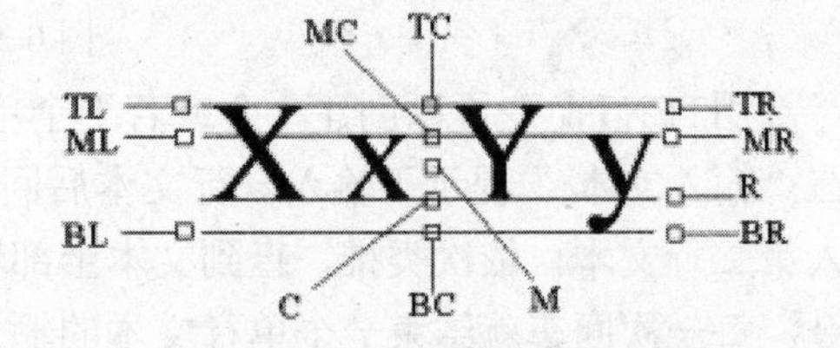


图6-8 文本的对齐方式

对齐(A)：选择此选项，要求用户指定文本行基线的起始点与终止点的位置，AutoCAD提示：

指定文字基线的第一个端点：(指定文本行基线的起点位置)

指定文字基线的第二个端点：(指定文本行基线的终点位置)

输入文字：(输入一行文本后回车)

输入文字：（继续输入文本或直接回车结束命令）

执行结果：所输入的文本字符均匀地分布于指定的两点之间，如果两点间的连线不水平，则文本行倾斜放置，倾斜角度由两点间的连线与X轴夹角确定；字高、字宽根据两点间的距离、字符的多少以及文本样式中设置的宽度系数自动确定。指定了两点之后，每行输入的字符越多，字宽和字高越小。

其他选项与“对齐”类似，不再赘述。

实际绘图时，有时需要标注一些特殊字符，例如直径符号、上划线或下划线、温度符号等，由于这些符号不能直接从键盘上输入，AutoCAD提供了一些控制码，用来实现这些要求。控制码用两个百分号（%%）加一个字符构成，常用的控制码见表6-1。

表6-1中，%%O和%%U分别是上划线和下划线的开关，第一次出现此符号开始画上划线和下划线，第二次出现此符号上划线和下划线终止。例如在“Text:”提示后输入“I want to %%U go to Beijing%%U.”，则得到图6-9上行所示的文本行，输入“50%%D+%%C75%%P12”，则得到图6-9下行所示的文本行。

表 6-1　AutoCAD 常用控制码

| 符号 | 功能 | 符号 | 功能 |
|---|---|---|---|
| %%O | 上划线 | \u+E101 | 流线 |
| %%U | 下划线 | \u+2261 | 标识 |
| %%D | “度”符号 | \u+E102 | 界碑线 |
| %%P | 正负符号 | \u+2260 | 不相等 |
| %%C | 直径符号 | \u+2126 | 欧姆 |
| %%% | 百分号% | \u+03A9 | 欧米加 |
| \u+2248 | 几乎相等 | \u+214A | 低界线 |
| \u+2220 | 角度 | \u+2082 | 下标 2 |
| \u+E100 | 边界线 | \u+00B2 | 上标 2 |
| \u+2104 | 中心线 | \u+0278 | 电相位 |
| \u+0394 | 差值 | | |

I want to go to Beijing.

50°+Ø75±12

图 6-9　文本行

用TEXT命令可以创建一个或若干个单行文本，也就是说用此命令可以标注多行文本。在“输入文本:”提示下输入一行文本后回车，AutoCAD继续提示“输入文本:”，用户可输入第二行文本，依次类推，直到文本全部输完，再在此提示下直接回车，结束文本输入命令。每一次回车就结束一个单行文本的输入，每一个单行文本是一个对象，可以单独修改其文本样式、字高、旋转角度和对齐方式等。

用TEXT命令创建文本时，在命令行输入的文字同时显示在屏幕上，而且在创建过程中可以随时改变文本的位置，只要将光标移到新的位置点击按键，则当前行结束，随后输入的文本在新的位置出现。用这种方法可以把多行文本标注到屏幕的任何地方。

### 6.2.2　多行文本标注

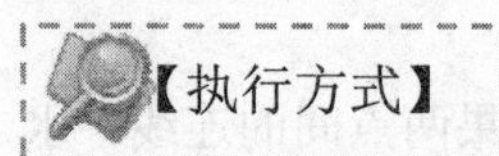


命令行：MTEXT

菜单：绘图→文字→多行文字

工具栏：绘图→多行文字 A 或文字→多行文字 A

功能区：“默认”选项卡中“注释”面板上的“多行文字”按钮 A

命令:MTEXT↙

选择相应的菜单项或工具条图标，或在命令行输入 MTEXT 命令后回车，系统提示：

当前文字样式:"Standard"　当前文字高度:1.9122

指定第一角点:(指定矩形框的第一个角点)

指定对角点或 [高度(H)/对正(J)/行距(L)/旋转(R)/样式(S)/宽度(W)/栏(C)]:

【选项说明】

（1）指定对角点：直接在屏幕上点取一个点作为矩形框的第二个角点，AutoCAD以这两个点为对角点形成一个矩形区域，其宽度作为将来要标注的多行文本的宽度，而且第一个点作为第一行文本顶线的起点。响应后AutoCAD打开如图6-10所示的多行文字编辑器，可利用此对话框与编辑器输入多行文本并对其格式进行设置。关于对话框中各项的含义与编辑器功能，稍后再详细介绍。

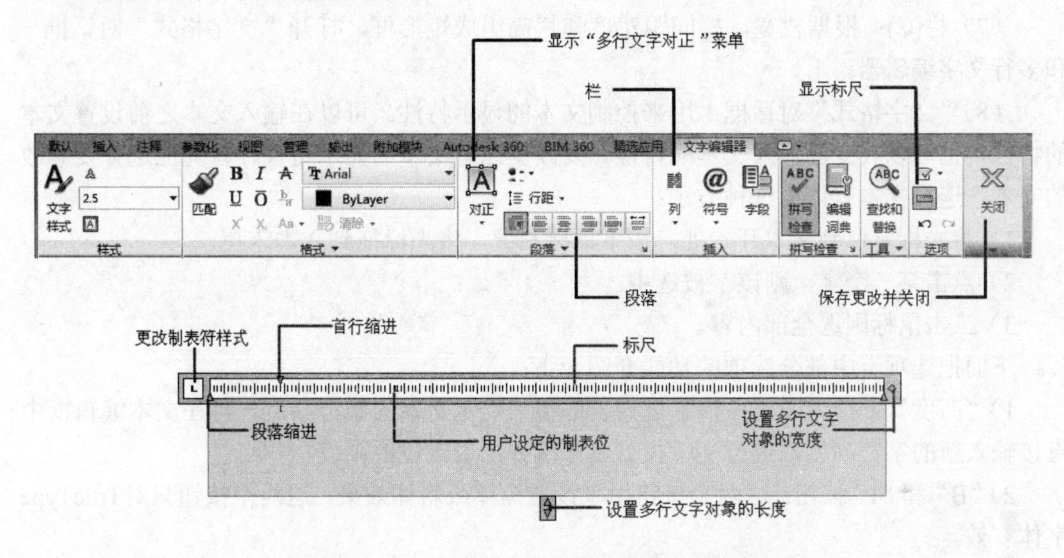


图6-10　"文字格式"对话框和多行文字编辑器

（2）对正(J)：确定所标注文本的对齐方式。选取此选项，AutoCAD提示：

输入对正方式 [左上(TL)/中上(TC)/右上(TR)/左中(ML)/正中(MC)/右中(MR)/左下(BL)/中下(BC)/右下(BR)] <左上(TL)>:

这些对齐方式与TEXT命令中的各对齐方式相同，不再重复。选取一种对齐方式后回车，AutoCAD回到上一级提示。

（3）行距(L)：确定多行文本的行间距，这里所说的行间距是指相邻两文本行的基线之间的垂直距离。执行此选项，AutoCAD提示：

输入行距类型 [至少(A)/精确(E)] <至少(A)>:

在此提示下有两种方式确定行间距，"至少"方式和"精确"方式。"至少"方式下AutoCAD根据每行文本中最大的字符自动调整行间距。"精确"方式下AutoCAD给多行文本赋予一个固定的行间距。可以直接输入一个确切的间距值，也可以输入"nx"的形式，其中n是一个具体数，表示行间距设置为单行文本高度的n倍，而单行文本高度是本行文本字符高度的1.66倍。

（4）旋转(R)：确定文本行的倾斜角度。执行此选项，AutoCAD提示：

指定旋转角度 <0>: (输入倾斜角度)

输入角度值后回车，AutoCAD 返回到“指定对角点或 [高度(H)/对正(J)/行距(L)/旋转®/样式(S)/宽度(W)]:”提示。

（5）样式(S)：确定当前的文本样式。

（6）宽度(W)：指定多行文本的宽度。可在屏幕上选取一点与前面确定的第一个角点组成的矩形框的宽作为多行文本的宽度。也可以输入一个数值，精确设置多行文本的宽度。

在创建多行文本时，只要给定了文本行的起始点和宽度后，AutoCAD就会打开图6-10所示的多行文字编辑器，该编辑器包含一个“文字格式”对话框和一个右键快捷菜单。用户可以在编辑器中输入和编辑多行文本，包括设置字高、文本样式以及倾斜角度等。

该编辑器与Microsoft的Word编辑器界面类似，事实上该编辑器与Word编辑器在某些功能上趋于一致。这样既增强了多行文字编辑功能，又使用户更熟悉和方便，效果很好。

（7）栏(C)：根据栏宽，栏间距宽度和栏高组成矩形框，打开“文字格式”对话框和多行文字编辑器。

（8）“文字格式”对话框：用来控制文本的显示特性。可以在输入文本之前设置文本的特性，也可以改变已输入文本的特性。要改变已有文本的显示特性，首先应选择要修改的文本，选择文本有以下三种方法：

1）将光标定位到文本开始处，按下鼠标左键，将光标拖到文本末尾。

2）点击某一个字，则该字被选中。

3）三击鼠标则选全部内容。

下面把选项卡中部分选项的功能介绍一下：

1）“高度”下拉列表框：该下拉列表框用来确定文本的字符高度，可在文本编辑框中直接输入新的字符高度，也可从下拉列表中选择已设定过的高度。

2）“B”和“I”按钮：这两个按钮用来设置黑体或斜体效果。这两个按钮只对TrueType字体有效。

3）U按钮：该按钮用于设置或取消下划线。

4）“堆叠”按钮：该按钮为层叠/非层叠文本按钮，用于层叠所选的文本，也就是创建分数形式。当文本中某处出现“/” 或“^”或“#”这三种层叠符号之一时可层叠文本，方法是选中需层叠的文字，然后单击此按钮，则符号左边文字作为分子，右边文字作为分母。AutoCAD提供了三种分数形式，如选中“abcd/efgh”后单击此按钮，得到如图6-11a所示的分数形式，如果选中“abcd^efgh” 后单击此按钮，则得到图6-11b所示的形式，此形式多用于标注极限偏差，如果选中“abcd # efgh” 后单击此按钮，则创建斜排的分数形式，如图6-11c所示。如果选中已经层叠的文本对象后单击此按钮，则恢复到非层叠形式。

| abcd<br>efgh | abcd<br>efgh | abcd/<br>efgh |
|---|---|---|
| a） | b） | c） |

图 6-11 文本层叠

（9）右键快捷菜单：

1）在多行文字绘制区域，单击鼠标右键，系统打开右键快捷菜单，如图6-12所示。

2）提供标准编辑选项和多行文字特有的选项。在多行文字编辑器中单击右键以显示快捷菜单。菜单顶层的选项是基本编辑选项：剪切、复制和粘贴。后面的选项是多行文字编辑器特有的选项。

3）查找和替换：显示“替换”对话框，如图6-13所示。在该对话框中可以进行替换操作，操作方式与Word编辑器中替换操作类似，不再赘述。

4）全部选择：选择多行文字对象中的所有文字。

5）改变大小写：改变选定文字的大小写。可以选择“大写”或“小写”。

6）自动大写：将所有新输入的文字转换成大写。自动大写不影响已有的文字。要改变已有文字的大小写，请选择文字，右键单击，然后在快捷菜单上单击“改变大小写”。

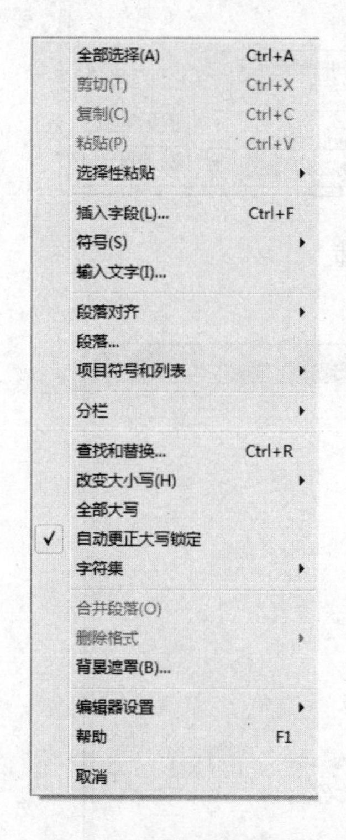


图6-12　右键快捷菜单

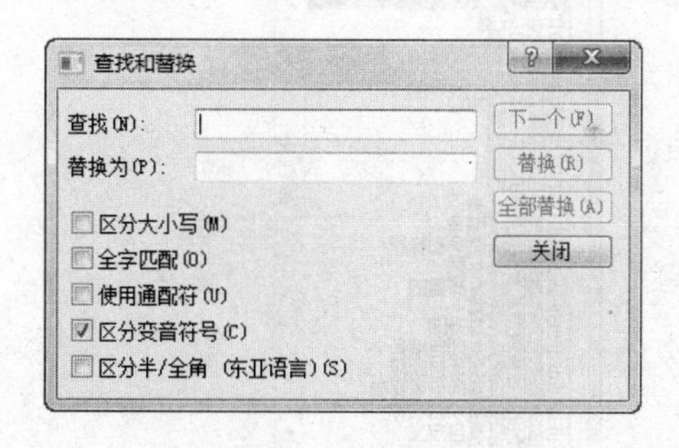


图6-13　“替换”对话框

7）删除格式：清除选定文字的粗体、斜体或下划线格式。

8）合并段落：将选定的段落合并为一段并用空格替换每段的回车。

9）符号：在光标位置插入列出的符号或不间断空格。也可以手动插入符号。

10）输入文字：显示“选择文件”对话框，如图6-14所示。选择任意ASCII或RTF格式的文件。输入的文字保留原始字符格式和样式特性，但可以在多行文字编辑器中编辑和格式化输入的文字。选择要输入的文本文件后，可以替换选定的文字或全部文字，或在文字边界内将插入的文字附加到选定的文字中。输入文字的文件必须小于32KB。

11）插入字段：插入一些常用或预设字段。单击该命令，系统打开“字段”对话框，如图6-15所示。用户可以从中选择字段插入到标注文本中。

图 6-14 “选择文件”对话框

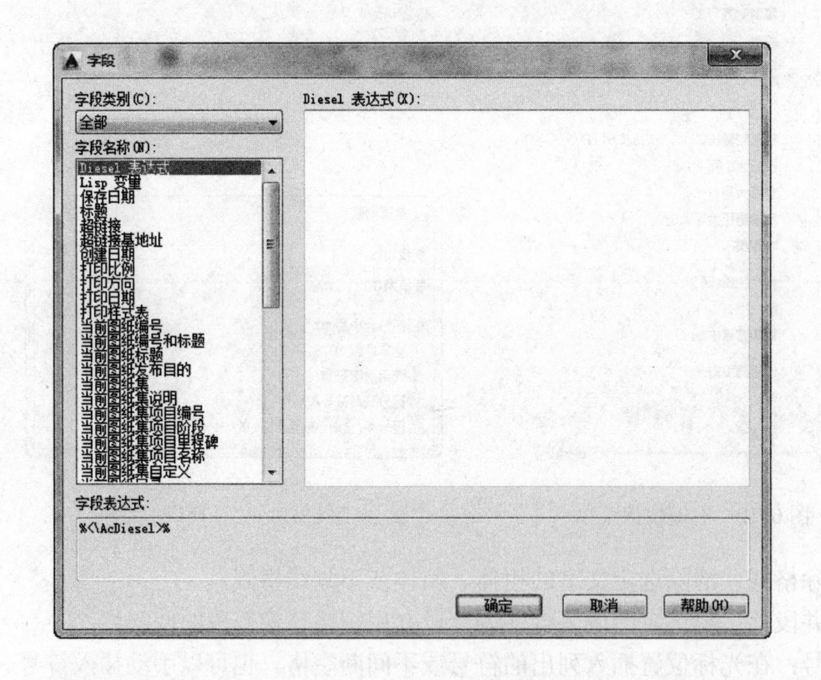


图 6-15 “字段”对话框

12）背景遮罩：用设定的背景对标注的文字进行遮罩。单击该命令，系统打开“背景遮罩”对话框，如图6-16所示。

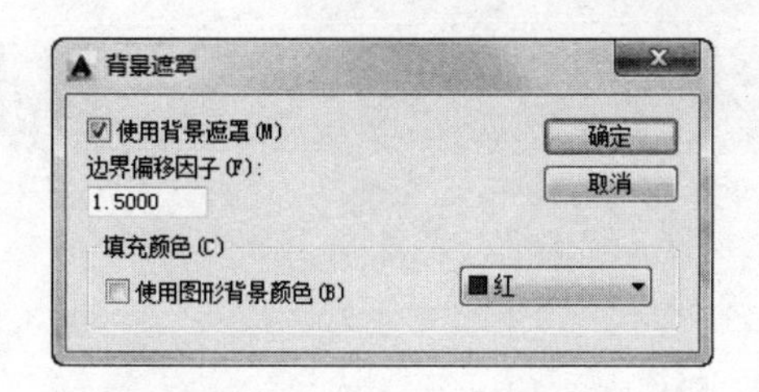


图 6-16 “背景遮罩”对话框

13）字符集：可以从后面的子菜单打开某个字符集，插入字符。

## 6.2.3 实例——在标注文字时插入“±”号

在标注文字时，插入“±”号。

实讲实训
多媒体演示
多媒体演示参见配套光盘中的\\动画演示\第 6 章\在标注文字时插入“±”号.avi。

绘制步骤：

01 在多行文字编辑器状态下，单击鼠标右键，打开快捷菜单，在“符号”列表中单击“其他”，如图6-17所示，系统将显示“字符映射表”对话框，如图6-18所示。其中包含当前字体的整个字符集。

02 选中要插入的字符，单击“选择”。

03 选择要使用的所有字符，单击“复制”。

04 在多行文字编辑器中右键单击，在快捷菜单中单击“粘贴”。

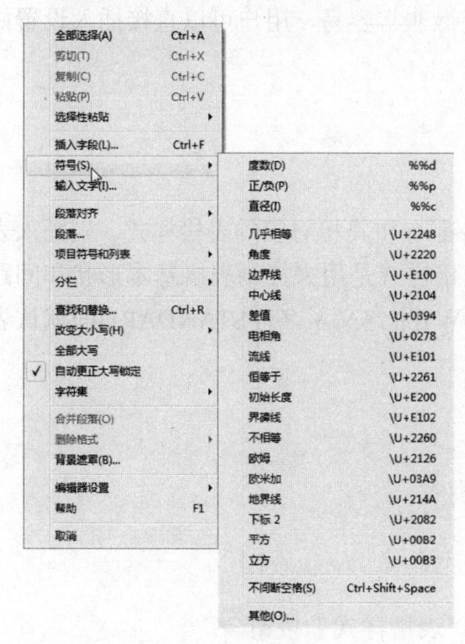


图 6-17 快捷菜单

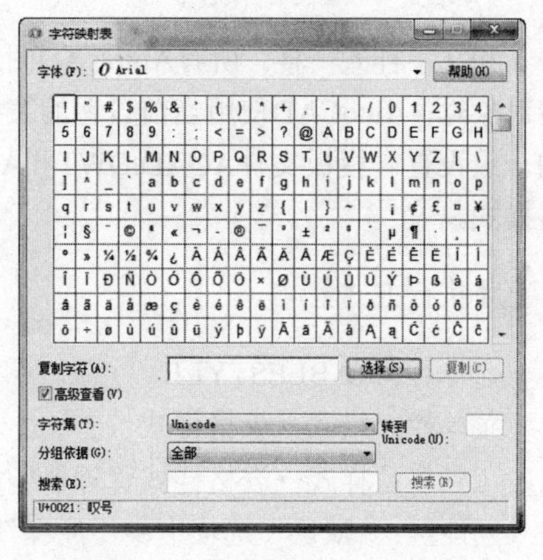


图 6-18 “字符映射表”对话框

## 6.3 文本编辑

【执行方式】

命令行：DDEDIT

菜单栏：修改→对象→文字→编辑

工具栏：文字→编辑

快捷菜单："修改多行文字"或"编辑文字"

【操作步骤】

选择相应的菜单项，或在命令行输入DDEDIT命令后回车，AutoCAD提示：

命令: DDEDIT↙

选择注释对象或 [放弃(U)]:

要求选择想要修改的文本，同时光标变为拾取框。用拾取框点击对象，如果选取的文本是用TEXT命令创建的单行文本，则深显该文本，可对其进行修改。如果选取的文本是用MTEXT命令创建的多行文本，选取后则打开多行文字编辑器，可根据前面的介绍对各项设置或内容进行修改。

## 6.4 表 格

在以前的版本中，要绘制表格必须采用绘制图线或者图线结合偏移或复制等编辑命令来完成。这样的操作过程烦琐而复杂，不利于提高绘图效率。在AutoCAD中，新增加了一个"表格"绘图功能，有了该功能，创建表格就变得非常容易，用户可以直接插入设置好样式的表格，而不用绘制由单独的图线组成的栅格。

### 6.4.1 定义表格样式

和文字样式一样，所有AutoCAD图形中的表格都有和其相对应的表格样式。当插入表格对象时，AutoCAD使用当前设置的表格样式。表格样式是用来控制表格基本形状和间距的一组设置。模板文件ACAD.DWT和ACADISO.DWT中定义了名叫STANDARD的默认表格样式。

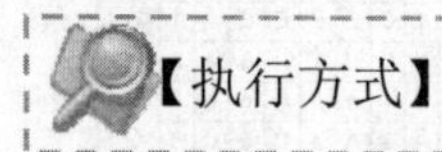【执行方式】

命令行：TABLESTYLE

菜单栏：格式→表格样式

工具栏：样式→表格样式管理器

功能区："默认"选项卡中"注释"面板上的"表格样式"按钮

【操作步骤】

命令: TABLESTYLE↙

系统打开“表格样式”对话框，如图6-19所示。

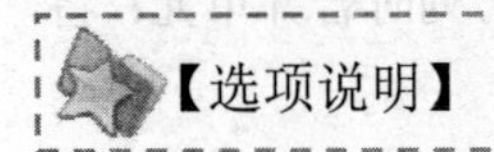【选项说明】

（1）新建：单击该按钮，系统打开“创建新的表格样式”对话框， 如图6-20所示。输入新的表格样式名后，单击“继续”按钮，系统打开“新建表格样式”对话框，如图6-21所示。从中可以定义新的表格样式。

“新建表格样式”对话框中有3个选项卡：“常规”“文字”和“边框”，如图6-21所示。分别控制表格中数据、表头和标题的有关参数。

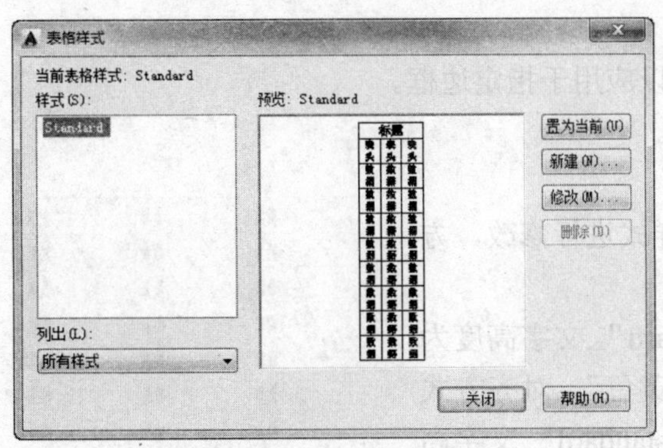

图 6-19 “表格样式”对话框　　图 6-20 “创建新的表格样式”对话框

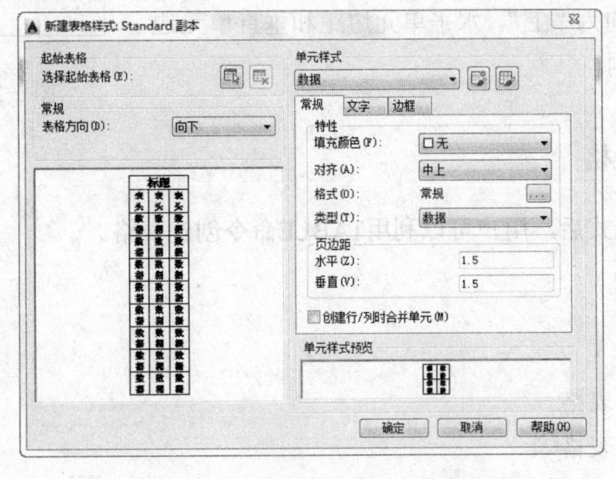


图 6-21 “新建表格样式”对话框

1）“常规”选项卡。

“特性”选项组

填充颜色：指定填充颜色。

对齐：为单元内容指定一种对齐方式。

格式：设置表格中各行的数据类型和格式。

类型：将单元样式指定为标签或数据，在包含起始表格的表格样式中插入默认文字时使用。也用于在工具选项板上创建表格工具的情况。

“页边距”选项组

水平：设置单元中的文字或块与左右单元边界之间的距离。

垂直：设置单元中的文字或块与上下单元边界之间的距离。创建行/列时合并单元：将使用当前单元样式创建的所有新行或列合并到一个单元中。

2）“文字”选项卡。

文字样式：指定文字样式。

文字高度：指定文字高度。

文字颜色：指定文字颜色。

文字角度：设置文字角度。

3）“边框”选项卡。

线宽：设置要用于显示边界的线宽。

线型：通过单击边框按钮，设置线型以应用于指定边框。

颜色：指定颜色以应用于显示的边界。

双线：指定选定的边框为双线型。

（2）修改：该按钮用于对当前表格样式进行修改，方式与新建表格样式相同。

图6-22所示为数据文字样式为“standard”,文字高度为4.5，文字颜色为“红色”，填充颜色为“黄色”，对齐方式为“右下”；没有表头；标题文字样式为“standard”,文字高度为6，文字颜色为“蓝色”，填充颜色为“无”，对齐方式为“正中”；表格方向为“上”，水平单元边距和垂直单元边距都为1.5的表格示例。

| 数据 | 数据 | 数据 |
| --- | --- | --- |
| 数据 | 数据 | 数据 |
| 数据 | 数据 | 数据 |
| 数据 | 数据 | 数据 |
| 数据 | 数据 | 数据 |
| 数据 | 数据 | 数据 |
| 数据 | 数据 | 数据 |
| 数据 | 数据 | 数据 |
| 数据 | 数据 | 数据 |
| 标题 | | |

图 6-22　表格示例

## 6.4.2　创建表格

在设置好表格样式后，用户可以利用TABLE命令创建表格。

【执行方式】

命令行：TABLE

菜单栏：绘图→表格

工具栏：绘图→表格

功能区：“默认”选项卡中“注释”面板上的“表格”按钮

【操作步骤】

命令: TABLE↙

AutoCAD打开“插入表格”对话框，如图6-23所示。

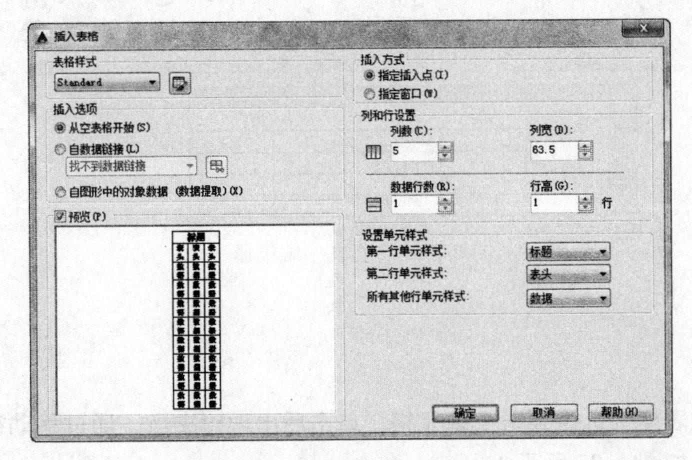


图 6-23 “插入表格”对话框

（1）“表格样式”：可以在“表格样式”下拉列表框中选择一种表格样式，也可以单击后面的按钮新建或修改表格样式。

（2）“插入选项”选项组：

1）“从空表格开始”单选钮：创建可以手动填充数据的空表格。

2）“自数据链接”单选钮：通过启动数据链接管理器来创建表格。

3）“自图形中的对象数据”单选钮：通过启动“数据提取”向导来创建表格。

（3）“插入方式”选项组：

1）“指定插入点”单选按钮：指定表左上角的位置。可以使用定点设备，也可以在命令行输入坐标值。如果表样式将表的方向设置为由下而上读取，则插入点位于表的左下角。

2）“指定窗口”单选按钮：指定表的大小和位置。可以使用定点设备，也可以在命令行输入坐标值。选定此选项时，行数、列数、列宽和行高取决于窗口的大小以及列和行设置。

（4）“列和行的设置”选项组：指定列和行的数目以及列宽与行高。

（5）“设置单元样式”选项组：指定第一行、第二行以及其他行的单元样式为标题、表头或者数据。

在上面的“插入表格”对话框中进行相应设置后，单击“确定”按钮，系统在指定的插入点或窗口自动插入一个空表格，并显示多行文字编辑器，用户可以逐行逐列输入相应的文字或数据，如图6-24所示。

**在“插入方式”选项组中选择了“指定窗口”单选按钮后，列与行设置的两个参数中只能指定一个，另外一个有指定窗口大小自动等分指定。**

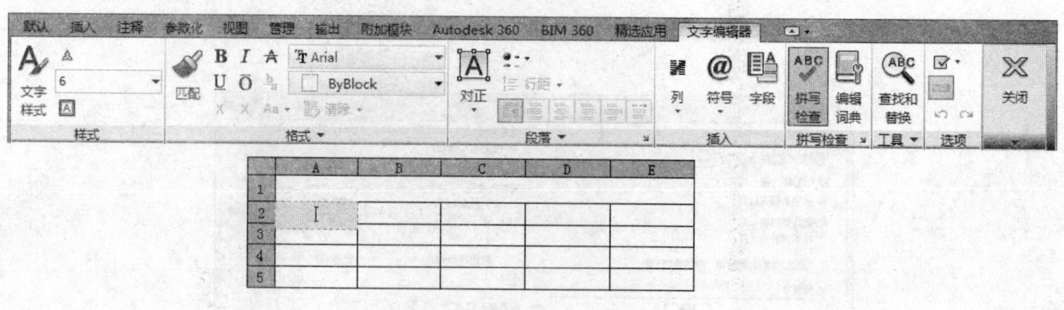


图 6-24　多行文字编辑器

在插入后的表格中选择某一个单元格，单击后出现钳夹点，通过移动钳夹点可以改变单元格的大小，如图 6-25 所示。

## 6. 4. 3　表格文字编辑

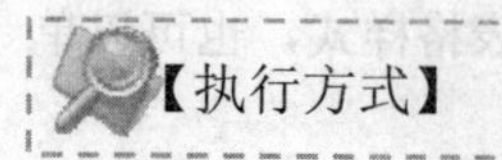

【执行方式】

命令行：TABLEDIT

快捷菜单：选定表和一个或多个单元后，右键单击并单击快捷菜单上的“编辑文字”（如图6-26所示）

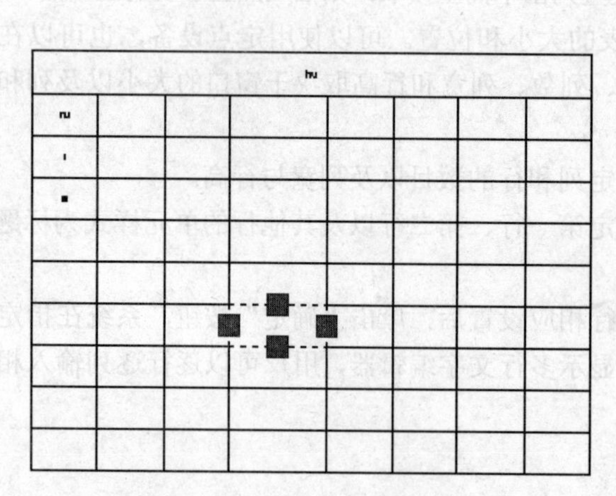

图 6-25　改变单元格大小

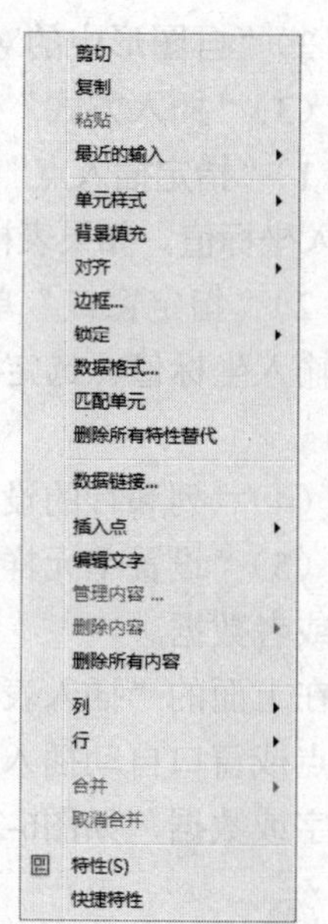


图 6-26　快捷菜单

定点设备：在表单元内双击

【操作步骤】

命令: TABLEDIT↙

系统打开图6-24所示的多行文字编辑器，用户可以对指定表格单元的文字进行编辑。

## 6.4.4 实例——绘制齿轮参数表

绘制如图 6-27 所示的齿轮参数表。

**绘制步骤：**

**01** 设置表格样式。选择菜单栏中的“格式”→“表格样式”命令，打开“表格样式”对话框，如图6-28所示。

| 齿数 | Z | 24 |
|---|---|---|
| 模数 | m | 3 |
| 压力角 | α | 30° |
| 公差等级及配合类别 | 6H-GB T3478.1-1995 | |
| 作用齿槽宽最小值 | $E_{Vmin}$ | 4.712 |
| 实际齿槽宽最大值 | $E_{max}$ | 4.837 |
| 实际齿槽宽最小值 | $E_{min}$ | 4.759 |
| 作用齿槽宽最大值 | $E_{Vmax}$ | 4.790 |

图 6-27　齿轮参数表

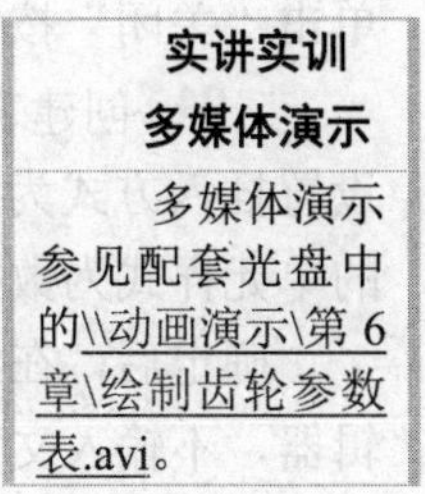


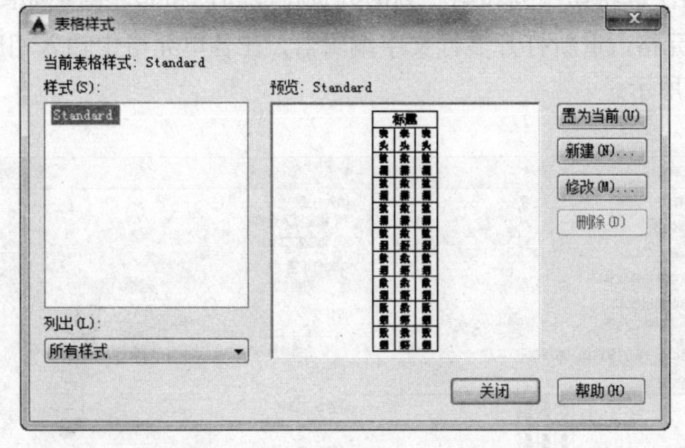


图 6-28　“表格样式”对话框

**02** 单击“修改”按钮，系统打开“修改表格样式”对话框，如图6-29所示。在该对话框中进行如下设置：在数据样式中的常规选项卡中设置填充颜色为“无”，对齐方式为“正中”，格式为“常规”，类型为“数据”， 水平单元边距和垂直单元边距都为1.5；文字选项卡中文字样式为“Standard”,文字高度为4.5，文字颜色为“ByBlock”，文字角度为0；边框选项卡中选择所有边框按钮颜色为“洋红”；表格方向向下。

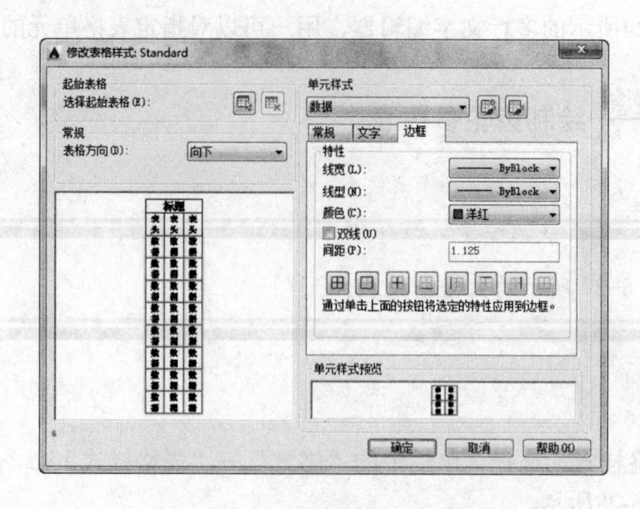

图 6-29 “修改表格样式”对话框

03 设置好文字样式后退出，回到“表格样式”对话框，单击“置为当前”按钮，单击“关闭”按钮退出。

04 创建表格。执行“表格”命令，系统打开“插入表格”对话框，如图6-30所示，设置插入方式为“指定插入点”，行和列设置为8行3列，列宽为8，行高为1行；设置所有的单元样式为数据。

确定后，在绘图平面指定插入点，则插入如图6-31所示的空表格，并显示多行文字编辑器，不输入文字，直接在多行文字编辑器中单击“确定”按钮退出。

05 单击第1列某一个单元格，出现钳夹点后，将右边钳夹点向右拉，使列宽大约变成60，使用同样方法，将第二列和第三列的列宽拉成约15和30。结果如图6-32所示。

06 双击单元格，重新打开多行文字编辑器，在各单元格中输入相应的文字或数据，最终结果如图6-27所示。

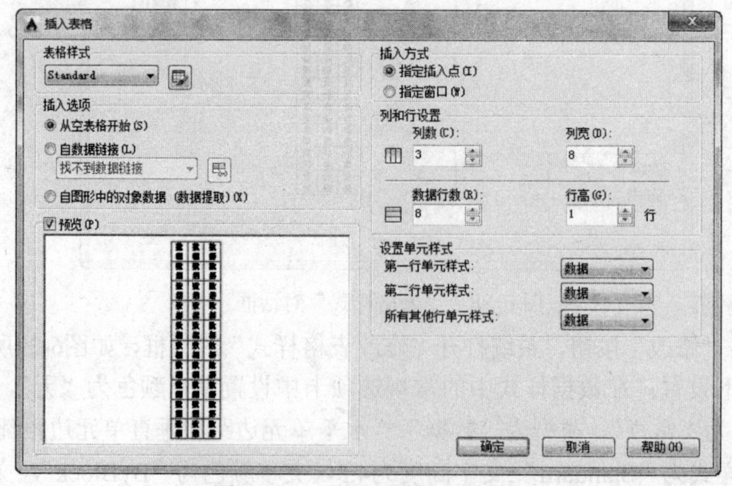

图 6-30 “插入表格”对话框

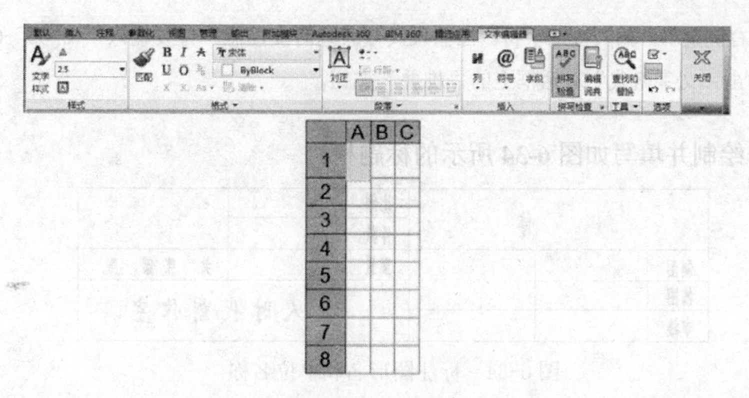


图6-31　文字编辑器

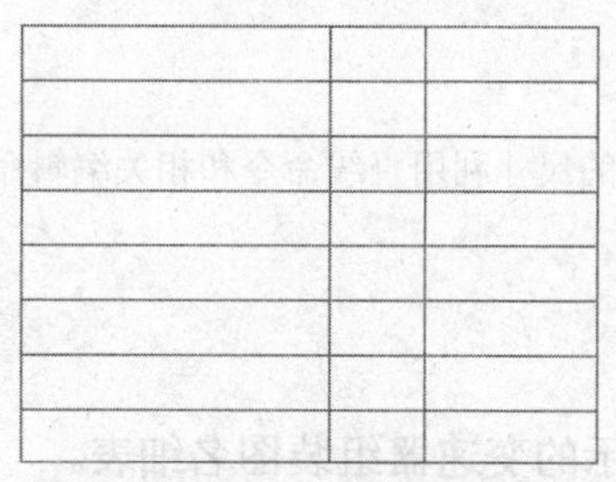

图6-32　改变列宽

**实验1　标注如图6-33所示的技术要求。**

1. 当无标准齿轮时，允许检查下列三项代替检查径向综合公差和一齿径向综合公差

　a. 齿圈径向跳动公差Fr为0.056

　b. 齿形公差ff为0.016

　c. 基节极限偏差$\pm f_{pb}$为0.018

2. 用带凸角的刀具加工齿轮，但齿根不允许有凸台，允许下凹，下凹深度不大于0.2

3. 未注倒角$C1$

4. 尺寸为$\varnothing 30^{+0.05}_{-0.06}$的孔抛光处理

图6-33　技术要求

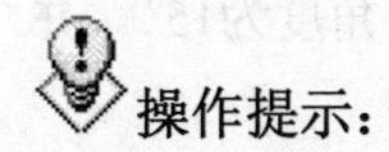

**操作提示：**

（1）设置文字标注的样式。

（2）单击“绘图”工具栏中的“多行文字”按钮 A，进行标注。

（3）利用右键菜单，输入特殊字符。在输入尺寸公差时要注意一定要输入“+0.05^-0.06”，然后选择这些文字，单击“文字格式”对话框上的“堆叠”按钮。

### 实验 2　绘制并填写如图 6-34 所示的标题栏。

<table>
<tr><td colspan="3" rowspan="2">阀　　体</td><td>比例</td><td></td><td rowspan="2"></td></tr>
<tr><td>件数</td><td></td></tr>
<tr><td>制图</td><td></td><td></td><td>重量</td><td></td><td>共　张第　张</td></tr>
<tr><td>描图</td><td></td><td rowspan="2"></td><td colspan="3" rowspan="2">湖人时代创作室</td></tr>
<tr><td>审核</td><td></td></tr>
</table>

图 6-34　标注图形名和单位名称

**操作提示：**

（1）按照有关标准或规范设定的尺寸利用直线命令和相关编辑命令绘制标题栏。

（2）设置两种不同的文字样式。

（3）注写标题栏中的文字。

### 实验 3　绘制如图 6-35 所示的变速器组装图名细表。

**操作提示：**

（1）设置表格样式。

（2）插入空表格，并调整列宽。

（3）重新输入文字和数据。

| 14 | 端盖 | 1 | HT150 | |
|---|---|---|---|---|
| 13 | 端盖 | 1 | HT150 | |
| 12 | 定距环 | 1 | Q235A | |
| 11 | 大齿轮 | 1 | 40 | |
| 10 | 键 16×70 | 1 | Q275 | GB 1095-79 |
| 9 | 轴 | 1 | 45 | |
| 8 | 轴承 | 2 | | 30208 |
| 7 | 端盖 | 1 | HT200 | |
| 6 | 轴承 | 2 | | 30211 |
| 5 | 轴 | 1 | 45 | |
| 4 | 键8×50 | 1 | Q275 | GB 1095-79 |
| 3 | 端盖 | 1 | HT200 | |
| 2 | 调整垫片 | 2组 | 08F | |
| 1 | 减速器箱体 | 1 | HT200 | |
| 序号 | 名　称 | 数量 | 材　料 | 备　注 |

图 6-35　变速器组装图名细表

1．定义一个名为USER的文本样式，字体为楷体，字体高度为5，倾斜角度为15°。并在矩形内输入下面一行文本。

欢迎使用AutoCAD2015中文版

2．试用DTEXT命令输入如图6-36所示的文本。

*用特殊字符输入下划线*
*字体倾斜角度为15°*

图 6-36　DTEXT 命令练习

3．试用“编辑”命令修改练习1中的文本。

4．试用“特性”选项板修改练习3中的文本。

5．绘制如图6-37所示的明细表。

| 11 | hu11 | 橡胶密封圈 | 1 | |
|---|---|---|---|---|
| 10 | hu10 | 橡胶密封圈 | 1 | |
| 9 | hu9 | 卡环 | 1 | |
| 8 | hu8 | 卡环 | 1 | |
| 7 | hu7 | 离合器压板 | 1 | |
| 6 | hu6 | 外齿摩擦片 | 7 | |
| 5 | hu5 | 弹簧 | 20 | |
| 4 | hu4 | 离合器活塞 | 1 | |
| 3 | hu3 | CNL离合器缸体 | 1 | |
| 2 | hu2 | 弹簧座总成 | 1 | |
| 1 | hu1 | 内齿摩擦片总成 | 7 | |
| **序号** | **代　　号** | **名　　称** | **数量** | **备 注** |

图 6-37　明细表

第 7 章

# 尺寸标注

尺寸标注是绘图设计过程当中相当重要的一个环节。因为图形的主要作用是表达物体的形状，而物体各部分的真实大小和各部分之间的确切位置只能通过尺寸标注来表达。因此，没有正确的尺寸标注，绘制出的图样对于加工制造就没什么意义。AutoCAD 2015提供了方便、准确的标注尺寸功能。本章介绍AutoCAD 2015的尺寸标注功能。

学习要点

- 尺寸样式
- 尺寸标注
- 引线标注
- 形位公差

## 7.1 尺寸样式

在进行尺寸标注之前，要建立尺寸标注的样式。如果用户不建立尺寸样式而直接进行标注，系统使用默认的名称为STANDARD的样式。用户如果认为使用的标注样式某些设置不合适，也可以修改标注样式。

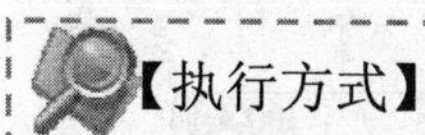

【执行方式】

命令行：DIMSTYLE

菜单栏：格式→标注样式 或 标注→标注样式（如图7-1所示）

工具栏：标注→标注样式或样式→标注样式（如图7-2所示）

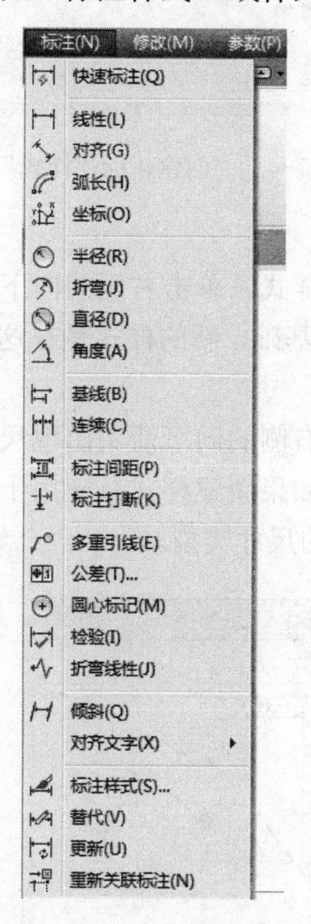


图 7-1 “标注”菜单

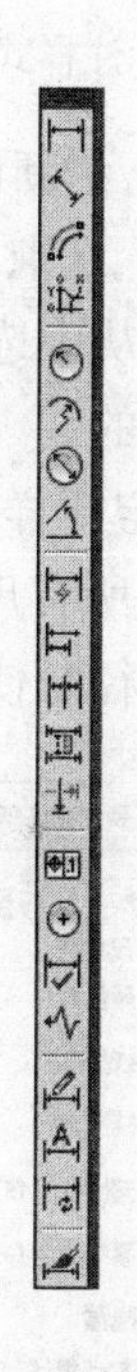

图 7-2 “标注”工具栏

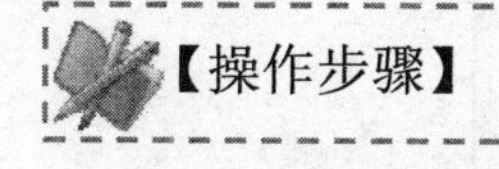

【操作步骤】

命令：DIMSTYLE↙

或选择相应的菜单项或工具图标，AutoCAD打开“标注样式管理器”对话框，如图7-3所示。利用此对话框可方便直观地定制和浏览尺寸标注样式，包括产生新的标注样式、修改已存在的样式、设置当前尺寸标注样式、样式重命名以及删除一个已有样式等。

【选项说明】

（1）“置为当前”按钮：点取此按钮，把在“样式”列表框中选中的样式设置为当前样式。

（2）“新建”按钮：定义一个新的尺寸标注样式。单击此按钮，AutoCAD打开“创建新标注样式”对话框，如图7-4所示，利用此对话框可创建一个新的尺寸标注样式，其中各项的功能说明如下：

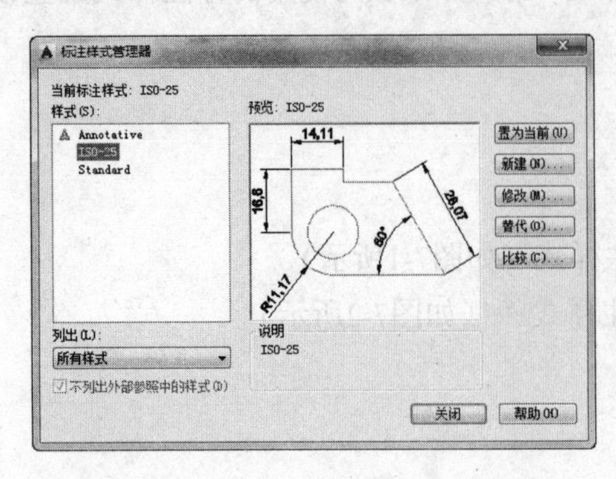


图 7-3　“标注样式管理器”对话框

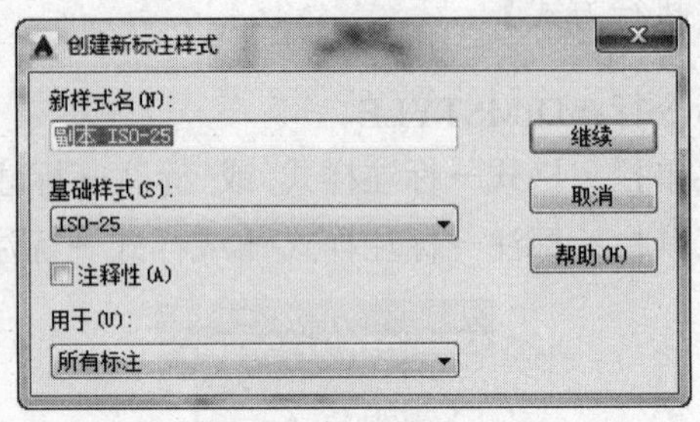


图 7-4　“创建新标注样式”对话框

1）新样式名：给新的尺寸标注样式命名。

2）基础样式：选取创建新样式所基于的标注样式。单击右侧的向下箭头，出现当前已有的样式列表，从中选取一个作为定义新样式的基础，新的样式是在这个样式的基础上修改一些特性得到的。

3）用于：指定新样式应用的尺寸类型。单击右侧的向下箭头出现尺寸类型列表，如果新建样式应用于所有尺寸，则选“所有标注”；如果新建样式只应用于特定的尺寸标注（例如只在标注直径时使用此样式），则选取相应的尺寸类型。

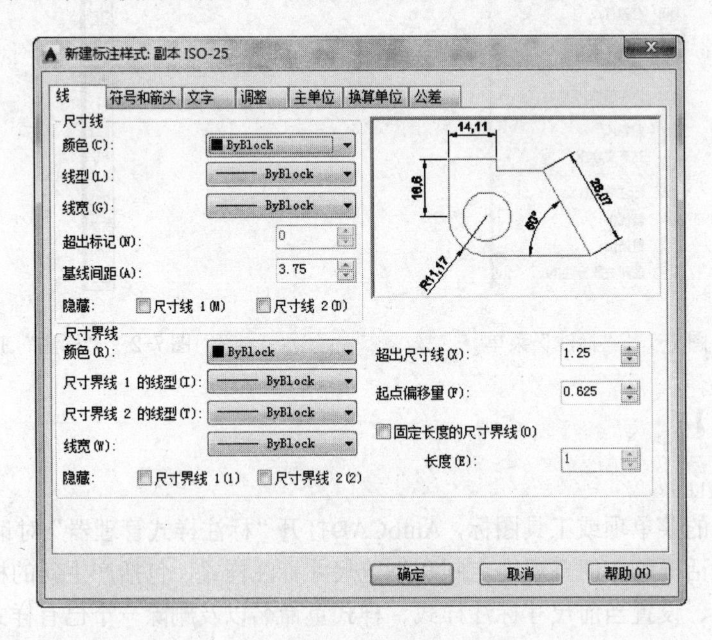


图 7-5　“新建标注样式”对话框

4）继续：各选项设置好以后，单击“继续”按钮，AutoCAD打开“新建标注样式”对话框，如图7-5所示，利用此对话框可对新样式的各项特性进行设置。该对话框中各部分的含义和功能将在后面介绍。

（3）“修改”按钮：修改一个已存在的尺寸标注样式。单击此按钮，AutoCAD弹出“修改标注样式”对话框，该对话框中的各选项与“新建标注样式”对话框中完全相同，可以对已有标注样式进行修改。

（4）“替代”按钮：设置临时覆盖尺寸标注样式。单击此按钮，AutoCAD打开“替代当前样式”对话框，该对话框中各选项与“新建标注样式”对话框完全相同，用户可改变选项的设置覆盖原来的设置，但这种修改只对指定的尺寸标注起作用，而不影响当前尺寸变量的设置。

（5）“比较”按钮：比较两个尺寸标注样式在参数上的区别或浏览一个尺寸标注样式的参数设置。单击此按钮，AutoCAD打开“比较标注样式”对话框，如图7-6所示。可以把比较结果复制到剪切板上，然后再粘贴到其他的Windows应用软件上。

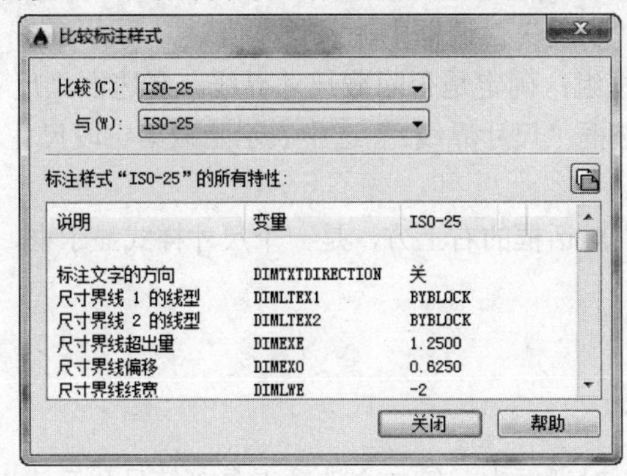


图 7-6 “比较标注样式”对话框

## 7.1.1 线

在“新建标注样式”对话框中，第一个选项卡就是“线”，如图7-5所示。该选项卡用于设置尺寸线、尺寸界线的形式和特性。现分别进行说明。

1.“尺寸线”选项组

该选项组设置尺寸线的特性。其中各选项的含义如下：

（1）“颜色”下拉列表框：设置尺寸线的颜色。可直接输入颜色名字，也可从下拉列表中选择，如果选取“选择颜色”，系统打开“选择颜色”对话框供用户选择其他颜色。

（2）“线宽”下拉列表框：设置尺寸线的线宽，下拉列表中列出了各种线宽的名字和宽度。

（3）“超出标记”微调框：当尺寸箭头设置为短斜线、短波浪线等，或尺寸线上无箭头时，可利用此微调框设置尺寸线超出尺寸界线的距离。

（4）“基线间距”微调框：设置以基线方式标注尺寸时，相邻两尺寸线之间的距离。

（5）“隐藏”复选框组：确定是否隐藏尺寸线及相应的箭头。选中“尺寸线1”复选框表示隐藏第一段尺寸线，选中“尺寸线2”复选框表示隐藏第二段尺寸线。

2．“尺寸界线”选项组

该选项组用于确定尺寸界线的形式。其中各项的含义如下：

（1）“颜色”下拉列表框：设置尺寸界线的颜色。

（2）“线宽”下拉列表框：设置尺寸界线的线宽。

（3）“超出尺寸线”微调框：确定尺寸界线超出尺寸线的距离。

（4）“起点偏移量”微调框：确定尺寸界线的实际起始点相对于指定的尺寸界线的起始点的偏移量。

（5）“超出尺寸线”下拉列表框：确定尺寸界线超出尺寸线的距离，相应的尺寸变量是DIMEXE。

（6）“起点偏移量”下拉列表框：确定尺寸界线的实际起始点相对于指定的尺寸界线的起始点的偏移量，相应的尺寸变量是DIMEXO。

（7）“固定长度的尺寸界线”复选框：选中该复选框，系统以固定长度的尺寸界线标注尺寸。可以在下面的“长度”微调框中输入长度值。

（8）“隐藏”复选框组：确定是否隐藏尺寸界线。复选框“尺寸界线1”选中表示隐藏第一段尺寸界线，复选框“尺寸界线2”选中表示隐藏第二段尺寸界线。

3．尺寸样式显示框

在“新建标注样式”对话框的右上方，是一个尺寸样式显示框，该框以样例的形式显示用户设置的尺寸样式。

## 7.1.2 符号和箭头

在“新建标注样式”对话框中，第二个选项卡是“符号和箭头”，如图7-7所示。该选项卡用于设置箭头、圆心标记、弧长符号和半径标注折弯的形式和特性。现分别说明。

1．“箭头”选项组

该选项组设置尺寸箭头的形式，AutoCAD提供了多种多样的箭头形状，列在“第一个”和“第二个”下拉列表框中。另外，还允许采用用户自定义的箭头形状。两个尺寸箭头可以采用相同的形式，也可采用不同的形式。

（1）“第一个”下拉列表框：用于设置第一个尺寸箭头的形式。可单击右侧的小箭头从下拉列表中选择，其中列出了各种箭头形式的名字及各类箭头的形状。一旦确定了第一个箭头的类型，第二个箭头则自动与其匹配，要想第二个箭头选取不同的形状，可在“第二个”下拉列表框中设定。

如果在列表中选择了“用户箭头”，则打开如图7-8所示的“选择自定义箭头块”对话框，可以事先把自定义的箭头存成一个图块，在此对话框中输入该图块名即可。

（2）“第二个”下拉列表框：确定第二个尺寸箭头的形式，可与第一个箭头不同。

（3）“引线”下拉列表框：确定引线箭头的形式，与“第一个”设置类似。

（4）“箭头大小”微调框：设置箭头的大小。

2．“圆心标记”选项组

（1）“标记”单选按钮：中心标记为一个记号。

（2）“直线”单选按钮：中心标记采用中心线的形式。

（3）“无”单选按钮：既不产生中心标记，也不产生中心线。

（4）“大小”微调框：设置中心标记和中心线的大小和粗细。

3．“弧长符号”选项组

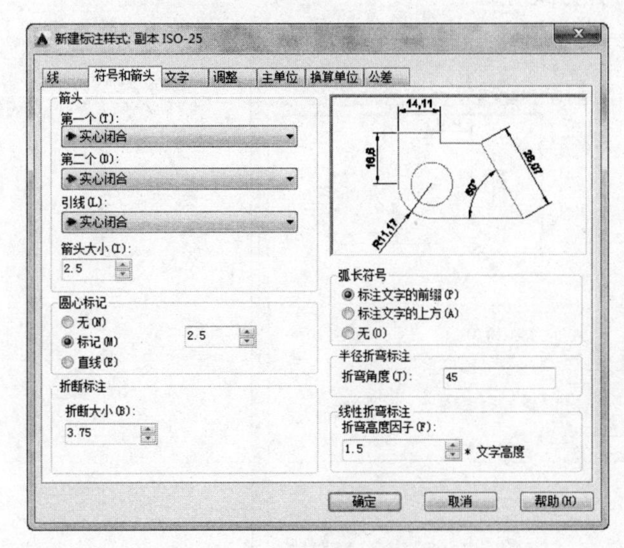

图 7-7 “符号和箭头”选项卡

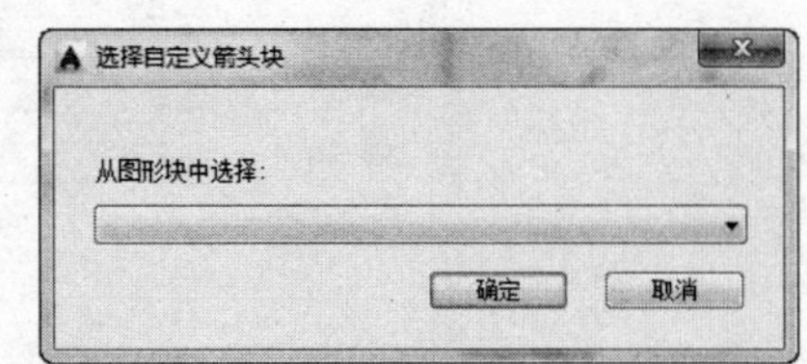

图 7-8 “选择自定义箭头块”对话框

该选项组控制弧长标注中圆弧符号的显示，有3个单选按钮。

（1）“标注文字的前缀”单选按钮：将弧长符号放在标注文字的前面，如图7-9a所示。

（2）“标注文字的上方”单选按钮：将弧长符号放在标注文字的上方，如图7-9b所示。

（3）“无”单选按钮：不显示弧长符号，如图7-9c所示。

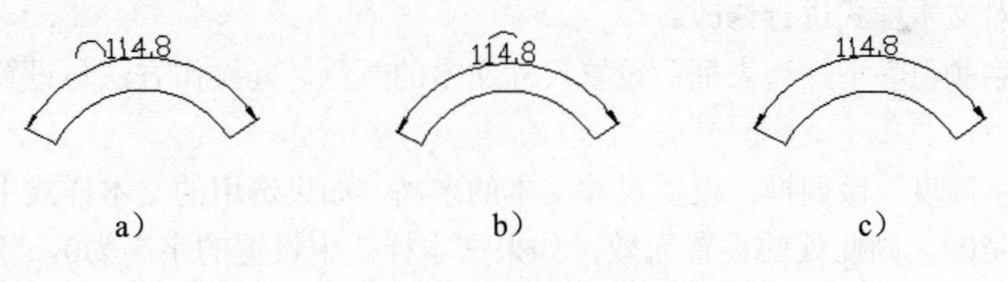


图 7-9 弧长符号

4．“半径折弯标注”选项组

该选项组控制折弯（Z字型）半径标注的显示。折弯半径标注通常在中心点位于页面外部时创建。在“折弯角度”文本框中可以输入连接半径标注的尺寸界线和尺寸线横向直线的角度，如图7-10所示。

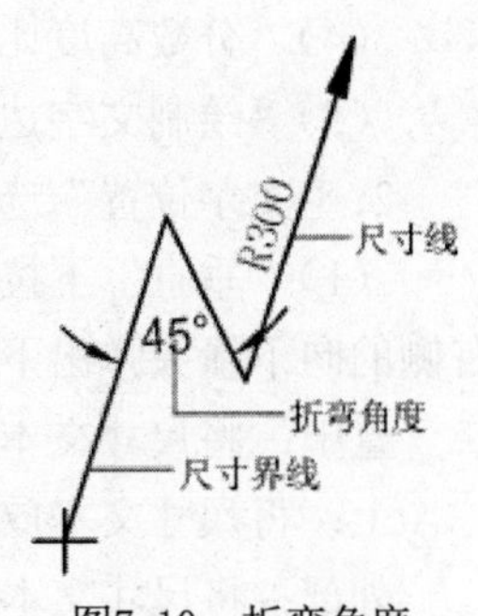


图7-10 折弯角度

5．“线性折弯标注”选项组

该选项组控制线性标注折弯的显示。当标注不能精确表示实际尺寸时，通常将折弯线添加到线性标注中。

6．折断标注

该选项组控制折断标注的间距宽度。

## 7.1.3 尺寸文本

在“新建标注样式”对话框中，第三个选项卡是“文字”，如图 7-11 所示。该选项卡用于设置尺寸文本的形式、布置和对齐方式等。

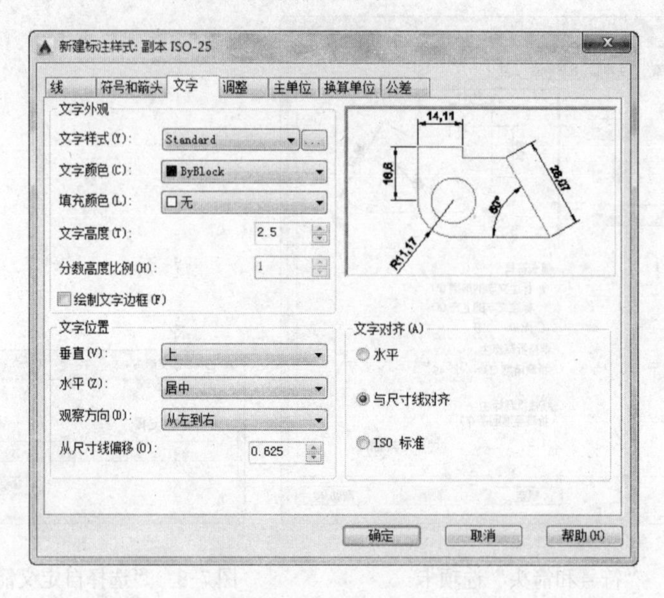


图 7-11 “新建标注样式”对话框的“文字”选项卡

1. “文字外观”选项组

（1）“文字样式”下拉列表框：选择当前尺寸文本采用的文本样式。可单击小箭头从下拉列表中选取一个样式，也可单击右侧的…按钮，打开“文字样式”对话框以创建新的文本样式或对文本样式进行修改。

（2）“文字颜色”下拉列表框：设置尺寸文本的颜色，其操作方法与设置尺寸线颜色的方法相同。

（3）“文字高度”微调框：设置尺寸文本的字高。如果选用的文本样式中已设置了具体的字高（不是0），则此处的设置无效；如果文本样式中设置的字高为0，才以此处的设置为准。

（4）“分数高度比例”微调框：确定尺寸文本的比例系数。

（5）“绘制文字边框”复选框：选中此复选框，AutoCAD在尺寸文本周围加上边框。

2. “文字位置”选项组

（1）“垂直”下拉列表框：确定尺寸文本相对于尺寸线在垂直方向的对齐方式。单击右侧的向下箭头弹出下拉列表，可选择的对齐方式有以下4种：

置中：将尺寸文本放在尺寸线的中间。

上：将尺寸文本放在尺寸线的上方。

外部：将尺寸文本放在远离第一条尺寸界线起点的位置，即和所标标注的对象分列于尺寸线的两侧。

JIS：使尺寸文本的放置符合JIS（日本工业标准）规则。

这几种文本布置方式如图7-12所示。

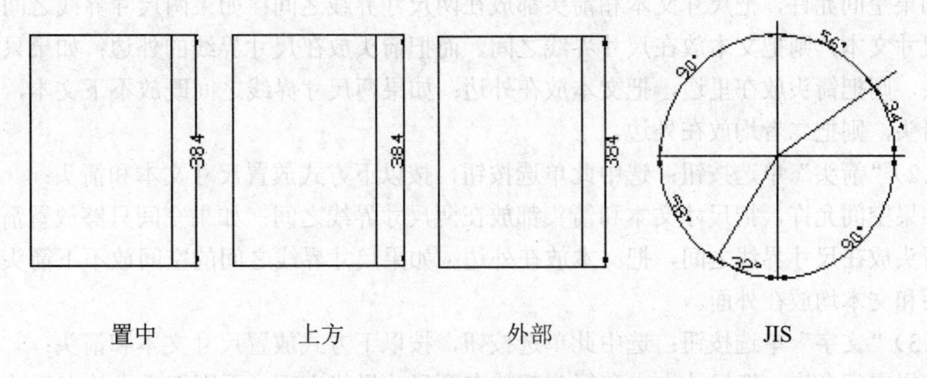


图7-12　尺寸文本在垂直方向的放置

（2）“水平”下拉列表框：确定尺寸文本相对于尺寸线和尺寸界线在水平方向的对齐方式。单击右侧的向下箭头弹出下拉列表，对齐方式有以下5种：置中、第一条尺寸界线、第二条尺寸界线、第一条尺寸界线上方、第二条尺寸界线上方，如图7-13所示。

（3）“从尺寸线偏移”微调框：当尺寸文本放在断开的尺寸线中间时，此微调框用来设置尺寸文本与尺寸线之间的距离（尺寸文本间隙）。

3．“文字对齐”选项组

该选项组用来控制尺寸文本排列的方向。

（1）“水平”单选按钮：尺寸文本沿水平方向放置。不论标注什么方向的尺寸，尺寸文本总保持水平。

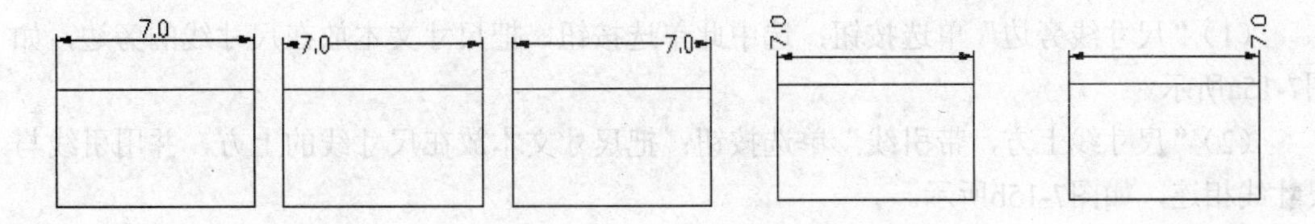


图7-13　尺寸文本在水平方向的放置

（2）“与尺寸线对齐”单选按钮：尺寸文本沿尺寸线方向放置。

（3）“ISO 标准”单选按钮：当尺寸文本在尺寸界线之间时，沿尺寸线方向放置；在尺寸界线之外时，沿水平方向放置。

## 7.1.4　调整

在“新建标注样式”对话框中，第四个选项卡是“调整”，如图7-14所示。该选项卡根据两条尺寸界线之间的空间，设置将尺寸文本、尺寸箭头放在两尺寸界线的里边还是外边。如果空间允许，AutoCAD总是把尺寸文本和箭头放在尺寸界线的里边，空间不够的话，则根据本选项卡的各项设置放置。

1．“调整选项”选项组

（1）“文字或箭头（最佳效果）”单选按钮：选中此单选按钮，按以下方式放置尺寸文本和箭头：

如果空间允许，把尺寸文本和箭头都放在两尺寸界线之间；如果两尺寸界线之间只够放置尺寸文本，则把文本放在尺寸界线之间，而把箭头放在尺寸界线的外边；如果只够放置箭头，则把箭头放在里边，把文本放在外边；如果两尺寸界线之间既放不下文本，也放不下箭头，则把二者均放在外边。

（2）“箭头”单选按钮：选中此单选按钮，按以下方式放置尺寸文本和箭头：

如果空间允许，把尺寸文本和箭头都放在两尺寸界线之间；如果空间只够放置箭头，则把箭头放在尺寸界线之间，把文本放在外边；如果尺寸界线之间的空间放不下箭头，则把箭头和文本均放在外面。

（3）“文字”单选按钮：选中此单选按钮，按以下方式放置尺寸文本和箭头：

如果空间允许，把尺寸文本和箭头都放在两尺寸界线之间；否则把文本放在尺寸界线之间，把箭头放在外面；如果尺寸界线之间的空间放不下尺寸文本，则把文本和箭头都放在外面。

（4）“文字和箭头”单选按钮：选中此单选按钮，如果空间允许，把尺寸文本和箭头都放在两尺寸界线之间；否则把文本和箭头都放在尺寸界线外面。

（5）“文字始终保持在尺寸界线之间”单选按钮：选中此单选按钮，AutoCAD总是把尺寸文本放在两条尺寸界线之间。

（6）“若箭头不能放在尺寸界线内，则将其消除”复选框：选中此复选框，则尺寸界线之间的空间不够时省略尺寸箭头。

2.“文字位置”选项组

该选项组用来设置尺寸文本的位置。其中3个单选按钮的含义如下：

（1）“尺寸线旁边”单选按钮：选中此单选按钮，把尺寸文本放在尺寸线的旁边，如图7-15a所示。

（2）“尺寸线上方，带引线”单选按钮：把尺寸文本放在尺寸线的上方，并用引线与尺寸线相连，如图7-15b所示。

（3）“尺寸线上方，不带引线”单选按钮：把尺寸文本放在尺寸线的上方，中间无引线，如图7-15c所示。

3.“标注特征比例”选项组

（1）“注释性”复选框：指定标注为annotative。

（2）“使用全局比例”单选按钮：确定尺寸的整体比例系数。其后面的“比例值”微调框可以用来选择需要的比例。

（3）“将标注缩放到布局”单选按钮：确定图纸空间内的尺寸比例系数，默认值为1。

4.“优化”选项组

该选项组设置附加的尺寸文本布置选项，包含两个选项。

（1）“手动放置文字”复选框：选中此复选框，标注尺寸时由用户确定尺寸文本的放置位置，忽略前面的对齐设置。

（2）“在尺寸界线之间绘制尺寸线”复选框：选中此复选框，不论尺寸文本在尺寸界线内部还是外面，AutoCAD均在两尺寸界线之间绘出一尺寸线；否则当尺寸界线内放不下尺寸文本而将其放在外面时，尺寸界线之间无尺寸线。

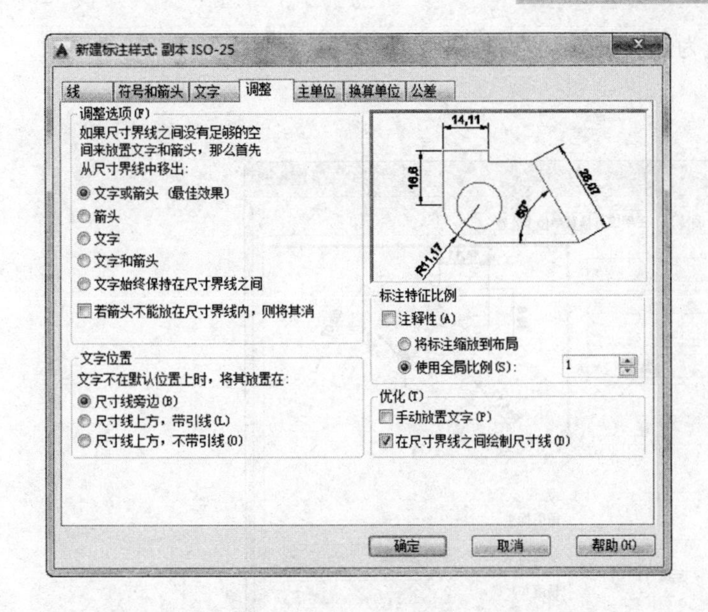


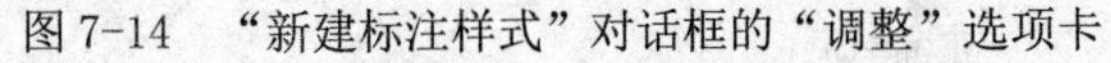
图 7-14 “新建标注样式”对话框的“调整”选项卡

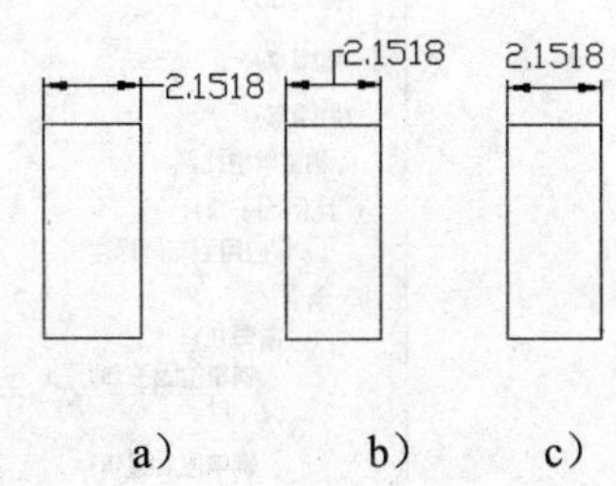


图 7-15 尺寸文本的位置

## 7.1.5 主单位

在“新建标注样式”对话框中，第五个选项卡是“主单位”，如图7-16所示。该选项卡用来设置尺寸标注的主单位和精度，以及给尺寸文本添加固定的前缀或后缀。本选项卡含两个选项组，分别对长度型标注和角度型标注进行设置。

1.“线性标注”选项组

该选项组用来设置标注长度型尺寸时采用的单位和精度。

(1)“单位格式”下拉列表框：确定标注尺寸时使用的单位制（角度型尺寸除外）。在下拉菜单中AutoCAD提供了“科学”“小数”“工程”“建筑”“分数”和“Windows桌面”6种单位制，可根据需要选择。

(2)“分数格式”下拉列表框：设置分数的形式。AutoCAD提供了“水平”“对角”和“非堆叠”3种形式供用户选用。

(3)“小数分隔符”下拉列表框：确定十进制单位（Decimal）的分隔符，AutoCAD提供了3种形式：点(.)、逗点(,)和空格。

(4)“舍入”微调框：设置除角度之外的尺寸测量的圆整规则。在文本框中输入一个值，如果输入1则所有测量值均圆整为整数。

(5)“前缀”文本框：设置固定前缀。可以输入文本，也可以用控制符产生特殊字符，这些文本将被加在所有尺寸文本之前。

(6)“后缀”文本框：给尺寸标注设置固定后缀。

(7)“测量单位比例”选项组：确定AutoCAD自动测量尺寸时的比例因子。其中“比例因子”微调框用来设置除角度之外所有尺寸测量的比例因子。例如，如果用户确定比例因子为2，AutoCAD则把实际测量为1的尺寸标注为2。

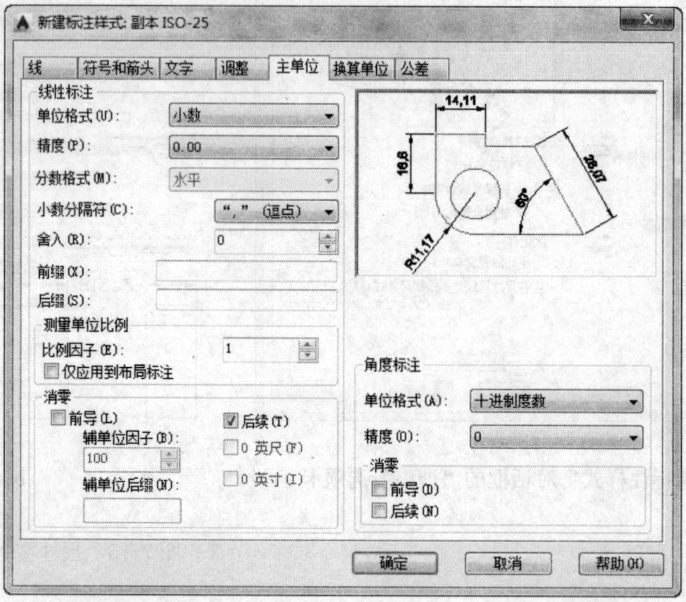

图 7-16 “新建标注样式”对话框的“主单位”选项卡

如果选中“仅应用到布局标注”复选项，则设置的比例因子只适用于布局标注。

（8）“消零”选项组：用于设置是否省略标注尺寸时的0。

前导：选中此复选框省略尺寸值处于高位的0。例如，0.50000标注为 .50000。

后续：选中此复选框省略尺寸值小数点后末尾的0。例如，12.5000标注为12.5，而30.0000标注为30。

0英尺：采用“工程”和“建筑”单位制时，如果尺寸值小于1尺时，省略尺。

例如，0'-6 1/2" 标注为 6 1/2"。

0英寸：采用“工程”和“建筑”单位制时，如果尺寸值是整数尺时，省略寸。

例如，1'-0"标注为1'。

辅单位因子：将辅单位的数量设定为一个单位。它用于在距离小于一个单位时以辅单位为单位计算标注距离。例如，如果后缀为 m 而辅单位后缀为以 cm 显示，则输入 100。

辅单位后缀：在标注值辅单位中包括一个后缀。可以输入文字或使用控制代码显示特殊符号。例如，输入 cm 可将 0.96m 显示为 96cm。

2．“角度标注”选项组

该选项组用来设置标注角度时采用的角度单位。

（1）“单位格式”下拉列表框：设置角度单位制。AutoCAD提供了“十进制度数”“度/分/秒”“百分度”和“弧度”4种角度单位。

（2）“精度”下拉列表框：设置角度型尺寸标注的精度。

（3）“消零”选项组：设置是否省略标注角度时的0。

## 7.1.6 换算单位

在“新建标注样式”对话框中，第六个选项卡是“换算单位”，如图7-17所示。该选项卡用于对替换单位进行设置。

图 7-17 “新建标注样式”对话框的“换算单位”选项卡

1．“显示换算单位”复选框

选中此复选框，则替换单位的尺寸值也同时显示在尺寸文本上。

2．“换算单位”选项组

该选项组用于设置替换单位。其中各项的含义如下：

（1）“单位格式”下拉列表框：选取替换单位采用的单位制。

（2）“精度”下拉列表框：设置替换单位的精度。

（3）“换算单位倍数”微调框：指定主单位和替换单位的转换因子。

（4）“舍入精度”微调框：设定替换单位的圆整规则。

（5）“前缀”文本框：设置替换单位文本的固定前缀。

（6）“后缀”文本框：设置替换单位文本的固定后缀。

3．“消零”选项组

该选项组用于设置是否省略尺寸标注中的0。

4．“位置”选项组

该选项组用于设置替换单位尺寸标注的位置。

（1）“主值后”单选按钮：把替换单位尺寸标注放在主单位标注的后边。

（2）“主值下”单选按钮：把替换单位尺寸标注放在主单位标注的下边。

## 7.1.7 公差

在“新建标注样式”对话框中，第七个选项卡是“公差”，如图7-18所示。该选项卡用来确定标注公差的方式。

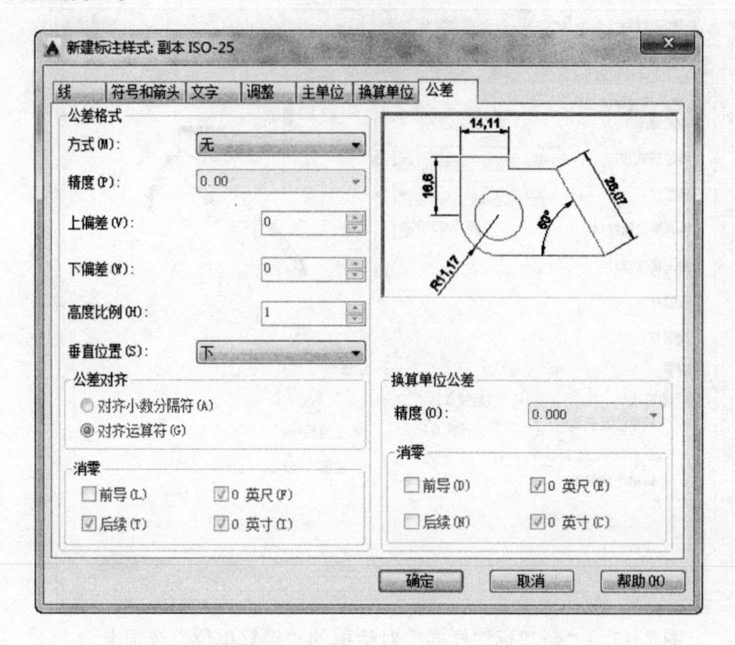


图 7-18 “新建标注样式”对话框的“公差”选项卡

1.“公差格式”选项组

该选项组用于设置公差的标注方式。

（1）“方式”下拉列表框：设置以何种形式标注公差。单击右侧的向下箭头弹出一下拉列表，其中列出了AutoCAD提供的5种标注公差的形式，用户可从中选择。这5种形式分别是“无”“对称”“极限偏差”“极限尺寸”和“基本尺寸”，其中“无”表示不标注公差，即我们上面的通常标注情形。其余4种标注情况如图7-19所示。

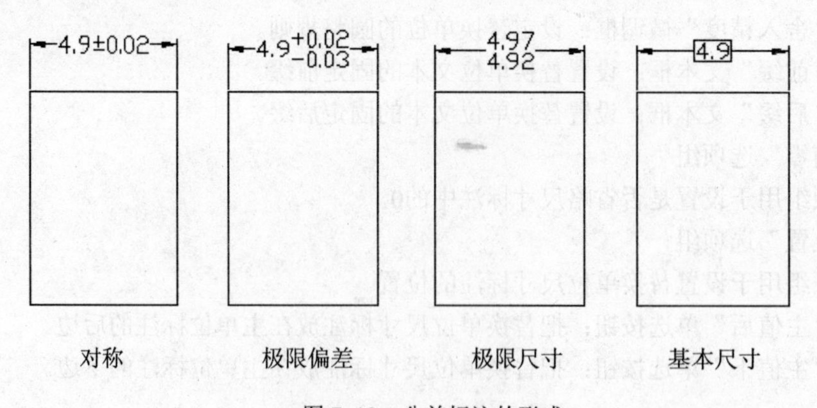


图 7-19 公差标注的形式

（2）“精度”下拉列表框：确定公差标注的精度。

（3）“上偏差”微调框：设置尺寸的上偏差。

（4）“下偏差”微调框：设置尺寸的下偏差。

**系统自动在上偏差数值前加一“+”号，在下偏差数值前加一“-”号。如果上偏差是负值或下偏差是正值，都需要在输入的偏差值前加负号。如下偏差是+0. 005，则需要在“下偏差”微调框中输入-0. 005**

（5）“高度比例”微调框：设置公差文本的高度比例，即公差文本的高度与一般尺寸文本的高度之比。

（6）“垂直位置”下拉列表框：控制“对称”和“极限偏差”形式的公差标注的文本对齐方式。

上：公差文本的顶部与一般尺寸文本的顶部对齐。

中：公差文本的中线与一般尺寸文本的中线对齐。

下：公差文本的底线与一般尺寸文本的底线对齐。

这3种对齐方式如图7-20所示。

（7）“消零”选项组：设置是否省公差标注中的0。

2．“换算单位公差”选项组

对形位公差标注的替换单位进行设置。其中各项的设置方法与上面相同。

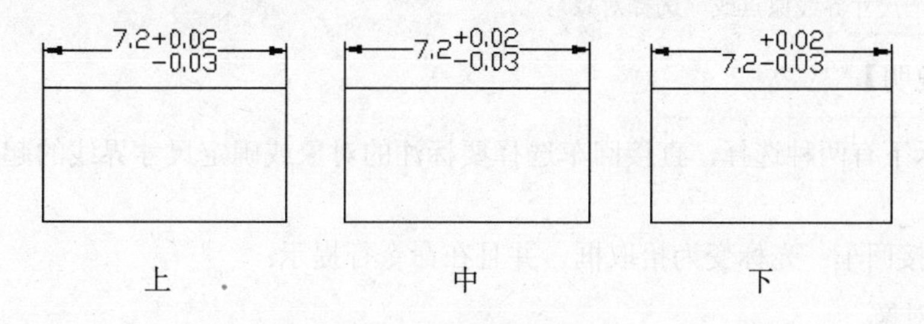


图 7-20 公差文本的对齐方式

3．“消零”选项组

控制是否禁止输出前导零和后续零以及零英尺和零英寸部分（DIMALTTZ 系统变量）。

（1）前导：不输出所有十进制标注中的前导零。例如，0.5000 变成 .5000。

（2）后续：不输出所有十进制标注的后续零。例如，12.5000 变成 12.5，30.0000 变成 30。

（3）0 英尺：如果长度小于一英尺，则消除英尺-英寸标注中的英尺部分。例如，0'-6 1/2" 变成 6 1/2"。

（4）0 英寸：如果长度为整英尺数，则消除英尺-英寸标注中的英寸部分。例如，1'-0" 变为 1'。

## 7.2 标注尺寸

正确地进行尺寸标注是设计绘图工作中非常重要的一个环节，AutoCAD 2015提供了方便快捷的尺寸标注方法，可通过执行命令实现，也可利用菜单或工具图标实现。本节重点介绍如何对各种类型的尺寸进行标注。

### 7.2.1 长度型尺寸标注

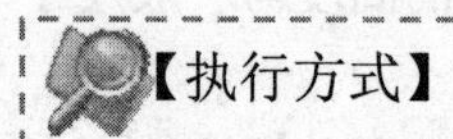

【执行方式】

命令行：DIMLINEAR（缩写名DIMLIN）

菜单栏：标注→线性

工具栏：标注→线性

功能区："默认"选项卡中"注释"面板上的"线性"按钮

【操作步骤】

命令：DIMLIN↙

选择相应的菜单项或工具图标，或在命令行输入 DIMLIN 后回车，AutoCAD 提示：

指定第一个尺寸界线原点或 <选择对象>：

【选项说明】

在此提示下有两种选择，直接回车选择要标注的对象或确定尺寸界线的起始点，分别说明如下：

（1）直接回车：光标变为拾取框，并且在命令行提示：

选择标注对象：

用拾取框点取要标注尺寸的线段，AutoCAD提示：

指定尺寸线位置或[多行文字(M)/文字(T)/角度(A)/水平(H)/垂直(V)/旋转(R)]：

各项的含义如下：

1）指定尺寸线位置：确定尺寸线的位置。用户可移动鼠标选择合适的尺寸线位置，然后回车或单击，AutoCAD则自动测量所标注线段的长度并标注出相应的尺寸。

2）多行文字(M)：用多行文本编辑器确定尺寸文本。

3）文字(T)：在命令行提示下输入或编辑尺寸文本。选择此选项后，AutoCAD提示：

输入标注文字 <默认值>：

其中的默认值是AutoCAD自动测量得到的被标注线段的长度，直接回车即可采用此长度值，也可输入其他数值代替默认值。当尺寸文本中包含默认值时，可使用尖括号"<>"表示默认值。

要在公差尺寸前或后添加某些文本符号，必须输入尖括号“<>”表示默认值。比如，要将图 7-21a 所示原始尺寸改为图 b 所示尺寸，在进行线性标注时，在执行 M 或 T 命令后，在“输入标注文字 <默认值>:”提示下应该这样输入：%%c<>。如果要将图 a 的尺寸文本改为图 c 所示的文本则比较麻烦。因为后面的公差是堆叠文本，这时可以用多行文字命令 M 选项来执行，在多行文字编辑器中输入：5.8+0.1^-0.2，然后堆叠处理一下即可。

4）角度(A)：确定尺寸文本的倾斜角度。

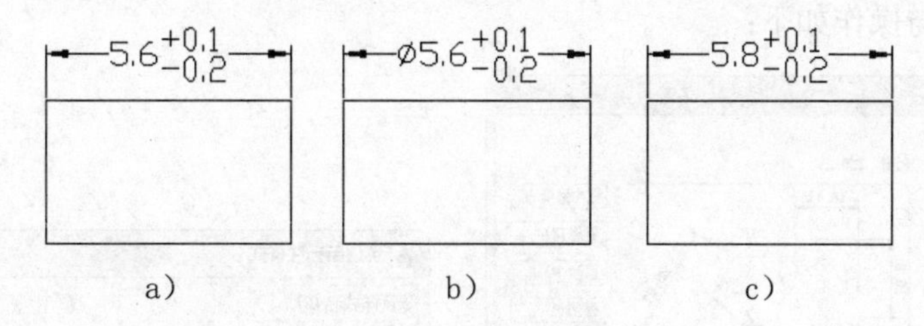


图 7-21　在公差尺寸前或后添加某些文本符号

5）水平(H)：水平标注尺寸，不论标注什么方向的线段，尺寸线均水平放置。

6）垂直(V)：垂直标注尺寸，不论被标注线段沿什么方向，尺寸线总保持垂直。

7）旋转(R)：输入尺寸线旋转的角度值，旋转标注尺寸。

（2）指定第一条尺寸界线原点：指定第一条与第二条尺寸界线的起始点。

## 7.2.2　实例——标注螺栓

标注如图 7-22 所示的螺栓。

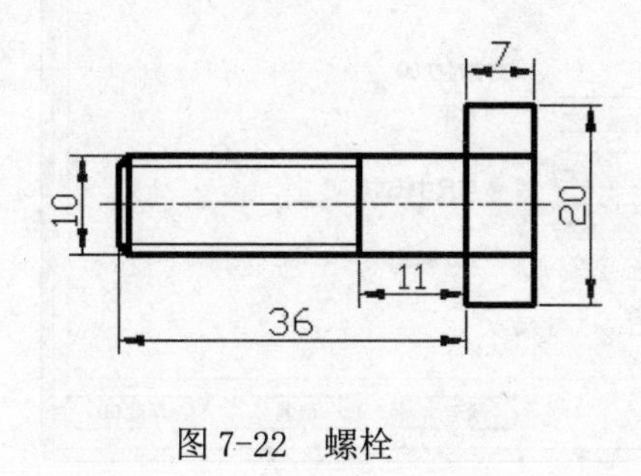


图 7-22　螺栓

| 实讲实训 多媒体演示 |
| --- |
| 多媒体演示参见配套光盘中的\\动画演示\第 7 章\标注螺栓.avi。 |

绘制步骤：

**01** 选择菜单栏中的“格式”→“标注样式”命令，设置标注样式。

命令: DIMSTYLE↙

回车后，打开“标注样式管理器”对话框，如图7-23所示。也可单击“格式”下拉菜单下的“标注样式”选项，或者单击“标注”下拉菜单下的“样式”选项，均可调出该对话框。由于系统的标注样式有些不符合要求，因此，根据图7-22中的标注样式，我们要进行角度、直径、半径标注样式的设置。单击“新建”按钮，弹出“创建新标注样式”对话框，如图7-24所示，单击“用于”后的按钮，从中选择“线性标注”，然后单击“继续”按钮，将弹出“新建标注样式”对话框，单击“文字”选项卡，进行如图7-25设置，设置完成后，单击“确定”按钮，回到“标注样式管理器”对话框。

**02** 单击“默认”选项卡中“注释”面板上的“线型标注”按钮，标注主视图高度。命令行提示与操作如下：

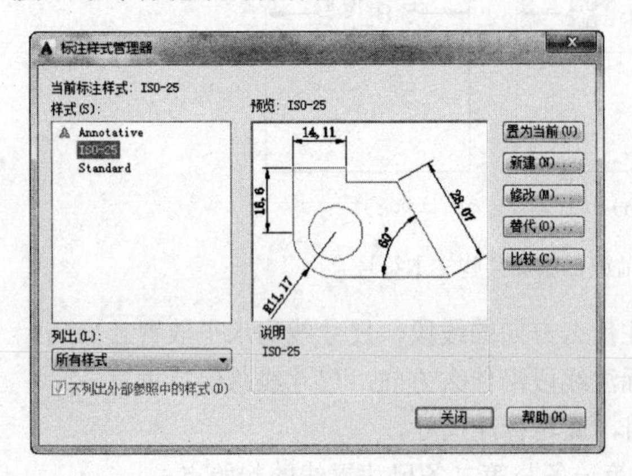


图7-23 “标注样式管理器”对话框

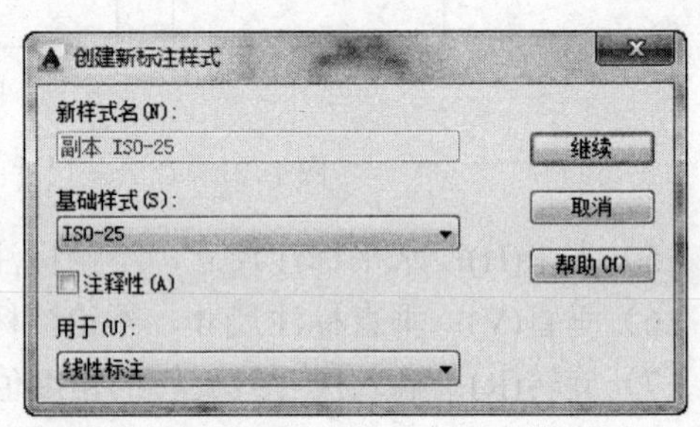


图7-24 “创建新标注样式”对话框

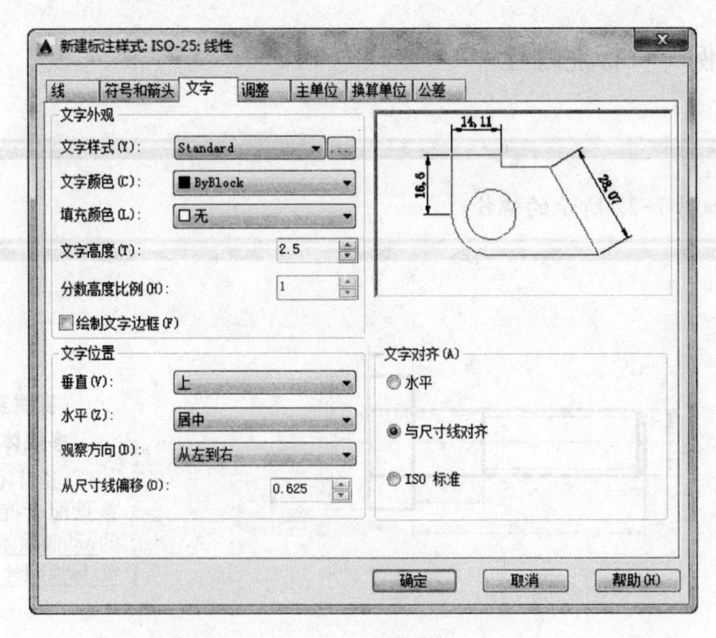


图7-25 “新建标注样式”对话框

命令: DIMLINEAR↙

指定第一条尺寸界线原点或 <选择对象>:_endp 于（捕捉标注为“11”的边的一个端点，作为第一

条尺寸界线的起点）

指定第二条尺寸界线原点:_endp 于（捕捉标注为“11”的边的另一个端点，作为第二条尺寸界线的起点）

指定尺寸线位置或[多行文字(M)/文字(T)/角度(A)/水平(H)/垂直(V)/旋转(R)]:T↙（回车后，系统在命令行显示尺寸的自动测量值，可以对尺寸值进行修改）

输入标注文字<11>：↙（回车，采用尺寸的自动测量值“11”）

指定尺寸线位置或[多行文字(M)/文字(T)/角度(A)/水平(H)/垂直(V)/旋转(R)]:（指定尺寸线的位置。拖动鼠标，将出现动态的尺寸标注，在合适的位置按下鼠标左键，确定尺寸线的位置）

标注文字=11

**03** 单击“标注”工具栏中的“线型标注”按钮，标注其他水平方向尺寸。方法与上面相同。

**04** 单击“标注”工具栏中的“线型标注”按钮，标注竖直方向尺寸。方法与上面相同。

## 7.2.3 对齐标注

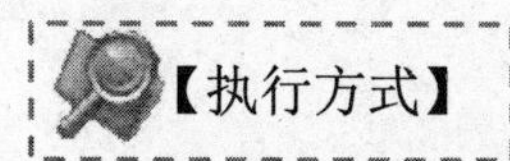

命令行：DIMALIGNED

菜单栏：标注→对齐

工具栏：标注→对齐

功能区：“默认”选项卡中“注释”面板上的“对齐”按钮

【操作步骤】

命令：DIMALIGNED↙

指定第一个尺寸界线原点或 <选择对象>：

这种命令标注的尺寸线与所标注轮廓线平行，标注的是起始点到终点之间的距离尺寸。

## 7.2.4 坐标尺寸标注

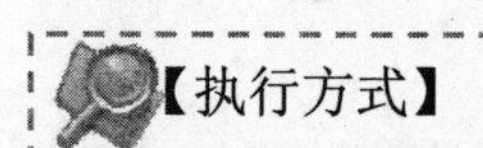

命令行：DIMORDINATE

菜单栏：标注→坐标

工具栏：标注→坐标

功能区：“默认”选项卡中“注释”面板上的“坐标”按钮

命令：DIMORDINATE↙

指定点坐标：

点取或捕捉要标注坐标的点，AutoCAD把这个点作为指引线的起点，并提示：

指定引线端点或 [X 基准(X)/Y 基准(Y)/多行文字(M)/文字(T)/角度(A)]：

（1）指定引线端点：确定另外一点。根据这两点之间的坐标差决定是生成X坐标尺寸还是Y坐标尺寸。如果这两点的Y坐标之差比较大，则生成X坐标；反之，生成Y坐标。

（2）X（Y）基准：生成该点的X（Y）坐标。

## 7.2.5 角度尺寸标注

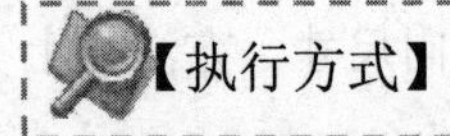

命令行：DIMANGULAR

菜单栏：标注→角度

工具栏：标注→角度

功能区：“默认”选项卡中“注释”面板上的“角度”按钮

【操作步骤】

命令：DIMANGULAR↙

选择圆弧、圆、直线或 <指定顶点>：

【选项说明】

（1）选择圆弧（标注圆弧的中心角）：当用户选取一段圆弧后，AutoCAD提示：

指定标注弧线位置或 [多行文字(M)/文字(T)/角度(A)]：（确定尺寸线的位置或选取某一项）

在此提示下确定尺寸线的位置AutoCAD按自动测量得到的值标注出相应的角度，在此之前用户可以选择“多行文字(M)”项、“文字(T)”项或“角度(A)”项通过多行文本编辑器或命令行来输入或定制尺寸文本以及指定尺寸文本的倾斜角度。

（2）选择一个圆（标注圆上某段弧的中心角）：当用户点取圆上一点选择该圆后，AutoCAD提示选取第二点：

指定角的第二个端点：（选取另一点，该点可在圆上，也可不在圆上）

指定标注弧线位置或 [多行文字(M)/文字(T)/角度(A)]：

确定尺寸线的位置，AutoCAD标出一个角度值，该角度以圆心为顶点，两条尺寸界线通过所选取的两点，第二点可以不必在圆周上。用户还可以选择“多行文字(M)”项、“文字(T)”项或“角度(A)”项编辑尺寸文本和指定尺寸文本的倾斜角度。如图7-26所示。

（3）选择一条直线（标注两条直线间的夹角）：当用户选取一条直线后，AutoCAD提示选取另一条直线：

选择第二条直线：（选取另外一条直线）

指定标注弧线位置或 [多行文字(M)/文字(T)/角度(A)]:

在此提示下确定尺寸线的位置，AutoCAD标出这两条直线之间的夹角。该角以两条直线的交点为顶点，以两条直线为尺寸界线，所标注角度取决于尺寸线的位置，如图7-27所示。用户还可以利用“多行文字(M)”项、“文字(T)”项或“角度(A)”项编辑尺寸文本和指定尺寸文本的倾斜角度。

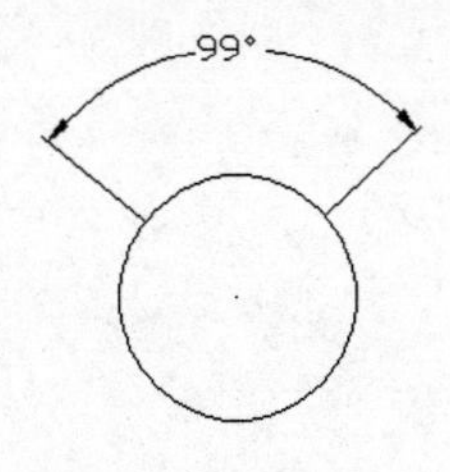


图7-26 标注角度

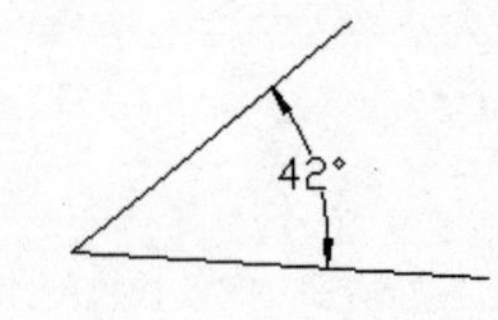


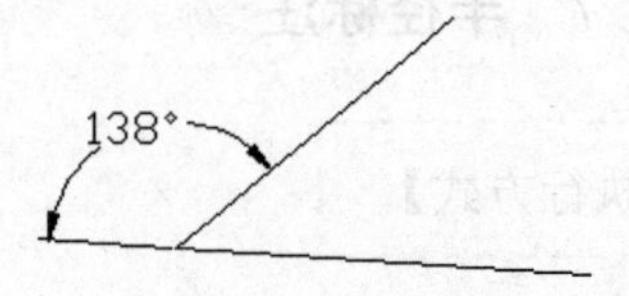


图7-27 用DIMANGULAR命令标注两直线的夹角

(4) <指定顶点>：直接回车，AutoCAD提示：

指定角的顶点：(指定顶点)

指定角的第一个端点：(输入角的第一个端点)

指定角的第二个端点：(输入角的第二个端点)

创建了无关联的标注。

指定标注弧线位置或 [多行文字(M)/文字(T)/角度(A)]：(输入一点作为角的顶点)

在此提示下给定尺寸线的位置，AutoCAD根据给定的三点标注出角度，如图7-28所示。另外，用户还可以用“多行文字(M)”项、“文字(T)”项或“角度(A)”选项编辑器尺寸文本和指定尺寸文本的倾斜角度。

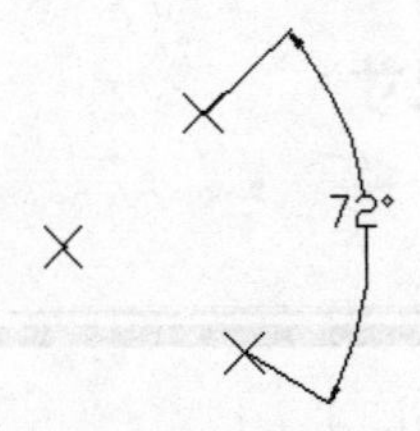


图7-28 用DIMANGULAR命令标注三点确定的角度

## 7.2.6 直径标注

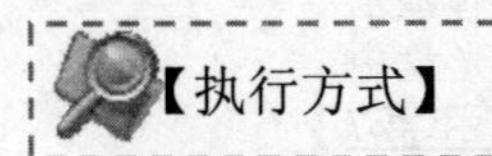

【执行方式】

命令行：DIMDIAMETER

菜单栏：标注→直径

工具栏：标注→直径

功能区：“默认”选项卡中“注释”面板上的“直径”按钮

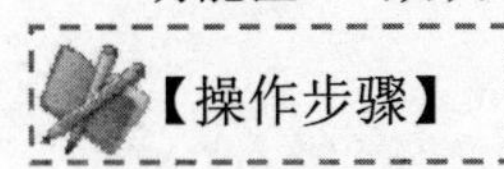

【操作步骤】

命令：DIMDIAMETER↙

选择圆弧或圆：（选择要标注直径的圆或圆弧）

指定尺寸线位置或 [多行文字(M)/文字(T)/角度(A)]：（确定尺寸线的位置或选某一选项）

可以选择“多行文字(M)”项、“文字(T)”项或“角度(A)”项来输入、编辑尺寸文本或确定尺寸文本的倾斜角度，也可以直接确定尺寸线的位置标注出指定圆或圆弧的直径。

## 7.2.7 半径标注

【执行方式】

命令行：DIMRADIUS

菜单栏：标注→半径

工具栏：标注→半径

功能区：“默认”选项卡中“注释”面板上的“半径”按钮

【操作步骤】

命令：DIMRADIUS↙

选择圆弧或圆：（选择要标注半径的圆或圆弧）

指定尺寸线位置或 [多行文字(M)/文字(T)/角度(A)]：（确定尺寸线的位置或选某一选项）

可以选择“多行文字(M)”项、“文字(T)”项或“角度(A)”项来输入、编辑尺寸文本或确定尺寸文本的倾斜角度，也可以直接确定尺寸线的位置标注出指定圆或圆弧的半径。

## 7.2.8 实例——标注曲柄尺寸

标注如图 7-29 所示的曲柄尺寸。

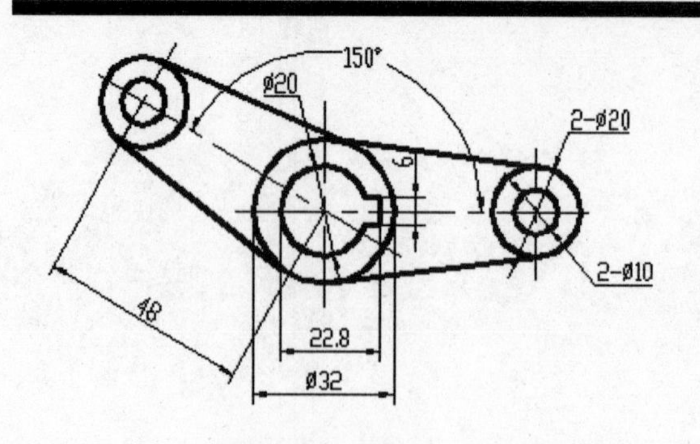


图 7-29 曲柄

**实讲实训**
**多媒体演示**

多媒体演示参见配套光盘中的\\动画演示\第 7 章\标注曲柄尺寸.avi。

**绘制步骤：**

01 打开图形文件“曲柄.dwg”。

02 设置绘图环境。

命令：LAYER↙　　（创建一个新图层”BZ”，并将其设置为当前层）

命令：DIMSTYLE↙

回车后，弹出“标注样式管理器”对话框，如图7-30所示。单击“新建”按钮，在弹出的“创建新标注样式”对话框中的“新样式”名中输入“机械制图”，单击“继续”按钮，弹出“新建标注样式”对话框，根据图7-30中的标注样式，分别进行线性、角度、直径标注样式的设置。弹出“新建标注样式”对话框，分别按图7-31、图7-32、图7-33、图7-34所示进行设置，设置完成后，单击“置为当前”按钮，将“机械制图”标注样式设置为当前标注样式。

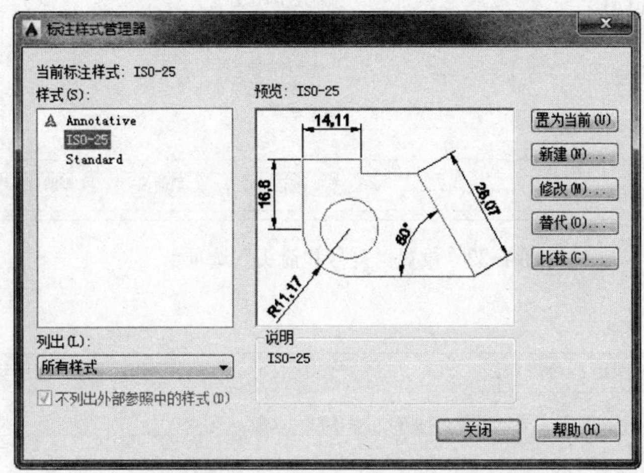


图7-30 “标注样式管理器”对话框

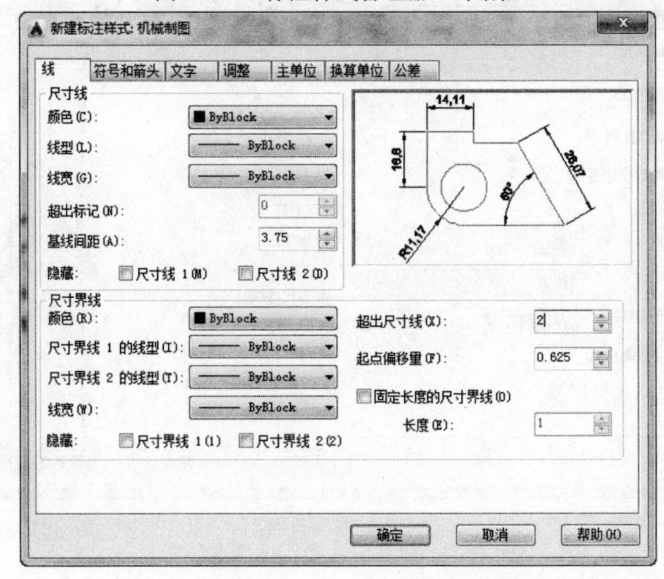


图7-31 设置“线”选项卡

新建标注样式: 机械制图
线
符号和箭头
文字
调整
主单位
换算单位
公差
箭头
第一个(T):
实心闭合
第二个(D):
实心闭合
引线(L):
实心闭合
箭头大小(I):
3
圆心标记
无(N)
标记(M)
2.5
直线(E)
折断标注
折断大小(B):
3.75
弧长符号
标注文字的前缀(P)
标注文字的上方(A)
无(O)
半径折弯标注
折弯角度(J):
45
线性折弯标注
折弯高度因子(F):
1.5
* 文字高度
14,11
16,6
28,07
60°
R11,17
确定
取消
帮助(H)

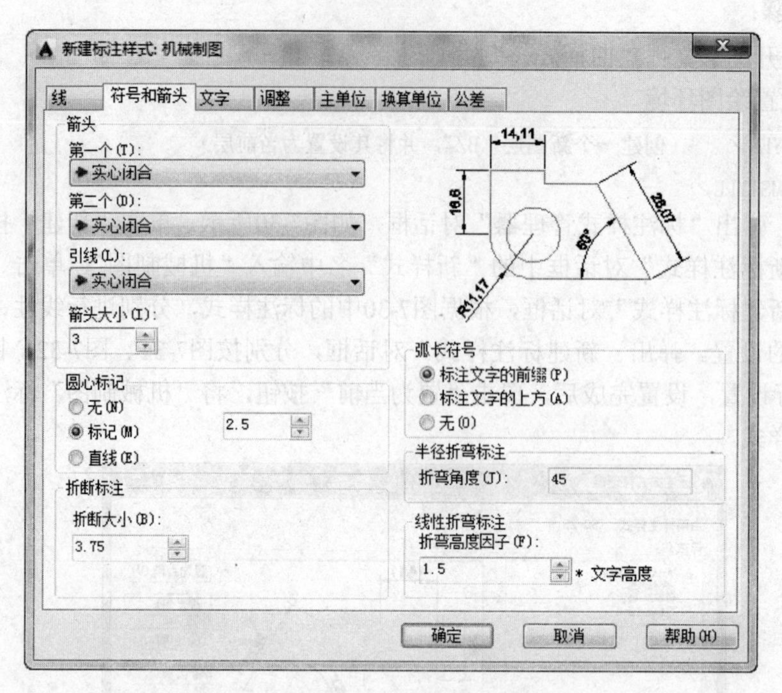

图 7-32　设置“符号和箭头”选项卡

新建标注样式: 机械制图
线
符号和箭头
文字
调整
主单位
换算单位
公差
文字外观
文字样式(Y):
Standard
文字颜色(C):
ByBlock
填充颜色(L):
无
文字高度(T):
4
分数高度比例(H):
1
绘制文字边框(F)
文字位置
垂直(V):
上
水平(Z):
居中
观察方向(D):
从左到右
从尺寸线偏移(O):
1
文字对齐(A)
水平
与尺寸线对齐
ISO 标准
14,11
16,6
28,07
60°
R11,17
确定
取消
帮助(H)

图 7-33　设置“文字”选项卡

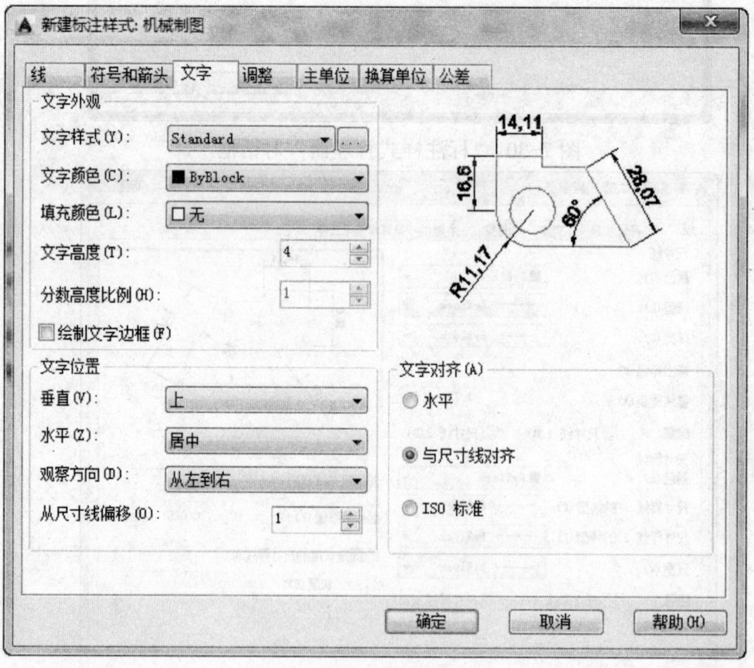

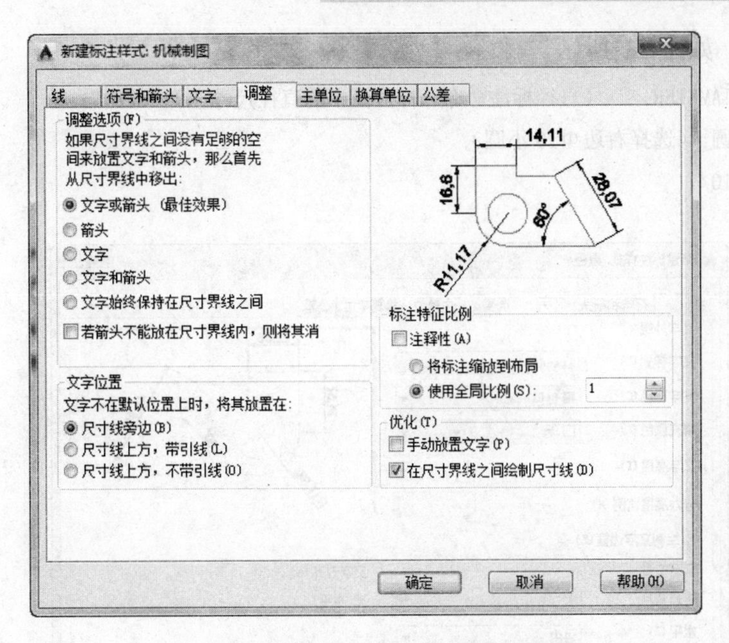


图7-34 设置“调整”选项卡

**03** 标注曲柄中的线性尺寸。

命令: DIMLINEAR↙ (进行线性标注，标注图中的尺寸“Φ32”)

指定第一条尺寸界线原点或 〈选择对象〉:

_int 于（捕捉Φ32圆与水平中心线的左交点，作为第一条尺寸界线的起点）

指定第二条尺寸界线原点:

_int 于（捕捉Φ32圆与水平中心线的右交点，作为第二条尺寸界线的起点）

指定尺寸线位置或[多行文字(M)/文字(T)/角度(A)/水平(H)/垂直(V)/旋转(R)]:T↙

输入标注文字 〈32〉: %%c32↙ （输入标注文字。回车，则取默认值，但是没有直径符号“Φ”）

指定尺寸线位置或[多行文字(M)/文字(T)/角度(A)/水平(H)/垂直(V)/旋转(R)]:(指定尺寸线位置)

标注文字 =32

同样方法标注线性尺寸22.8和6。

**04** 标注曲柄中的对齐尺寸。

命令: DIMALIGNED↙ （对齐尺寸标注命令。标注图中的对齐尺寸“48”）

指定第一条尺寸界线原点或 〈选择对象〉:

_int 于（捕捉倾斜部分中心线的交点，作为第二条尺寸界线的起点）

指定第二条尺寸界线原点:

_int 于（捕捉中间中心线的交点，作为第二条尺寸界线的起点）

指定尺寸线位置或[多行文字(M)/文字(T)/角度(A)]:（指定尺寸线位置）

标注文字 =48

**05** 标注曲柄中的直径尺寸。在“标注样式管理器”对话框中，单击“新建”按钮，在弹出的“创建新标注样式”对话框中的“新样式”名中输入“直径”，在“用于”下拉列表中选择“直径标注”，单击“继续”按钮，弹出“新建标注样式”对话框，按图7-35、图7-36所示进行设置，其他选项卡的设置保持不变。方法同前，设置“角度”标注样式，用于角度标注，如图7-37所示。

命令：DIMDIAMETER↙ （直径标注命令。标注图中的直径尺寸“2－Φ10”）

选择圆弧或圆：(选择右边Φ10 小圆)

标注文字 =10

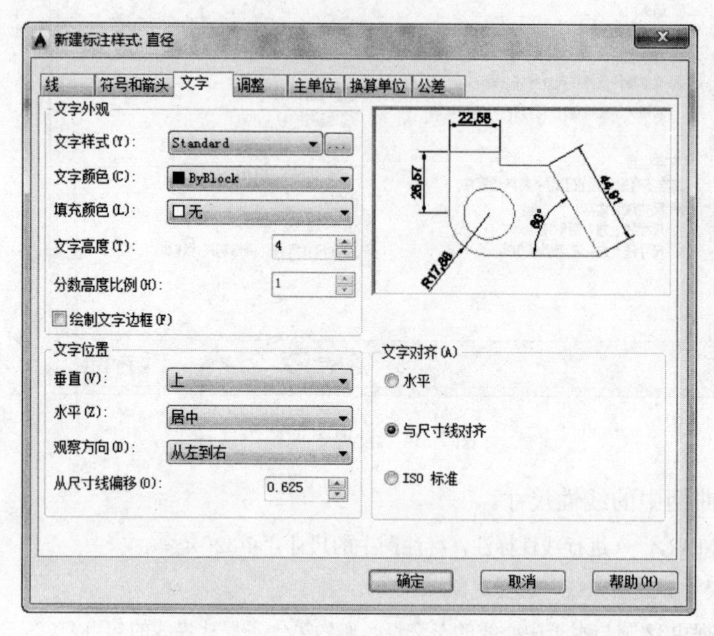


图 7-35 “直径”标注样式的“文字”选项卡

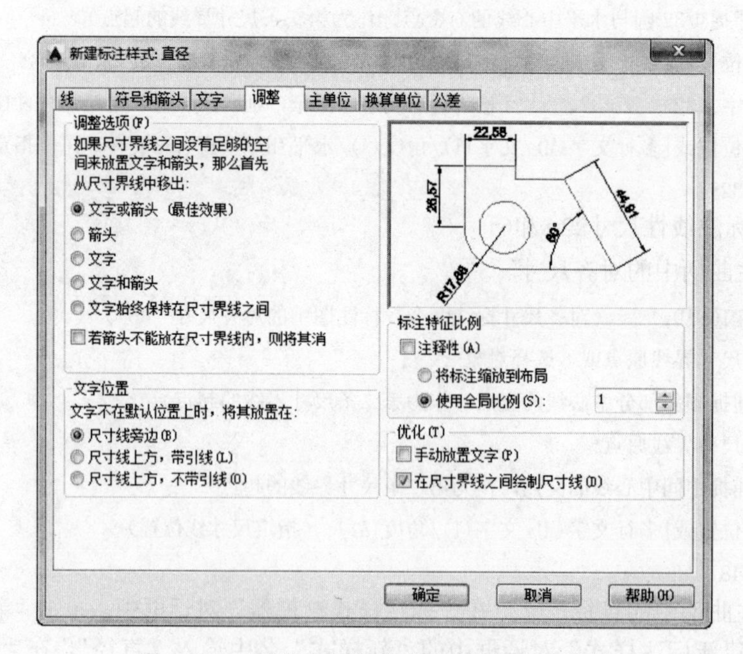


图 7-36 “直径”标注样式的“调整”选项卡

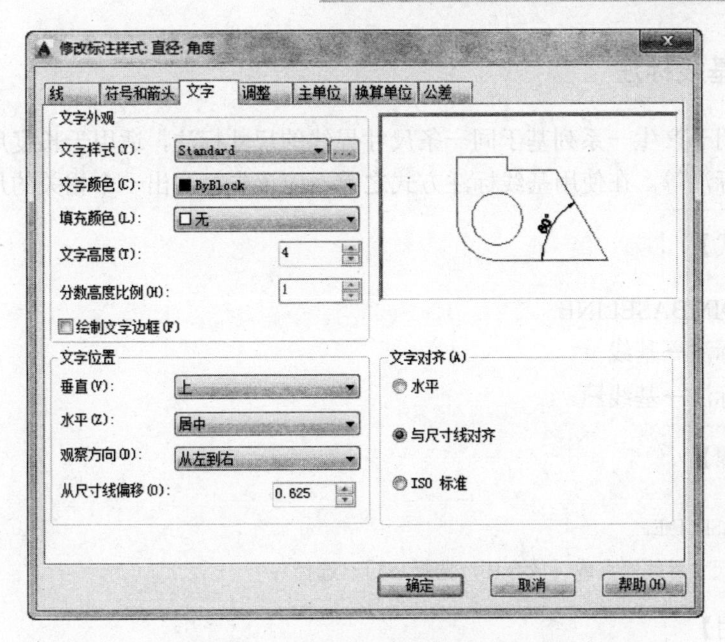


图 7-37 “角度”标注样式的“文字”选项卡

指定尺寸线位置或 [多行文字(M)/文字(T)/角度(A)]:M↙ （回车后弹出“多行文字”编辑器，其中“<>”表示测量值，即“ $\phi10$”，在前面输入“2－”，即为“2－<>”）

指定尺寸线位置或 [多行文字(M)/文字(T)/角度(A)]:（指定尺寸线位置）

同样方法标注直径尺寸 $\phi20$和2- $\phi20$。

**06** 标注曲柄中的角度尺寸。

命令：DIMANGULAR↙ （标注图中的角度尺寸 150°）

选择圆弧、圆、直线或 <指定顶点>:（选择标注为 150° 角的一条边）

选择第二条直线:（选择标注为 150° 角的另一条边）

指定标注弧线位置或 [多行文字(M)/文字(T)/角度(A)]:（指定尺寸线位置）

标注文字 =150

结果如图7-29所示。

## 7.2.9 圆心标记和中心线标注

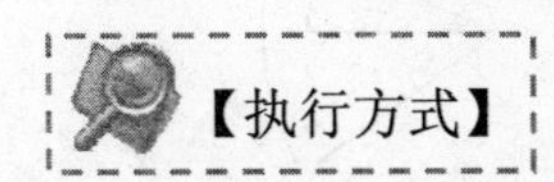【执行方式】

命令行：DIMCENTER

菜单栏：标注→圆心标记

工具栏：标注→圆心标记

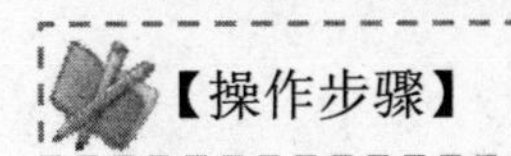【操作步骤】

命令：DIMCENTER↙

选择圆弧或圆：（选择要标注中心或中心线的圆或圆弧）

## 7.2.10 基线标注

基线标注用于产生一系列基于同一条尺寸界线的尺寸标注，适用于长度尺寸标注、角度标注和坐标标注等。在使用基线标注方式之前，应该先标注出一个相关的尺寸。

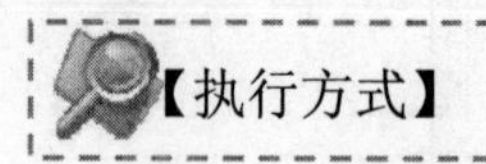

【执行方式】

命令行：DIMBASELINE
菜单栏：标注→基线
工具栏：标注→基线

【操作步骤】

命令：DIMBASELINE↙
指定第二条尺寸界线原点或［放弃(U)/选择(S)］〈选择〉：

【选项说明】

（1）指定第二条尺寸界线原点：直接确定另一个尺寸的第二条尺寸界线的起点，AutoCAD以上次标注的尺寸为基准标注，标注出相应尺寸。

（2）<选择>：在上述提示下直接回车，AutoCAD提示：

选择基准标注：(选取作为基准的尺寸标注)

## 7.2.11 连续标注

连续标注又叫尺寸链标注，用于产生一系列连续的尺寸标注，后一个尺寸标注均把前一个标注的第二条尺寸界线作为它的第一条尺寸界线。适用于长度型尺寸标注、角度型标注和坐标标注等。在使用连续标注方式之前，应该先标注出一个相关的尺寸。

【执行方式】

命令行：DIMCONTINUE
菜单栏：标注→连续
工具栏：标注→连续

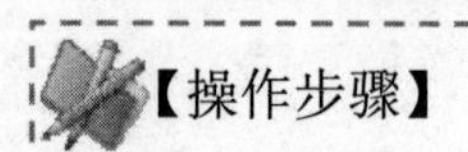

【操作步骤】

命令：DIMCONTINUE↙
选择连续标注：
指定第二条尺寸界线原点或［放弃(U)/选择(S)］〈选择〉：

在此提示下的各选项与基线标注中完全相同，不再叙述。

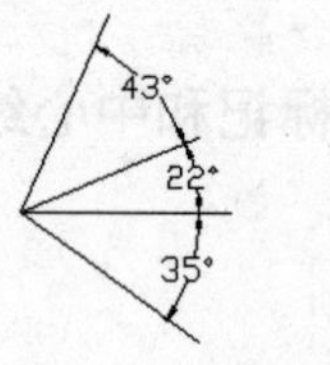


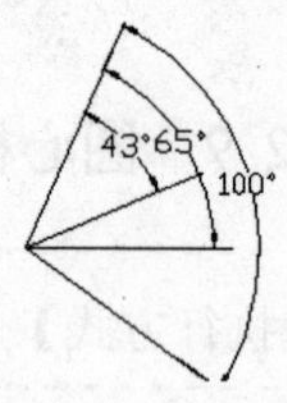


图 7-38　连续型和基线型角度标注

**注意**

系统允许利用基线标注方式和连续标注方式进行角度标注，如图 7-38 所示。

## 7.2.12 实例——标注挂轮架尺寸

标注如图 7-39 所示的挂轮架尺寸。

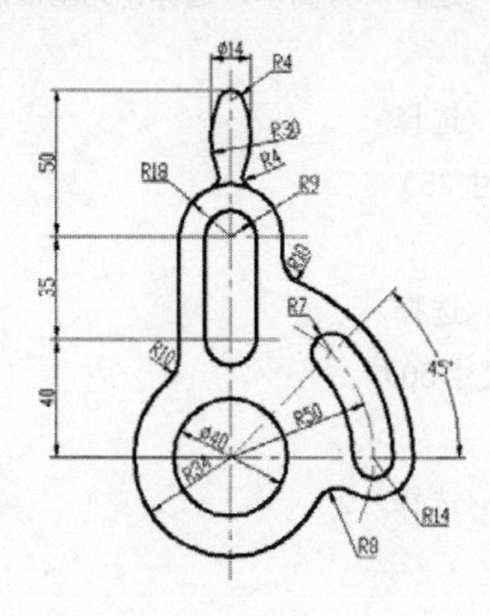


图 7-39　挂轮架

**实讲实训**
**多媒体演示**

多媒体演示参见配套光盘中的\\动画演示\第7章\标注挂轮架尺寸.avi。

**绘制步骤：**

**01** 打开图形文件“挂轮架.dwg”。

**02** 创建尺寸标注图层，设置尺寸标注样式，命令行提示与操作如下：

命令：LAYER↙　　（创建一个新图层“BZ”，并将其设置为当前层）

命令：DIMSTYLE↙　　（方法同前，分别设置“机械制图”标注样式，并在此基础上设置“直径”标注样式、“半径”标注样式及“角度”标注样式，其中“半径”标注样式与“直径”标注样式设置一样，将其用于半径标注）

**03** 标注挂轮架中的半径尺寸、连续尺寸及线性尺寸，命令行提示与操作如下：

命令：DIMRADIUS↙　　（半径标注命令。标注图中的半径尺寸“*R*8”）

选择圆弧或圆：（选择挂轮架下部的“*R*8”圆弧）

标注文字 =8

指定尺寸线位置或 [多行文字(M)/文字(T)/角度(A)]：（指定尺寸线位置）

……

（方法同前，分别标注图中的半径尺寸）

命令：DIMLINEAR↙　　（标注图中的线性尺寸 $\phi$14）

指定第一条尺寸界线原点或 <选择对象>:

_qua 于（捕捉左边 R30 圆弧的象限点）

指定第二条尺寸界线原点:

_qua 于（捕捉右边 R30 圆弧的象限点）

指定尺寸线位置或[多行文字(M)/文字(T)/角度(A)/水平(H)/垂直(V)/旋转(R)]:T↙

输入标注文字〈14〉: %%c14↙

指定尺寸线位置或[多行文字(M)/文字(T)/角度(A)/水平(H)/垂直(V)/旋转(R)]:（指定尺寸线位置）

标注文字 =14

……

（方法同前，分别标注图中的线性尺寸）

命令:DIMCONTINUE↙　　（连续标注命令，标注图中的连续尺寸）

指定第二条尺寸界线原点或［放弃(U)/选择(S)］〈选择〉:（回车，选择作为基准的尺寸标注）

选择连续标注:（选择线性尺寸 40 作为基准标注）

指定第二条尺寸界线原点或［放弃(U)/选择(S)］〈选择〉:

_endp 于（捕捉上边的水平中心线端点，标注尺寸 35）

标注文字 =35

指定第二条尺寸界线原点或［放弃(U)/选择(S)］〈选择〉:

_endp 于（捕捉最上边的 R4 圆弧的端点，标注尺寸 50）

标注文字 =50

指定第二条尺寸界线原点或［放弃(U)/选择(S)］〈选择〉:↙

选择连续标注: ↙（回车结束命令）

**04** 标注直径尺寸及角度尺寸。

命令:DIMDIAMETER↙　　（标注图中的直径尺寸 $\phi$40）

选择圆弧或圆:（选择中间 $\phi$40 圆）

标注文字 =40

指定尺寸线位置或［多行文字(M)/文字(T)/角度(A)]:（指定尺寸线位置）

命令: DIMANGULAR↙　　（标注图中的角度尺寸 45°）

选择圆弧、圆、直线或〈指定顶点〉:（选择标注为 45° 角的一条边）

选择第二条直线:（选择标注为 45° 角的另一条边）

指定标注弧线位置或［多行文字(M)/文字(T)/角度(A)]:（指定尺寸线位置）

标注文字 =45

结果如图7-39所示。

## 7.2.13　快速尺寸标注

快速尺寸标注命令QDIM使用户可以交互地、动态地、自动化地进行尺寸标注。在QDIM命令中可以同时选择多个圆或圆弧标注直径或半径，也可同时选择多个对象进行基线标注和连续标注，选择一次即可完成多个标注，因此可节省时间，提高工作效率。

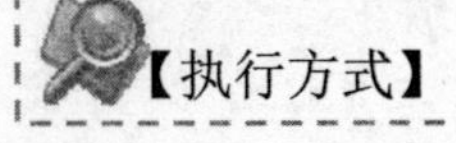

【执行方式】

命令行：QDIM

菜单栏：标注→快速标注

工具栏：标注→快速标注

【操作步骤】

命令：QDIM↙

选择要标注的几何图形：(选择要标注尺寸的多个对象后回车)

指定尺寸线位置或［连续(C)/并列(S)/基线(B)/坐标(O)/半径(R)/直径(D)/基准点(P)/编辑(E)/设置(T)］〈连续〉：

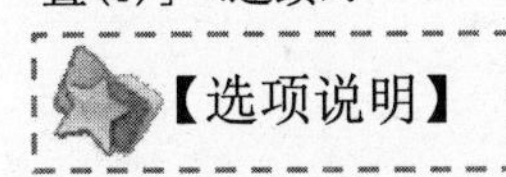

【选项说明】

（1）指定尺寸线位置：直接确定尺寸线的位置，则在该位置按默认的尺寸标注类型标注出相应的尺寸。

（2）连续(C)：产生一系列连续标注的尺寸。键入C，AutoCAD提示用户选择要进行标注的对象，选择完后回车，返回上面的提示，给定尺寸线位置，则完成连续尺寸标注。

（3）并列(S)：产生一系列交错的尺寸标注，如图7-40所示。

（4）基线(B)：产生一系列基线标注的尺寸。后面的“坐标(O)”“半径(R)”“直径(D)”含义与此类同。

（5）基准点(P)：为基线标注和连续标注指定一个新的基准点。

（6）编辑(E)：对多个尺寸标注进行编辑。AutoCAD允许对已存在的尺寸标注添加或移去尺寸点。选择此选项，AutoCAD提示：

指定要删除的标注点或［添加(A)/退出(X)］〈退出〉：

在此提示下确定要移去的点之后回车，AutoCAD对尺寸标注进行更新。如图7-41所示为删除中间4个标注点后的尺寸标注。

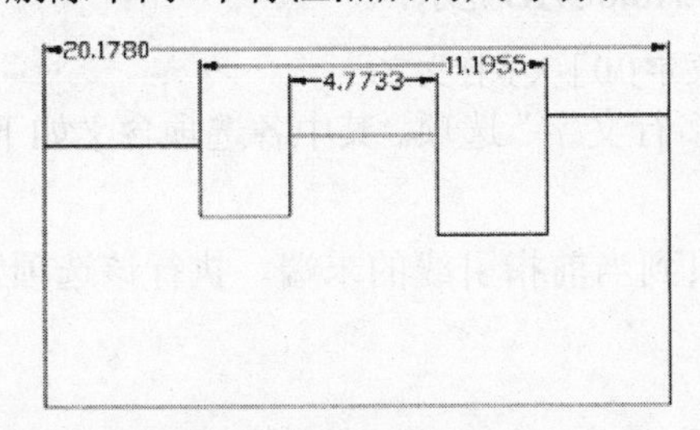


图 7-40　交错尺寸标注

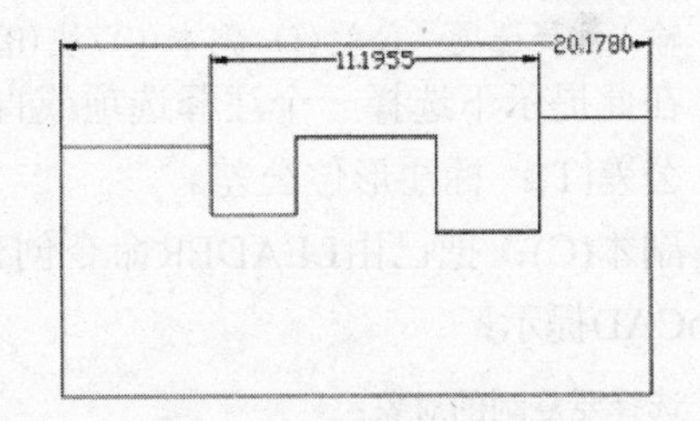


图 7-41　删除标注点

## 7.3 引线标注

AutoCAD提供了引线标注功能，利用该功能不仅可以标注特定的尺寸，如圆角、倒角等，还可以实现在图中添加多行旁注、说明。在引线标注中指引线可以是折线，也可以是曲线，指引线端部可以有箭头，也可以没有箭头。

## 7.3.1　一般引线标注

利用LEADE命令可以创建灵活多样的引线标注形式，可根据需要把指引线设置为折线或曲线，指引线可带箭头，也可不带箭头，注释文本可以是多行文本，也可以是形位公差，还可以从图形其他部位复制，还可以是一个图块。

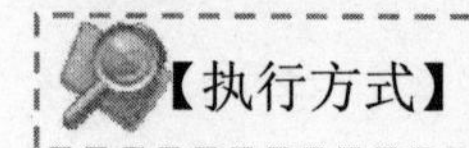【执行方式】

命令行：LEADER

【操作步骤】

命令：LEADER↙

指定引线起点：(输入指引线的起始点)

指定下一点：(输入指引线的另一点)

AutoCAD 由上面两点画出指引线并继续提示：

指定下一点或 [注释(A)/格式(F)/放弃(U)] 〈注释〉：

【选项说明】

（1）指定下一点：直接输入一点，AutoCAD根据前面的点画出折线作为指引线。

（2）<注释>：输入注释文本，为默认项。在上面提示下直接回车，AutoCAD提示：

输入注释文字的第一行或〈选项〉：

1）输入注释文本：在此提示下输入第一行文本后回车，用户可继续输入第二行文本，如此反复执行，直到输入全部注释文本，然后在此提示下直接回车，AutoCAD会在指引线终端标注出所输入的多行文本，并结束LEADER命令。

2）直接回车：如果在上面的提示下直接回车，AutoCAD提示：

输入注释选项 [公差(T)/副本(C)/块(B)/无(N)/多行文字(M)] 〈多行文字〉：

在此提示下选择一个注释选项或直接回车选"多行文字"选项。其中各选项含义如下：

公差(T)：标注形位公差。

副本(C)：把已由LEADER命令创建的注释拷贝到当前指引线的末端。执行该选项，AutoCAD提示：

选择要复制的对象：

在此提示下选取一个已创建的注释文本，则AutoCAD把它复制到当前指引线的末端。

块(B)：插入块，把已经定义好的图块插入到指引线末端。执行该选项，系统提示：

输入块名或 [?]：

在此提示下输入一个已定义好的图块名，AutoCAD把该图块插入到指引线的末端。或键入"？"列出当前已有图块，用户可从中选择。

无(N)：不进行注释，没有注释文本。

<多行文字>：用多行文本编辑器标注注释文本并定制文本格式，为默认选项。

（3）格式(F)：确定指引线的形式。选择该项，AutoCAD提示：

输入引线格式选项［样条曲线(S)/直线(ST)/箭头(A)/无(N)］〈退出〉：

选择指引线形式，或直接回车回到上一级提示。

1）样条曲线(S)：设置指引线为样条曲线。

2）直线(ST)：设置指引线为折线。

3）箭头(A)：在指引线的起始位置画箭头。

4）无(N)：在指引线的起始位置不画箭头。

5）<退出>：此项为默认选项，选取该项退出“格式”选项，返回“指定下一点或 [注释(A)/格式(F)/放弃(U)] <注释>:”提示，并且指引线形式按默认方式设置。

## 7.3.2 快速引线标注

利用QLEADER命令可快速生成指引线及注释，而且可以通过命令行优化对话框进行用户自定义，由此可以消除不必要的命令行提示，取得最高的工作效率。

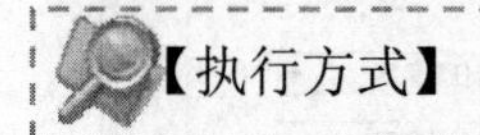【执行方式】

命令行：QLEADER

【操作步骤】

命令：QLEADER↙

指定第一个引线点或［设置(S)］〈设置〉：

【选项说明】

（1）指定第一个引线点：在上面的提示下确定一点作为指引线的第一点，AutoCAD提示：

指定下一点：（输入指引线的第二点）

指定下一点：（输入指引线的第三点）

AutoCAD提示用户输入的点的数目由“引线设置”对话框（图7-42）确定。输入完指引线的点后AutoCAD提示：

指定文字宽度〈0.0000〉：（输入多行文本的宽度）

输入注释文字的第一行〈多行文字(M)〉：

此时，有两种命令输入选择，含义如下：

1）输入注释文字的第一行：在命令行输入第一行文本。系统继续提示：

输入注释文字的下一行：（输入另一行文本）

输入注释文字的下一行：（输入另一行文本或回车）

2）<多行文字(M)>：打开多行文字编辑器，输入编辑多行文字。

输入全部注释文本后，在此提示下直接回车，AutoCAD结束QLEADER命令并把多行文本标注在指引线的末端附近。

（2）<设置>：在上面提示下直接回车或键入S，AutoCAD打开图7-44所示“引线设置”对话框，允许对引线标注进行设置。该对话框包含：

1）“注释”选项卡（见图7-42）：用于设置引线标注中注释文本的类型、多行文本的格式并确定注释文本是否多次使用。

2）“引线和箭头”选项卡（如图7-43所示）：用来设置引线标注中指引线和箭头的形式。

其中“点数”选项组设置执行QLEADER命令时AutoCAD提示用户输入的点的数目。例如，设置点数为3，执行QLEADER命令时当用户在提示下指定三个点后，AutoCAD自动提示用户输入注释文本。注意设置的点数要比用户希望的指引线的段数多1。可利用微调框进行设置，如果选择“无限制”复选框，AutoCAD会一直提示用户输入点直到连续回车两次为止。“角度约束”选项组设置第一段和第二段指引线的角度约束。

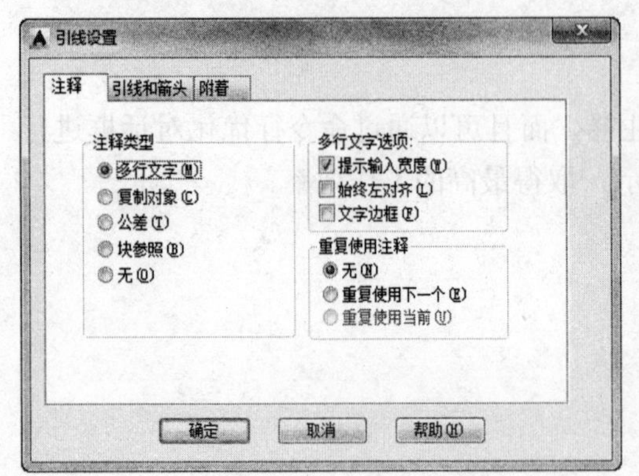


图 7-42 “引线设置”对话框“注释”选项卡

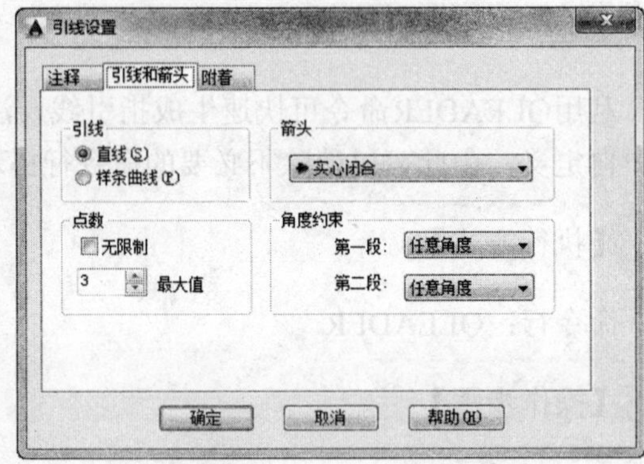


图 7-43 “引线设置”对话框“引线和箭头”选项卡

3）“附着”选项卡（如图7-44所示）：设置注释文本和指引线的相对位置。如果最后一段指引线指向右边，AutoCAD自动把注释文本放在右侧；如果最后一段指引线指向左边，AutoCAD自动把注释文本放在左侧。利用左侧和右侧的单选按钮分别设置位于左侧和右侧的注释文本与最后一段指引线的相对位置，二者可相同也可不相同。

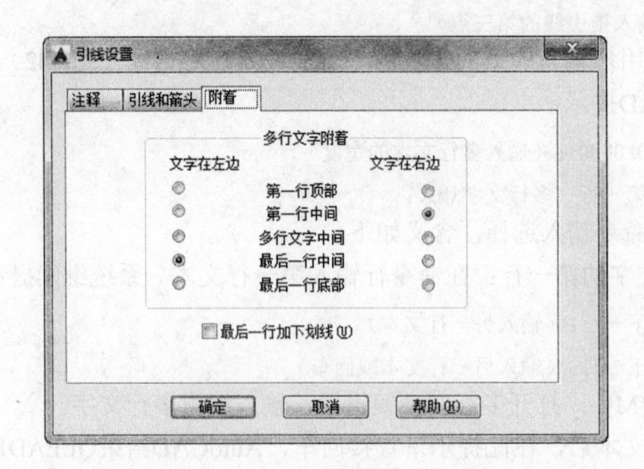


图 7-44 “引线设置”对话框的“附着”选项卡

## 7.3.3 实例——标注齿轮尺寸

标注如图 7-45 所示的齿轮尺寸。

绘制步骤：

| 实讲实训<br>多媒体演示 |
| --- |
| 多媒体演示参见配套光盘中的\\动画演示\第7章\标注齿轮尺寸.avi。 |

01 单击“样式”工具栏中“文字样式”按钮，或者单击“默认”选项卡中“注释”面板上的“文字样式”按钮，设置文字样式。

02 单击“样式”工具栏中“标注样式”按钮，或者单击“默认”选项卡中“注释”面板上的“标注样式”按钮，设置标注样式。

03 单击“标注”工具栏中的“线型标注”按钮，标注齿轮主视图中的线性尺寸 $\phi$40、 $\phi$51、 $\phi$54。

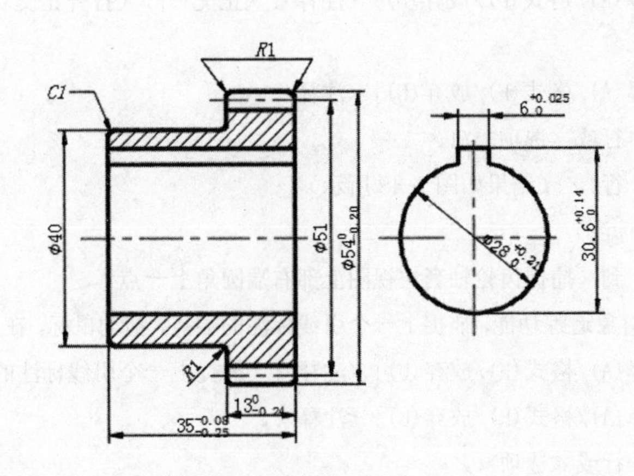


图 7-45　齿轮

04 方法同前，标注齿轮轴套主视图中的线性尺寸13； 单击“标注”工具栏中的“基线标注”按钮，标注基线尺寸35，结果如图7-46所示。

05 标注齿轮轴套主视图中的半径尺寸。命令行提示与操作如下：

```
命令:Dimradius↙
选择圆弧或圆:（选取齿轮轴套主视图中的圆角）
标注文字 =1
指定尺寸线位置或 [多行文字(M)/文字(T)/角度(A)]:（拖动鼠标，确定尺寸线位置）
```

结果如图 7-47 所示。

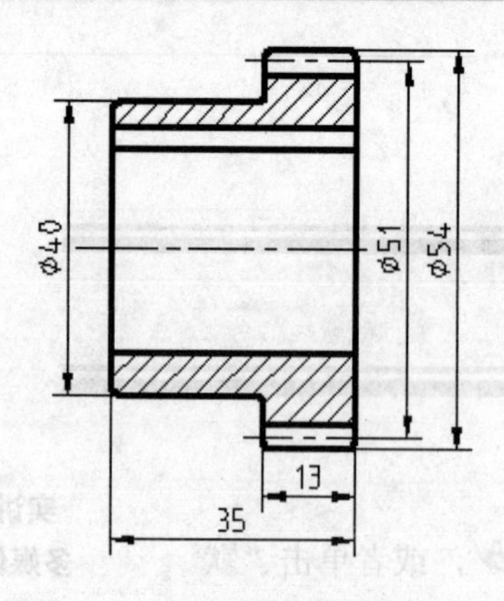


图 7-46　标注线性及基线尺寸

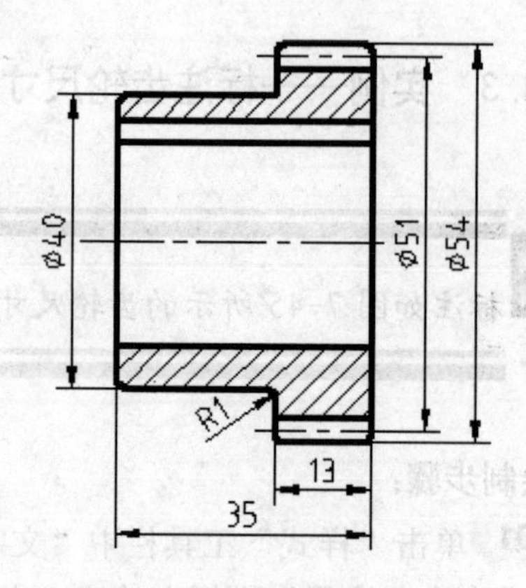


图 7-47　标注半径尺寸“*R*1”

**06** 用引线标注齿轮轴套主视图上部的圆角半径。命令行提示与操作如下：

命令:Leader↙（引线标注）

指定引线起点:_nea 到（捕捉齿轮轴套主视图上部圆角上一点）

指定下一点:（拖动鼠标，在适当位置处单击）

指定下一点或［注释(A)/格式(F)/放弃(U)］〈注释〉:〈正交 开〉（打开正交功能，向右拖动鼠标，在适当位置处单击）

指定下一点或［注释(A)/格式(F)/放弃(U)］〈注释〉:↙

输入注释文字的第一行或〈选项〉:*R*1↙

输入注释文字的下一行:↙（结果如图 7-48 所示）

命令:↙（继续引线标注）

指定引线起点:_nea 到（捕捉齿轮轴套主视图上部右端圆角上一点）

指定下一点:（利用对象追踪功能，捕捉上一个引线标注的端点，拖动鼠标，在适当位置处单击鼠标）

指定下一点或［注释(A)/格式(F)/放弃(U)］〈注释〉:（捕捉上一个引线标注的端点）

指定下一点或［注释(A)/格式(F)/放弃(U)］〈注释〉:↙

输入注释文字的第一行或〈选项〉:↙

输入注释选项［公差(T)/副本(C)/块(B)/无(N)/多行文字(M)］〈多行文字〉: N↙（无注释的引线标注）

结果如图7-49所示。

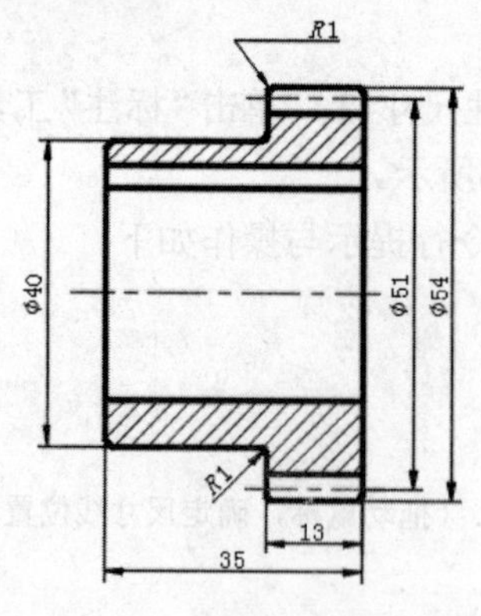


图 7-48　引线标注“*R*1”

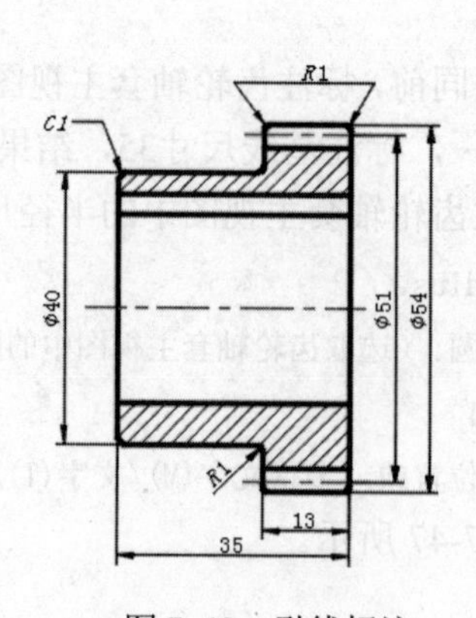


图 7-49　引线标注

**07** 选择菜单栏中的“修改”→“多重引线”命令，标注齿轮轴套主视图的倒角。命令行提示与操作如下：

命令：Qleader↙

指定第一个引线点或［设置(S)］<设置>:↙（回车，弹出如图7-50所示的“引线设置”对话框，如图7-50及图7-51所示，分别设置其选项卡，设置完成后，单击“确定”按钮）

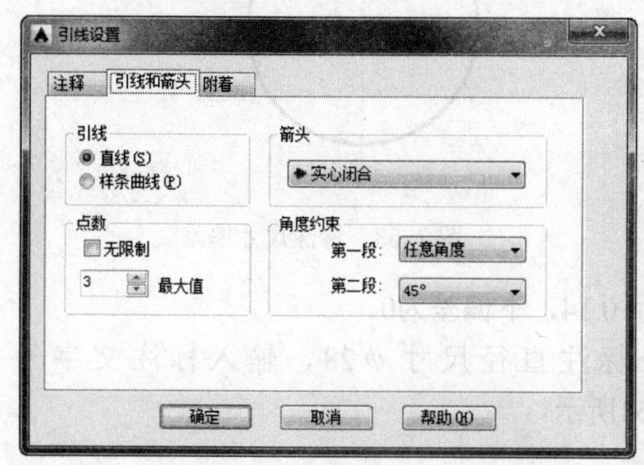


图7-50 “引线设置”对话框

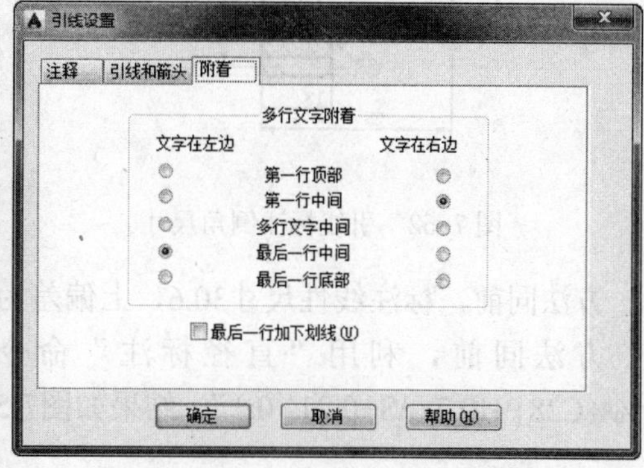


图7-51 “附着”选项卡

指定第一个引线点或［设置(S)］<设置>:（捕捉齿轮轴套主视图中上端倒角的端点）

指定下一点:（拖动鼠标，在适当位置处单击）

指定下一点:（拖动鼠标，在适当位置处单击）

指定文字宽度 <0>:↙

输入注释文字的第一行 <多行文字(M)>: 1x45%%d↙

输入注释文字的下一行:↙

结果如图7-52所示。

**08** 单击“标注”工具栏中的“线型标注”按钮，标注齿轮轴套局部视图中的尺寸，命令行提示与操作如下：

命令：Dimlinear↙（标注线性尺寸6）

指定第一条尺寸界线原点或<选择对象>:↙（选取标注对象）

选择标注对象:（选取齿轮轴套局部视图上端水平线）

指定尺寸线位置或[多行文字(M)/文字(T)/角度(A)/水平(H)/垂直(V)/旋转(R)]:T↙

输入标注文字 <6>: 6{\H0.7x;\S+0.025^ 0;}↙（其中“H0.7x”表示公差字高比例系数为0.7，需要注意的是：“x”为小写）

指定尺寸线位置或[多行文字(M)/文字(T)/角度(A)/水平(H)/垂直(V)/旋转(R)]:（拖动鼠标，在适当位置处单击，结果如图7-53所示）

标注文字 =6

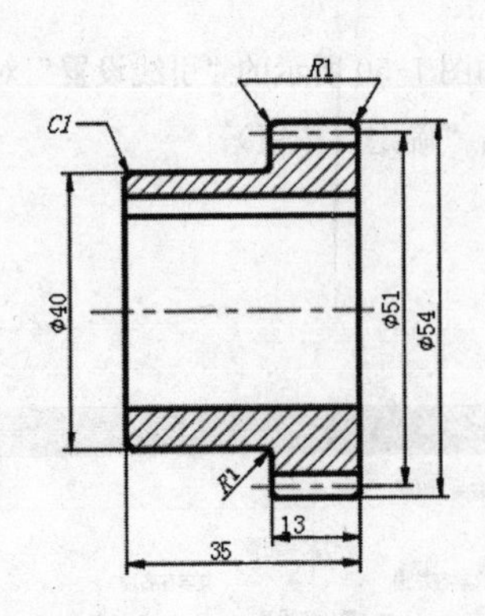

图 7-52　引线标注倒角尺寸

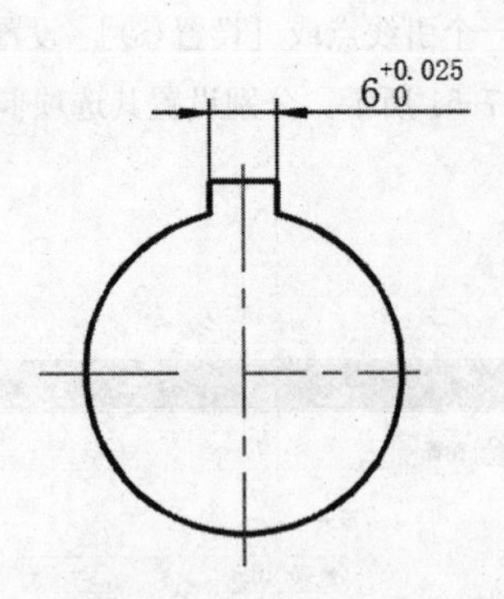

图 7-53　标注尺寸偏差

方法同前，标注线性尺寸30.6，上偏差为+0.14，下偏差为0。

方法同前，利用“直径标注”命令标注直径尺寸 ϕ28，输入标注文字为“%%C28{\H0.7x;\S+0.21^ 0;}”。结果如图7-54所示。

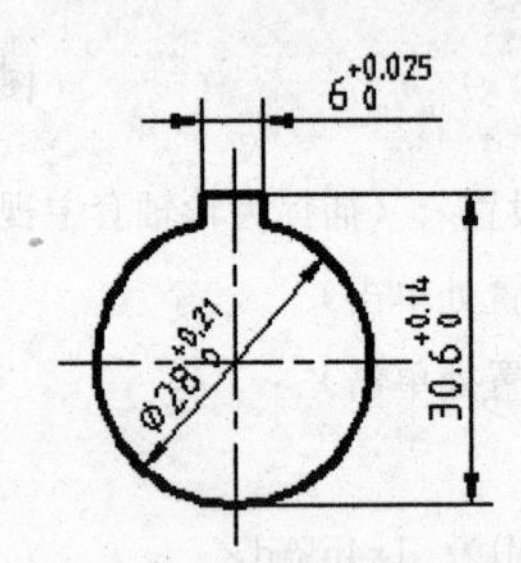

图 7-54　局部视图中的尺寸

**09** 修改齿轮轴套主视图中的线性尺寸 ϕ54，为其添加尺寸偏差。命令行提示与操作如下：

命令: Explode↙

选择对象:（选择尺寸 ϕ54，回车）

命令: Mtedit↙（编辑多行文字命令）

选择多行文字对象:（选择分解的 ϕ54 尺寸，在弹出的“多行文字编辑器”中，将标注的文字修改为“%%C54 ”，选取“0^-0.20”，单击“堆叠”按钮，此时，标注变为尺寸偏差的形式，单击“确定”按钮），结果如图 7-55 所示。

同理，为线性尺寸13和35添加尺寸偏差，尺寸13的“上偏差”为0，“下偏差”为-0,.24,;尺寸15的“上偏差”为-0.08;“下偏差”0.25。

结果如图7-56所示。

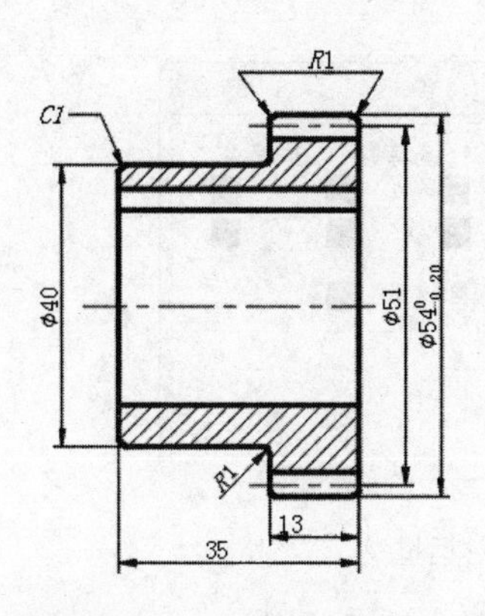


图 7-55　修改尺寸 $\phi54$

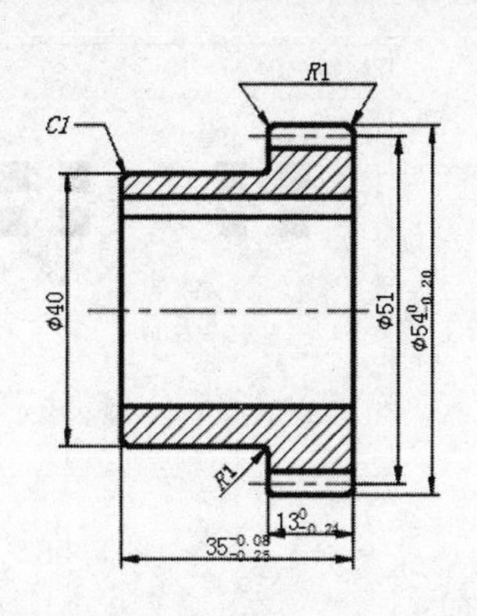


图 7-56　修改线性尺寸 13 及 35

## 7.4 形位公差

为方便机械设计工作，AutoCAD提供了标注形位公差的功能。形位公差的标注如图7-57所示，包括指引线、公差符号、公差值、材料状态符号以及基准代号和其材料状态符号，举例如图7-61所示。

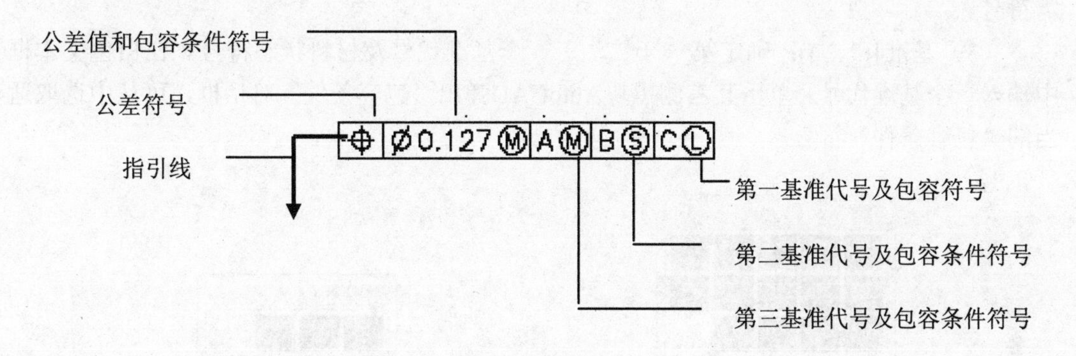


图 7-57　形位公差标注

【执行方式】

命令行：TOLERANCE

菜单栏：标注→公差

工具栏：标注→公差

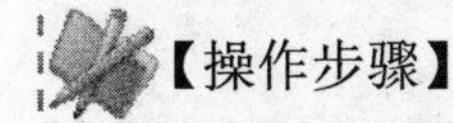
【操作步骤】

命令：TOLERANCE↙

在命令行输入TOLERANCE命令，或选择相应的菜单项或工具栏图标，AutoCAD打开如图7-58所示的“形位公差”对话框，可通过此对话框对形位公差标注进行设置。

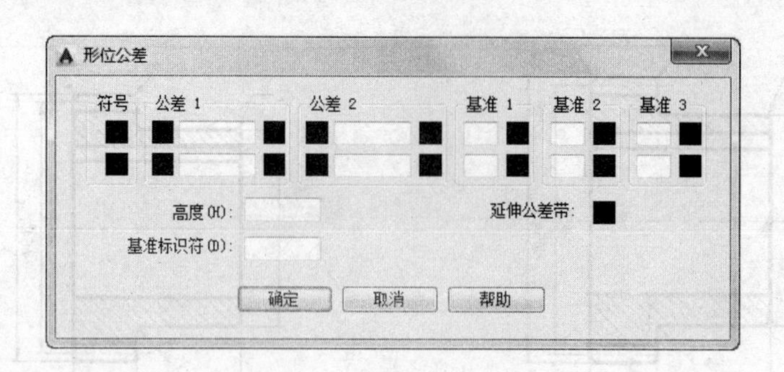


图 7-58 “形位公差”对话框

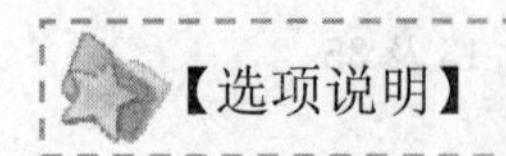【选项说明】

（1）符号：设定或改变公差代号。单击下面的黑方块，系统打开图7-59所示的“特征符号”对话框，可从中选取公差代号。

（2）公差1(2)：产生第一（二）个公差的公差值及“附加符号”符号。白色文本框左侧的黑块控制是否在公差值之前加一个直径符号，单击它，则出现一个直径符号，再单击则又消失。白色文本框用于确定公差值，在其中输入一个具体数值。右侧黑块用于插入“包容条件”符号，单击它，AutoCAD打开图7-60所示的“附加符号”对话框，可从中选取所需符号。

（3）基准1(2、3)：确定第一（二、三）个基准代号及材料状态符号。在白色文本框中输入一个基准代号。单击其右侧黑块AutoCAD弹出“包容条件”对话框，可从中选取适当的“包容条件”符号。

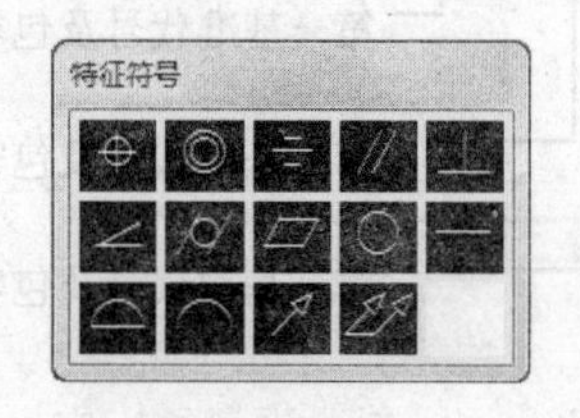


图 7-59 “特征符号”对话框

图 7-60 “附加符号”对话框

（4）“高度”文本框：确定标注复合形位公差的高度。

（5）投影公差带：单击此黑块，在复合公差带后面加一个复合公差符号，如图7-61d所示。

（6）“基准标识符”文本框：产生一个标识符号，用一个字母表示。

**注意**

**在“形位公差”对话框中有两行，可实现复合形位公差的标注。如果两行中输入的公差代号相同，则得到图 7-61e 的形式。**

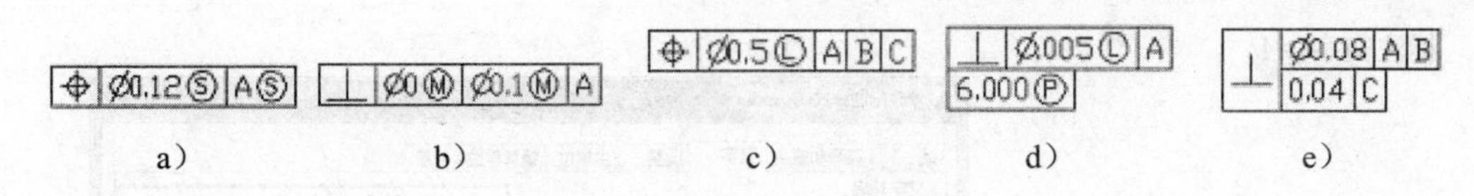
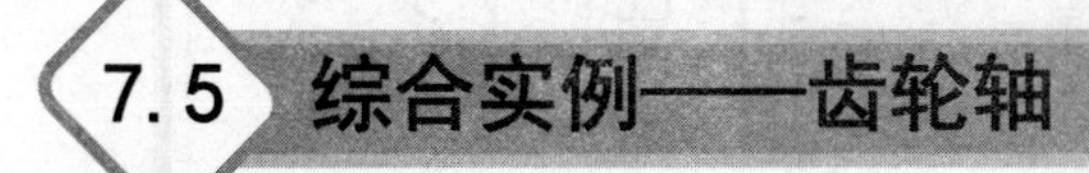

a） b） c） d） e）

图 7-61 形位公差标注举例

## 7.5 综合实例——齿轮轴

标注如图 7-62 所示的齿轮轴尺寸。

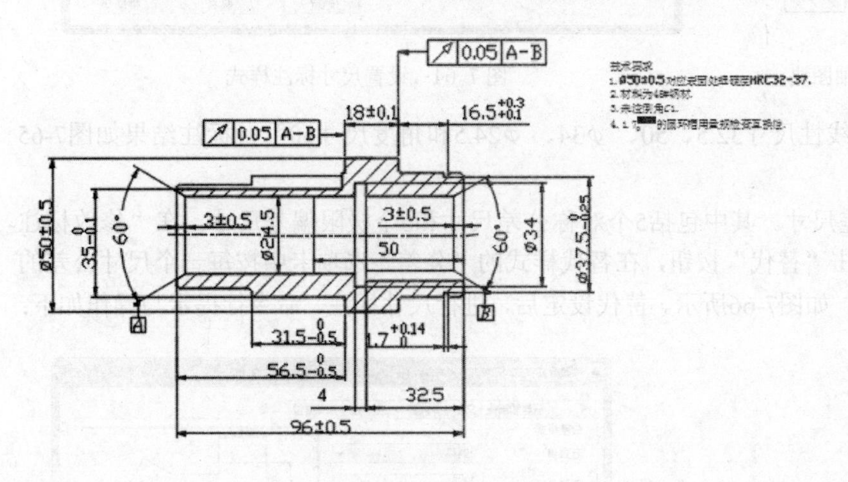

实讲实训
多媒体演示

多媒体演示参见配套光盘中的\\动画演示\第7章\齿轮轴.avi。

图 7-62 齿轮轴

绘制步骤：

01 打开绘制的图形文件“齿轮轴.dwg”，如图7-63所示。

02 设置尺寸标注样式。单击“样式”工具栏中“标注样式”按钮，打开“标注样式”对话框，在系统默认的standard标注样式中，修改以下变量：箭头大小为3；文字高度为4；文字对齐：与尺寸线对齐；精度设为0.0。其他按照默认设置不变，如图7-64所示。

03 标注基本尺寸。如图7-65所示，包括三个线性尺寸，两个角度尺寸和两个直径尺寸，而实际上这两个直径尺寸也是按线性尺寸的标注方法进行标注。命令行提示与操作如下：

命令：DIMLINEAR↙

指定第一条尺寸界线原点或〈选择对象〉：（捕捉第一条尺寸界线原点）

指定第二条尺寸界线原点：（捕捉第二条尺寸界线原点）

指定尺寸线位置或[多行文字(M)/文字(T)/角度(A)/水平(H)/垂直(V)/旋转(R)]：（指定尺寸线位置）

标注文字 =4

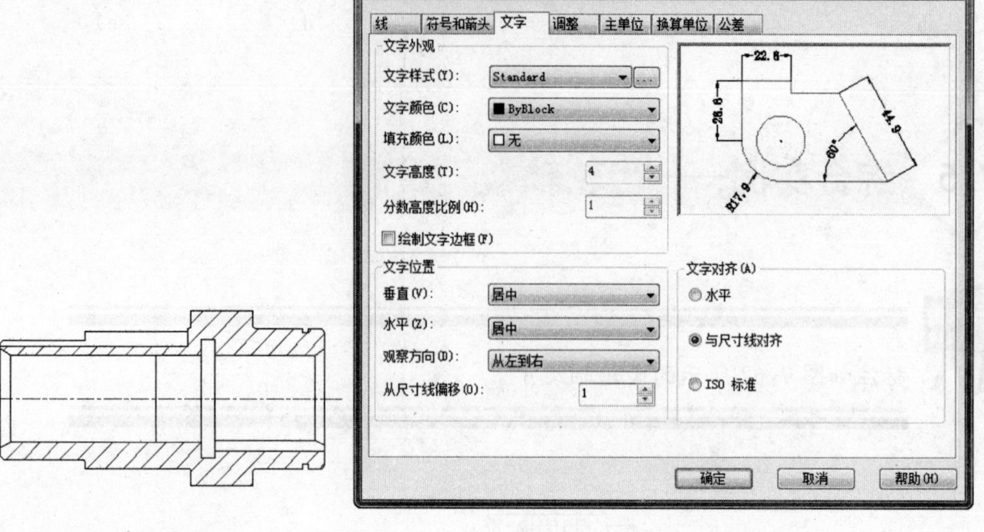


图 7-63　齿轮轴图块　　　　图 7-64　设置尺寸标注样式

同样方法标注线性尺寸32.5、50、$\phi$34、$\phi$24.5和角度尺寸60°，标注结果如图7-65所示。

**04** 标注公差尺寸。其中包括5个对称公差尺寸和6个极限偏差尺寸。在“修改标注样式”对话框中单击“替代”按钮，在替代样式的“公差”选项卡中按每一个尺寸公差的不同进行替代设置，如图7-66所示。替代设定后，进行尺寸标注。命令行提示与操作如下：

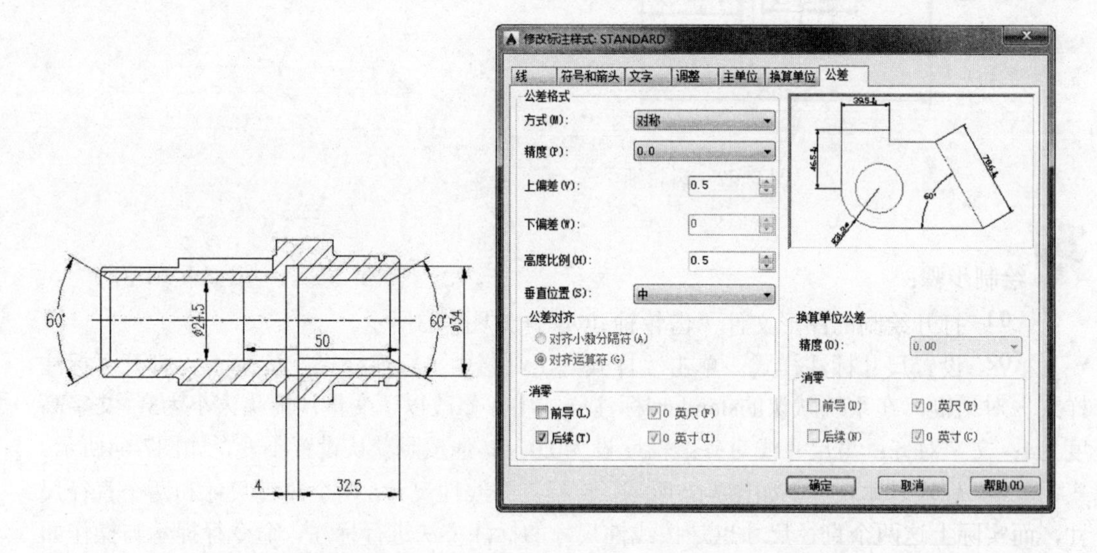


图 7-65　标注基本尺寸　　　　图 7-66　“公差”选项卡

命令: DIMLINEAR↙

指定第一条尺寸界线原点或〈选择对象〉:（捕捉第一条尺寸界线原点）

指定第二条尺寸界线原点:（捕捉第二条尺寸界线原点）

创建了无关联的标注。

指定尺寸线位置或[多行文字(M)/文字(T)/角度(A)/水平(H)/垂直(V)/旋转(R)]:M↙

（在打开的多行文本编辑器的编辑栏中尖括号前加%%C，标注直径符号）

指定尺寸线位置或[多行文字(M)/文字(T)/角度(A)/水平(H)/垂直(V)/旋转(R)]: ↙

标注文字 =50

对公差按尺寸要求进行替代设置。标注基本尺寸为35、31.5、56.5、96、18、3、1.7、16.5、38.5的公差尺寸进行标注，标注结果如图7-67所示。

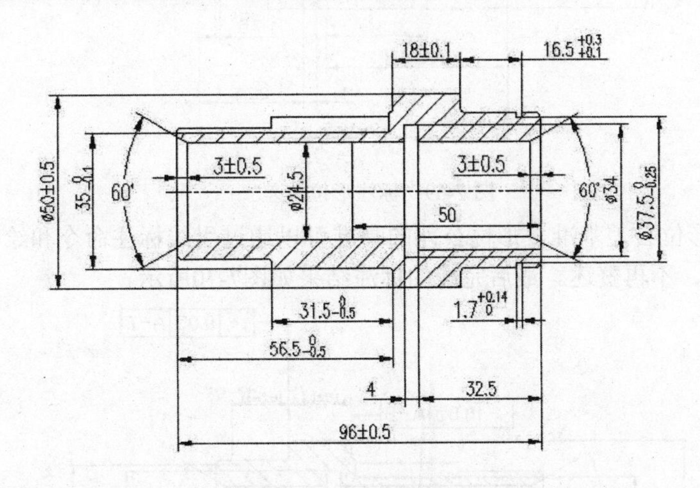


图7-67 标注尺寸公差

**05** 标注形位公差。单击“标注”工具栏中的“公差”按钮，打开“形位公差”对话框，进行如图7-68所示的设置，确定后在图形上指定放置位置。

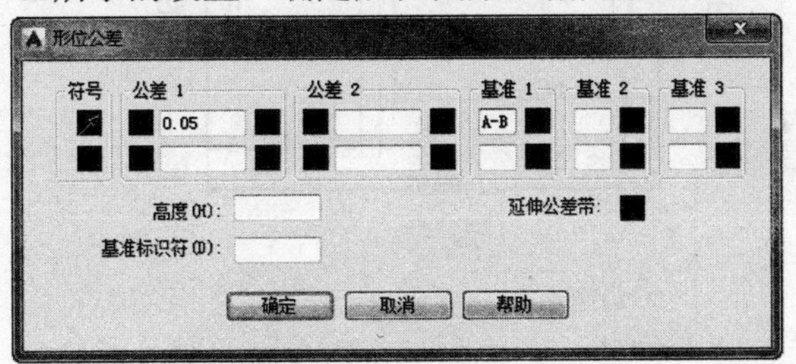


图7-68 “形位公差”对话框

**06** 标注引线。命令行提示与操作如下：

命令: LEADER↙

指定引线起点:(指定起点)

指定下一点:(指定下一点)

指定下一点或 [注释(A)/格式(F)/放弃(U)] <注释>: ↙

输入注释文字的第一行或 <选项>:↙

输入注释选项 [公差(T)/副本(C)/块(B)/无(N)/多行文字(M)] <多行文字>: N↙ （引线指向形位公差符号，故无注释文本）

按同样方法标注另一个形位公差，结果如图7-69所示。

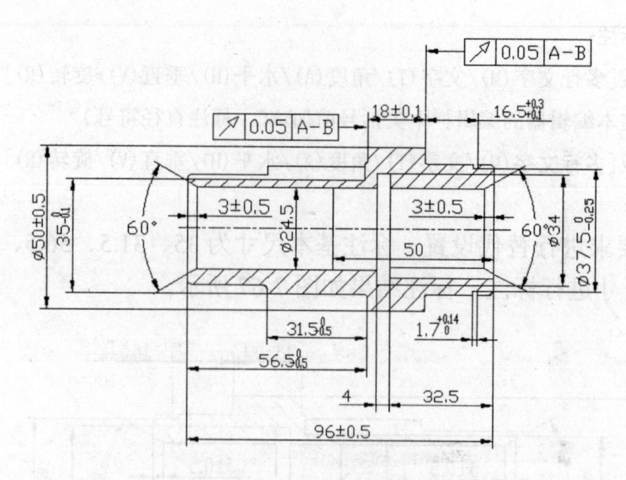


图 7-69　标注形位公差

**07** 标注形位公差基准。形位公差的基准可以通过引线标注命令和绘图命令以及单行文字命令绘制，不再赘述。最后完成的标注结果如图7-70所示。

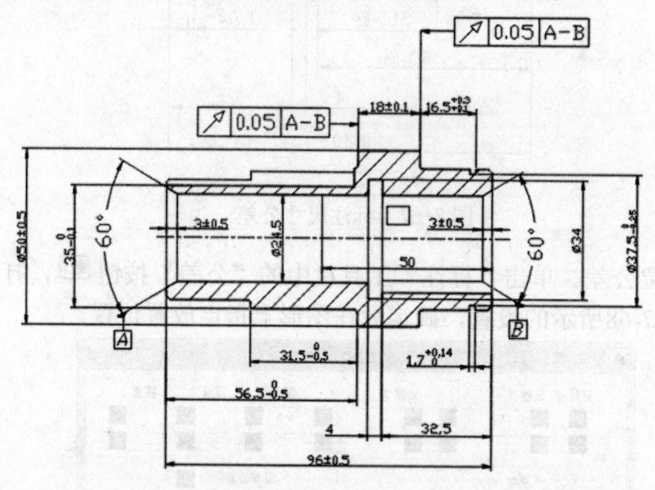


图 7-70　完成尺寸标注

**08** 标注技术要求。单击“绘图”工具栏中的“多行文字”按钮A，系统打开多行文字编辑器。在编辑器输入如图7-71所示文字。

标注的文字如图7-72所示。

最终完成尺寸标注与文字标注的图形如图7-62所示。

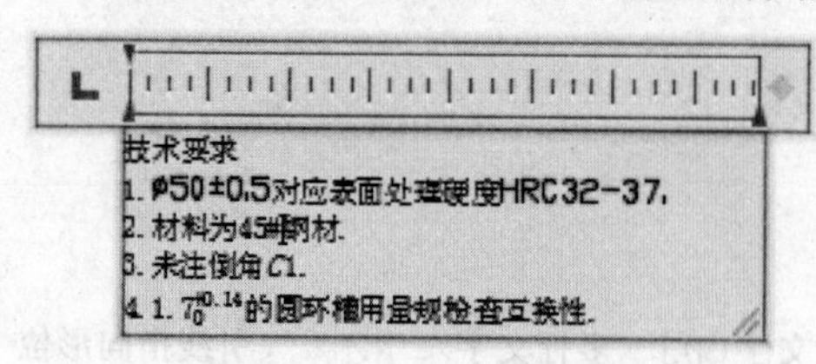


图 7-71　多行文字编辑器

技术要求

1. ø50±0.5对应表面处理硬度HRC32-37.
2. 材料为45#钢材.
3. 未注倒角$C1$.
4. $1.7^{+0.14}_{0}$的圆环槽用量规检查互换性.

图 7-72　标注的文字

## 实践与操作

**实验 1　标注如图 7-73 所示的圆头平键线性尺寸。**

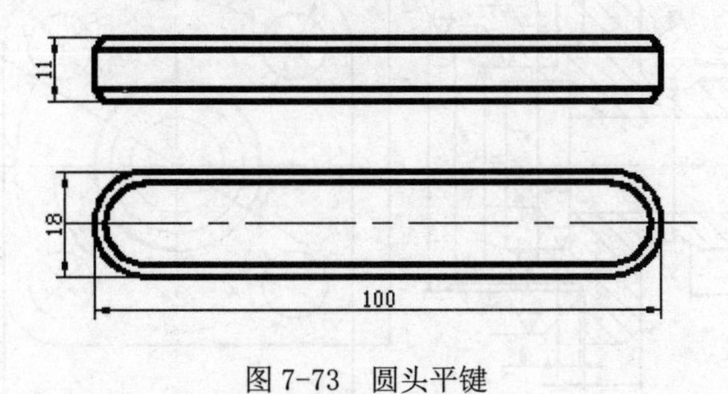


图 7-73　圆头平键

**操作提示：**

（1）设置标注样式。

（2）进行线性标注。

**实验 2　绘制并标注如图 7-74 所示的轴尺寸。**

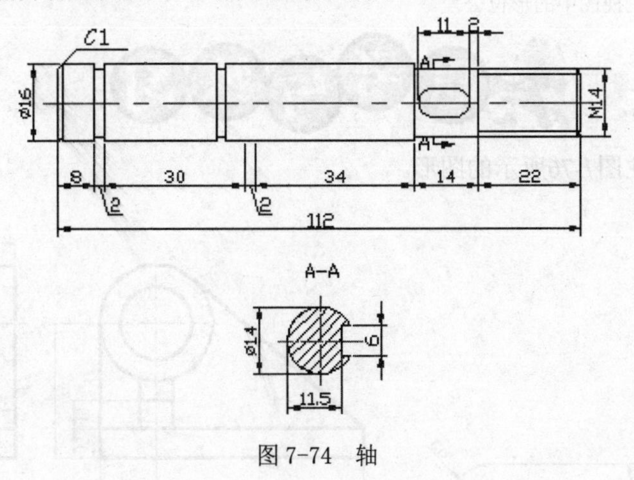


图 7-74　轴

**操作提示：**

（1）绘制图形。

（2）设置文字样式和标注样式。

（3）标注线性尺寸。

（4）标注连续尺寸。

（5）标注引线尺寸。

实验 3　绘制并标注如图 7-75 所示的阀盖尺寸（表面粗糙度不标）。

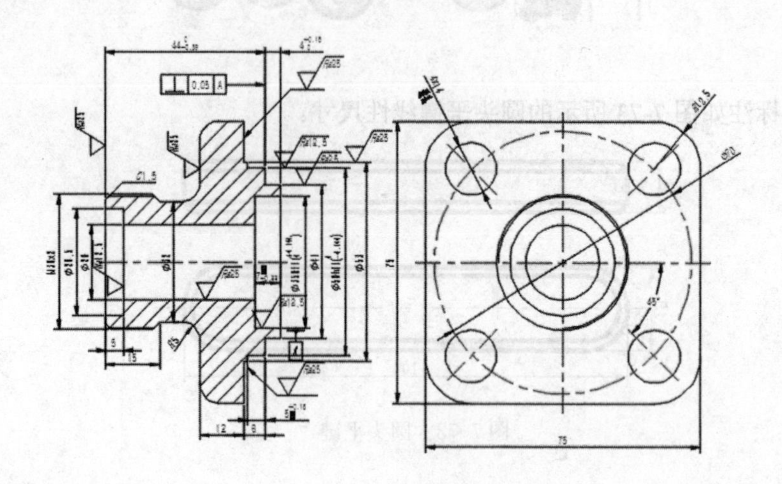


图 7-75　阀盖

操作提示：

（1）设置文字样式和标注样式。

（2）标注阀盖尺寸。

（3）标注阀盖主视图中的形位公差。

1．绘制并标注图7-76所示的图形。

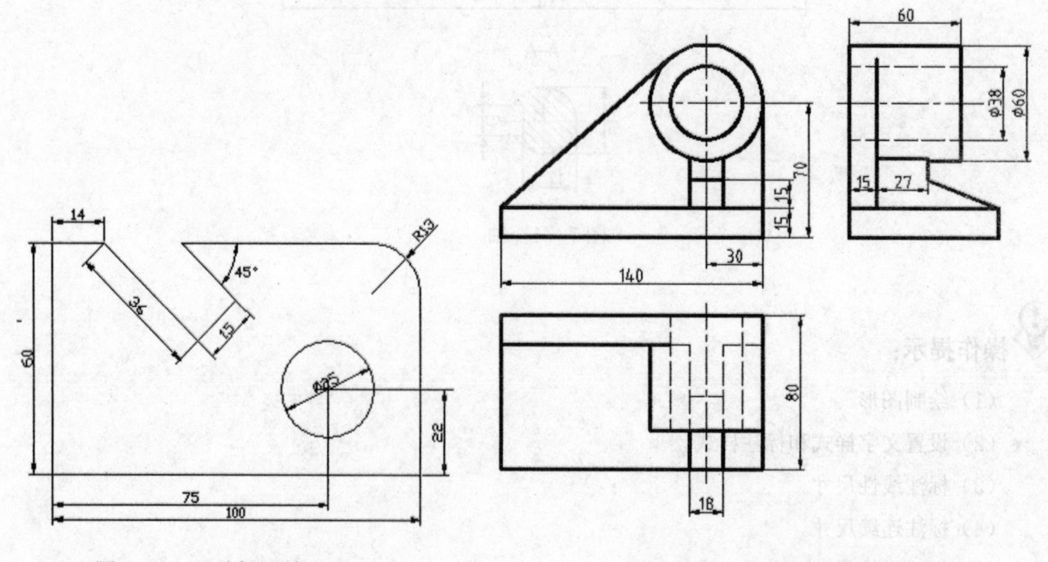


图 7-76　尺寸标注练习（一）　　　　图 7-77　尺寸标注练习（二）

2．绘制并标注图7-77所示的图形。

3．使用DIMEDIT和DIMTEDIT命令编辑练习1中标注的尺寸。

4．定义新的标注样式，用新的标注样式更新以上练习中标注的尺寸。

5．绘制并标注图7-78所示的图形。

6．绘制并标注图7-79所示的齿轮泵前盖。

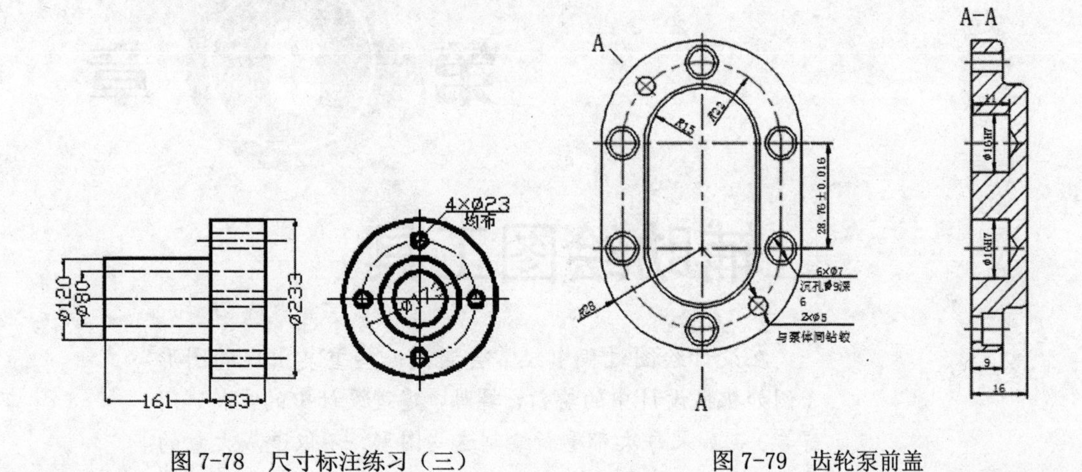


图7-78　尺寸标注练习（三）

图7-79　齿轮泵前盖

# 第 8 章

# 辅助绘图工具

在设计绘图过程中经常会遇到一些重复出现的图形（例如机械设计中的螺钉、螺母，建筑设计中的桌椅、门窗等），如果每次都重新绘制这些图形，不仅造成大量的重复工作，而且存储这些图形及其信息要占据相当大的磁盘空间。AutoCAD提供了图块、外部参照等来解决这些问题。

学习要点

- 图块及其属性
- 对象查询
- 设计中心
- 工具选项板
- 模型与布局
- 打印设置

# 8.1 图块操作

图块也叫块，它是由一组图形对象组成的集合，一组对象一旦被定义为图块，它们将成为一个整体，拾取图块中任意一个图形对象即可选中构成图块的所有对象。AutoCAD把一个图块作为一个对象进行编辑修改等操作，用户可根据绘图需要把图块插入到图中任意指定的位置，而且在插入时还可以指定不同的缩放比例和旋转角度。如果需要对组成图块的单个图形对象进行修改，还可以利用“分解”命令把图块炸开分解成若干个对象。图块还可以重新定义，一旦被定义，整个图中基于该块的对象都将随之改变。

## 8.1.1 定义图块

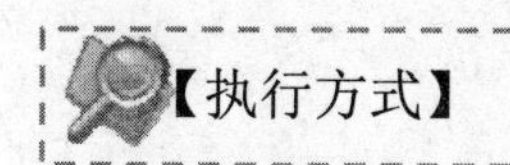

【执行方式】

命令行：BLOCK

菜单栏：绘图→块→创建

工具栏：绘图→创建块

【操作步骤】

命令：BLOCK↙

选择相应的菜单命令或单击相应的工具栏图标，或在命令行输入 BLOCK 后回车，AutoCAD 打开图 8-1 所示的“块定义”对话框，利用该对话框可定义图块并为之命名。

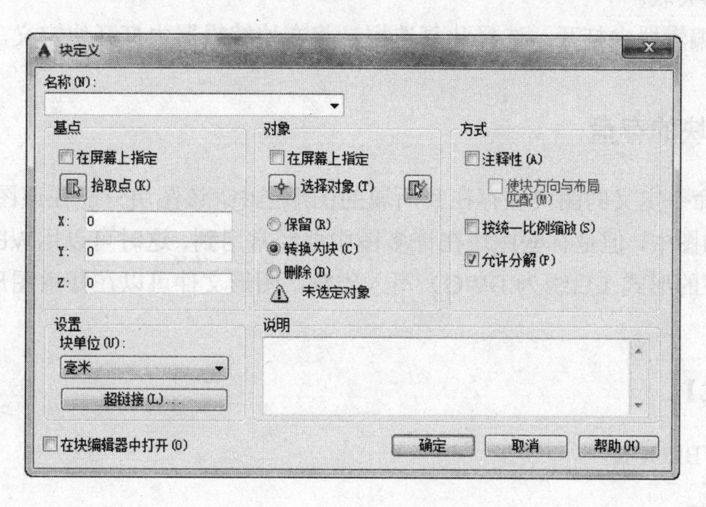


图 8-1 “块定义”对话框

【选项说明】

（1）“基点”选项组：确定图块的基点，默认值是（0,0,0）。也可以在下面的X（Y、Z）文本框中输入块的基点坐标值。单击“拾取点”按钮，AutoCAD临时切换到作图屏幕，用鼠标在图形中拾取一点后，返回“块定义”对话框，把所拾取的点作为图块的基点。

（2）“对象”选项组：该选项组用于选择制作图块的对象以及对象的相关属性。如图8-2所示，把图a中的正五边形定义为图块，图b为选中“删除”单选按钮的结果，图c为选中“保留”单选按钮的结果。

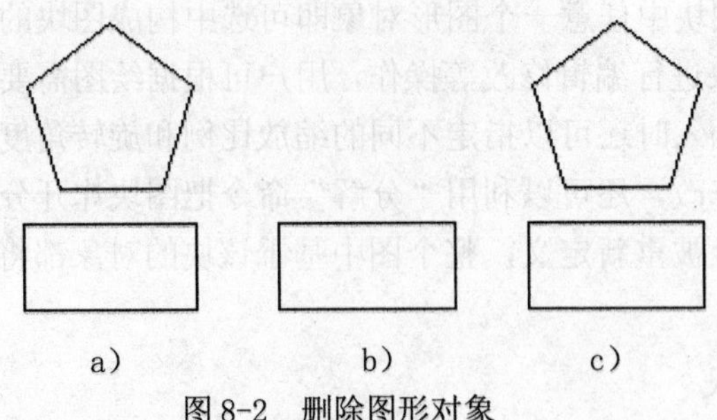


图8-2　删除图形对象

（3）“方式”选项组：

1）注释性：指定块为注释性。

2）使块方向与布局匹配：指定在图纸空间视口中的块参照的方向与布局的方向匹配。如果未选择“注释性”选项，则该选项不可用。

3）按统一比例缩放：指定是否阻止块参照不按统一比例缩放。

4）允许分解：指定块参照是否可以被分解。

（4）“设置”选项组：

1）块单位：指定块参照插入单位。

2）超链接：单击此按钮，打开“插入超链接”对话框，可以使用该对话框将某个超链接与块定义相关联。

（5）在块编辑器中打开：选择此复选框，将在块编辑器中打开块定义。

## 8.1.2　图块的存盘

用BLOCK命令定义的图块保存在其所属的图形当中，该图块只能在该图中插入，而不能插入到其他的图中，但是有些图块在许多图中要经常用到，这时可以用WBLOCK命令把图块以图形文件的形式（后缀为.DWG）写入磁盘，图形文件可以在任意图形中用INSERT命令插入。

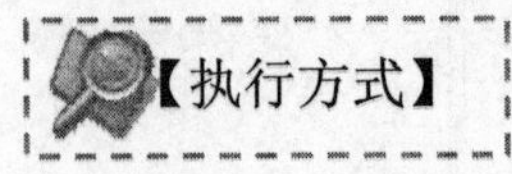【执行方式】

命令行：WBLOCK

【操作步骤】

命令：WBLOCK↙

在命令行输入WBLOCK后回车，AutoCAD打开“写块”对话框，如图8-3所示，利用此对话框可把图形对象保存为图块或把图块转换成图形文件。

【选项说明】

（1）“源”选项组：确定要保存为图形文件的图块或图形对象。其中选中“块”单选按钮，单击右侧的向下箭头，在下拉列表框中选择一个图块，将其保存为图形文件。选中“整个图形”单选按钮，则把当前的整个图形保存为图形文件。选中“对象”单选按钮，则把不属于图块的图形对象保存为图形文件。对象的选取通过“对象”选项组来完成。

（2）“目标”选项组：用于指定图形文件的名字、保存路径和插入单位等。

图 8-3 “写块”对话框

## 8.1.3 实例——将绘制的图形定义为图块

将图 8-4 所示图形定义为图块，取名为 HU3，并保存。

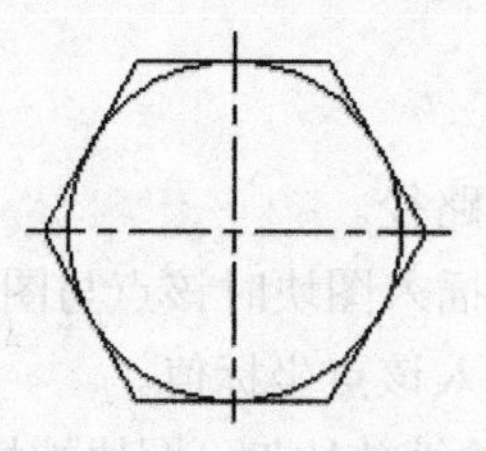

图 8-4 绘制图块

**实讲实训**

**多媒体演示**

多媒体演示参见配套光盘中的\\动画演示\第 8 章\将绘制的图形定义为图块.avi。

**绘制步骤：**

01 选择菜单栏中的“绘图”→“块”命令，从“块”子菜单中选择“创建”命令，或单击功能区中“常用选项卡”中的“绘图”面板下的“创建块”图标，打开“块定义”对话框。

02 在“名称”下拉列表框中输入HU3。

03 单击“拾取”按钮切换到作图屏幕，选择圆心为插入基点，返回“块定义”对话框。

**04** 单击“选择对象”按钮切换到作图屏幕，选择图8-4中的对象后，回车返回“块定义”对话框。

**05** 选中“从块的几何图形创建图标”单选按钮为图块创建一个预览图标。

**06** 确认关闭对话框。

**07** 在命令行输入WBLOCK命令，系统打开“写块”对话框，在“源”选项组中选择“块”单选按钮，在后面的下拉列表框中选择HU3块，并进行其他相关设置确认退出。

## 8.1.4 图块的插入

在用AutoCAD绘图的过程当中，可根据需要随时把已经定义好的图块或图形文件插入到当前图形的任意位置，在插入的同时还可以改变图块的大小、旋转一定角度或把图块炸开等。插入图块的方法有多种，本节逐一进行介绍。

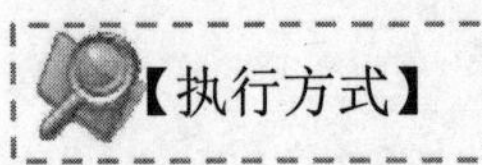

【执行方式】

命令行：INSERT

菜单栏：插入→块

工具栏：插入→插入块或绘图→插入块

【操作步骤】

命令：INSERT↙

单击相应的菜单项或工具图标，或在命令行输入INSERT后回车，AutoCAD打开“插入”对话框，如图8-5所示，利用此对话框可以指定要插入的图块及插入位置。

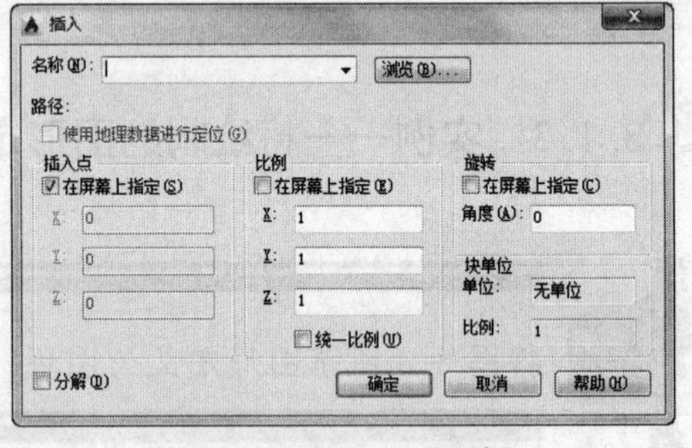


图8-5 “插入”对话框

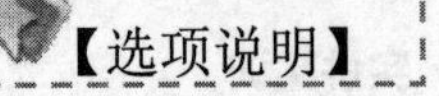

【选项说明】

(1)“路径”文本框：指定图块的保存路径。

(2)“插入点”选项组：指定插入点，插入图块时该点与图块的基点重合。可以在屏幕上指定该点，也可以通过下面的文本框输入该点坐标值。

(3)“比例”选项组：确定插入图块时的缩放比例。图块被插入到当前图形中的时候，可以以任意比例放大或缩小，如图8-6所示，图a是被插入的图块，图b取比例系数为1.5插入该图块的结果，图c是取比例系数为0.5的结果，X轴方向和Y轴方向的比例系数也可以取不同，如图d所示，X轴方向的比例系数为1，Y轴方向的比例系数为1.5。另外，比例系数还可以是一个负数，当为负数时表示插入图块的镜像，其效果如图8-7所示。

(4)“旋转”选项组：指定插入图块时的旋转角度。图块被插入到当前图形中的时候，可以绕其基点旋转一定的角度，角度可以是正数（表示沿逆时针方向旋转），也可以是负数（表示沿顺时针方向旋转）。如图8-8b是图a所示的图块旋转30º插入的效果，图c是旋转−30º插入的效果。

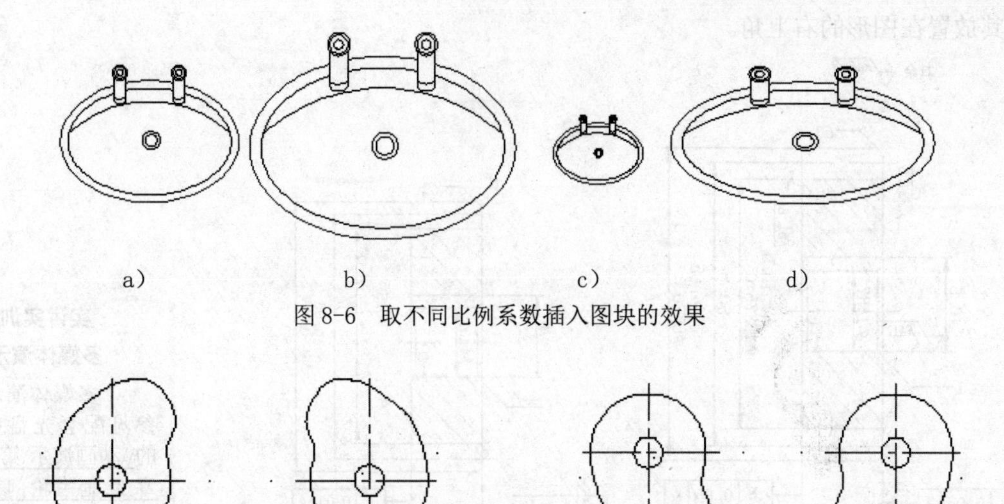


图 8-6　取不同比例系数插入图块的效果

比例=1，Y 比例=1　　X 比例= -1，Y 比例=1　　X 比例=1，Y 比例= -1　　X 比例= -1，Y 比例= -1

图 8-7　取比例系数为负值插入图块的效果

如果选中“在屏幕上指定”复选框，系统切换到作图屏幕，在屏幕上拾取一点，AutoCAD自动测量插入点与该点连线和X轴正方向之间的夹角，并把它作为块的旋转角。也可以在“角度”文本框直接输入插入图块时的旋转角度。

（5）“分解”复选框：选中此复选框，则在插入块的同时把其炸开，插入到图形中的组成块的对象不再是一个整体，可对每个对象单独进行编辑操作。

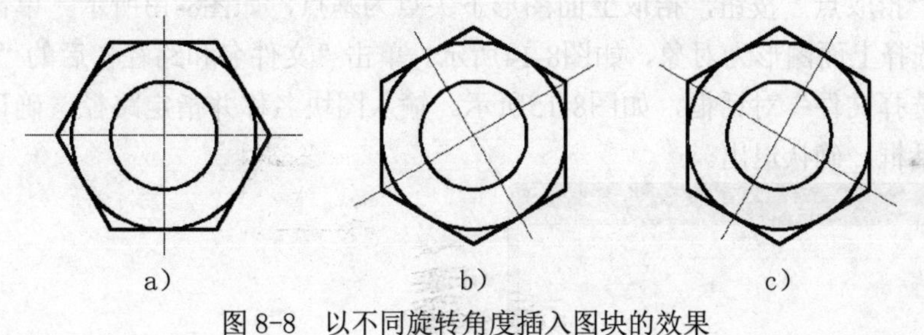


图 8-8　以不同旋转角度插入图块的效果

## 8.1.5　实例——绘制齿轮剖视图

绘制并标注图 8-9 所示的齿轮剖视图。

绘制步骤：

**01** 打开，如图8-10所示的图形。

**02** 绘制图块。设置当前图层为尺寸线。通过相关绘图命令绘制如图8-11所示的图形。

将其放置在图形的右上角。

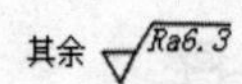
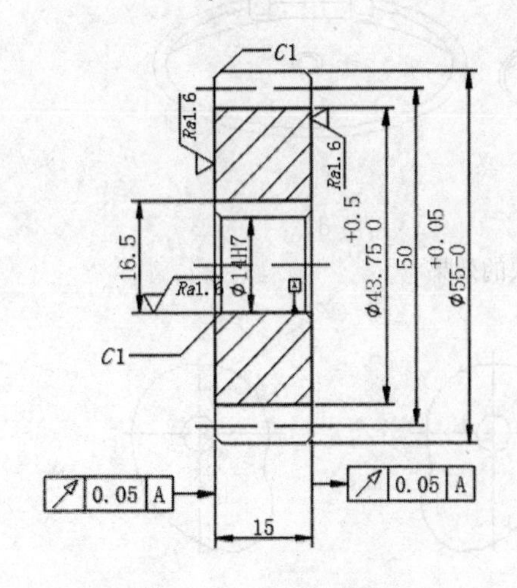

图 8-9 标注表面粗糙度

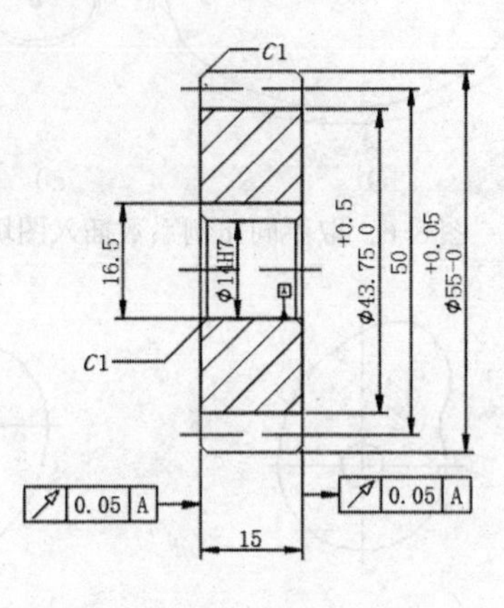

图 8-10 绘制图形

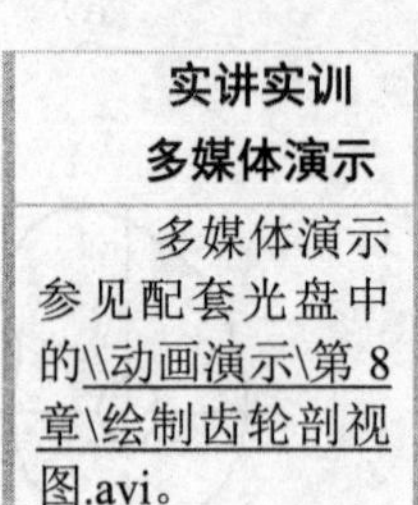


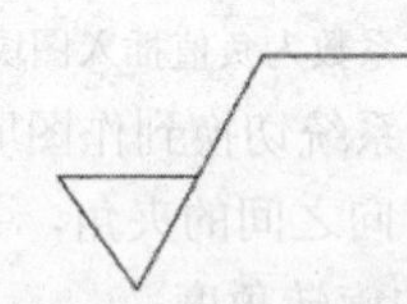

图 8-11 绘制表面粗糙度符号

**03** 定义并保存图块。在命令行输入WBLOCK命令打开“写块”对话框，如图8-12所示。单击“拾取点”按钮，拾取上面图形下尖点为基点，如图8-13所示。单击“选择对象”按钮，选择上面图形为对象，如图8-14所示。单击“文件名和路径”后的“...”按钮，系统打开“选择文件”对话框，如图8-15所示。输入图块名称并指定路径，确认退出回到“写块”对话框。确认退出。

图 8-12 “写块”对话框

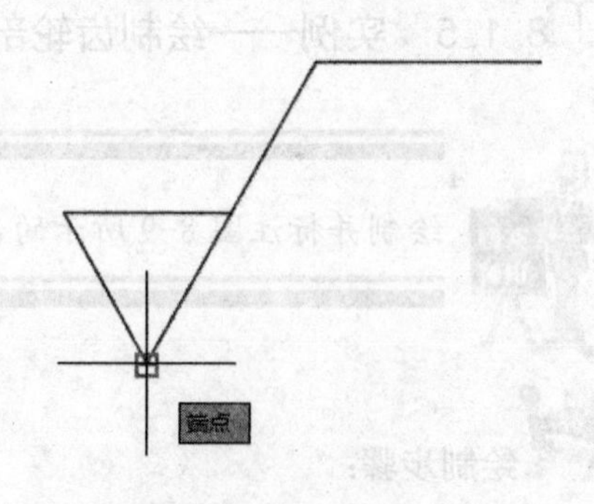


图 8-13 指定基点

**04** 插入图块。单击“绘图”工具栏中的“插入块”按钮，打开“插入”对话框，如图8-16所示。单击“浏览”按钮打开“选择文件”对话框，如图8-17所示。找到刚才保存的图块，进行如图8-16所示设置，指定统一的比例为1，在屏幕上指定插入点，旋转角度也在屏幕上指定。将该图块插入到图形中。用鼠标指定插入基点并拉出旋转角度。插入后图形如图8-18所示。

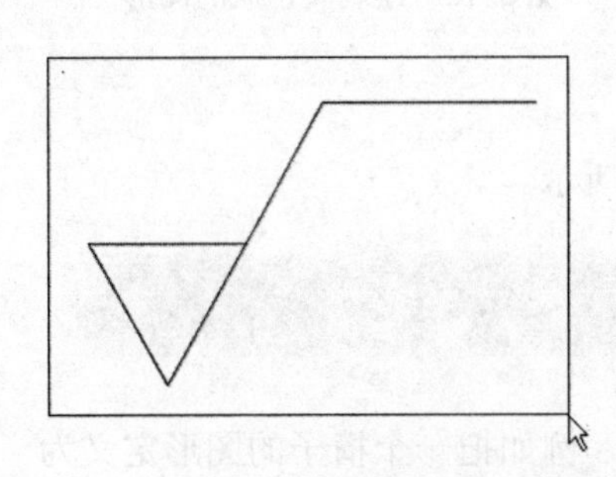

图 8-14　选择对象

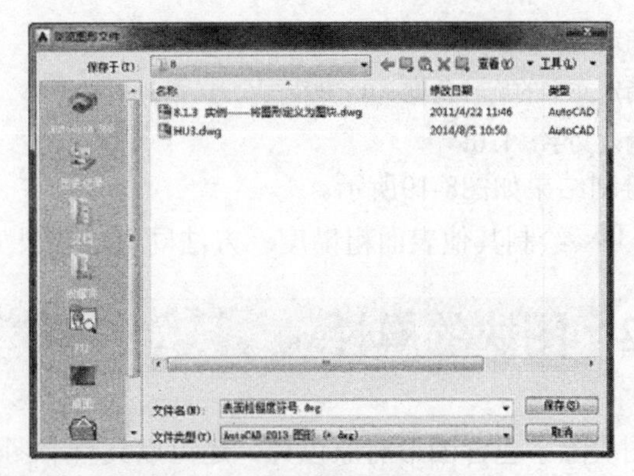


图 8-15　“选择文件”对话框

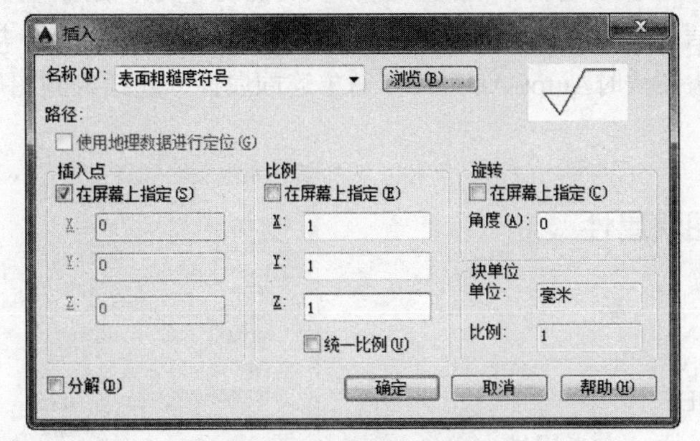


图 8-16　“插入”对话框

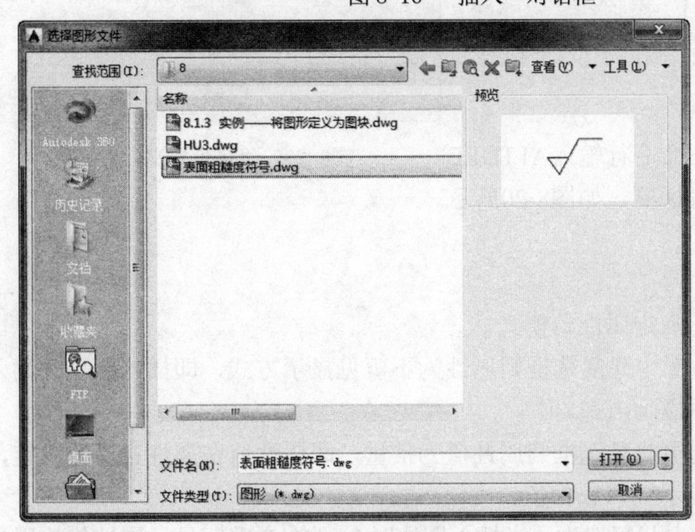


图 8-17　“选择文件”对话框

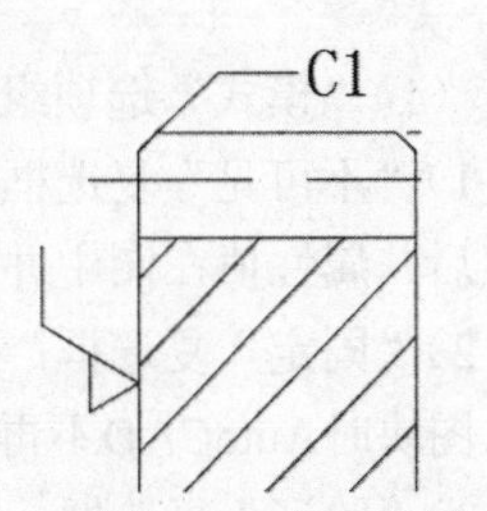


图 8-18　插入结果

**05** 选择菜单栏中的“绘图”→“文字”→“单行文字”命令，标注文字。命令行提示与操作如下：

命令：TEXT↙

当前文字样式：Standard　当前文字高度：　0.2000

指定文字的起点或［对正(J)/样式(S)］：（指定文字起点）

指定高度〈0.2000〉：2↙

指定文字的旋转角度〈0〉:90↙

输入文字：1.6↙

绘制结果如图8-19所示。

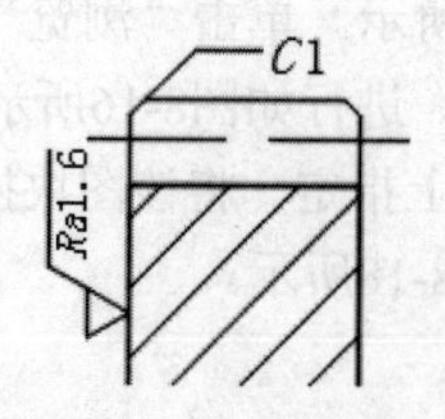


图 8-19　绘制文字后的图形

**06** 绘制其他表面粗糙度。方法同上，结果如图8-9所示。

## 8.2 图块的属性

图块除了包含图形对象以外，还可以具有非图形信息，例如把一个椅子的图形定义为图块后，还可把椅子的号码、材料、重量、价格以及说明等文本信息一并加入到图块当中。图块的这些非图形信息，叫做图块的属性，它是图块的一个组成部分，与图形对象一起构成一个整体，在插入图块时AutoCAD把图形对象连同属性一起插入到图形中。

### 8.2.1　定义图块属性

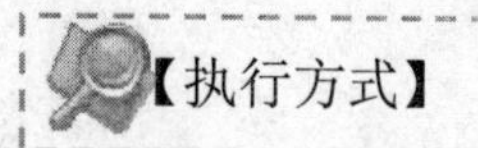

【执行方式】

命令行：ATTDEF

菜单栏：绘图→块→定义属性

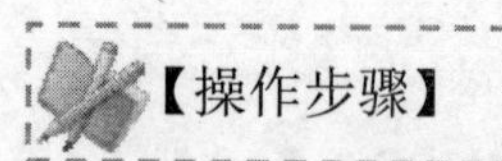

【操作步骤】

命令：ATTDEF↙

选取相应的菜单项或在命令行输入ATTDEF回车，打开“属性定义”对话框，如图8-20所示。

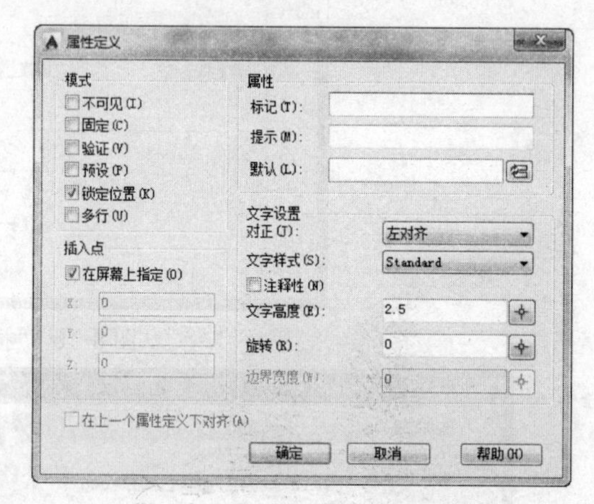


图8-20　“属性定义”对话框

【选项说明】

（1）“模式”选项组：确定属性的模式。

1）“不可见”复选框：选中此复选框则属性为不可见显示方式，即插入图块并输入属性值后，属性值在图中并不显示出来。

2）“固定”复选框：选中此复选框则属性值为常量，即属性值在属性定义时给定，在插入图块时AutoCAD不再提示输入属性值。

3）“验证”复选框：选中此复选框，当插入图块时AutoCAD重新显示属性值让用户验证该值是否正确。

4）“预设”复选框：选中此复选框，当插入图块时AutoCAD自动把事先设置好的默认值赋予属性，而不再提示输入属性值。

5）“锁定位置”复选框：选中此复选框，当插入图块时AutoCAD锁定块参照中属性的位置。解锁后，属性可以相对于使用夹点编辑的块的其他部分移动，并且可以调整多行属性的大小。

6）“多行”复选框：指定属性值可以包含多行文字

（2）“属性”选项组：用于设置属性值。在每个文本框中AutoCAD 允许输入不超过256个字符。

1）“标记”文本框：输入属性标签。属性标签可由除空格和感叹号以外的所有字符组成，AutoCAD自动把小写字母改为大写字母。

2）“提示”文本框：输入属性提示。属性提示是插入图块时AutoCAD要求输入属性值的提示，如果不在此文本框内输入文本，则以属性标签作为提示。如果在“模式”选项组选中“固定”复选框，即设置属性为常量，则不需设置属性提示。

3）“默认”文本框：设置默认的属性值。可把使用次数较多的属性值作为默认值，也可不设默认值。

（3）“插入点”选项组：确定属性文本的位置。单击“拾取点”按钮，AutoCAD临时切换到作图屏幕，由用户在图形中确定属性文本的位置，也可在X、Y、Z文本框中直接输入属性文本的位置坐标。

（4）“文字设置”选项组：设置属性文本的对齐方式、文本样式、字高和倾斜角度。

（5）“在上一个属性定义下对齐”复选框：选中此复选框表示把属性标签直接放在前一个属性的下面，而且该属性继承前一个属性的文本样式、字高和倾斜角度等特性。

完成“属性定义”对话框中各项的设置后，单击“确定”按钮，即可完成一个图块属性的定义。可用此方法定义多个属性。

## 8.2.2 修改属性的定义

在定义图块之前，可以对属性的定义加以修改，不仅可以修改属性标签，还可以修改属性提示和属性默认值。

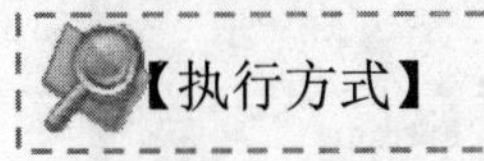

【执行方式】

命令行：DDEDIT

菜单栏：修改→对象→属性→单个

【操作步骤】

命令：DDEDIT↙

选择注释对象或［放弃(U)］：

在此提示下选择要修改的属性定义，AutoCAD打开“编辑属性定义”对话框，如图8-21所示，该对话框表示要修改的属性的标记为“数值”，默认值为6.3，可在各文本框中对各项进行修改。

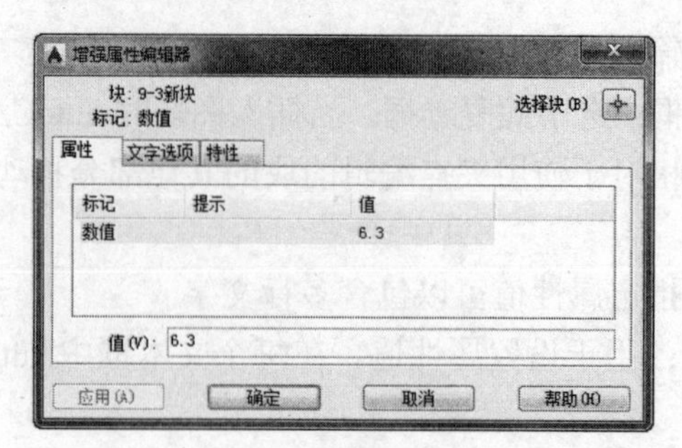


图 8-21 “编辑属性定义”对话框

## 8.2.3 实例——设置图块属性

将 8.1.5 中表面粗糙度数值设置成图块属性，并重新标注。

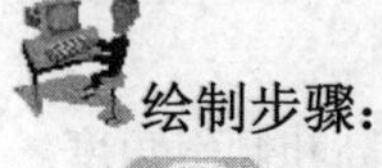

**绘制步骤：**

> **实讲实训**
> **多媒体演示**
> 多媒体演示参见配套光盘中的\\动画演示\第 8 章\设置图块属性.avi。

**01** 单击“绘图”工具栏中的“正多边形”按钮和“直线”按钮，绘制表面粗糙度符号图形。

**02** 选择菜单栏中的“绘图”→“块”→“定义属性”命令，系统打开“属性定义”对话框，进行如图8-22所示的设置，其中模式为“验证”，插入点为表面粗糙度符号数值位置，确认退出。

**03** 利用WBLOCK命令打开“写块”对话框，如图8-23所示。拾取上面图形下尖点为基点，以上面图形为对象，输入图块名称并指定路径，确认退出。

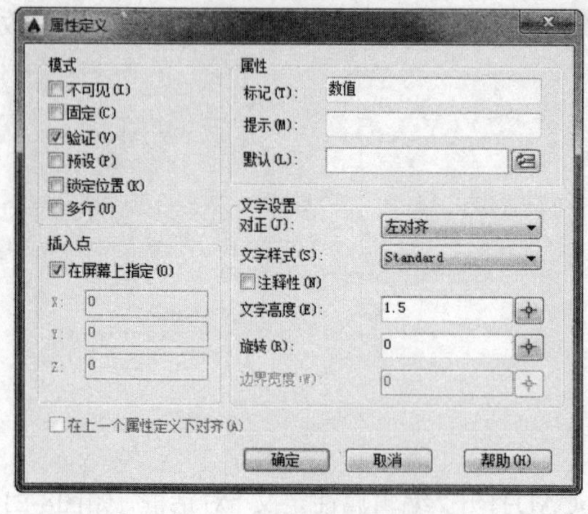


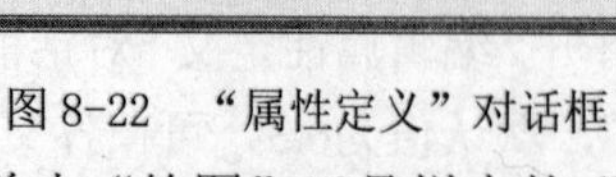

图 8-22 “属性定义”对话框

图 8-23 “写块”对话框

**04** 单击“绘图”工具栏中的“插入块”按钮，打开“插入”对话框，如图8-24所示。单击“浏览”按钮找到刚才保存的图块，在屏幕上指定插入点和旋转角度，将该图块插入到图8-10所示的图形中，这时，命令行会提示输入属性，并要求验证属性值，此时输入表面粗糙度数值Ra 6.3，就完成了一个表面粗糙度的标注。

命令：INSERT↙

指定插入点或［比例(S)/X/Y/Z/旋转(R)/

预览比例(PS)/PX/PY/PZ/预览旋转(PR)］：

输入属性值

数值：Ra 6.3↙

验证属性值

数值 <Ra 6.3>：↙

**05** 插入表面粗糙度图块，并输入不同的属性值作为表面粗糙度数值，直到完成所有表面粗糙度标注。

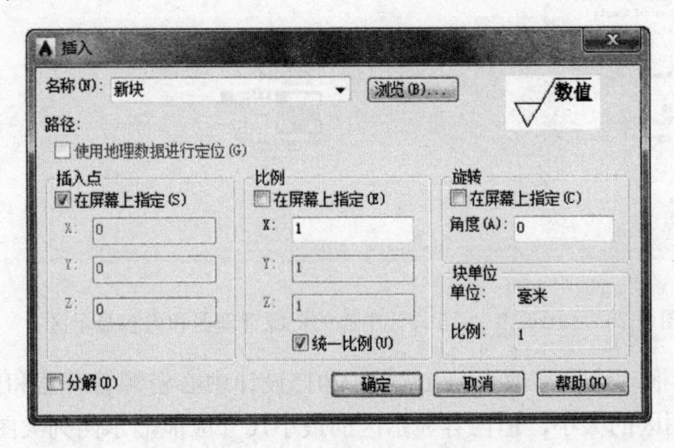


图8-24 “插入”对话框

## 8.3 设计中心

使用AutoCAD 2015设计中心可以很容易地组织设计内容，并把它们拖动到自己的图形中。可以使用AutoCAD 2015设计中心窗口的内容显示框，来观察用AutoCAD 2015设计中心的资源管理器所浏览资源的细目。

### 8.3.1 启动设计中心

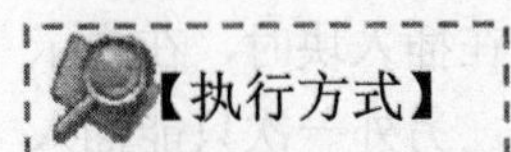

【执行方式】

命令行：ADCENTER

菜单栏：工具→选项板→设计中心

工具栏：标准→设计中心

快捷键：Ctrl+2

【操作步骤】

命令：ADCENTER↙

系统打开设计中心。第一次启动设计中心时，它默认打开的选项卡为“文件夹”。显示区采用大图标显示，左边的资源管理器采用tree view显示方式显示系统的树形结构，浏览资源的同时，在内容显示区显示所浏览资源的有关细目或内容，如图8-25所示。

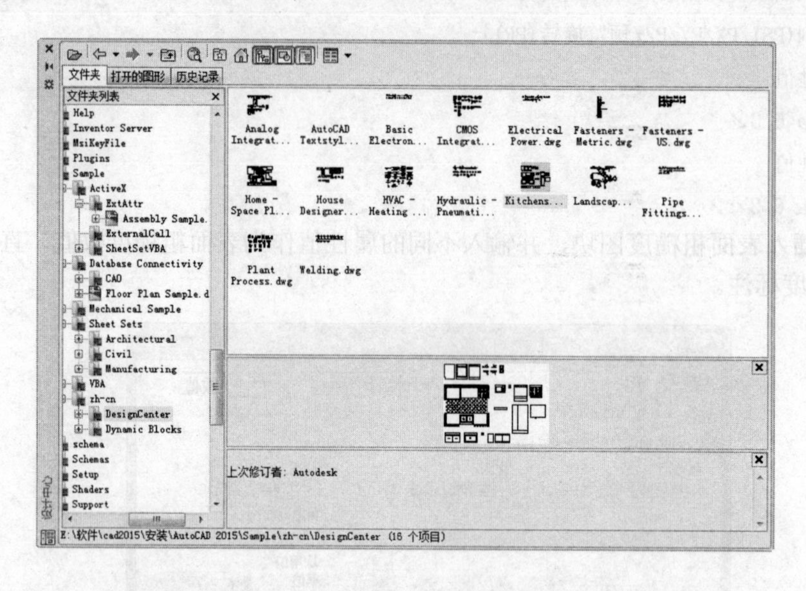

图 8-25　AutoCAD 2015 设计中心的资源管理器和内容显示区

可以依靠鼠标拖动边框来改变AutoCAD 2015设计中心资源管理器和内容显示区以及AutoCAD 2015绘图区的大小，但内容显示区的最小尺寸应能显示两列大图标。

如果要改变AutoCAD 2015设计中心的位置，可在AutoCAD 2015设计中心工具条的上部用鼠标拖动它，松开鼠标后，AutoCAD 2015设计中心便处于当前位置，到新位置后，仍可以用鼠标改变改变各窗口的大小。也可以通过设计中心边框左边下方的“自动隐藏”按钮来自动隐藏设计中心。

## 8.3.2　插入图块

可以将图块插入到图形当中。当将一个图块插入到图形当中的时候，块定义就被复制到图形数据库当中。在一个图块被插入图形之后，如果原来的图块被修改，则插入到图形当中的图块也随之改变。

当其他命令正在执行时，不能插入图块到图形当中。例如，如果在插入块时，在提示行正在执行一个命令，此时光标变成一个带斜线的圆，提示操作无效。另外一次只能插入一个图块。

插入图块的步骤如下：

（1）从文件夹列表或查找结果列表选择要插入的图块，按住鼠标左键，将其拖动到打开的图形。

松开鼠标左键，此时，被选择的对象被插入到当前被打开的图形当中。利用当前设置的捕捉方式，可以将对象插入到任何存在的图形当中。

（2）按下鼠标左键，指定一点作为插入点，移动鼠标，鼠标位置点与插入点之间距离为缩放比例。按下鼠标左键确定比例。同样方法移动鼠标，鼠标指定位置与插入点连线与水平线角度为旋转角度。被选择的对象就根据鼠标指定的比例和角度插入到图形当中。

### 8.3.3 图形复制

1．在图形之间复制图块

利用AutoCAD 设计中心可以浏览和装载需要复制的图块，然后将图块复制到剪贴板，利用剪贴板将图块粘贴到图形当中。具体方法如下：

（1）在控制板选择需要复制的图块，右击打开快捷菜单，在快捷菜单中选择“复制”命令。

（2）将图块复制到剪贴板上，通过“粘贴”命令粘贴到当前图形上。

2．在图形之间复制图层

利用AutoCAD设计中心可以从任何一个图形复制图层到其他图形。例如，如果已经绘制了一个包括设计所需的所有图层的图形，在绘制另外的新的图形的时候，可以新建一个图形，并通过AutoCAD设计中心将已有的图层复制到新的图形当中，这样可以节省时间，并保证图形间的一致性。

（1）拖动图层到已打开的图形：确认要复制图层的目标图形文件被打开，并且是当前的图形文件。在控制板或查找结果列表框选择要复制的一个或多个图层。拖动图层到打开的图形文件。松开鼠标后被选择的图层被复制到打开的图形当中。

（2）复制或粘贴图层到打开的图形：确认要复制的图层的图形文件被打开，并且是当前的图形文件。在控制板或查找结果列表框选择要复制的一个或多个图层。右击打开快捷菜单，在快捷菜单中选择“复制到粘贴板”命令。如果要粘贴图层，确认粘贴的目标图形文件被打开，并为当前文件。右击打开快捷菜单，在快捷菜单选择“粘贴”命令。

## 8.4 工具选项板

工具选项板是“工具选项板”窗口中选项卡形式的区域，提供组织、共享和放置块及填充图案的有效方法。工具选项板还可以包含由第三方开发人员提供的自定义工具。

### 8.4.1 打开工具选项板

命令行：TOOLPALETTES

菜单栏：工具→选项板→工具选项板

工具栏：标准→工具选项板

快捷键：Ctrl+3

【操作步骤】

命令：TOOLPALETTES↙

系统自动打开工具选项板窗口，如图8-26所示。

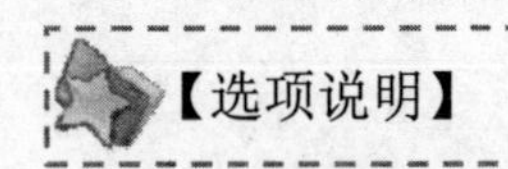【选项说明】

在工具选项板中，系统设置了一些常用图形选项卡，这些常用图形可以方便用户绘图。

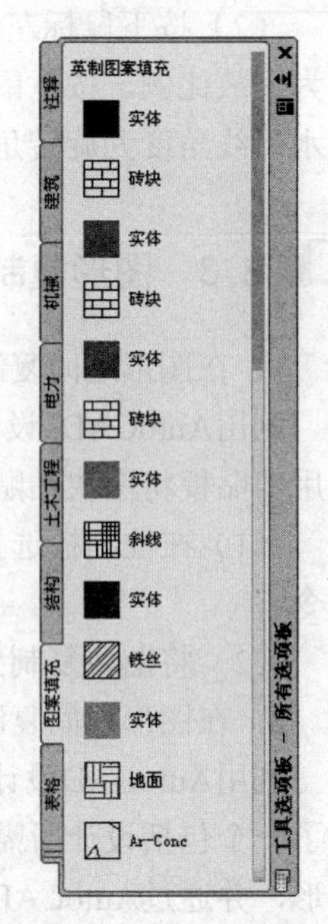


图 8-26　工具选项板

## 8.4.2　向工具选项板添加内容

（1）将图形、块和图案填充从设计中心拖动到工具选项板上。

（2）使用“剪切”、“复制”和“粘贴”将一个工具选项板中的工具移动或复制到另一个工具选项板中。

（3）右键单击设计中心树状图中的文件夹、图形文件或块，然后在快捷菜单中单击“创建工具选项板”，创建预填充的工具选项板选项卡。

例如，在“Designercenter”文件夹上打开右键快捷菜单，选择“创建块的工具选项板”命令，如图8-27a所示。工具选项板上马上增加一个名为“Designercenter”的选项卡，“Designercenter”文件夹中的图形都作为该选项卡上的图块保存起来，如图8-27b所示。

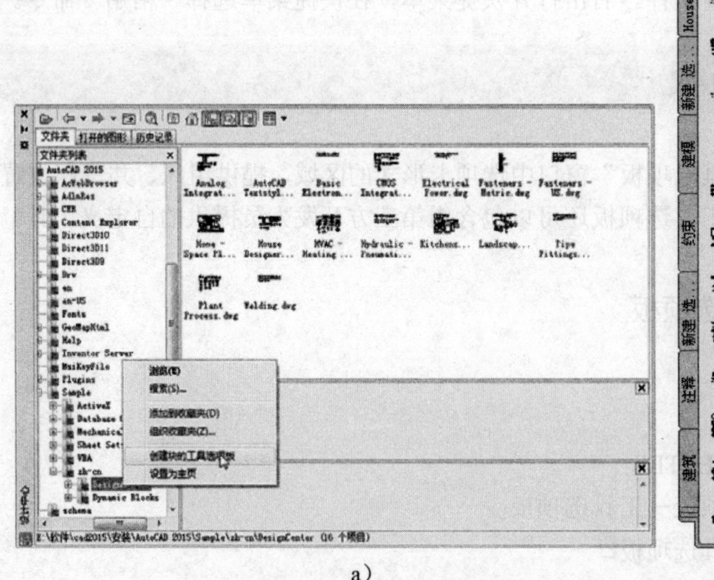


a)

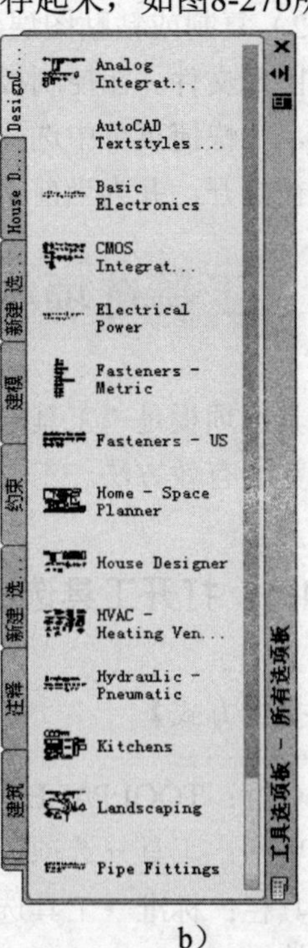


b)

图 8-27　文件夹中的图形作为工具选项板选项卡上的图块保存起来

### 8.4.3 实例——利用设计中心绘制居室布置平面图

利用设计中心绘制如图 8-28 所示的居室布置平面图。

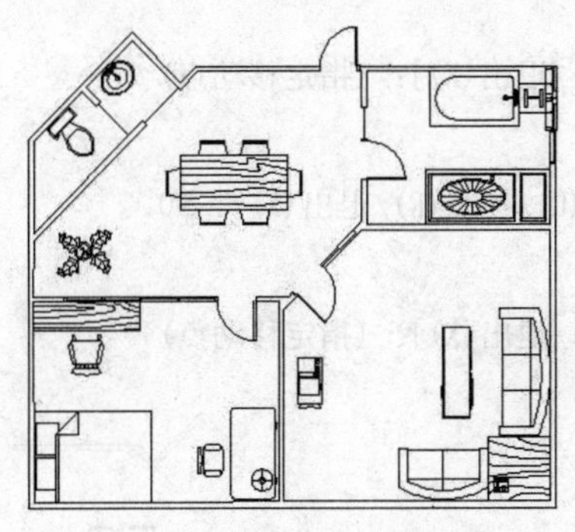

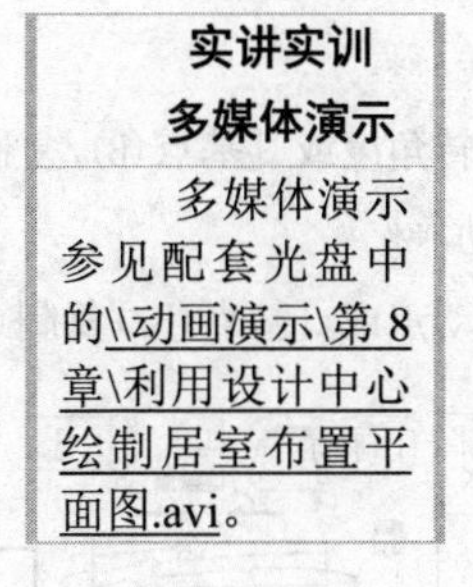


图 8-28　居室布置平面图

**绘制步骤：**

**01** 利用以前学过的绘图命令与编辑命令绘制住房结构截面图。其中进门为餐厅，左手为厨房，右手为卫生间，正对为客厅，客厅左边为寝室。

**02** 单击“标准”工具栏的“工具选项板窗口”按钮，打开工具选项板。在工具选项板菜单中选择“新建工具选项板”命令，建立新的工具选项板选项卡。在新建工具栏名称栏中输入“住房”，确认。新建的“住房”工具选项板选项卡。

**03** 单击“标准”工具栏的“设计中心”按钮，打开设计中心，如图 8-29a将设计中心中的kitchens、house designer、home space planner图块拖动到工具选项板的“住房”选项卡，如图8-29b所示。

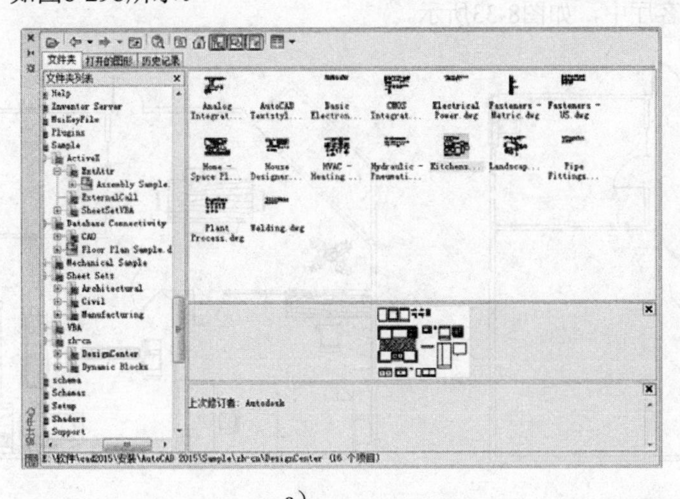

a）　　b）

图 8-29　向工具选项板插入设计中心图块

**04** 布置餐厅。将工具选项板中的home space planner图块拖动到当前图形中，利用缩放命令调整所插入的图块与当前图形的相对大小，如图8-30所示。对该图块进行分解操作，将home space planner图块分解成单独的小图块集。将图块集中的“饭桌”和“植物”图块拖动到餐厅适当位置，如图8-31所示。

**05** 布置寝室。将“双人床”图块移动到当前图形的寝室中，移动过程中，需要利用钳夹功能进行旋转和移动操作：

```
** 移动 **
指定移动点或 [基点(B)/复制(C)/放弃(U)/退出(X)]:(指定移动点)
** 旋转 **
指定旋转角度或 [基点(B)/复制(C)/放弃(U)/参照(R)/退出(X)]: 90↙
** 移动 **
指定移动点或 [基点(B)/复制(C)/放弃(U)/退出(X)]:(指定移动点)
```

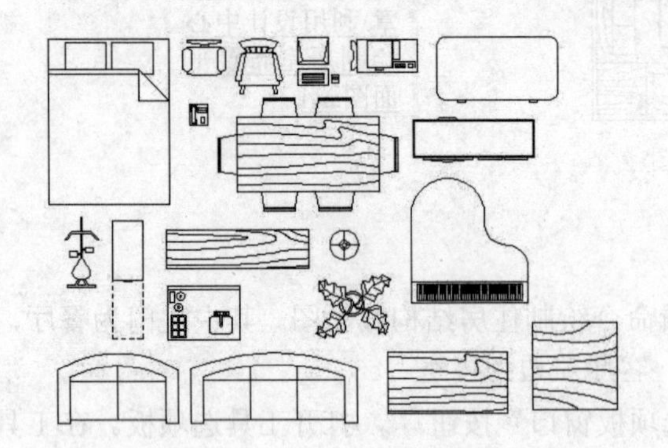

图8-30　将home space planner图块拖动到当前图形

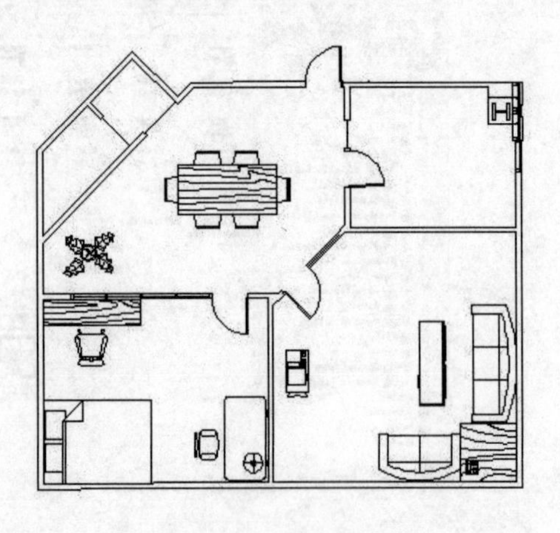

图8-31　布置饭厅

用同样方法将“琴桌”、“书桌”“台灯”和两个“椅子”图块移动并旋转到当前图形的寝室中，如图8-32所示。

**06** 布置客厅。用同样方法将“转角桌”、“电视机”“茶几”和两个“沙发”图块移动并旋转到当前图形的客厅中，如图8-33所示。

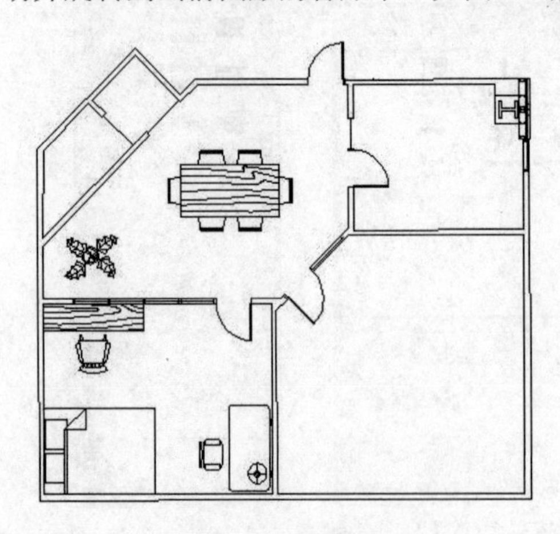

图8-32　布置寝室

图8-33　布置客厅

**07** 布置厨房。将工具选项板中的house designer图块拖动到当前图形中，利用缩放命令调整所插入的图块与当前图形的相对大小，如图8-34所示。对该图块进行分解操作，将house designer图块分解成单独的小图块集。用同样方法将“灶台”、“洗菜盆”和“水龙头”图块移动并旋转到当前图形的厨房中，如图8-35所示。

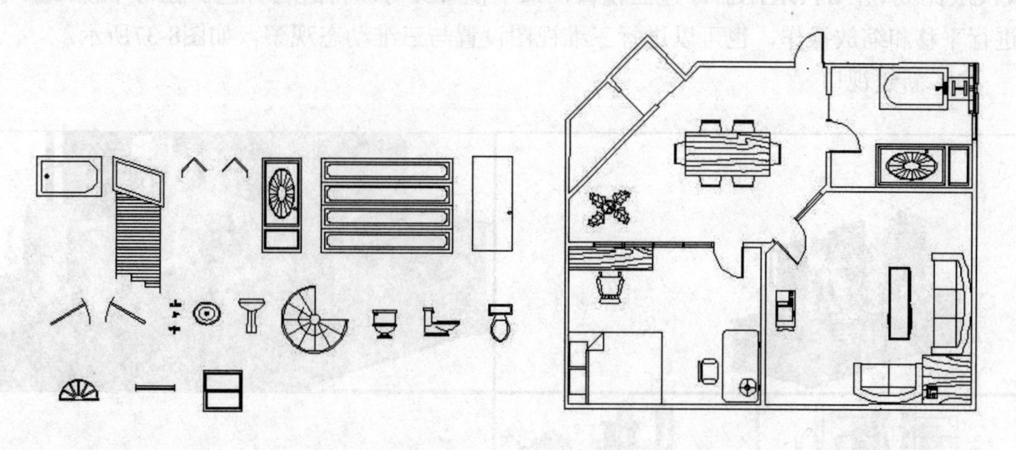

图8-34 插入house designer图块　　图8-35 布置厨房

**08** 布置卫生间。用同样方法将“马桶”和“洗脸盆”移动并旋转到当前图形的卫生间中，复制“水龙头”图块并旋转移动到洗脸盆上。删除当前图形其他没有用处的图块，最终绘制出的图形如图8-28所示。

## 8.5 模型与布局

AutoCAD 窗口提供了两个并行的工作环境，即“模型”选项卡和“布局“选项卡。在“模型”选项卡上工作时，可以绘制主题的模型，通常称其为模型空间。在布局选项卡上，可以布置模型的多个“快照”。一个布局代表一张可以使用各种比例显示一个或多个模型视图的图样。可以按下“模型”选项卡或“布局“选项卡来实现模型空间和布局空间的转换。

无论是模型空间还是布局空间，都以各种视区来表示图形。视口是图形屏幕上用于显示图形的一个矩形区域。默认时，系统把整个作图区域作为单一的视口，用户可以通过其绘制和显示图形。此外，也可根据需要把作图屏幕设置成多个视口，每个视口显示图形的不同部分，这样可以更清楚地描述物体的形状。但同一时间仅有一个是当前视口。这个当前视口便是工作区，系统在工作区周围显示粗的边框，以便用户知道哪一个视口是工作区。本节内容的菜单命令主要集中在“视图”菜单。而本章内容的工具栏命令主要集中在“视口”和“布局”两个工具栏中，如图8-36所示。

图8-36 “视口”和“布局”工具栏

## 8.5.1 模型空间

在模型空间中，屏幕上的作图区域可以被划分为多个相邻的非重叠视口。用户可以用VPORTS或VIEWPORTS命令建立视口，每个视口又可以再进行分区。在每个视口中可以进行平移和缩放操作，也可以进行三维视图设置与三维动态观察，如图8-37所示。

1．新建视口

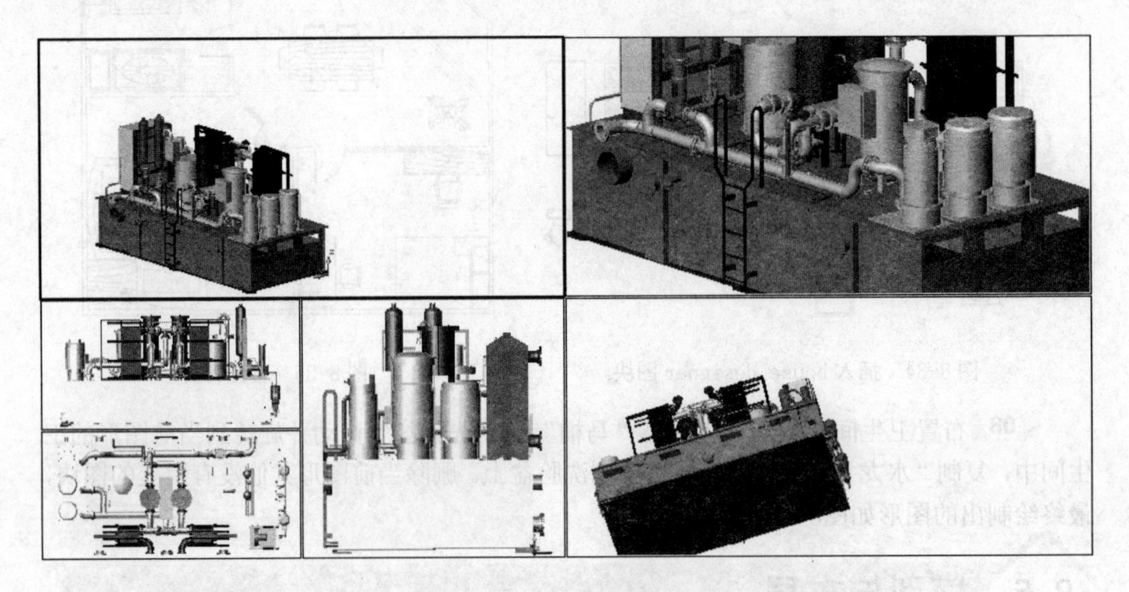

图 8-37 模型空间视图

【执行方式】

命令行：VPORTS

菜单栏：视图→视口→新建视口

工具栏：视口→显示“视口”对话框

【操作步骤】

上面操作后，系统打开如图8-38所示“视口”对话框的“新建视口”选项卡，该选项卡显示出一个标准视口配置列表并可用来创建层叠视口。图8-39所示为按图8-38设置建立的一个图形的视口。可以在多视口的一个视口中再建立多视口。

2．命名视口

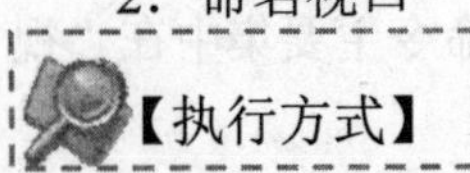

【执行方式】

命令行：VPORTS

菜单栏：视图→视口→命名视口

工具栏：视口→显示“视口”对话框

图 8-38 “视口”对话框的“新建视口”选项卡

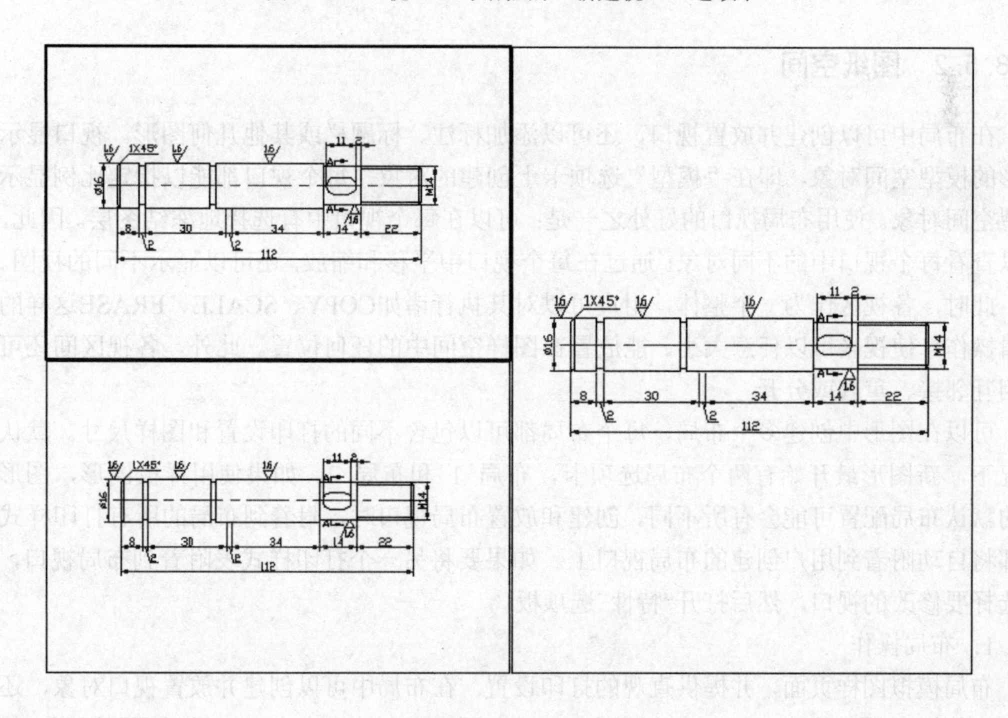

图 8-39 建立的视口

【操作步骤】

执行上述操作后，系统打开如图8-40所示的“视口”对话框的“命名视口”选项卡，该选项卡用来显示保存在图形文件中的视区配置。其中“当前名称”提示行显示当前视口名；“命名视口”列表框用来显示保存的视口配置；“预览”显示框用来预览被选择的视口配置。

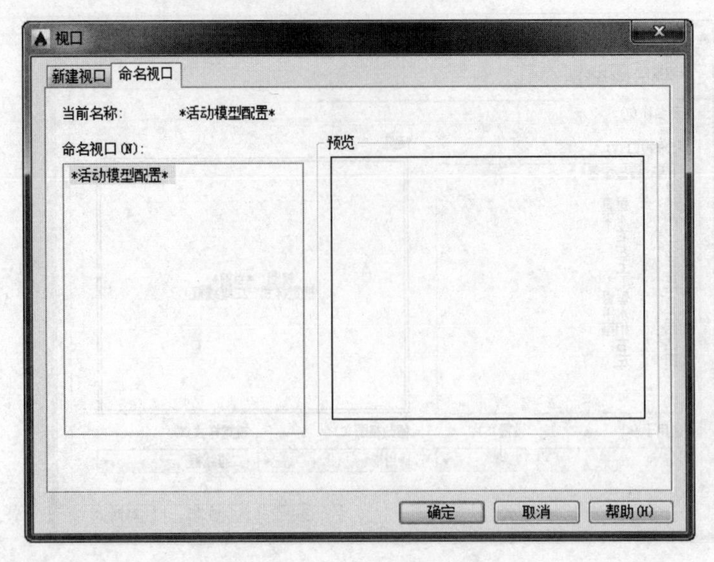


图 8-40　命名视口配置显示

## 8.5.2　图纸空间

在布局中可以创建并放置视口，还可以添加标注、标题栏或其他几何图形。视口显示图形的模型空间对象，即在“模型”选项卡上创建的对象。每个视口都能以指定比例显示模型空间对象。使用布局视口的好处之一是：可以在每个视口中有选择地冻结图层。因此，可以查看每个视口中的不同对象。通过在每个视口中平移和缩放，还可以显示不同的视图。

此时，各视区作为一个整体，用户可以对其执行诸如COPY、SCALE、ERASE这样的编辑操作，使视区可以任意大小、能放置在图样空间中的任何位置。此外，各视区间还可以相互邻接、重叠或分开。

可以在图形中创建多个布局，每个布局都可以包含不同的打印设置和图样尺寸。默认情况下，新图形最开始有两个布局选项卡，布局 1 和布局 2。如果使用样板图形，图形中的默认布局配置可能会有所不同。创建和放置布局视口时，附着到布局的所有打印样式表都将自动附着到用户创建的布局视口上。如果要将另一个打印样式表附着到布局视口，请选择要修改的视口，然后打开“特性”选项板。

1. 布局操作

布局模拟图样页面，并提供直观的打印设置。在布局中可以创建并放置视口对象，还可以添加标题栏或其他对象和几何图形。可以在图形中创建多个布局以显示不同视图，每个布局可以使用不同的打印比例和图样尺寸。

【执行方式】

命令行：LAYOUT

菜单栏：插入→布局→新建布局（来自样板的布局）

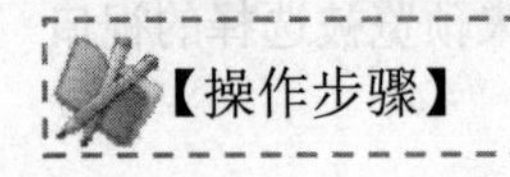【操作步骤】

命令：LAYOUT↙

输入布局选项［复制(C)/删除(D)/新建(N)/样板(T)/重命名(R)/另存为(SA)/设置(S)/?］〈设置〉：

【选项说明】

（1）复制(C)：复制指定的布局。

（2）样板(T)：从样板图选择一个样板文件建立布局。选择该项，系统打开“从文件选择样板”对话框。选择样板文件后，系统按该样板文件建立布局。这种方法有一个很明显的优点就是可以利用有些样板进行绘图的基本工作，比如，绘制图样边框和标题栏等，图8-41所示即为一种样板文件布局。本选项与菜单命令：“插入→布局→来自样板的布局”效果相同。

（3）设置（S）：对布局进行页面设置，选择该项，系统自动对布局进行设置。

2．通过向导建立布局

在AutoCAD 2015中，可以通过向导来建立布局，相对命令行方式，这种方式更直观。

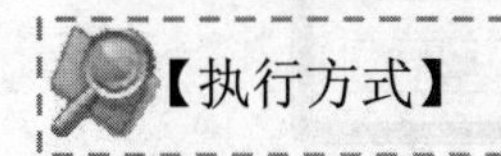【执行方式】

命令行：LAYOUTWIZARD

菜单栏：插入→布局→创建布局向导

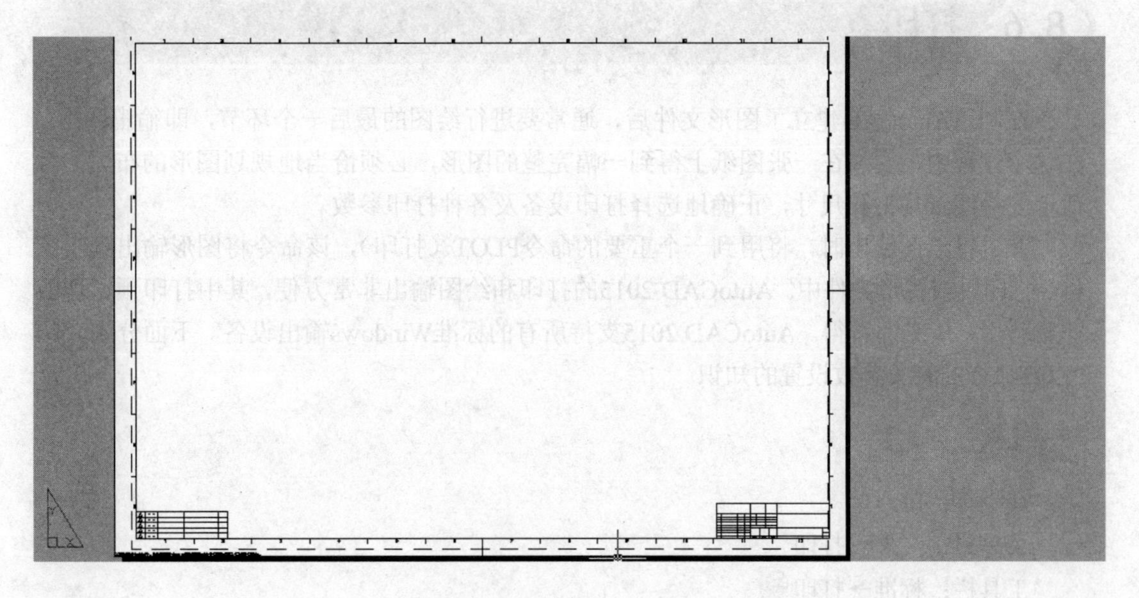

图 8-41　一种样板文件布局

【操作步骤】

命令：LAYOUTWIZARD↙

系统打开“创建布局-开始”向导对话框，如图8-42所示。输入新建布局名，单击“下一步”按钮，然后按照对话框提示逐步操作，包括打印机、图样尺寸、方向、标题栏、定义视口、拾取位置等参数的设置。最终达到创建一个新的布局。

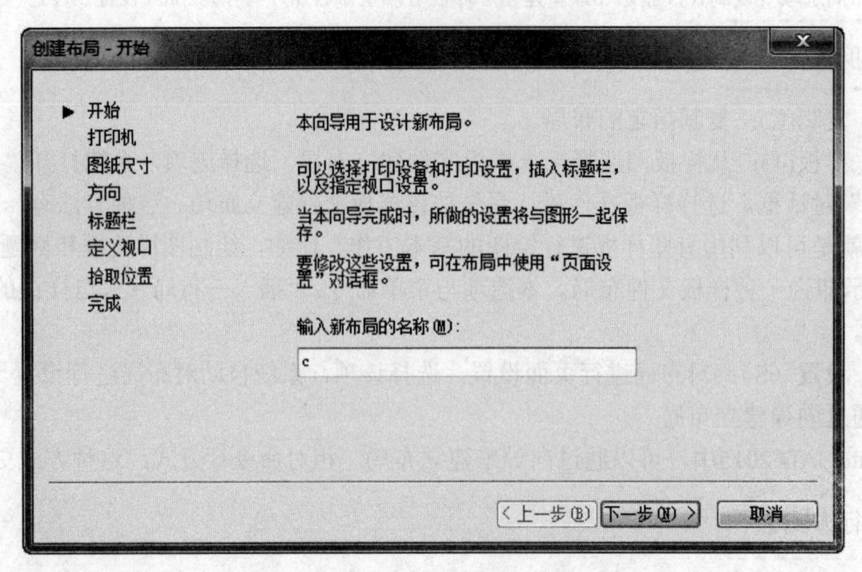


图 8-42 “创建布局-开始”向导对话框

## 8.6 打印

在利用AutoCAD建立了图形文件后，通常要进行绘图的最后一个环节，即输出图形。在这个过程中，要想在一张图纸上得到一幅完整的图形，必须恰当地规划图形的布局，合适地安排图纸规格和尺寸，正确地选择打印设备及各种打印参数。

在进行绘图输出时，将用到一个重要的命令PLOT（打印），该命令将图形输出到绘图机、打印机或图形文件中。AutoCAD 2015的打印和绘图输出非常方便，其中打印预览功能非常有用，所见即所得。AutoCAD 2015支持所有的标准Windows输出设备。下面分别介绍PLOT命令的有关参数设置的知识。

【执行方式】

命令行：PLOT

菜单栏：文件→打印

工具栏：标准→打印

快捷键：Ctrl+P

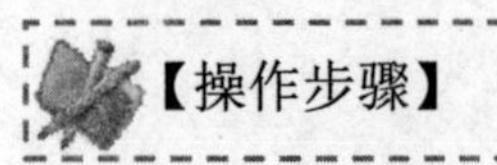


执行上述操作后，屏幕显示“打印-模型”对话框，按下右下角的按钮，将对话框展开，如图8-43所示。

在“打印-模型”对话框中可设置打印设备参数和图纸尺寸、打印份数等。

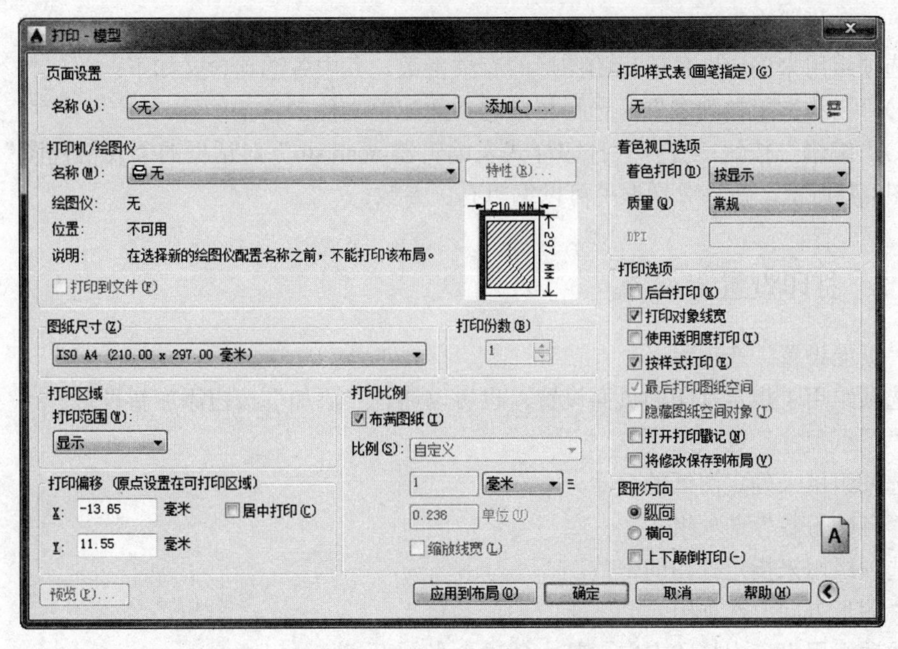


图 8-43 “打印-模型”对话框

## 8.6.1 打印设备参数设置

1.“打印机/绘图仪”选项组

此选项组用来设置打印机配置。

（1）“名称”下拉列表框：选择系统所连接的打印机或绘图机名。下面的提示行给出了当前打印机名称、位置以及相应说明。

（2）“特性”按钮：确定点取打印机或绘图机的配置属性。单击该按钮后，系统打开“绘图仪配置编辑器”对话框，如图8-44所示。用户可以在其中对绘图仪的配置进行编辑。

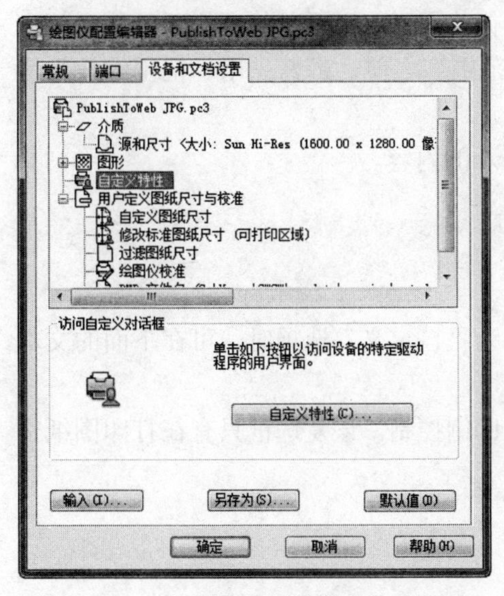


图 8-44 “绘图仪配置编辑器”对话框

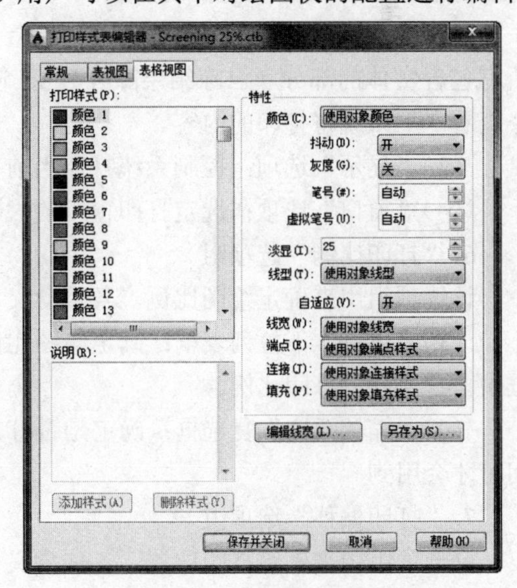


图 8-45 “表格视图”选项卡

2.“打印样式表”选项组

该选项组用来确定准备输出的图形的有关参数。其中各选项含义如下：

（1）“名称”下拉列表框：选择相应的参数配置文件名。

（2）“编辑”按钮：打开“打印样式表编辑器-acad.stb”对话框的“表格视图”选项卡，如图8-45所示。在该对话框中可以编辑有关参数。

## 8.6.2 打印设置

1.“页面设置”选项组

该选项组用于指定打印的页面设置，也可以通过“添加”按钮添加新设置。

2.“图纸尺寸”选项组

该选项组用来确定图纸的尺寸。

3.“打印份数”选项组

该选项组用来指定打印的份数。

4.“图形方向”选项组

该选项组用来确定打印方向。其中各项含义如下：

（1）“纵向”单选按钮：表示用户选择纵向打印方向。

（2）“横向”单选按钮：表示用户选择横向打印方向。

（3）“反向打印”复选框：控制是否将图形旋转180º 打印。

5.“打印区域”选项组

该选项组用来确定打印区域的范围。其中各项含义如下：

（1）“图形界限”选项：控制系统打印当前层(或由绘图界限所定义的绘图区域。如果当前视点（Viewpoint）并不处于平面视图状态(Viewpoint0，0，1)，系统将作为Extents处理。其中，当前图形在图纸空间时，对话框中显示“布局”按钮，当当前图形在模型空间时，对话框显示“图形范围”按钮。

（2）“范围”选项：与“范围缩放”命令相类似，用于告诉系统打印当前绘图空间内所有包含实体的部分（已冻结层除外）。在使用“范围”之前，最好先用“范围缩放”命令查看一下系统将打印的内容。

（3）“显示”选项：控制系统打印当前视窗显示的内容。

（4）“窗口”选项：选定打印窗口的大小。

6.“打印比例”选项组

该选项组用来确定绘图比例。各项含义如下：

（1）“比例”下拉列表框：确定绘图比例。当为“自定义”选项时，可在下面的文本框中自定义任意打印比例。

（2）“缩放线宽”复选框：确定是否打开线宽比例控制。该复选框只有在打印图纸空间时才会用到。

7.“打印偏移”选项组

此选项组用来确定打印位置。各项含义如下：

（1）“居中打印”复选框：控制是否居中打印。

（2）“X、Y”文本框：分别控制X轴和Y轴打印偏移量。

8.“打印选项”选项组

（1）“打印对象线宽”复选框：打印线宽。

（2）“按样式打印”复选框：选用在打印类型选项组中规定的打印样式打印。

（3）“最后打印图纸空间”复选框：首先打印模型空间，最后打印图纸空间。通常情况下，系统首先打印图纸空间，再打印模型空间。

（4）“隐藏图纸空间对象”复选框：指定是否在图纸空间视口中的对象上应用“隐藏”操作。此选项仅在布局选项卡上可用。此设置的效果反映在打印预览中，而不反映在布局中。

9.“着色视口”选项组

该选项组指定着色和渲染视口的打印方式，并确定它们的分辨率大小和DPI值。

以前只能将三维图像打印为线框。为了打印着色或渲染图像，必须将场景渲染为位图，然后在其他程序中打印此位图。使用着色打印，现在可以在AutoCAD中打印着色三维图像或渲染三维图像。还可以使用不同的着色选项和渲染选项设置多个视口。

（1）“着色打印”下拉列表框：指定视图的打印方式。

（2）“质量”下拉列表框：指定着色和渲染视口的打印质量。

（3）“DPI”文本框：指定渲染和着色视图每英寸的点数，最大可为当前打印设备分辨率的最大值。只有在“质量”框中选择了“自定义”后，此选项才可用。

10.“预览”按钮

此按钮用于预览整个图形窗口中将要打印的图形（如图8-46所示）。

完成上述绘图参数设置后，可以单击“确定”按钮进行打印输出。

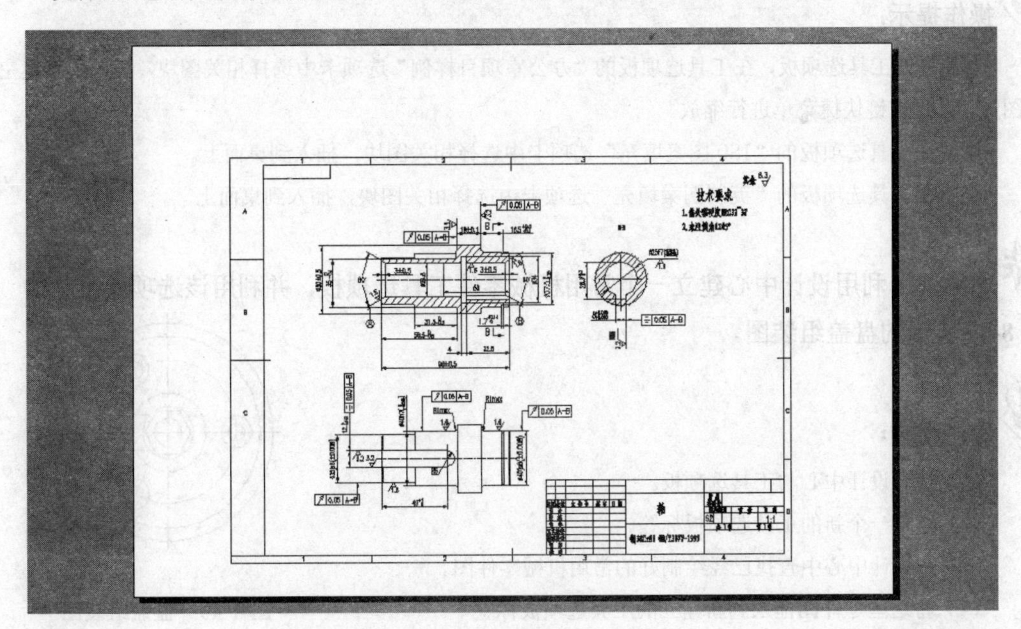

图 8-46 “完全预览”显示

### 实验 1　将图 8-47 所示的图形定义为图块，取名为“螺母”。

**操作提示：**

（1）利用“块定义”对话框进行适当设置定义块。

（2）利用 WBLOCK 命令，进行适当设置，保存块。

### 实验 2　利用工具选项板绘制图 8-48 所示的图形。

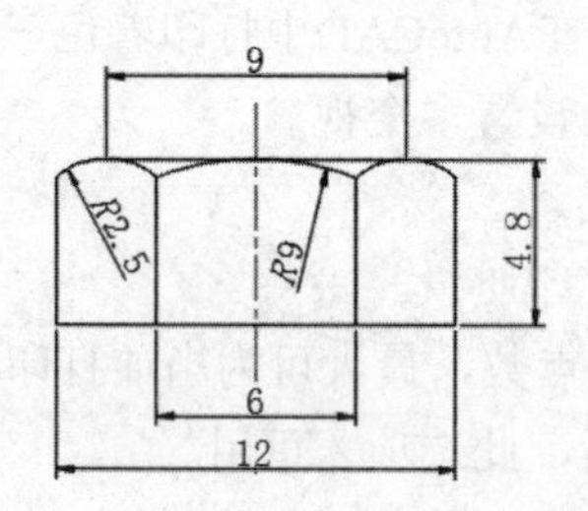


图 8-47　绘制图块

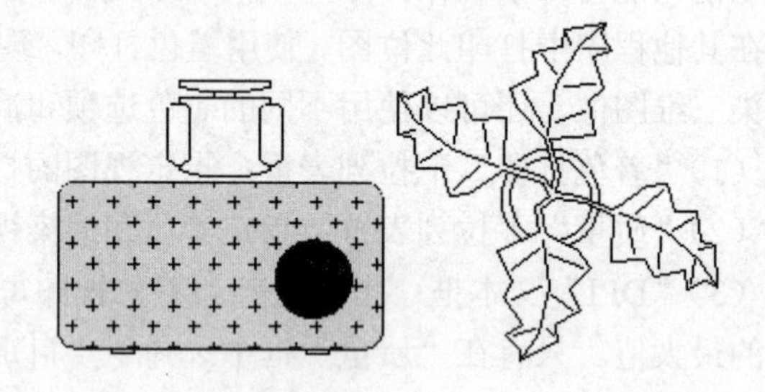

图 8-48　绘制图形

**操作提示：**

（1）打开工具选项板，在工具选项板的“办公室项目样例”选项卡中选择相关图块，插入到新建空白图形，通过右键快捷菜单进行缩放。

（2）在工具选项板的“ISO 图案填充”选项卡中选择相关图块，插入到桌面上。

（3）在工具选项板的“英制图案填充”选项卡中选择相关图块，插入到桌面上。

### 实验 3　利用设计中心建立一个常用机械零件工具选项板，并利用该选项板绘制如图 8-49 所示的盘盖组装图。

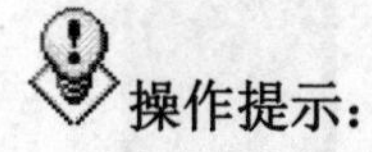

**操作提示：**

（1）打开设计中心与工具选项板。

（2）建立一个新的工具选项板标签。

（3）在设计中心中查找已经绘制好的常用机械零件图。

（4）将这些零件图拖入到新建立的工具选项板标签中。

（5）打开一个新图形文件界面。

（6）将需要的图形文件模块从工具选项板上拖入到当前图形中，并进行适当的放缩、移动、旋转等操作。

图 8-49　盘盖组装图

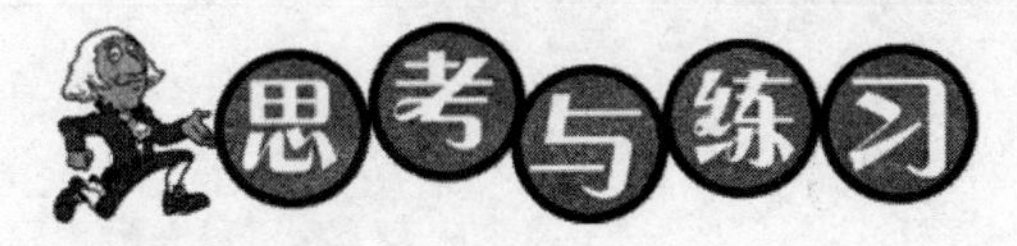


1．图块的定义是什么？图块有何特点？

2．定义如图8-50所示的图块并存盘。

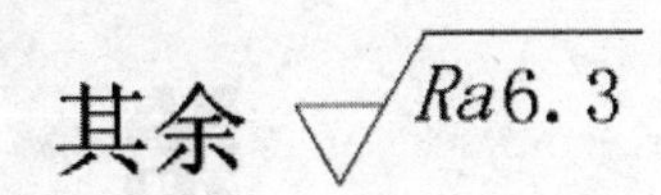


图 8-50　图块定义练习

3．将2题中的图块插入到图形中。

4．什么是图块的属性？如何定义图块属性？

5．什么是设计中心？设计中心有什么功能？

6．什么是工具选项板？怎样利用工具选项板进行绘图。

7．设计中心及工具选项板中的图形与普通图形有什么区别？与图块又有什么区别？

8．在AutoCAD设计中心中查找D盘中文件名包含“HU”文字，大于2KB的图形文件。

9．建立如图8-51所示的多窗口视口，并命名保存。

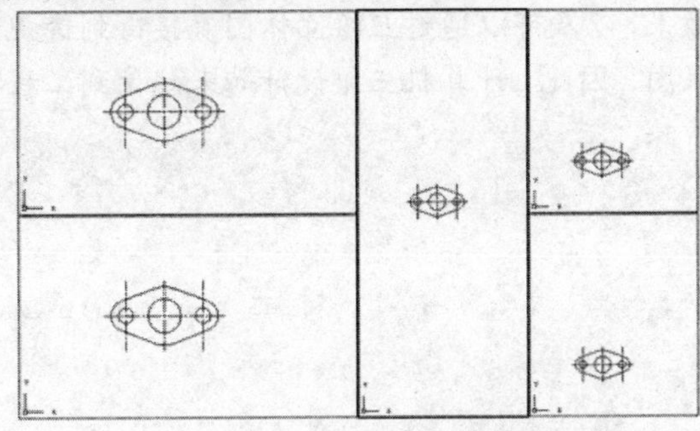

图 8-51　多窗口视口

# 第 9 章

# 绘制和编辑三维表面

随着CAD技术的普及，越来越多的工程技术人员在使用AutoCAD进行工程设计。虽然，在工程设计中，通常都使用二维图形来描述三维实体，但是由于三维图形的逼真效果，以及可以通过三维立体图直接得到透视图或平面效果图，因此，计算机三维设计越来越受到工程技术人员的青睐。

学习要点

- 三维坐标系统
- 观察模式
- 三维绘制
- 绘制三维网格曲面
- 绘制三维曲面
- 编辑三维曲面

# 9.1 三维坐标系统

AutoCAD 2015 使用的是笛卡尔坐标系。其使用的直角坐标系有两种类型，一种是世界坐标系（WCS），另一种是用户坐标系（UCS）。绘制二维图形时，常用的坐标系，即世界坐标系（WCS），由系统默认提供。世界坐标系又称通用坐标系或绝对坐标系，对于二维绘图来说，世界坐标系足以满足要求。为了方便创建三维模型，AutoCAD 2015 允许用户根据自己的需要设定坐标系，即用户坐标系（UCS），合理的创建 UCS，可以方便地创建三维模型。

## 9.1.1 创建坐标系

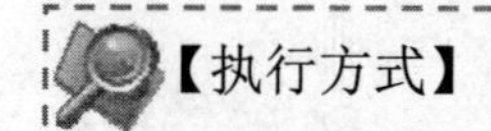
【执行方式】

命令行：ucs

菜单栏：工具→新建 UCS

工具栏：单击“UCS”工具栏中的任一按钮

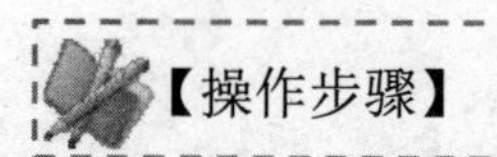
【操作步骤】

命令行提示与操作如下：

命令：ucs↙

当前 UCS 名称：*左视*

指定 UCS 的原点或 [面(F)/命名(NA)/对象(OB)/上一个(P)/视图(V)/世界(W)/X/Y/Z/Z 轴(ZA)] <世界>:

【选项说明】

（1）指定 UCS 的原点：使用一点、两点或三点定义一个新的 UCS。如果指定单个点 1，当前 UCS 的原点将会移动而不会更改 X、Y 和 Z 轴的方向。选择该选项，命令行提示与操作如下：

指定 X 轴上的点或 <接受>：继续指定 X 轴通过的点 2 或直接按 Enter 键，接受原坐标系 X 轴为新坐标系的 X 轴

指定 XY 平面上的点或 <接受>：继续指定 XY 平面通过的点 3 以确定 Y 轴或直接按 Enter 键，接受原坐标系 XY 平面为新坐标系的 XY 平面，根据右手法则，相应的 Z 轴也同时确定，如图 9-1 所示

（2）面（F）：将 UCS 与三维实体的选定面对齐。要选择一个面，请在此面的边界内或面的边上单击，被选中的面将亮显，UCS 的 X 轴将与找到的第一个面上最近的边对齐。选择该选项，命令行提示与操作如下：

选择实体对象的面：选择面

输入选项 [下一个(N)/X 轴反向(X)/Y 轴反向(Y)] <接受>：↙（结果如图 9-2 所示）

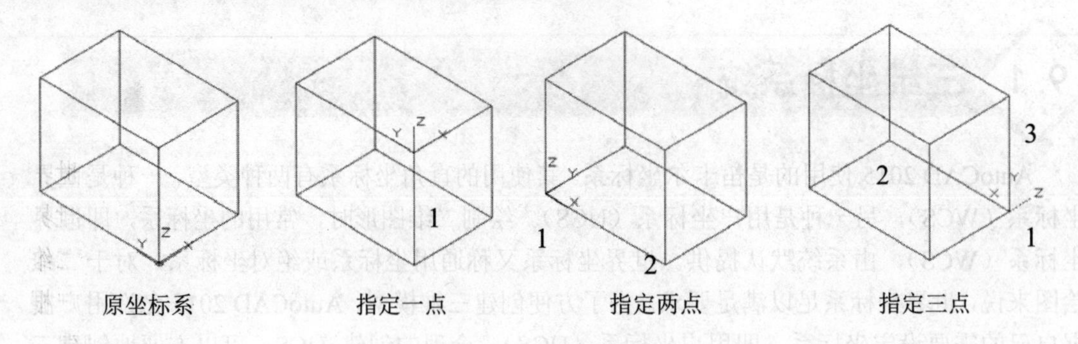


图 9-1　指定原点

如果选择“下一个”选项，系统将 UCS 定位于邻接的面或选定边的后向面。

（3）对象（OB）：根据选定三维对象定义新的坐标系，如图 9-3 所示。新建 UCS 的拉伸方向（Z 轴正方向）与选定对象的拉伸方向相同。选择该选项，命令行提示与操作如下：

```
选择对齐 UCS 的对象：选择对象
```

对于大多数对象，新 UCS 的原点位于离选定对象最近的顶点处，并且 X 轴与一条边对齐或相切。对于平面对象，UCS 的 XY 平面与该对象所在的平面对齐。对于复杂对象，将重新定位原点，但是轴的当前方向保持不变。

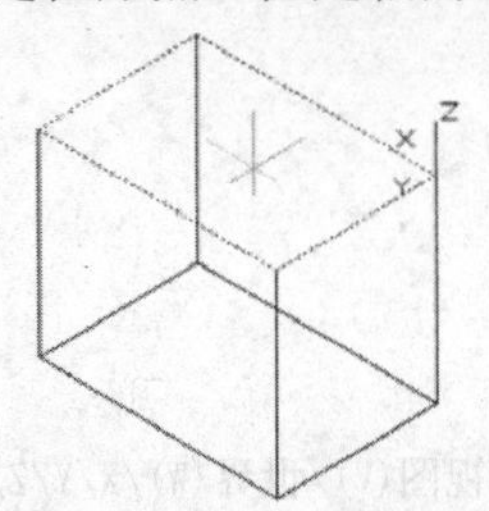

图 9-2　选择面确定坐标系

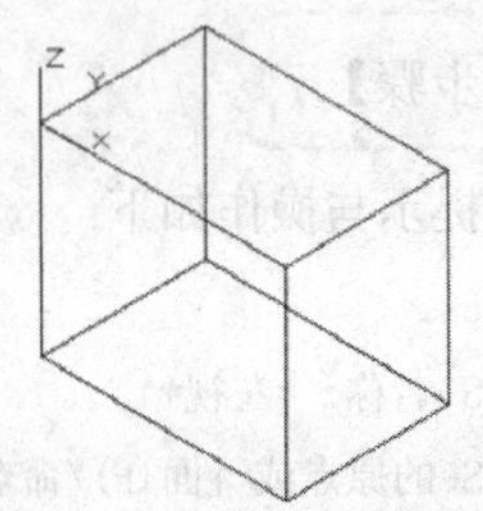

图 9-3　选择对象确定坐标系

（4）视图（V）：以垂直于观察方向（平行于屏幕）的平面为 XY 平面，创建新的坐标系。UCS 原点保持不变。

（5）世界（W）：将当前用户坐标系设置为世界坐标系。WCS 是所有用户坐标系的基准，不能被重新定义。

**技巧荟萃**

该选项不能用于下列对象：三维多段线、三维网格和构造线。

（6）X、Y、Z：绕指定轴旋转当前 UCS。

（7）Z 轴（ZA）：利用指定的 Z 轴正半轴定义 UCS。

## 9.1.2　动态坐标系

打开动态坐标系的具体操作方法是按下状态栏中的“允许/禁止动态 UCS”按钮。可以使用动态 UCS 在三维实体的平整面上创建对象，而无需手动更改 UCS 方向。在执行命令的过程中，当将光标移动到面上方时，动态 UCS 会临时将 UCS 的 XY 平面与三维实体的平整面对齐，如图 9-4 所示。

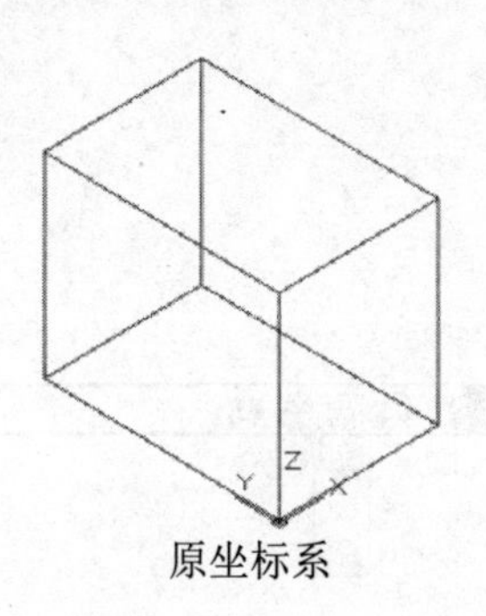

原坐标系

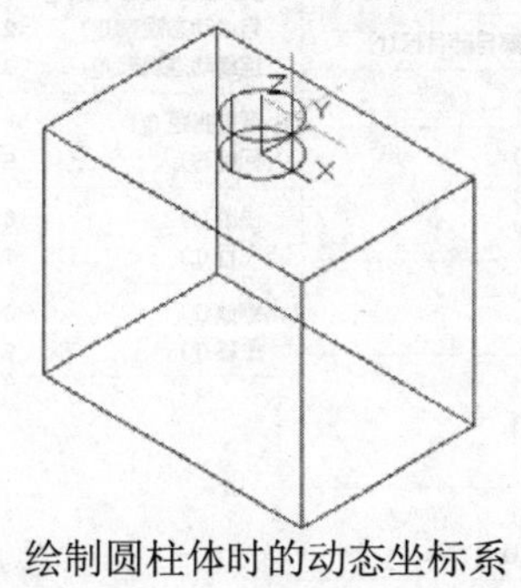

绘制圆柱体时的动态坐标系

图 9-4 动态 UCS

动态 UCS 激活后，指定的点和绘图工具（如极轴追踪和栅格）都将与动态 UCS 建立的临时 UCS 相关联。

## 9.2 观察模式

AutoCAD 2015 大大增强了图形的观察功能，在增强原有的动态观察功能和相机功能的前提下，又增加了漫游和飞行以及运动路径动画的功能。

### 9.2.1 动态观察

AutoCAD 2015 提供了具有交互控制功能的三维动态观测器，利用三维动态观测器用户可以实时地控制和改变当前视口中创建的三维视图，以得到期望的效果。动态观察分为 3 类，分别是受约束的动态观察、自由动态观察和连续动态观察，具体介绍如下：

1. 受约束的动态观察

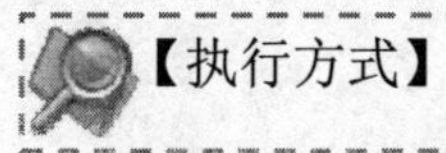


命令行：3DORBIT（快捷命令：3DO）

菜单栏：视图→动态观察→受约束的动态观察

快捷菜单：启用交互式三维视图后，在视口中右键单击，打开快捷菜单，如图 9-5 所示，选择“受约束的动态观察”命令。

工具栏：动态观察→受约束的动态观察或三维导航→受约束的动态观察，如图 9-6 所示。

执行上述操作后，视图的目标将保持静止，而视点将围绕目标移动。但是，从用户的视点看起来就像三维模型正在随着光标的移动而旋转，用户可以以此方式指定模型的任意视图。

系统显示三维动态观察光标图标。如果水平拖动鼠标，相机将平行于世界坐标系（WCS）的 XY 平面移动。如果垂直拖动鼠标，相机将沿 Z 轴移动，如图 9-7 所示。

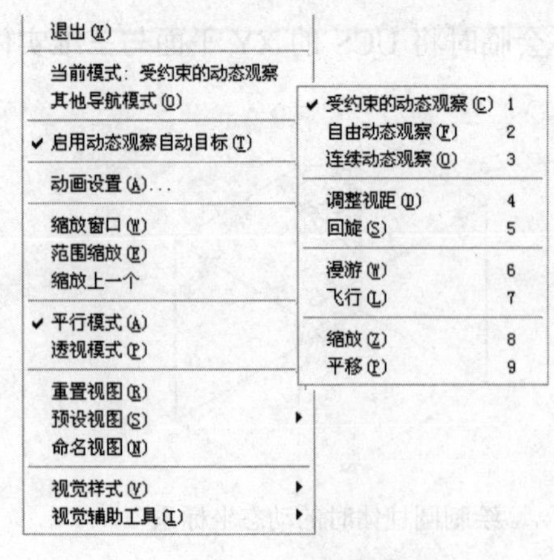


图 9-5 快捷菜单

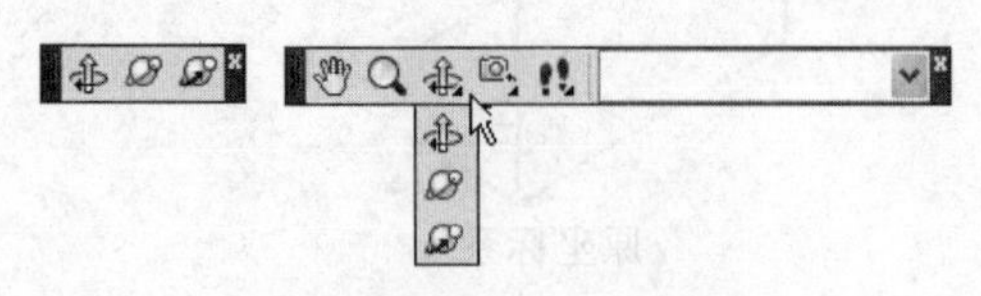

图 9-6 “动态观察”和“三维导航”工具栏

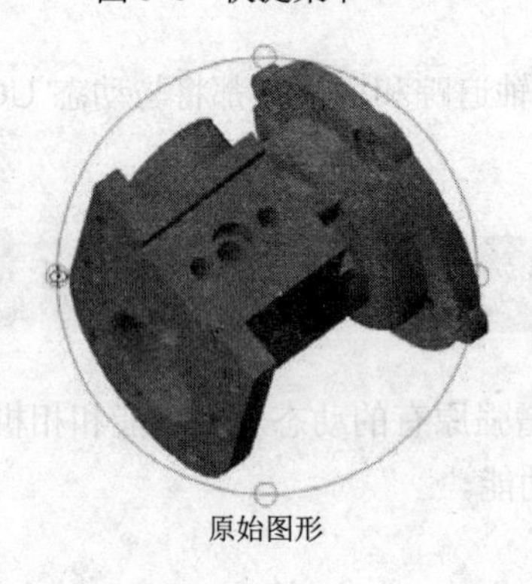

原始图形

拖动鼠标

图 9-7 受约束的三维动态观察

**技巧荟萃**

3DORBIT 命令处于活动状态时，无法编辑对象。

2. 自由动态观察

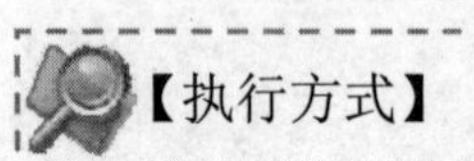

【执行方式】

命令行：3DFORBIT

菜单栏：视图→动态观察→自由动态观察

快捷菜单：启用交互式三维视图后，在视口中右键单击，打开快捷菜单，如图 9-5 所示，选择“自由动态观察”命令。

工具栏：动态观察→自由动态观察或三维导航→自由动态观察。

执行上述操作后，在当前视口出现一个绿色的大圆，在大圆上有 4 个绿色的小圆，如图 9-8 所示。此时通过拖动光标就可以对视图进行旋转观察。

在三维动态观测器中，查看目标的点被固定，用户可以利用鼠标控制相机位置绕观察对象得到动态的观测效果。当光标在绿色大圆的不同位置进行拖动时，光标的表现形式是不同的，视图的旋转方向也不同。视图的旋转由光标的表现形式和其位置决定的，光标在不同位置有⊙、⊙、⊕、⊕几种表现形式，可分别对对象进行不同形式的旋转。

3．连续动态观察

【执行方式】

命令行：3DCORBIT

菜单栏：视图→动态观察→连续动态观察

快捷菜单：启用交互式三维视图后，在视口中右键单击，打开快捷菜单，如图 9-5 所示，选择“连续动态观察”命令。

工具栏：动态观察→连续动态观察或三维导航→连续动态观察

执行上述操作后，绘图区出现动态观察图标，按住鼠标左键拖动，图形按鼠标拖动的方向旋转，旋转速度为鼠标拖动的速度，如图 9-9 所示。

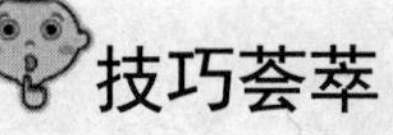

技巧荟萃

如果设置了相对于当前 UCS 的平面视图，就可以在当前视图用绘制二维图形的方法在三维对象的相应面上绘制图形。

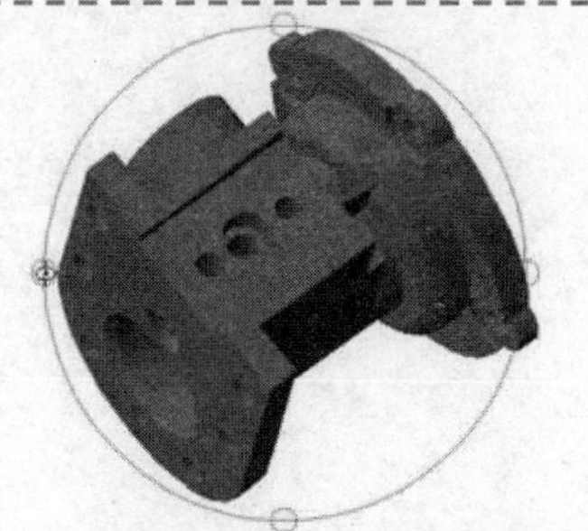

图 9-8　自由动态观察

图 9-9　连续动态观察

## 9.2.2　视图控制器

使用视图控制器功能，可以方便地转换方向视图。

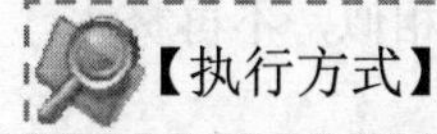【执行方式】

命令行：navvcube

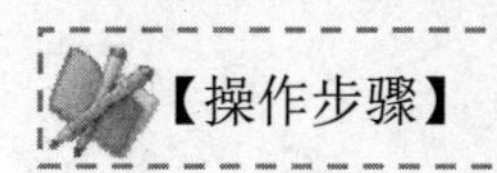【操作步骤】

命令行提示与操作如下：

命令：navvcube↙

输入选项［开(ON)/关(OFF)/设置(S)］<ON>:

上述命令控制视图控制器的打开与关闭，当打开该功能时，绘图区的右上角自动显示视图控制器，如图 9-10 所示。

单击控制器的显示面或指示箭头，界面图形就自动转换到相应的方向视图。图 9-11 所示为单击控制器“上”面后，系统转换到上视图的情形。单击控制器上的按钮，系统回到西南等轴测视图。

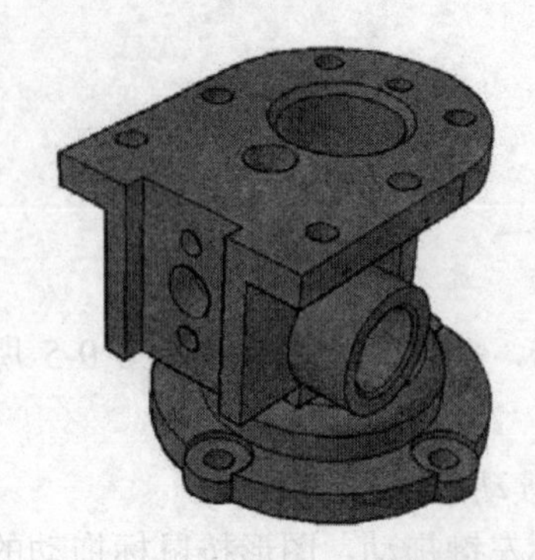

图 9-10　显示视图控制器

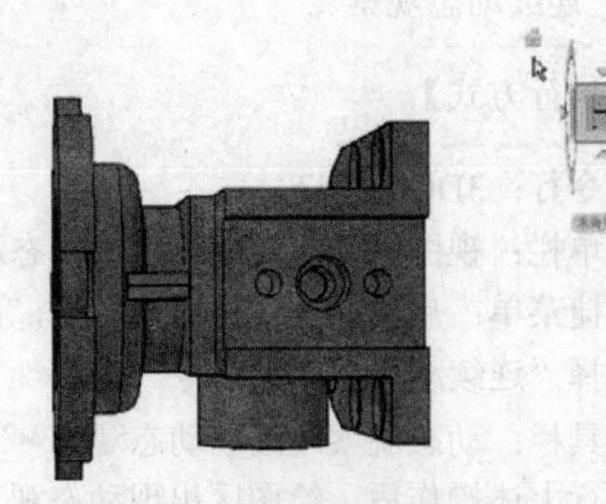

图 9-11　单击控制器“上”面后的视图

## 9.3 三维绘制

### 9.3.1　绘制三维点

【执行方式】

命令行：POINT

菜单栏：绘图→点→单点

工具栏：绘图→点

【操作步骤】

命令：POINT↙

当前点模式:　PDMODE=0　PDSIZE=0.0000

指定点：

另外，绘制三维直线、构造线和样条曲线时，具体绘制方法与二维相似，不再赘述。

### 9.3.2　绘制三维多段线

【执行方式】

命令行：3DPOLY

菜单栏：绘图→三维多段线

功能区：“默认”选项卡中“绘图”面板上的“三维多段线”按钮

【操作步骤】

命令：3DPOLY↙

指定多段线的起点：（指定某一点或者输入坐标点）

指定直线的端点或［放弃(U)］：（指定下一点）

## 9.3.3　绘制三维面

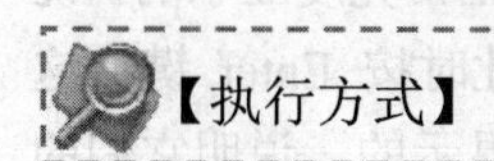【执行方式】

命令行：3DFACE

菜单栏：绘图→建模→网格→三维面

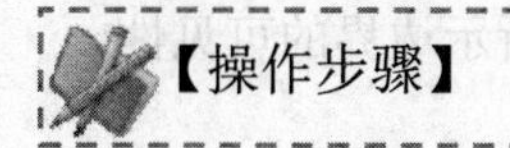【操作步骤】

命令：3DFACE↙

指定第一点或［不可见（I）］：（指定某一点或输入 I）

【选项说明】

1. 指定第一点：输入某一点的坐标或用鼠标确定某一点，以定义三维面的起点。在输入第一点后，可按顺时针或逆时针方向输入其余的点，以创建普通三维面。如果在输入第四点后按 Enter 键，则以指定第四点生成一个空间三维平面。如果在提示下继续输入第二个平面上的第三点和第四点坐标，则生成第二个平面。该平面以第一个平面的第三点和第四点作为第二个平面的第一点和第二点，创建第二个三维平面。继续输入点可以创建用户要创建的平面，按 Enter 键结束。

2. 不可见：控制三维面各边的可见性，以便建立有孔对象的正确模型。如果在输入某一边之前输入 I，则可以使该边不可见。如图 9-12 所示为建立一长方体时某一边使用 I 命令和不使用 I 命令的视图的比较。

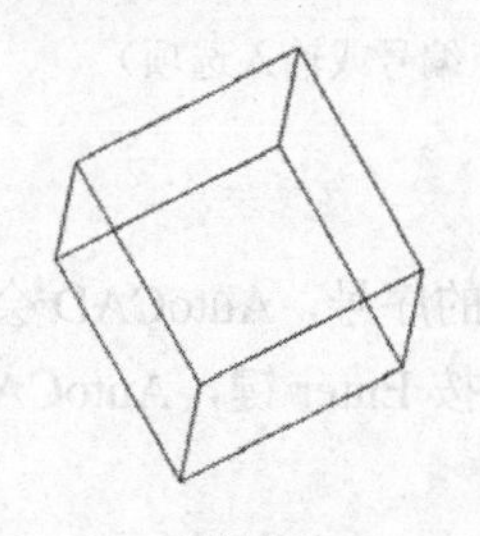

可见边

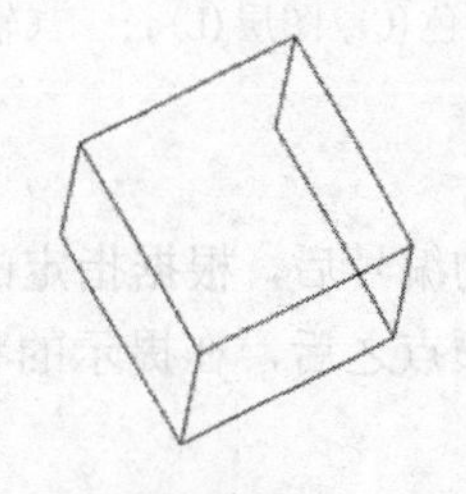

不可见边

图 9-12　“不可见”命令选项视图比较

## 9.3.4　控制三维平面边界的可见性

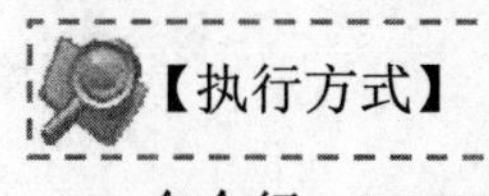【执行方式】

命令行：EDGE

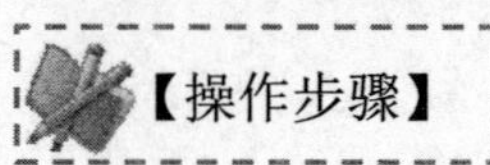【操作步骤】

命令：EDGE↙

指定要切换可见性的三维表面的边或［显示（D)］：（选择边或输入 d）

【选项说明】

（1）指定要切换可见性的三维表面的边：如果要选择的边界是以正常亮度显示的，说明它们的当前状态是可见的，选择这些边后它们将以虚线形式显示。此时按 Enter 键，这些边将从屏幕上消失，变为不可见状态。如果要选择的边界是以虚线显示的，说明它们的当前状态是不可见的，选择这些边后它们将以正常形式显示。此时按 Enter 键，这些边将会在原来的位置显示，变为可见状态。

（2）显示：将未显示的边界以虚线形式显示出来，由用户决定所示边界的可见性。

## 9.3.5 绘制多边网格面

【执行方式】

命令行：PFACE

【操作步骤】

命令：PFACE↙

指定顶点 1 的位置：（输入点 1 的坐标或指定一点）

指定顶点 2 的位置或〈定义面〉：（输入点 2 的坐标或指定一点）

……

指定顶点 n 的位置或〈定义面〉：（输入点 n 的坐标或指定一点）

在输入最后一个顶点的坐标后，在提示下直接按 Enter 键，AutoCAD 出现如下提示：

输入顶点编号或［颜色(C)/图层(L)］：（输入顶点编号或输入选项）

【选项说明】

输入平面上顶点的编号后，根据指定的顶点的序号，AutoCAD 会生成一平面。当确定了一个平面上的所有顶点之后，在提示的状态下按 Enter 键，AutoCAD 则指定另外一个平面上的顶点。

## 9.3.6 绘制三维网格

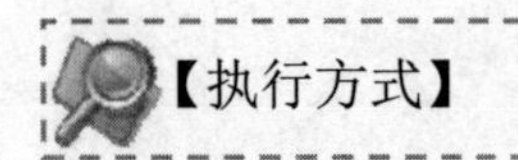【执行方式】

命令行：3DMESH

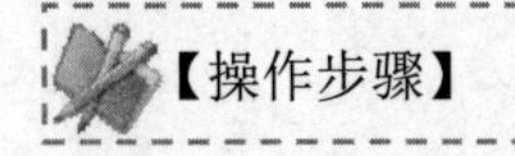【操作步骤】

命令：3DMESH↙

输入 M 方向上的网格数量：（输入 2 ～ 256 之间的值）

输入 N 方向上的网格数量：（输入 2 ～ 256 之间的值）

指定顶点(0, 0)的位置：（输入第一行第一列的顶点坐标）

指定顶点(0, 1)的位置：(输入第一行第二列的顶点坐标)

… …

指定顶点(M-1, N-1)的位置：（输入第 M 行第 N 列的顶点坐标）

图 9-13 所示为绘制的三维网格表面。

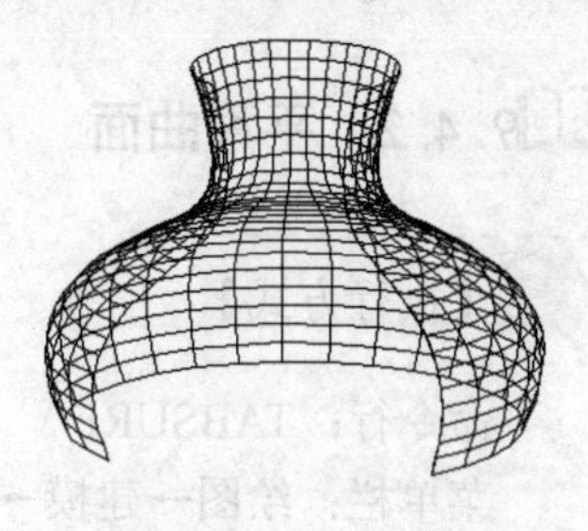

图 9-13 三维网格

## 9.4 绘制三维网格曲面

### 9.4.1 直纹曲面

【执行方式】

命令行：RULESURF

菜单栏：绘图→建模→网格→直纹网格

功能区：“三维工具”选项卡中“建模”面板上的“直纹曲面”按钮

【操作步骤】

命令：RULESURF↙

当前线框密度：SURFTAB1=16

选择第一条定义曲线：（指定的一条曲线）

选择第二条定义曲线：（指定的二条曲线）

下面我们来生成一个简单的直纹曲面。首先将视图转换为“西南轴测图”，然后绘制如图 9-14a 所示的两个圆作为草图，然后执行直纹曲面命令 RULESURF，分别拾取绘制的两个圆作为第一条和第二条定义曲线，则得到的直纹曲面如图 9-14b 所示。

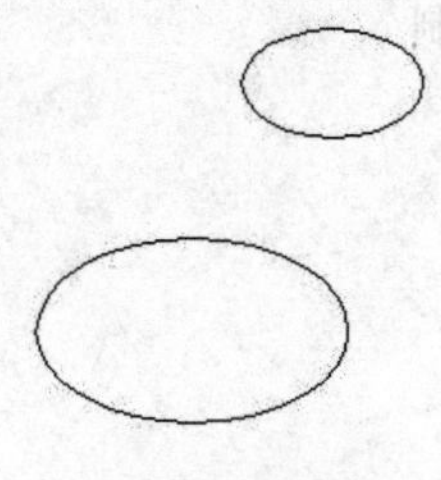

a）作为草图的圆

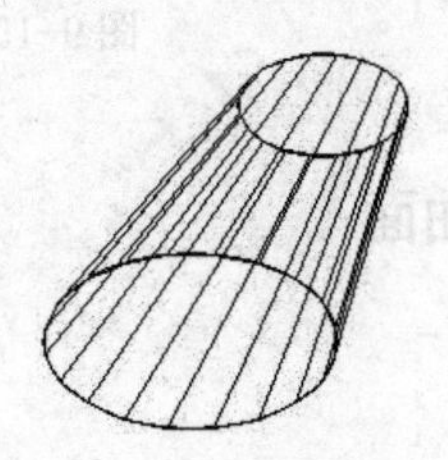

b）生成的直纹曲面

图 9-14 绘制直纹曲面

## 9.4.2 平移曲面

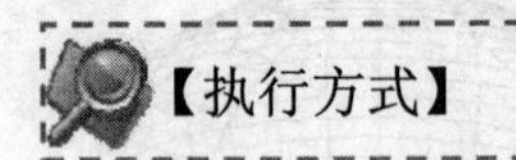

【执行方式】

命令行：TABSURF

菜单栏：绘图→建模→网格→平移网格

功能区："三维工具"选项卡中"建模"面板上的"平移曲面"按钮

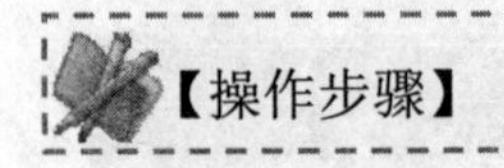

【操作步骤】

命令：TABSURF↙

当前线框密度：SURFTAB1=6

选择用作轮廓曲线的对象：（选择一个已经存在的轮廓曲线）

选择用作方向矢量的对象:（选择一个方向线）

【选项说明】

（1）轮廓曲线。轮廓曲线可以是直线、圆弧、圆、椭圆、二维或三维多段线。AutoCAD从轮廓曲线上离选定点最近的点开始绘制曲面。

（2）方向矢量。方向矢量指出形状的拉伸方向和长度。在多段线或直线上选定的端点决定拉伸的方向。

图 9-15 所示为选择如图 9-15a 绘制的六边形为轮廓曲线对象，以如图 10-15a 所绘制的直线为方向矢量绘制的图形，如图 9-15b 所示。

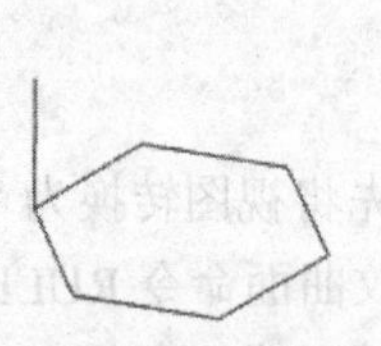

a）六边形和方向线

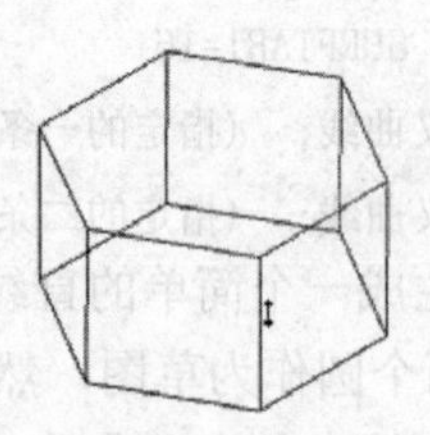

b）平移后的曲面

图 9-15　平移曲面的绘制

## 9.4.3 边界曲面

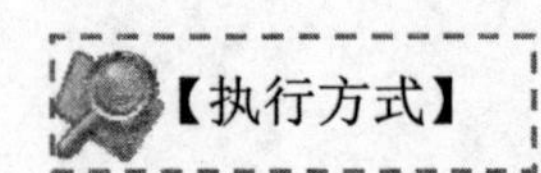

【执行方式】

命令行：EDGESURF

菜单栏：绘图→建模→网格→边界网格

功能区："三维工具"选项卡中"建模"面板上的"边界曲面"按钮

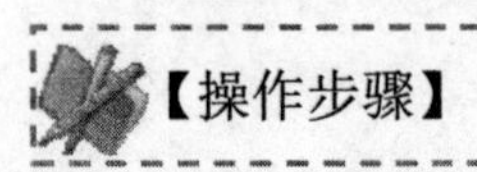

【操作步骤】

命令：EDGESURF↙

当前线框密度：SURFTAB1=6 SURFTAB2=6

选择用作曲面边界的对象 1：（指定第一条边界线）

选择用作曲面边界的对象 2：（指定第二条边界线）

选择用作曲面边界的对象 3：（指定第三条边界线）

选择用作曲面边界的对象 4：（指定第四条边界线）

【选项说明】

系统变量 SURFTAB1 和 SURFTAB2 分别控制 M、N 方向的网格分段数。可通过在命令行输入 SURFTAB1 改变 M 方向的默认值，在命令行输入 SURFTAB2 改变 N 方向的默认值。

下面生成一个简单的边界曲面。首先将视图转换为“西南轴测图”，绘制 4 条首尾相连的边界，如图 9-16a 所示。在绘制边界的过程中，为了方便绘制，可以首先绘制一个基本三维表面中的立方体作为辅助立体，在它上面绘制边界，然后再将其删除。执行边界曲面命令 EDGESURF，分别拾取绘制的 4 条边界，则得到如图 9-16b 所示的边界曲面。

## 9.4.4 旋转曲面

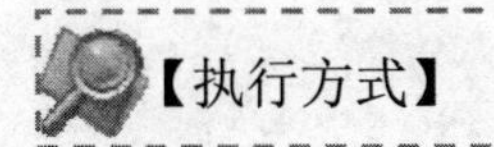

命令行：REVSURF

菜单栏：绘图→建模→网格→旋转网格

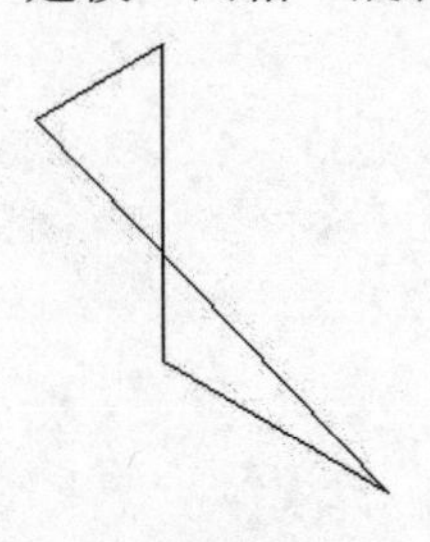

a）边界曲线

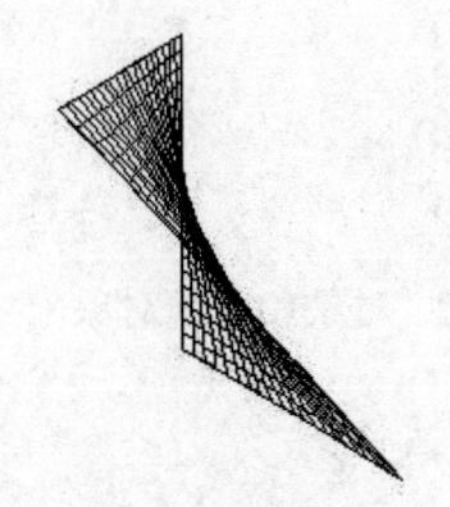

b）生成的边界曲面

图 9-16 边界曲面

【操作步骤】

命令：REVSURF↙

当前线框密度：SURFTAB1=6 SURFTAB2=6

选择要旋转的对象：（指定已绘制好的直线、圆弧、圆或二维、三维多段线）

选择定义旋转轴的对象：（指定已绘制好的用作旋转轴的直线或是开放的二维、三维多段线）

指定起点角度<0>：（输入值或按 Enter 键）

指定包含角度（+=逆时针，－=顺时针）<360>:（输入值或按 Enter 键）

【选项说明】

(1)起点角度如果设置为非零值，平面将从生成路径曲线位置的某个偏移处开始旋转。

（2）包含角用来指定绕旋转轴旋转的角度。

（3）系统变量 SURFTAB1 和 SURFTAB2 用来控制生成网格的密度。SURFTAB1 指定在旋转方向上绘制的网格线的数目。SURFTAB2 将指定绘制的网格线数目进行等分。

图 9-17 所示为利用 REVSURF 命令绘制的花瓶。

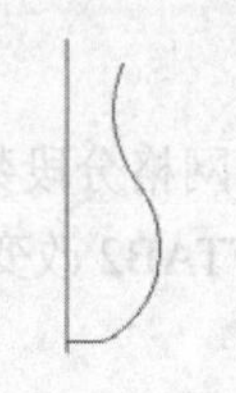

轴线和回转轮廓线

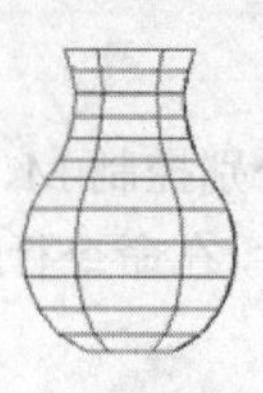

回转面

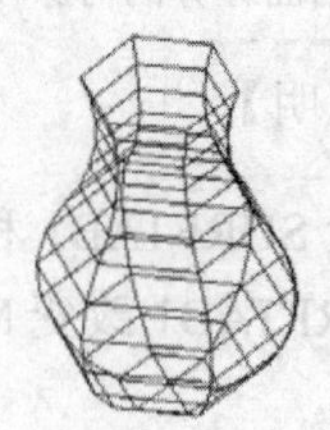

调整视角

图 9-17　绘制花瓶

## 9.4.5　平面曲面

【执行方式】

命令行：PLANESURF

菜单栏：绘图→建模→曲面→平面

工具栏：建模→平面曲面

功能区：“三维工具”选项卡中“曲面”面板上的“平面曲面”按钮

【操作步骤】

命令：PLANESURF↙

指定第一个角点或［对象(0)］〈对象〉:

【选项说明】

（1）指定第一个角点：通过指定两个角点来创建矩形平面曲面，如图 9-18 所示。

（2）对象（O)：通过指定平面对象创建平面曲面，如图 9-19 所示。

图 9-18　矩形平面曲面

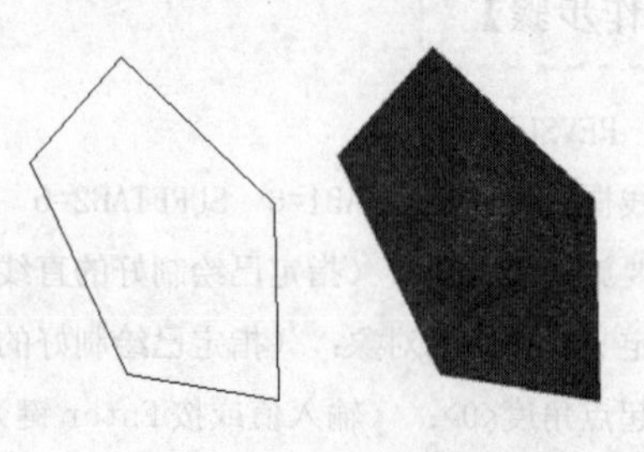

图 9-19　指定平面对象创建的平面曲面

## 9.4.6 实例——绘制弹簧

绘制如图 9-20 所示的弹簧。

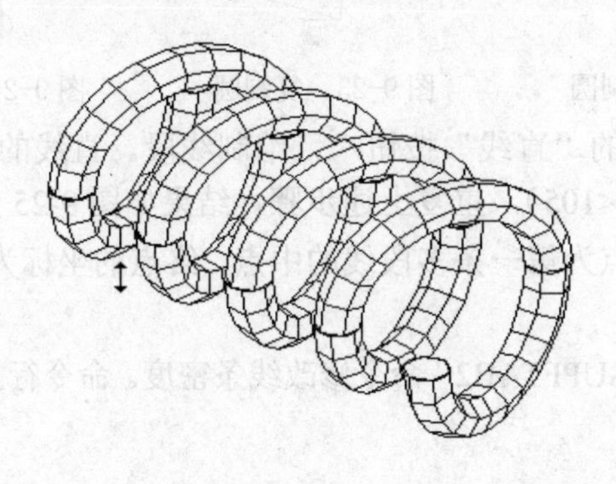

实讲实训
多媒体演示

多媒体演示参见配套光盘中的\\动画演示\第 9 章\绘制弹簧.avi。

图 9-20 绘制结果

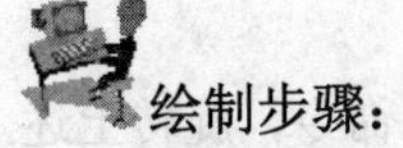

绘制步骤：

**01** 调用“UCS”命令设置用户坐标系。

命令：UCS↙

当前 UCS 名称：*世界*

指定 UCS 的原点或 [面(F)/命名(NA)/对象(OB)/上一个(P)/视图(V)/世界(W)/X/Y/Z/Z 轴(ZA)]<世界>：200,200,0↙

指定 X 轴上的点或 <接受>:↙

**02** 单击“绘图”工具栏中的“多段线”按钮，绘制多段线。命令行提示与操作如下：

命令：PLINE↙

指定起点：0，0，0↙

当前线宽为 0.0000

指定下一个点或[圆弧(A)/半宽(H)/长度(L)/放弃(U)/宽度(W)]：@200<15

指定下一个点或[圆弧(A)/半宽(H)/长度(L)/放弃(U)/宽度(W)]：@200<165

重复上述步骤，结果如图 9-21 所示。

**03** 单击“绘图”工具栏中的“圆”按钮，绘制圆。指定多段线的起点为圆心，半径为 20，结果如图 9-22 所示。

**04** 单击“修改”工具栏中的“复制”按钮，复制圆，结果如图 9-23 所示。重复上述步骤，结果如图 9-24 所示。

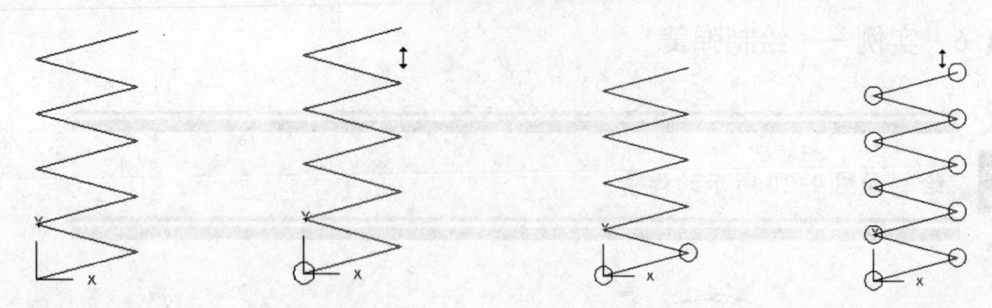

图 9-21　绘制多段线　　图 9-22　绘制圆　　图 9-23　复制圆　　图 9-24　复制结果

**05** 单击“绘图”工具栏中的“直线”按钮，绘制线段。直线的起点为第一条多段线的中点，终点的坐标为（@50<105），重复上述步骤，结果如图 9-25 所示。

**06** 同样作线段。直线的起点为第一条多段线的中点，终点的坐标为（@50<75），重复上述步骤，结果如图 9-26 所示。

**07** 调用“SUPFTAB1”和“SUPFTAB2”命令修改线条密度。命令行提示与操作如下：

命令：SURFTAB1↙

输入 SURFTAB1 的新值〈6〉：12↙

命令：SURFTAB2↙

输入 SURFTAB2 的新值〈6〉：12↙

**08** 选择菜单栏中的“绘图”→“建模”→“网格”→“旋转网格”命令，旋转上述圆。命令行提示与操作如下：

命令：REVSURF↙

选择要旋转的对象：（用鼠标点取第一个圆）

选择定义旋转轴的对象：（选中一根对称轴）

指定起点角度〈0〉：↙

指定包含角（+= 逆时针，-=顺时针）〈360〉：-180↙

重复上述步骤，结果如图 9-27 所示。

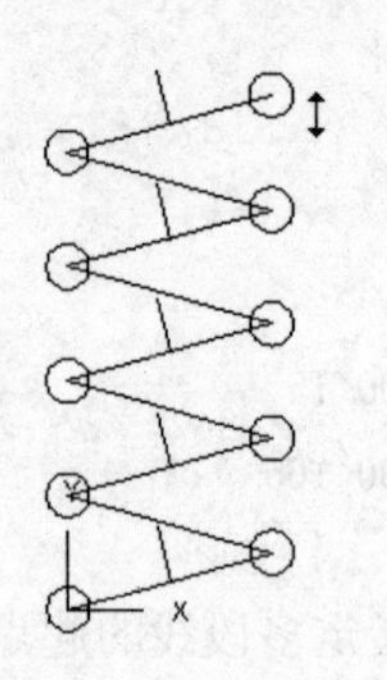

图 9-25　绘制直线 1

图 9-26　绘制直线 2

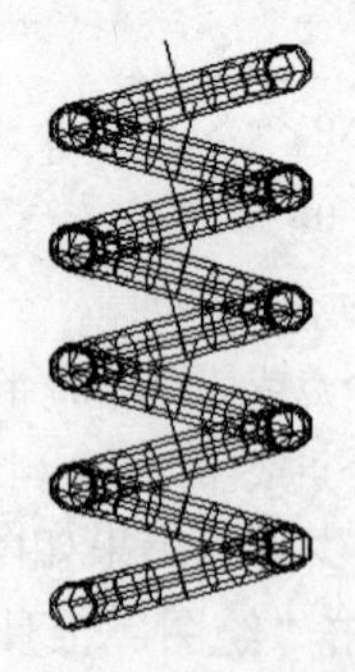

图 9-27　绘制弹簧

**09** 切换到西北视图。选择菜单栏中的视图→三维视图→西北等轴测命令。

**10** 删除多余线条。单击“修改”工具栏中的“删除”按钮，删去多余的线条，最终结果如图 9-20 所示。

# 9.5 编辑三维曲面

## 9.5.1 三维旋转

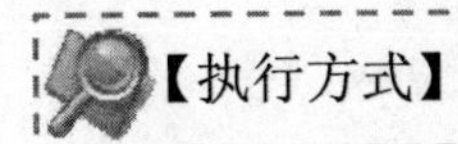【执行方式】

命令行：ROTATE3D

菜单栏：修改→三维操作→三维旋转

工具栏：建模→三维旋转

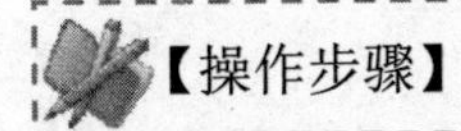【操作步骤】

命令：3DROTATE↙

当前正向角度：ANGDIR=逆时针 ANGBASE=0

选择对象：（点取要旋转的对象）

选择对象：（选择下一个对象或按 Enter 键）

指定基点：（指定旋转基点）

指定旋转角度，或［复制(C)/参照(R)］〈0〉：

## 9.5.2 三维镜像

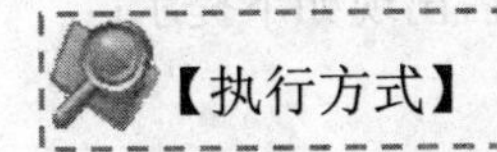【执行方式】

命令行：MIRROR3D

菜单栏：修改→三维操作→三维镜像

【操作步骤】

命令：MIRROR3D↙

选择对象：（选择镜像的对象）

选择对象：（选择下一个对象或按 Enter 键）

指定镜像平面(三点)的第一个点或[对象(O)/最近的(L)/Z 轴(Z)/视图(V)/XY 平面(XY)/YZ 平面(YZ)/ZX 平面(ZX)/三点(3)]〈三点〉：

【选项说明】

（1）点：输入镜像平面上第一个点的坐标。该选项通过 3 个点确定镜像平面，是系统的默认选项。

（2）最近的（L）：相对于最后定义的镜像平面对选定的对象进行镜像处理。

（3）Z 轴：利用指定的平面作为镜像平面。选择该选项后，出现如下提示：

在镜像平面上指定点：（输入镜像平面上一点的坐标）

在镜像平面的 Z 轴（法向）上指定点：（输入与镜像平面垂直的任意一条直线上任意一点的坐标）

是否删除源对象？[是（Y）/否（N）]：（根据需要确定是否删除源对象）

（4）视图：指定一个平行于当前视图的平面作为镜像平面。

（5）XY(YZ、ZX)平面：指定一个平行于当前坐标系 XY(YZ、ZX)平面作为镜像平面。

## 9.5.3 三维阵列

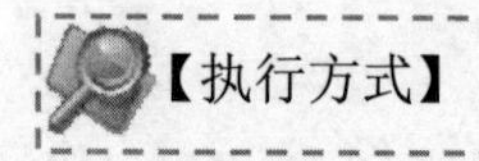

【执行方式】

命令行：3DARRAY

菜单栏：修改→三维操作→三维阵列

工具栏：建模→三维阵列

【操作步骤】

命令：3DARRAY↙

选择对象：（选择阵列的对象）

选择对象：（选择下一个对象或按 Enter 键）

输入阵列类型[矩形（R）/环形（P）]〈矩形〉：

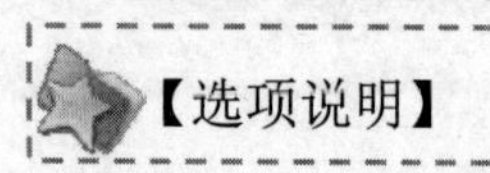

【选项说明】

（1）对图形进行矩形阵列复制，是系统的默认选项。选择该选项后出现如下提示：

输入行数（---）〈1〉：（输入行数）

输入列数（|||）〈1〉：（输入列数）

输入层数（…）〈1〉：（输入层数）

指定行间距（---）：（输入行间距）

指定列间距（|||）：（输入列间距）

指定层间距（…）：（输入层间距）

（2）对图形进行环形阵列复制。选择该选项后出现如下提示：

输入阵列中的项目数目：（输入阵列的数目）

指定要填充的角度（+=逆时针，－=顺时针）〈360〉：（输入环形阵列的圆心角）

旋转阵列对象？[是（Y）/否(N)]〈是〉：（确定阵列上的每一个图形是否根据旋转轴线的位置进行旋转）

指定阵列的中心点：（输入旋转轴线上一点的坐标）

指定旋转轴上的第二点：（输入旋转轴上另一点的坐标）

图 9-28 所示为 3 层 3 行 3 列间距分别为 300 的圆柱的矩形阵列。图 9-29 所示为圆柱的环形阵列。

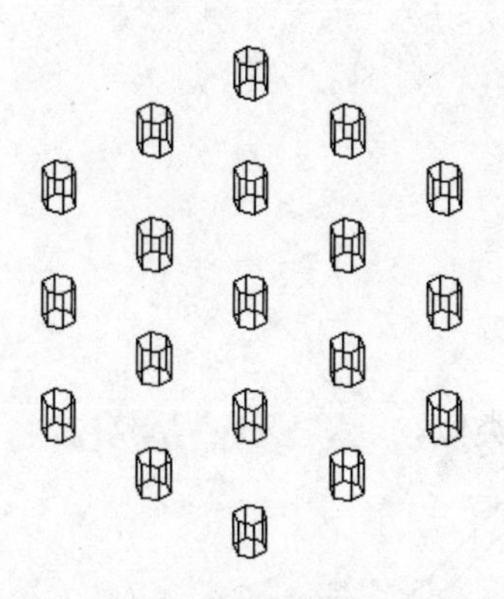

图 9-28 三维图形的矩形阵列

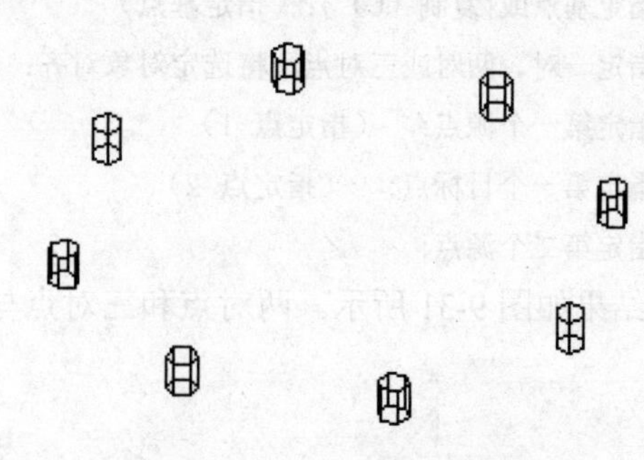

图 9-29 三维图形环形阵列

## 9.5.4 三维移动

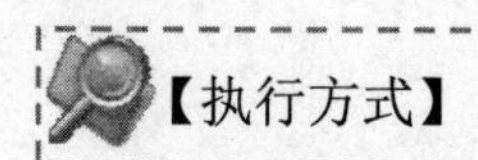

命令行：3DMOVE

菜单栏：修改→三维操作→三维移动

工具栏：建模→三维移动

【操作步骤】

命令：3DMOVE↙

选择对象：找到 1 个

选择对象：↙

指定基点或［位移(D)］〈位移〉：(指定基点)

指定第二个点或〈使用第一个点作为位移〉：(指定第二点)

其操作方法与二维移动命令类似，图 9-30 所示为将滚珠从轴承中移出的情形。

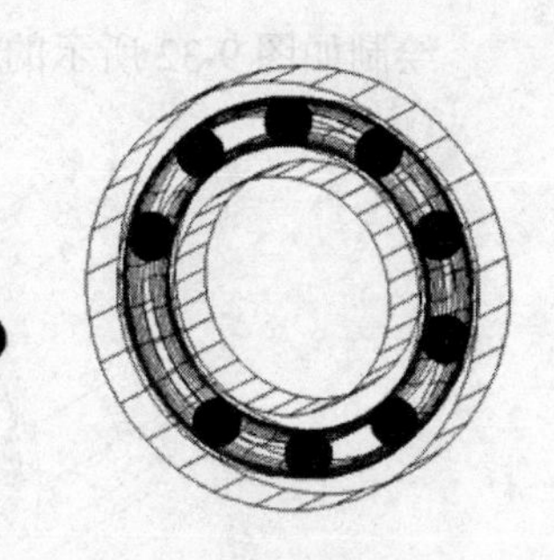

图 9-30 三维移动

## 9.5.5 对齐对象

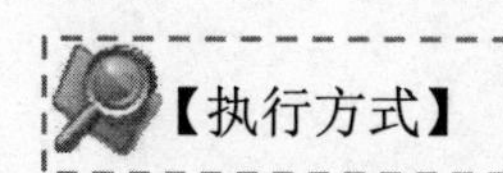

命令行：ALIGN

菜单栏：修改→三维操作→对齐

工具栏：建模→三维对齐

命令：3DALIGN↙

选择对象：(选择对齐的对象)

选择对象：(选择下一个对象或按 Enter 键)

指定基点或[复制 (C) ]：(指定基点)

指定一对、两对或三对点，将选定对象对齐：

指定第一个源点： （指定点 1）

指定第一个目标点： （指定点 2）

指定第二个源点： ↙

结果如图 9-31 所示。两对点和三对点与一对点的情形类似。

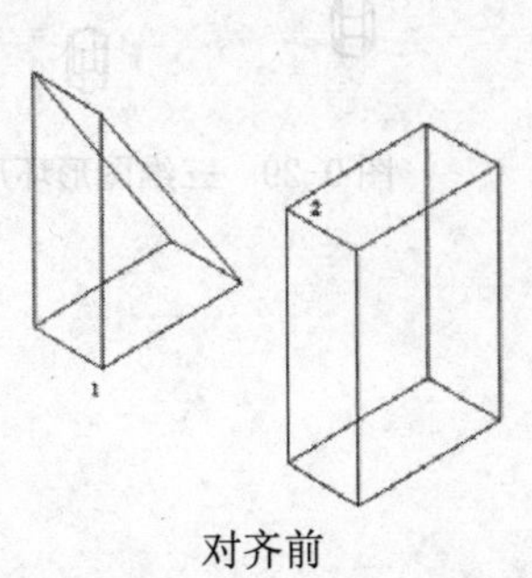


对齐前

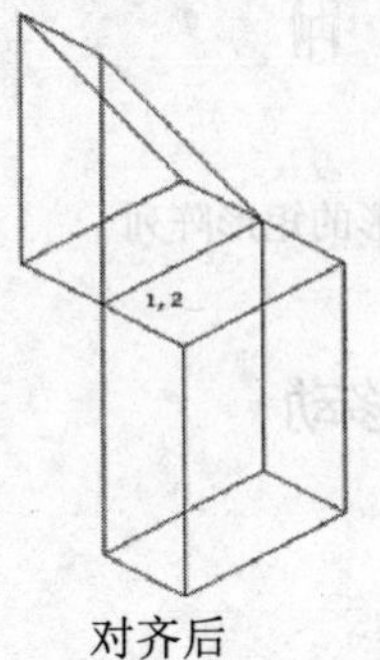


对齐后

图 9-31 一点对齐

## 9.5.6 实例——圆柱滚子轴承的绘制

绘制如图 9-32 所示的圆柱滚子轴承。

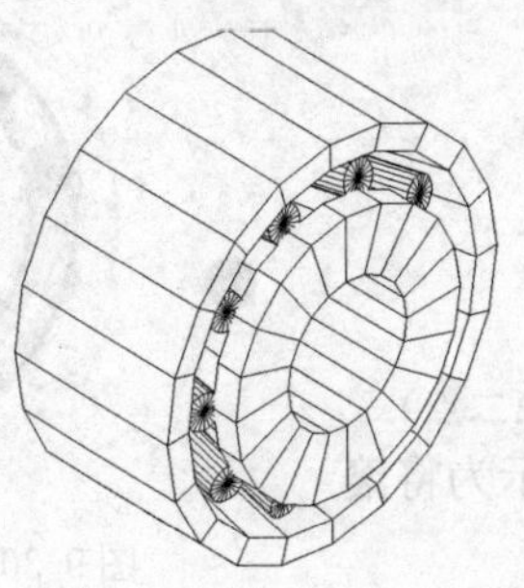

图 9-32 圆柱滚子轴承

**实讲实训**
**多媒体演示**

多媒体演示参见配套光盘中的\\动画演示\第 9 章\圆柱滚子轴承的绘制.avi。

**绘制步骤：**

**01** 设置线框密度。命令行提示与操作如下：

命令：surftab1

输入 SURFTAB1 的新值 <6>：20

命令：surftab2

输入 SURFTAB2 的新值 <6>：20

**02** 创建截面。用前面学过的二维图形绘制方法，单击“绘图”工具栏中的“直线”按钮，单击“绘图”工具栏中的“偏移”按钮、“镜像”按钮、“修剪”按钮、“延伸”按钮，等按钮绘制如图 9-33 所示的 3 个平面图形及辅助轴线。

**03** 生成多段线。选择菜单栏中的“修改”→“对象”→“多段线”命令，命令行提示与操作如下：

命令：_pedit

选择多段线或 [多条(M)]:选择图形 1 的一条线段

选定的对象不是多段线

是否将其转换为多段线? <Y>: Y↙

输入选项 [闭合(C)/合并(J)/宽度(W)/编辑顶点(E)/拟合(F)/样条曲线(S)/非曲线化(D)/线型生成(L)/放弃(U)]: J↙

选择对象：选择图 9-33 中图形 1 的其他线段

这样图 9-33 中的图形 1 就转换成封闭的多段线，利用相同方法，把图 9-33 中的图形 2 和图形 3 也转换成封闭的多段线。

**04** 选择菜单栏中的“绘图”→“建模”→“网格”→“旋转网格”命令，旋转多段线，创建轴承内外圈。命令行提示与操作如下：

命令：_revsurf

当前线框密度：SURFTAB1=10　SURFTAB2=10

选择要旋转的对象：分别选择面域 1 和 3，然后按 Enter 键

选择定义旋转轴的对象：选择水平辅助轴线

指定起点角度 <0>:↙↙

指定包含角 (+=逆时针，-=顺时针) <360>:↙↙

旋转结果如图 9-34 所示。

**技巧荟萃**

可以图 9-33 中图形 2 和图形 3 重合部位的图线重新绘制一次，为后面生成多段线作准备。

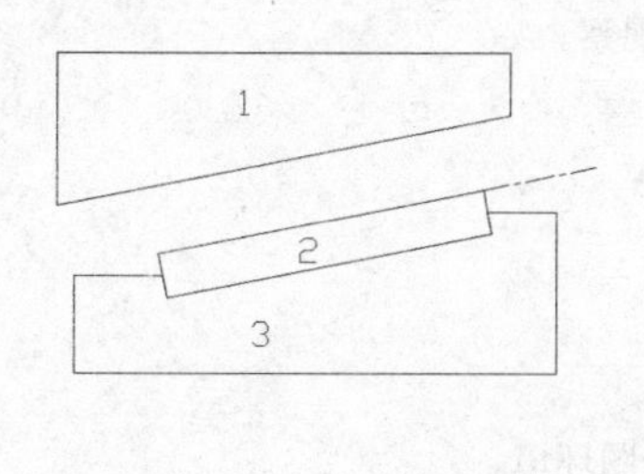


图 9-33　绘制二维图形

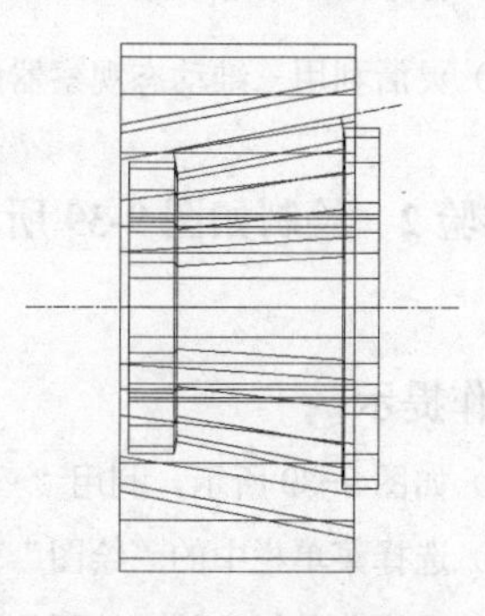

图 9-34　旋转多段线

**05** 创建滚动体。方法同上，以多段线 2 的上边延长斜线为轴线，旋转多段线 2，创建滚动体。

**06** 切换到左视图。单击“视图”工具栏中的“左视”按钮，或选择菜单栏中的“视图”→“三维视图”→“左视”命令，结果如图 9-35 所示。

07 阵列滚动体。单击“修改”工具栏中的“环形阵列”按钮，将创建的滚动体进行环形阵列，阵列中心为坐标原点，数目为 10。阵列结果如图 9-36 所示。

08 切换视图。单击“视图”工具栏中的“东南等轴测”按钮，切换到东南等轴测图。

09 删除轴线。单击“修改”工具栏中的“删除”按钮，删除辅助轴线，结果如图 9-37 所示。

10 消隐。单击“渲染”工具栏中的“隐藏”按钮，进行消隐处理后的图形如图 9-32 示。

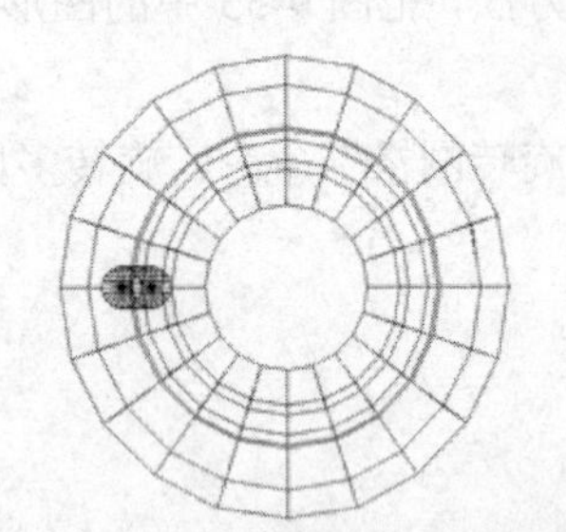

图 9-35　创建滚动体后的左视图

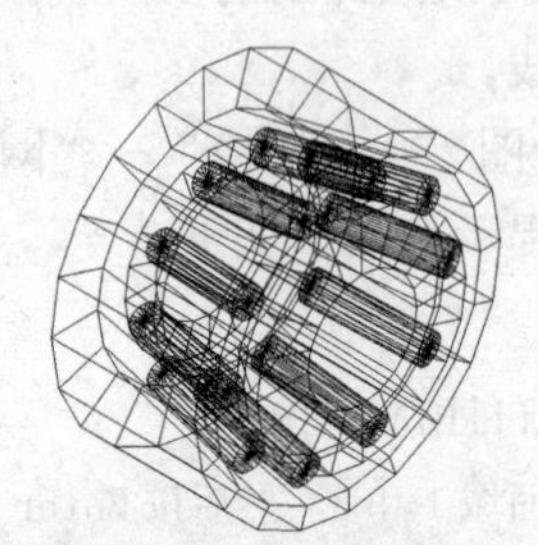

图 9-36　阵列滚动体

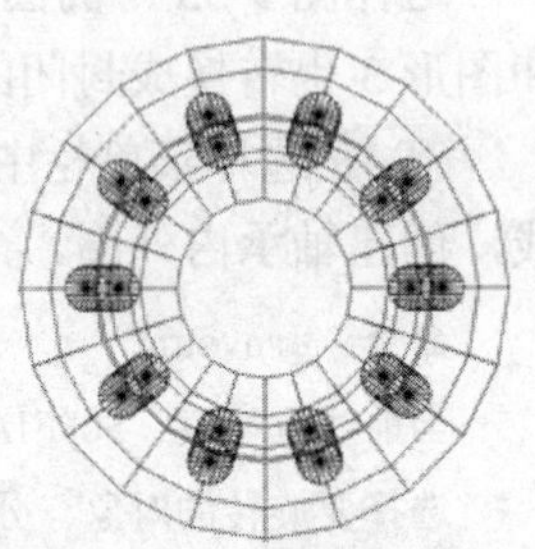

图 9-37　删除辅助线

### 实验 1　利用三维动态观察器观察图 9-38 所示的锥齿轮。

**操作提示：**

（1）打开三维动态观察器。

（2）灵活利用三维动态观察器的各种工具进行动态观察。

### 实验 2　绘制如图 9-39 所示的小亭子

**操作提示：**

（1）如图 9-39 所示，利用“三维视点”命令设置绘图环境。

（2）选择菜单栏中的“绘图”→“建模”→“网格”→“平移网格”命令，绘制凉亭的底座。

（3）选择菜单栏中的“绘图”→“建模”→“网格”→“平移网格”命令，绘制凉亭的支柱。

（4）单击“建模”工具栏中的“三维阵列”按钮，得到其他的支柱。

（5）单击“绘图”工具栏中的“多段线”按钮，绘制凉亭顶盖的轮廓线。

（6）单击“修改”工具栏中的“旋转”按钮，生成凉亭顶盖。

图 9-38　锥齿轮

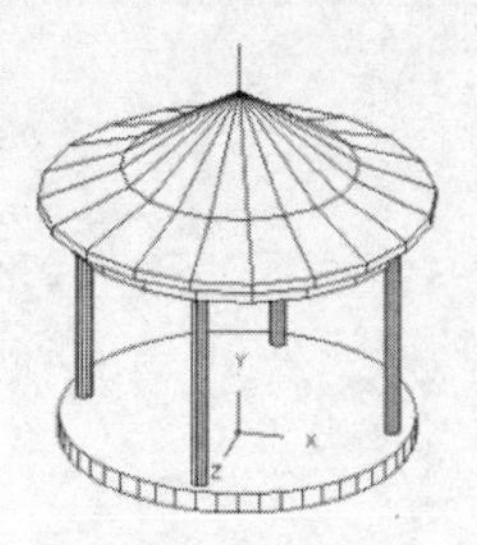

图 9-39　小亭子

1．比较各种动态观察模式的优缺点
2．绘制如图 9-40 所示的支架图形。
3．绘制如图 9-41 所示的子弹图形。

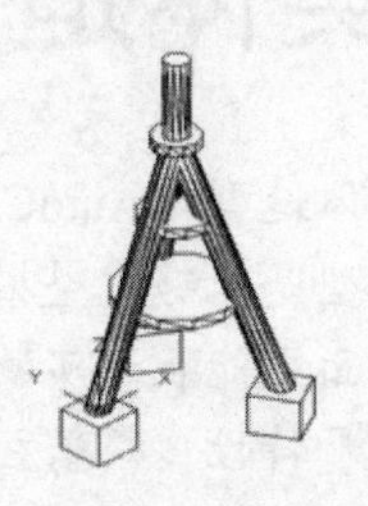

图 9-40　支架

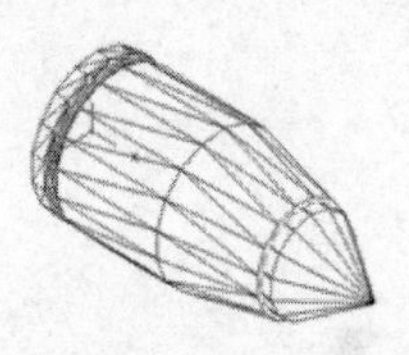

图 9-41　子弹

# 实体造型

实体造型是AutoCAD三维建模中比较重要的一部分。实体模型是能够完整描述对象的三维模型，比三维线框、三维曲面更能表达实物。利用三维实体模型，可以分析实体的质量特性。本章主要介绍基本三维实体的创建、三维实体的布尔运算、三维实体的显示形式、三维实体的编辑、三维实体的颜色处理等知识。

- 创建基本三维实体
- 布尔运算
- 特征操作
- 实体三维操作
- 特殊视图
- 编辑实体
- 显示形式
- 渲染实体

# 10.1 创建基本三维实体

【执行方式】

命令行：BOX

菜单栏：绘图→建模→长方体

工具栏：建模→长方体

功能区："三维工具"选项卡中"建模"面板上的"长方体"按钮

【操作步骤】

命令行提示与操作如下：

命令：BOX↙

指定第一个角点或［中心(C)］〈0,0,0〉：指定第一点或按<enter>键表示原点是长方体的角点，或输入"c"表示中心点

【选项说明】

（1）指定第一个角点：用于确定长方体的一个顶点位置。选择该选项后，命令行继续提示与操作如下：

指定其他角点或［立方体(C)/长度(L)］：指定第二点或输入选项

1）角点：用于指定长方体的其他角点。输入另一角点的数值，即可确定该长方体。如果输入的是正值，则沿着当前 UCS 的 X、Y 和 Z 轴的正向绘制长度。如果输入的是负值，则沿着 X、Y 和 Z 轴的负向绘制长度。如图 10-1 所示为利用角点命令创建的长方体。

2）立方体（C）：用于创建一个长、宽、高相等的长方体。如图 10-2 所示为利用立方体命令创建的长方体。

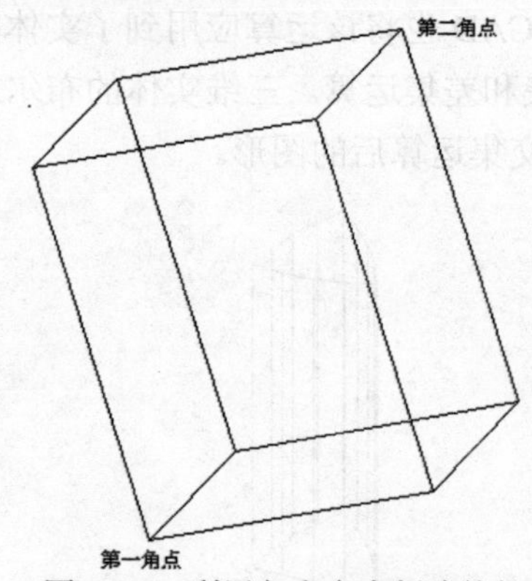


图 10-1　利用角点命令创建的长方体

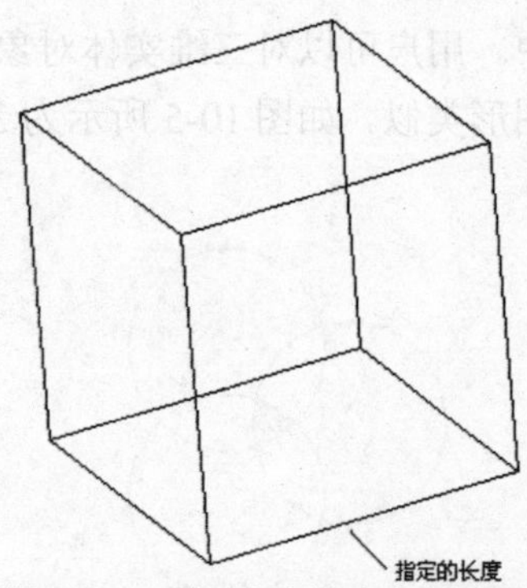


图 10-2　利用立方体命令创建的长方体

3）长度（L）：按要求输入长、宽、高的值。如图 10-3 所示为利用长、宽和高命令创建的长方体。

（2）中心点：利用指定的中心点创建长方体。如图 10-4 所示为利用中心点命令创建的长方体。

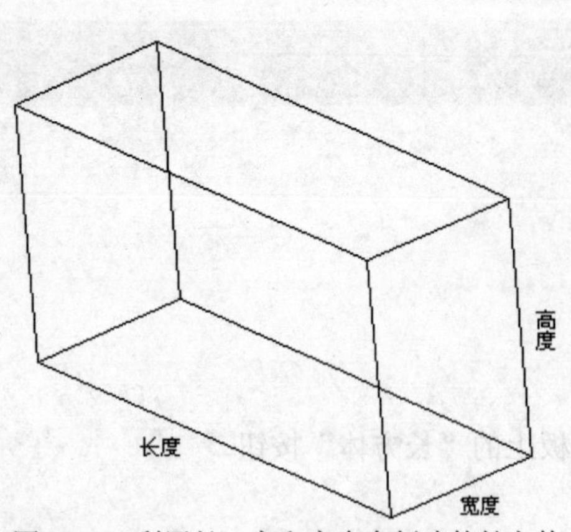


图 10-3　利用长、宽和高命令创建的长方体

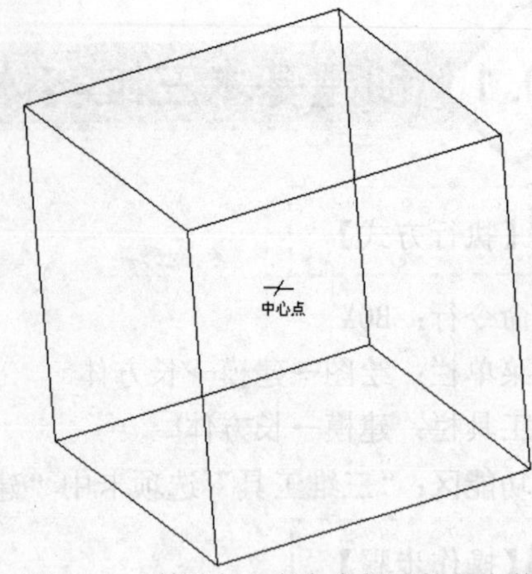


图 10-4　利用中心点命令创建的长方体

**技巧荟萃**

如果在创建长方体时选择“立方体”或“长度”选项，则还可以在单击以指定长度时指定长方体在 XY 平面中的旋转角度；如果选择“中心点”选项，则可以利用指定中心点来创建长方体。

其他的基本实体，如圆柱体、楔体、圆锥体、球体、圆环体等的创建方法与长方体类似，不再赘述。

## 10.2 布尔运算

### 10.2.1　布尔运算简介

布尔运算在数学的集合运算中得到广泛应用，AutoCAD 也将该运算应用到了实体的创建过程中。用户可以对三维实体对象进行并集、交集和差集运算。三维实体的布尔运算与平面图形类似。如图 10-5 所示为 3 个圆柱体进行交集运算后的图形。

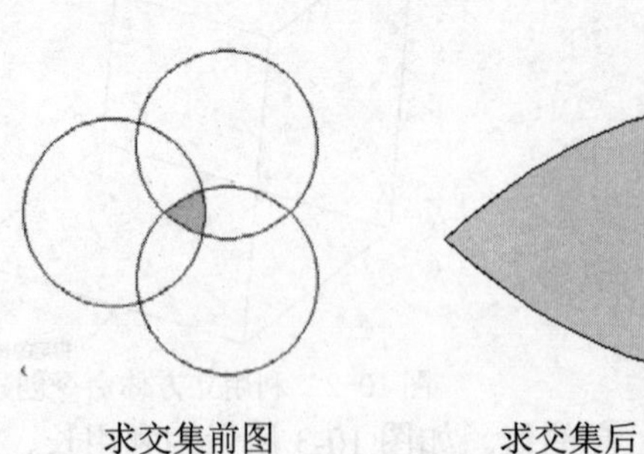

求交集前图

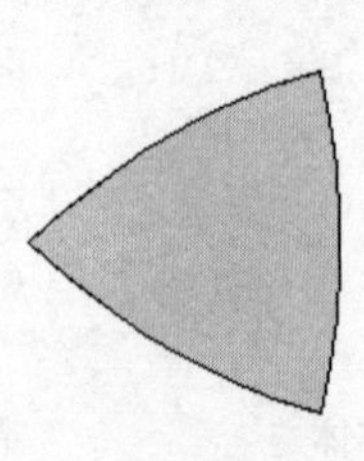

求交集后

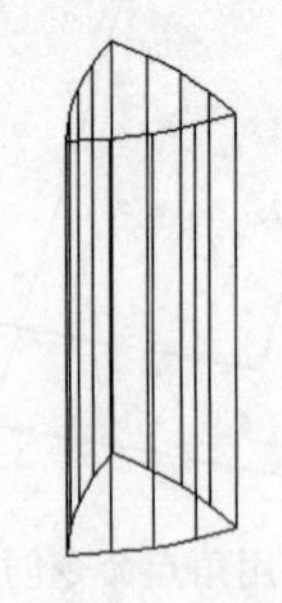

交集的立体图

图 10-5　3 个圆柱体交集后的图形

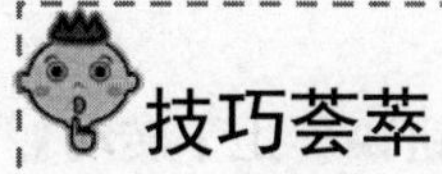


如果某些命令第一个字母都相同的话，那么对于比较常用的命令，其快捷命令取第一个字母，其他命令的快捷命令可用前面两个或三个字母表示。例如“R”表示 Redraw，“RA”表示 Redrawall；“L”表示 Line，“LT”表示 LineType，“LTS”表示 LTScale。

## 10.2.2 实例——深沟球轴承的创建

创建如图 10-6 所示的深沟球轴承。

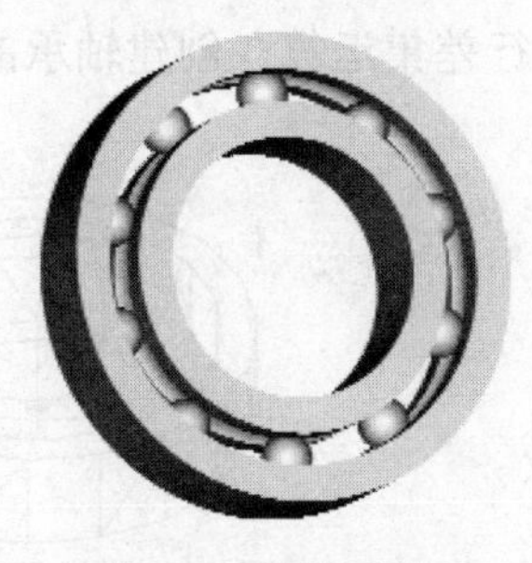

图 10-6 深沟球轴承

**实讲实训**
**多媒体演示**

多媒体演示参见配套光盘中的\\动画演示\第10章\深沟球轴承的创建.avi。

**绘制步骤：**

**01** 设置线框密度。命令行提示与操作如下：

命令：ISOLINES↙

输入 ISOLINES 的新值 <4>：10↙

**02** 转换视图。单击“视图”工具栏中的“西南等轴测”按钮，切换到西南等轴测图。

**03** 创建外圈的圆柱体。单击“建模”工具栏中的“圆柱体”按钮，命令行提示与操作如下：

命令：_cylinder

指定底面的中心点或［三点(3P)/两点(2P)/切点、切点、半径(T)/椭圆(E)］<0,0,0>：在绘图区指定底面中心点位置

指定底面的半径或［直径(D)］：45↙

指定高度或［两点(2P)/轴端点(A)］：20↙

命令：↙（继续创建圆柱体）

指定底面的中心点或[三点(3P)/两点(2P)/切点、切点、半径(T)/椭圆(E)] <0,0,0>：↙

指定底面的半径或［直径(D)］：38↙

指定高度或 [两点(2P)/轴端点(A)]:20↙

**04** 差集运算并消隐。单击“标准”工具栏中的“实时缩放”按钮，上下转动鼠标滚轮对其进行适当的放大。单击“实体编辑”工具栏中的“差集”按钮，将创建的两个圆柱体进行差集运算，命令行提示与操作如下：

命令：_subtract

选择要从中减去的实体、曲面和面域...

选择对象： 选择大圆柱体

选择对象： 右击结束选择

选择要减去的实体、曲面和面域...

选择对象： 选择小圆柱体

选择对象： 右击结束选择

单击“渲染”工具栏中的“隐藏”按钮，进行消隐处理后的图形如图 10-7 所示。

**05** 创建内圈的圆柱体。方法同上，单击“建模”工具栏中的“圆柱体”按钮，以坐标原点为圆心，分别创建高度为 20，半径为 32 和 25 的两个圆柱，并单击“实体编辑”工具栏中的“差集”按钮，对其进行差集运算，创建轴承的内圈圆柱体，结果如图 10-8 所示。

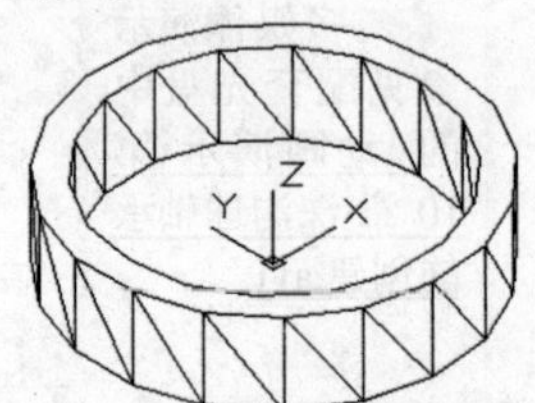

图 10-7 轴承外圈圆柱体

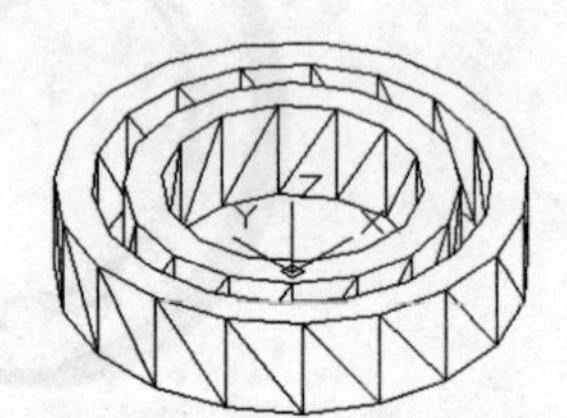

图 10-8 轴承内圈圆柱体

**06** 并集运算。单击“实体编辑”工具栏中的“并集”按钮，将创建的轴承外圈与内圈圆柱体进行并集运算。

**07** 创建圆环。单击“建模”工具栏中的“圆环体”按钮，命令行提示与操作如下：

命令：_torus

指定中心点或 [三点(3P)/两点(2P)/切点、切点、半径(T)]:0,0,10↙

指定半径或 [直径(D)]: 35↙

指定圆管半径或 [两点(2P)/直径(D)]: 5↙

**08** 差集运算。在命令行直接输入“SUBTRACT”，或单击“实体编辑”工具栏中的“差集”按钮，将创建的圆环与轴承的内外圈进行差集运算，结果如图 10-9 所示。

**09** 创建滚动体。单击“建模”工具栏中的“球体”按钮，命令行提示与操作如下：

命令：_sphere

指定中心点或 [三点(3P)/两点(2P)/切点、切点、半径(T)]: 35,0,10↙

指定半径或 [直径(D)]: 5↙

**10** 阵列滚动体。单击“修改”工具栏中的“圆环阵列”按钮，将创建的滚动体进行环形阵列，阵列中心为坐标原点，数目为 10，阵列结果如图 10-10 所示。

**11** 并集运算。单击“实体编辑”工具栏中的“并集”按钮，将阵列的滚动体与轴承的内外圈进行并集运算。

**12** 渲染处理。单击“渲染”工具栏中的“渲染”按钮，选择适当的材质，渲染后的效果如图 10-6 所示。

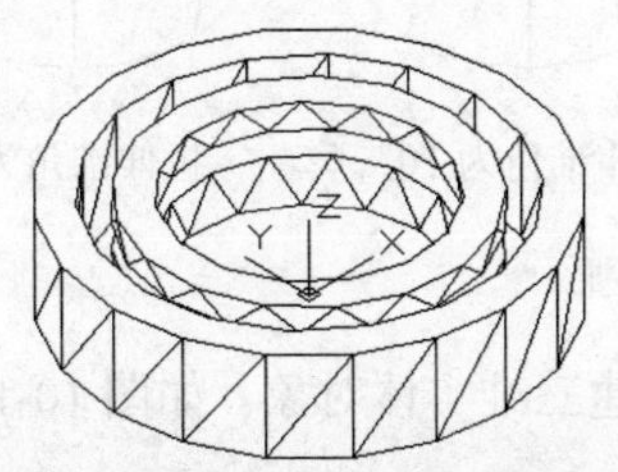

图 10-9　圆环与轴承内外圈进行差集运算结果

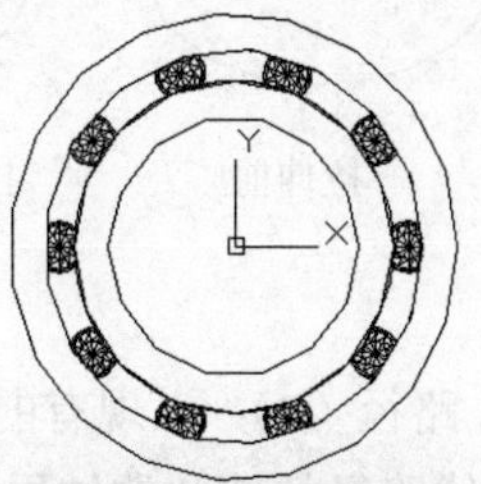

图 10-10　阵列滚动体

## 10.3 特征操作

### 10.3.1　拉伸

【执行方式】

命令行：EXTRUDE（快捷命令：EXT）
菜单栏：绘图→建模→拉伸
工具栏：建模→拉伸
功能区：“三维工具”选项卡中“建模”面板上的“拉伸”按钮

【操作步骤】

命令行提示与操作如下：

命令：_extrude
当前线框密度： ISOLINES=4，闭合轮廓创建模式=实体
选择要拉伸的对象或（模式 MO）：_MO 闭合轮廓创建模式［实体(SO)/曲面(SU)］〈实体〉：_S 选择绘制好的二维对象
指定拉伸的高度或［方向(D)/路径(P)/倾斜角(T)/表达式(E)］:P↙
选择拉伸路径或［倾斜角(T)］:

【选项说明】

（1）模式：指定拉伸对象是实体还是曲面。

1）拉伸高度：按指定的高度拉伸出三维实体对象。输入高度值后，根据实际需要，指定拉伸的倾斜角度。如果指定的角度为 0，AutoCAD 则把二维对象按指定的高度拉伸成柱体；如果输入角度值，拉伸后实体截面沿拉伸方向按此角度变化，成为一个棱台或圆台体。如图 10-11 所示为不同角度拉伸圆的结果。

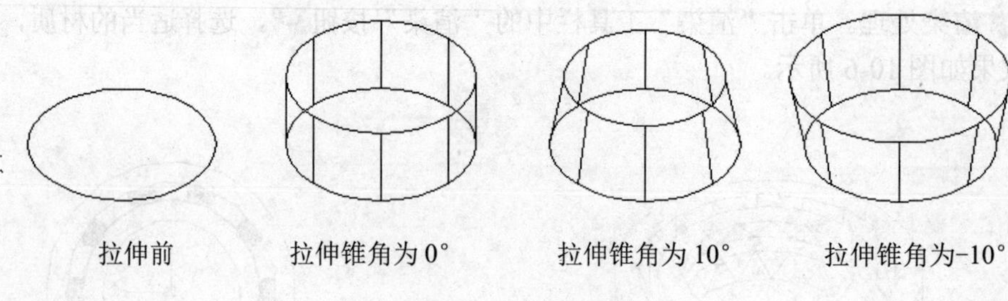


图 10-11 拉伸圆

2）路径（P）：以现有的图形对象作为拉伸创建三维实体对象。如图 10-12 所示为沿圆弧曲线路径拉伸圆的结果。

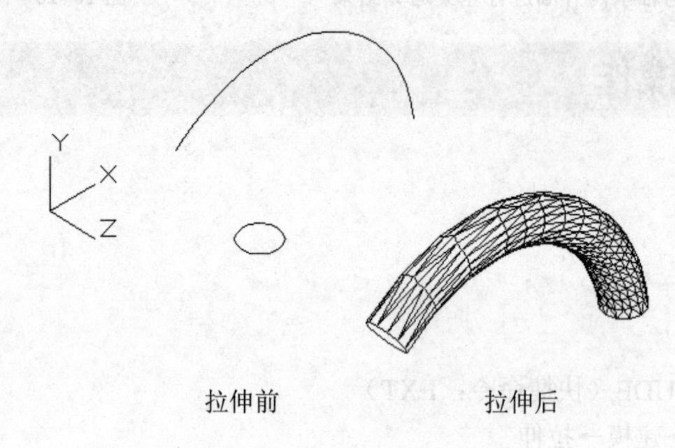


图 10-12 沿圆弧曲线路径拉伸圆

技巧荟萃

可以使用创建圆柱体的“轴端点”命令确定圆柱体的高度和方向。轴端点是圆柱体顶面的中心点，轴端点可以位于三维空间的任意位置。

（2）方向：通过指定的两点指定拉伸的长度和方向。

（3）路径：以现有图形对象作为拉伸创建三维实体或曲面对象。

（4）倾斜角：用于拉伸的倾斜角是两个指定点间的距离。

（5）表达式： 输入公式或方程式以指定拉伸高度。

### 10.3.2 旋转

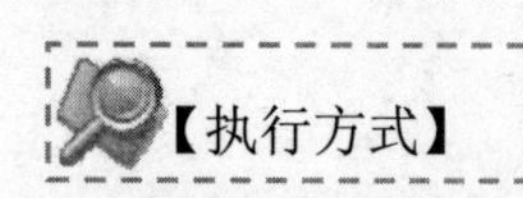

【执行方式】

命令行：REVOLVE（快捷命令：REV）

菜单栏：绘图→建模→旋转

工具栏：建模→旋转

功能区：“三维工具”选项卡中“建模”面板上的“旋转”按钮

【操作步骤】

命令行提示与操作如下：

命令：REVOLVE↙

当前线框密度：ISOLINES=4，闭合轮廓创建模式 = 实体

选择要旋转的对象或[模式(MO)]： 选择绘制好的二维对象

选择要旋转的对象或[模式(MO)]： 继续选择对象或按 Enter 键结束选择

指定轴起点或根据以下选项之一定义轴 [对象（O）/X/Y/Z]<对象>：

【选项说明】

（1）模式：指定旋转对象是实体还是曲面。

（2）指定旋转轴的起点：通过两个点来定义旋转轴。AutoCAD 将按指定的角度和旋转轴旋转二维对象。

（3）对象（O）：选择已经绘制好的直线或用多段线命令绘制的直线段作为旋转轴线。

（4）X（Y）轴：将二维对象绕当前坐标系（UCS）的 X（Y）轴旋转。如图 10-13 所示为矩形平面绕 X 轴旋转的结果。

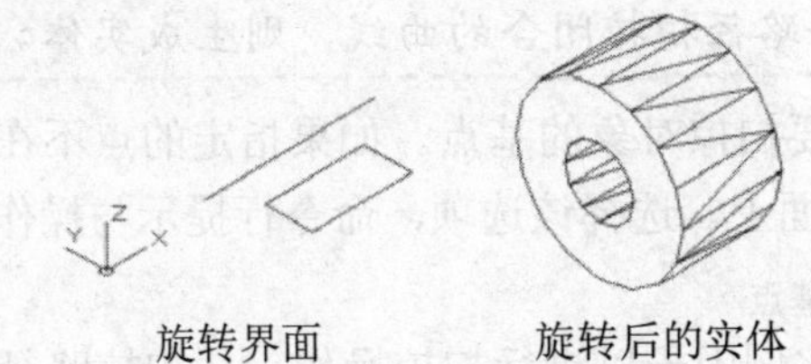


图 10-13　旋转结果

## 10.3.3　扫掠

【执行方式】

命令行：SWEEP

菜单栏：绘图→建模→扫掠

工具栏：建模→扫掠

功能区：“三维工具”选项卡中“建模”面板上的“扫掠”按钮

【操作步骤】

命令行提示与操作如下：

命令：SWEEP↙

当前线框密度： ISOLINES=4，闭合轮廓创建模式=模式

选择要扫掠的对象或 [模式(MO)]：选择对象，如图 10-14a 中的圆

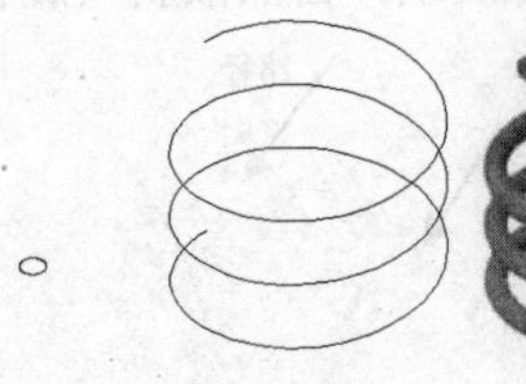

a）对象和路径

b）结果

图 10-14　扫掠

选择要扫掠的对象：↙

选择扫掠路径或［对齐(A)/基点(B)/比例(S)/扭曲(T)］：选择对象，如图 10-14a 中螺旋线扫掠结果如图 10-14b 所示。

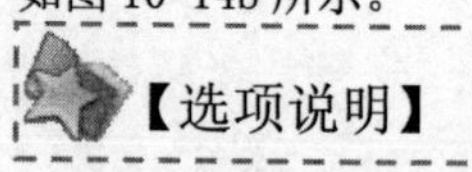

【选项说明】

指定扫掠对象为实体还是曲面。

（1）对齐（A）：指定是否对齐轮廓以使其作为扫掠路径切向的法向，默认情况下，轮廓是对齐的。选择该选项，命令行提示与操作如下：

扫掠前对齐垂直于路径的扫掠对象［是(Y)/否(N)］<是>：输入“N”，指定轮廓无需对齐；按 Enter 键，指定轮廓将对齐

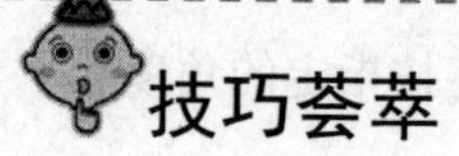

## 技巧荟萃

使用扫掠命令，可以通过沿开放或闭合的二维或三维路径扫掠开放或闭合的平面曲线（轮廓）来创建新实体或曲面。扫掠命令用于沿指定路径以指定轮廓的形状（扫掠对象）创建实体或曲面。可以扫掠多个对象，但是这些对象必须在同一平面内。如果沿一条路径扫掠闭合的曲线，则生成实体。

（2）基点（B）：指定要扫掠对象的基点。如果指定的点不在选定对象所在的平面上，则该点将被投影到该平面上。选择该选项，命令行提示与操作如下：

指定基点：指定选择集的基点

（3）比例（S）：指定比例因子以进行扫掠操作。从扫掠路径的开始到结束，比例因子将统一应用到扫掠的对象上。选择该选项，命令行提示与操作如下：

输入比例因子或［参照(R)］<1.0000>：指定比例因子，输入“r”，调用参照选项；按 Enter 键，选择默认值

其中“参照（R）”选项表示通过拾取点或输入值来根据参照的长度缩放选定的对象。

（4）扭曲（T）：设置正被扫掠对象的扭曲角度。扭曲角度指定沿扫掠路径全部长度的旋转量。选择该选项，命令行提示与操作如下：

输入扭曲角度或允许非平面扫掠路径倾斜［倾斜(B)］<n>：指定小于 360° 的角度值，输入“b”，打开倾斜；按 Enter 键，选择默认角度值

其中“倾斜（B）”选项指定被扫掠的曲线是否沿三维扫掠路径（三维多线段、三维样条曲线或螺旋线）自然倾斜（旋转）。如图 10-15 所示为扭曲扫掠示意图。

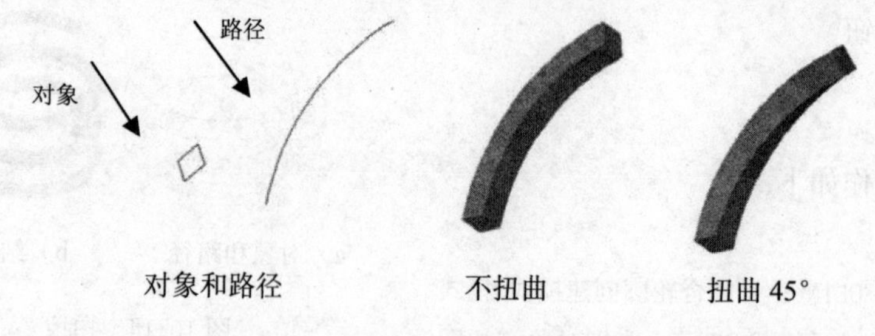


图 10-15　扭曲扫掠

## 10.3.4 放样

【执行方式】

命令行：LOFT

菜单栏：绘图→建模→放样

工具栏：建模→放样

功能区：“三维工具”选项卡中“建模”面板上的“放样”按钮

【操作步骤】

命令行提示与操作如下：

命令：LOFT↙

当前线框密度： ISOLINES=4，闭合轮廓创建模式 = 实体

按放样次序选择横截面或[点(PO)/合并多条边(J)/模式(MO)]：_MO 闭合轮廓创建模式 [实体(SO)/曲面(SU)] <实体>：_SO 依次选择如图 10-16 所示的 3 个截面

按放样次序选择横截面或 [点(PO)/合并多条边(J)/模式(MO)]：指定对角点：找到 1 个

按放样次序选择横截面或 [点(PO)/合并多条边(J)/模式(MO)]：指定对角点：找到 1个，总计 2个

按放样次序选择横截面或 [点(PO)/合并多条边(J)/模式(MO)]： 找到 1 个，总计 3 个

按放样次序选择横截面或 [点(PO)/合并多条边(J)/模式(MO)]：

选中了 3 个横截面

输入选项 [导向(G)/路径(P)/仅横截面(C)/设置(S)] <仅横截面>：

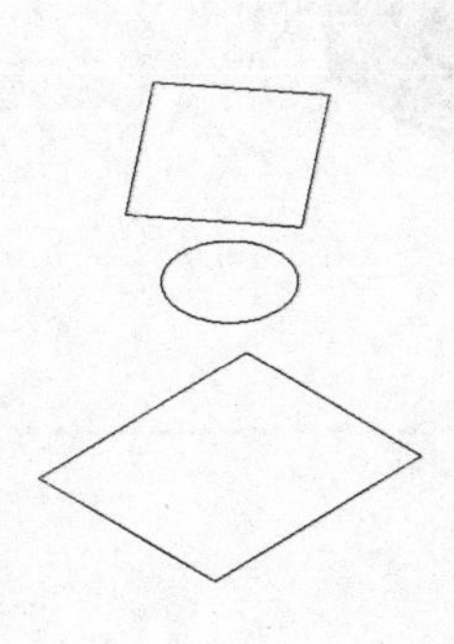

图 10-16 选择截面

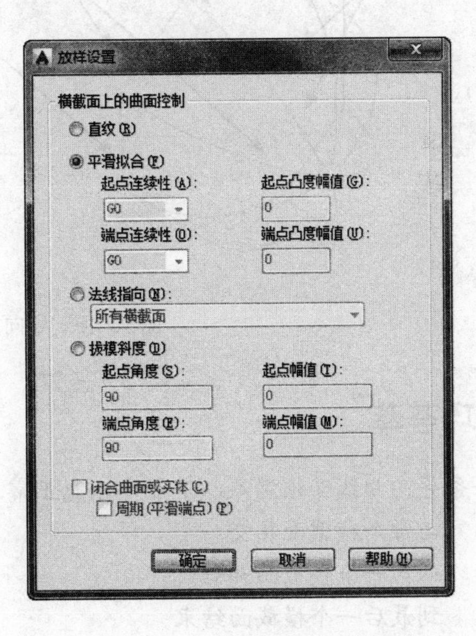


图 10-17 “放样设置”对话框

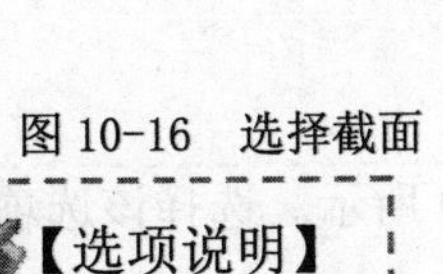

【选项说明】

（1）设置（S）：选择该选项，系统打开“放样设置”对话框，如图10-17所示。其中有4个单选钮选项，如图10-18a所示为点选“直纹”单选钮的放样结果示意图，图10-18b所示为点选“平滑拟合”单选钮的放样结果示意图，图10-18c所示为点选“法线指向”单选钮并选择“所有横截面”选项的放样结果示意图，图10-18d所示为点选“拔模斜度”单选钮并设置“起点角度”为45°、“起点幅值”为10、“端点角度”为60°、“端点幅值”为10的放样结果示意图。

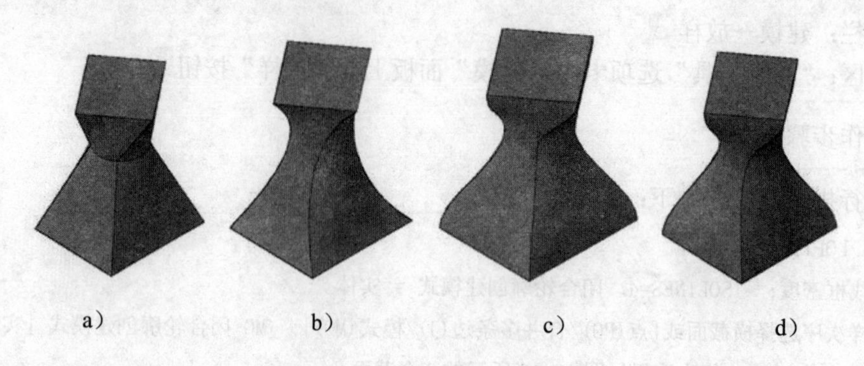


图10-18　放样示意图

（2）导向（G）：指定控制放样实体或曲面形状的导向曲线。导向曲线是直线或曲线，可通过将其他线框信息添加至对象来进一步定义实体或曲面的形状，如图10-19所示。选择该选项，命令行提示与操作如下：

选择导向曲线：选择放样实体或曲面的导向曲线，然后按Enter键

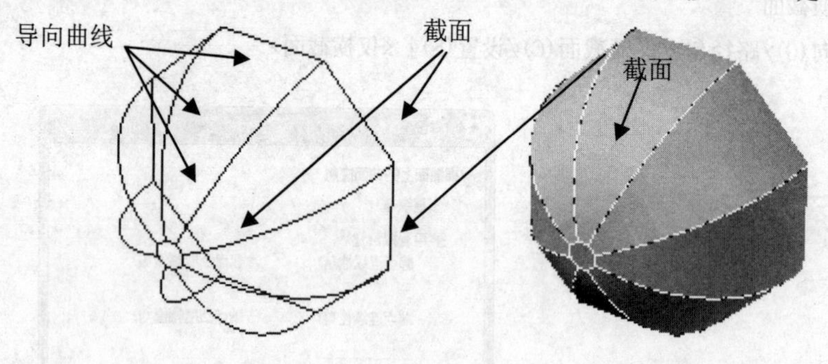


图10-19　导向放样

## 技巧荟萃

每条导向曲线必须满足以下条件才能正常工作：

- 与每个横截面相交。
- 从第一个横截面开始。
- 到最后一个横截面结束。

可以为放样曲面或实体选择任意数量的导向曲线。

（3）路径（P）：指定放样实体或曲面的单一路径，如图10-20所示。选择该选项，命令行提示与操作如下：

选择路径：指定放样实体或曲面的单一路径

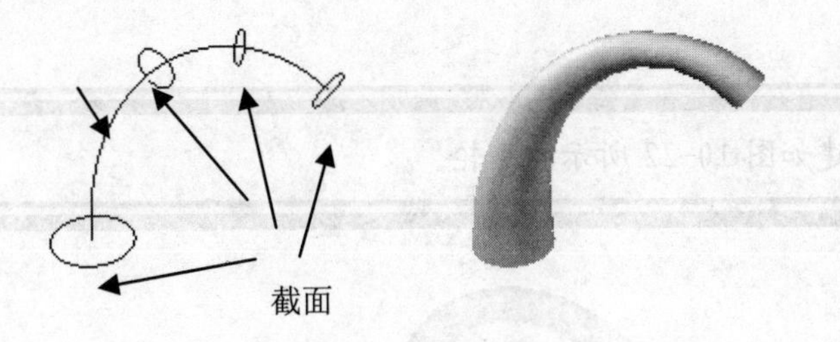


图 10-20　路径放样

技巧荟萃

路径曲线必须与横截面的所有平面相交。

## 10.3.5　拖拽

【执行方式】

命令行：PRESSPULL

工具栏：建模→按住并拖动

功能区："三维工具"选项卡中"实体编辑"面板上的"按住并拖动"按钮

【操作步骤】

命令行提示与操作如下：

命令：PRESSPULL↙

单击有限区域以进行按住或拖动操作。

选择有限区域后，按住鼠标左键并拖动，相应的区域就会进行拉伸变形。如图 10-21 所示为选择圆台上表面，按住并拖动的结果。

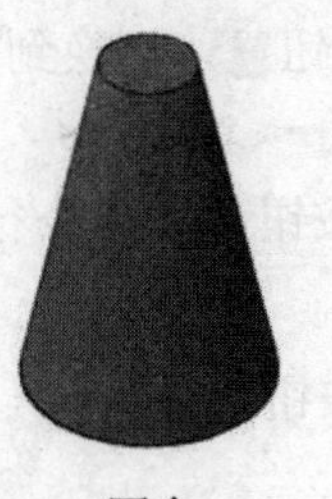

圆台

向下拖动

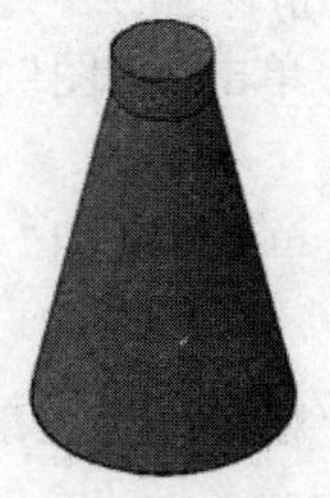

向上拖动

图 10-21　按住并拖动

## 10.3.6 实例——手轮的创建

创建如图 10-22 所示的手轮。

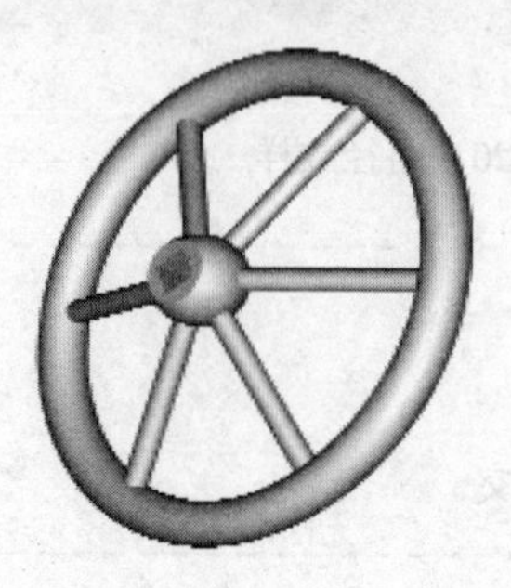

图 10-22 手轮

> **实讲实训**
> **多媒体演示**
> 多媒体演示参见配套光盘中的\\动画演示\第10章\手轮的创建.avi。

**绘制步骤：**

**01** 设置线框密度。单击“视图”工具栏中的“西南等轴测”按钮，切换到西南等轴测图。在命令行中输入“ISOLINES”，设置线框密度为 10。

**02** 创建圆环。单击“建模”工具栏中的“圆环体”按钮，命令行提示与操作如下：

命令：_torus

指定中心点或 [三点(3P)/两点(2P)/切点、切点、半径(T)]<0,0,0>:↙

指定半径或 [直径(D)]：100↙

指定圆管半径或 [两点(2P)/直径(D)]：10↙

**03** 创建球体。单击“建模”工具栏中的“球体”按钮，命令行提示与操作如下：

命令：_sphere

指定中心点或 [三点(3P)/两点(2P)/切点、切点、半径(T)]<0,0,0>：0,0,30↙

指定半径或 [直径(D)]：20↙

**04** 转换视图。单击“视图”工具栏中的“前视”按钮，切换到前视图，如图 10-23 所示。

**05** 绘制直线。单击“绘图”工具栏中的“直线”按钮，命令行提示与操作如下：

命令：_line

指定第一点:单击“对象捕捉”工具栏中的“捕捉到圆心”按钮

_cen 于：捕捉球的球心

指定下一点或 [放弃(U)]：100,0,0↙

指定下一点或 [放弃(U)]:↙

绘制结果如图 10-24 所示。

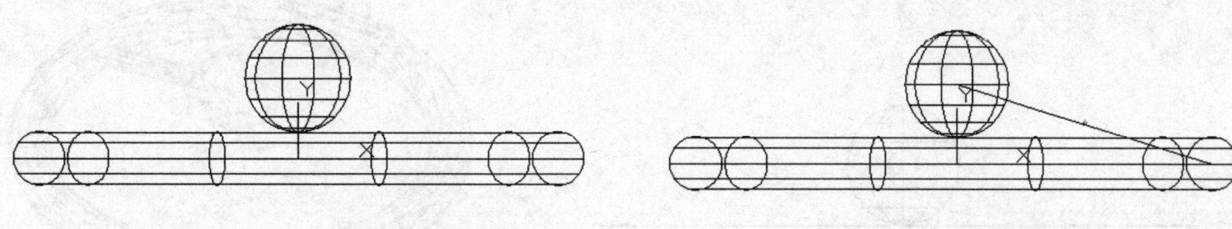

图 10-23　圆环与球　　　　图 10-24　绘制直线

**06** 绘制圆。单击“视图”工具栏中的“左视”按钮，切换到左视图。单击“绘图”工具栏中的“圆”按钮，命令行提示与操作如下：

命令: _circle

指定圆的圆心或 [三点(3P)/两点(2P)/切点、切点、半径(T)]: 单击“对象捕捉”工具栏中的“捕捉到圆心”按钮

_cen 于：捕捉球的球心

指定圆的半径或 [直径(D)]: 5↙

绘制结果如图 10-25 所示。

**07** 拉伸圆。单击“视图”工具栏中的“西南等轴测”按钮，切换到西南等轴测图。单击“建模”工具栏中的“拉伸”按钮，命令行提示与操作如下：

命令: _extrude

当前线框密度: ISOLINES=10，闭合轮廓创建模式=实体

选择要拉伸的对象或（模式 MO）: _MO 闭合轮廓创建模式 [实体(SO)/曲面(SU)] <实体>: _S

选择步骤（6）中绘制的圆↙

指定拉伸的高度或 [方向(D)/路径(P)/倾斜角(T)/表达式(E)]:P↙

选择拉伸路径或 [倾斜角(T)]: 选择直线

单击“渲染”工具栏中的“隐藏”按钮，进行消隐处理后的图形如图 10-26 所示。

**08** 阵列拉伸生成的圆柱体。单击“视图”工具栏中的“前视”按钮，切换到前视图。选择菜单栏中的“修改”→“三维操作”→“三维阵列”命令，命令行提示与操作如下：

命令:_3darray

选择对象:选择圆柱体↙

输入阵列类型 [矩形(R)/环形(P)] <矩形>:P↙

输入阵列中的项目数目: 6↙

指定要填充的角度 (+=逆时针, -=顺时针) <360>:↙

旋转阵列对象？[是(Y)/否(N)] <是>:↙

指定阵列的中心点:单击“对象捕捉”工具栏中的“捕捉到圆心”按钮。

_cen 于：捕捉圆环的圆心

指定旋转轴上的第二点: 单击“对象捕捉”工具栏中的“捕捉到圆心”按钮

_cen 于：捕捉球的球心

单击“渲染”工具栏中的“隐藏”按钮，进行消隐处理后的图形如图 10-27 所示。

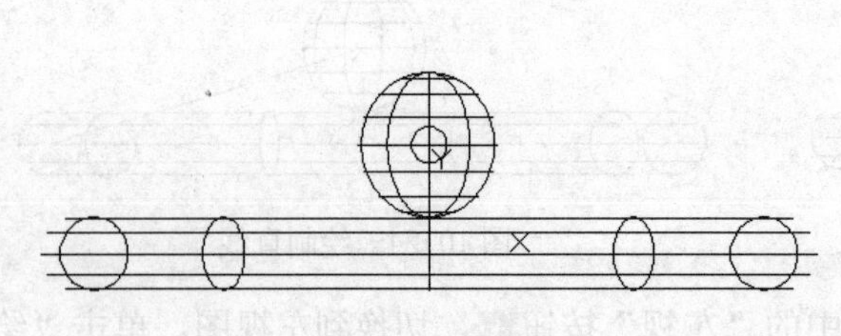

图 10-25　绘制圆

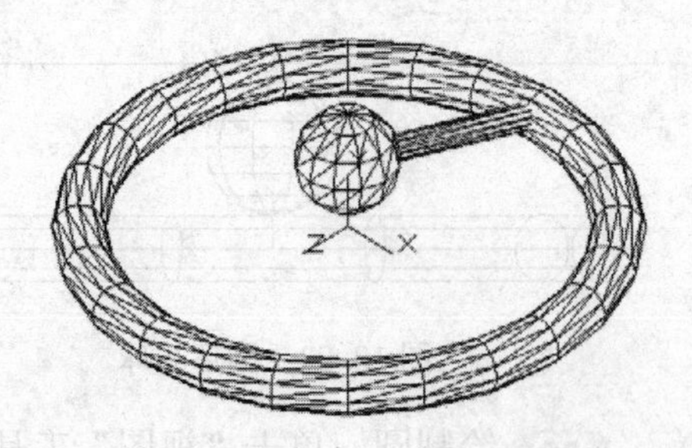

图 10-26　拉伸圆

**09** 创建长方体。单击“建模”工具栏中的“长方体”按钮，以指定中心点的方式创建长方体，长方体的中心点为坐标原点，长、宽、高分别为 150、15、15。

**10** 差集运算。单击“实体编辑”工具栏中的“差集”按钮，将创建的长方体与球体进行差集运算，结果如图 10-28 所示。

**11** 剖切处理。在选择菜单栏中的“修改”→“三维操作”→“剖切”命令，对球体进行对称剖切，如图 10-29 所示。

**12** 并集运算。单击“实体编辑”工具栏中的“并集”按钮，将阵列的圆柱体与球体及圆环进行并集运算。

**13** 改变视觉样式。选择菜单栏中的“视图”→“视觉样式”→“概念”命令，最终显示效果如图 10-22 所示。

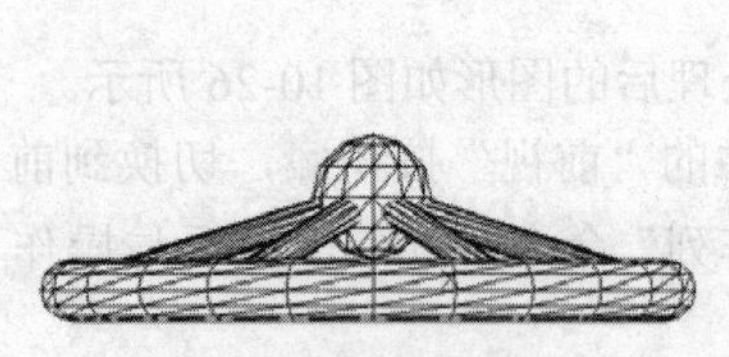

图 10-27　阵列圆柱体

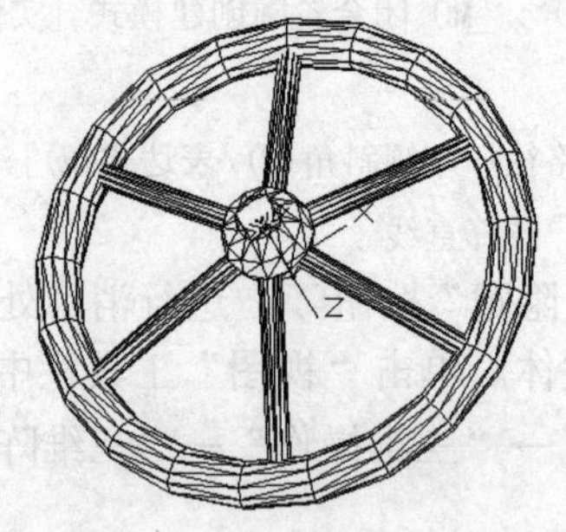

图 10-28　差集运算后的手轮

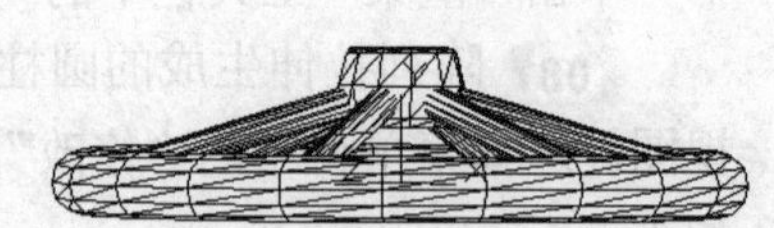

图 10-29　剖切球体

## 10.4　实体三维操作

### 10.4.1　倒角

【执行方式】

命令行：CHAMFER（快捷命令：CHA）

菜单栏：修改→倒角

工具栏：修改→倒角

功能区：“默认”选项卡中“修改”面板上的“倒角”按钮

命令行提示与操作如下：

命令：CHAMFER↙

(“修剪”模式) 当前倒角距离 1 = 0.0000，距离 2 = 0.0000 当前线框密度：ISOLINES=4

选择第一条直线或[放弃(U)/多段线(P)/距离(D)/角度(A)/修剪(T)/方式(E)/多个(M)]:

（1）选择第一条直线：选择实体的一条边，此选项为系统的默认选项。选择某一条边以后，与此边相邻的两个面中的一个面的边框就变成虚线。选择实体上要倒直角的边后，命令行提示与操作如下：

基面选择...

输入曲面选择选项 [下一个(N)/当前(OK)] <当前>:

该提示要求选择基面，默认选项是当前，即以虚线表示的面作为基面。如果选择“下一个（N）”选项，则以与所选边相邻的另一个面作为基面。

选择好基面后，命令行继续出现如下提示：

指定基面的倒角距离 <2.0000>: 输入基面上的倒角距离

指定其他曲面的倒角距离 <2.0000>： 输入与基面相邻的另外一个面上的倒角距离

选择边或 [环(L)]:

1）选择边：确定需要进行倒角的边，此项为系统的默认选项。选择基面的某一边后，命令行提示如下：

选择边或 [环(L)]:

在此提示下，按 Enter 键对选择好的边进行倒直角，也可以继续选择其他需要倒直角的边。

2）选择环：对基面上所有的边都进行倒直角。

（2）其他选项：与二维斜角类似，此处不再赘述。

如图 10-30 所示为对实体棱边倒角的结果。

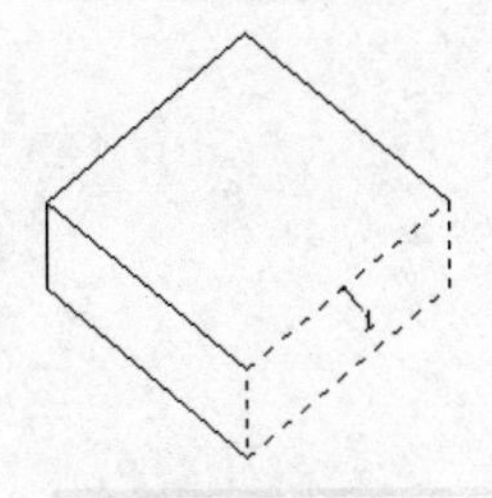


选择倒角边“1”

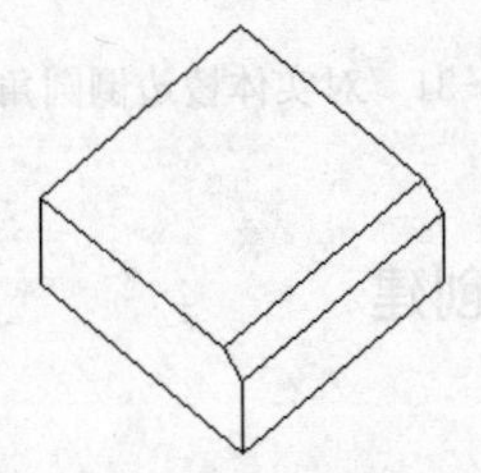

选择边倒角结果

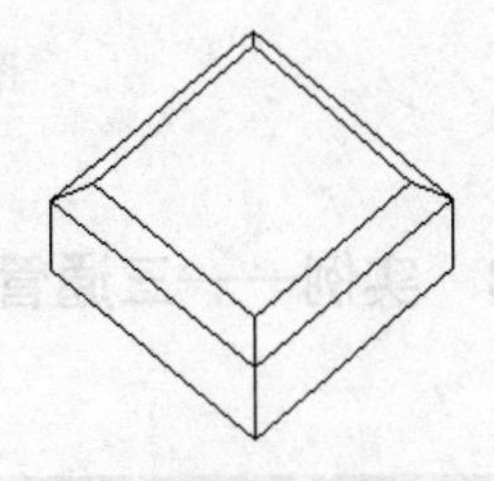

选择环倒角结果

图 10-30　对实体棱边倒角

## 10.4.2 圆角

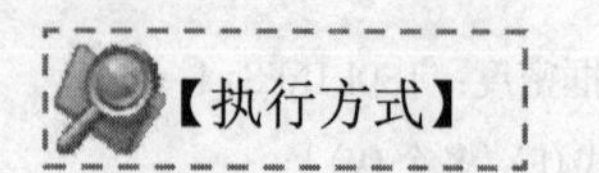

【执行方式】

命令行：FILLET（快捷命令：F）

菜单栏：修改→圆角

工具栏：修改→圆角

功能区："默认"选项卡中"修改"面板上的"圆角"按钮

【操作步骤】

命令行提示与操作如下：

命令：FILLET↙

当前设置：模式 = 修剪，半径 = 0.0000

选择第一个对象或 [放弃(U)/多段线(P)/半径(R)/修剪(T)/多个(M)]：选择实体上的一条边

输入圆角半径或[表达式（E）]：输入圆角半径

选择边或 [链(C)/ 环（L）/半径(R)]：

【选项说明】

选择"链（C）"选项，表示与此边相邻的边都被选中，并进行倒圆角的操作。如图 10-31 所示为对实体棱边倒圆角的结果。

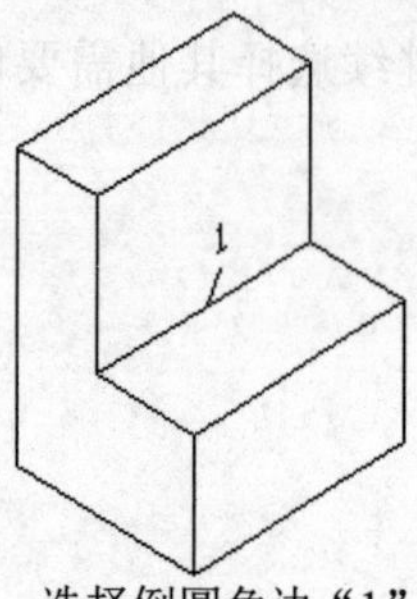


选择倒圆角边"1"

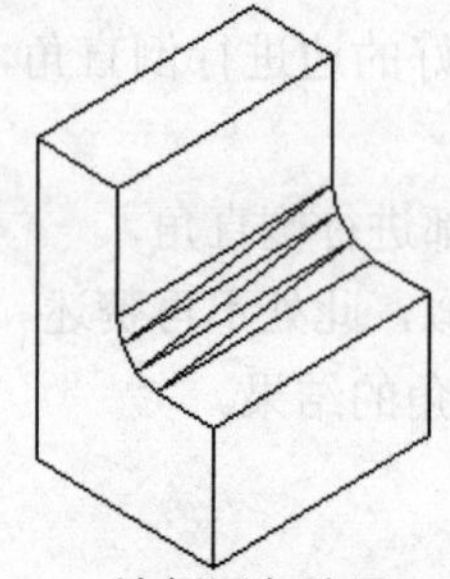

边倒圆角结果

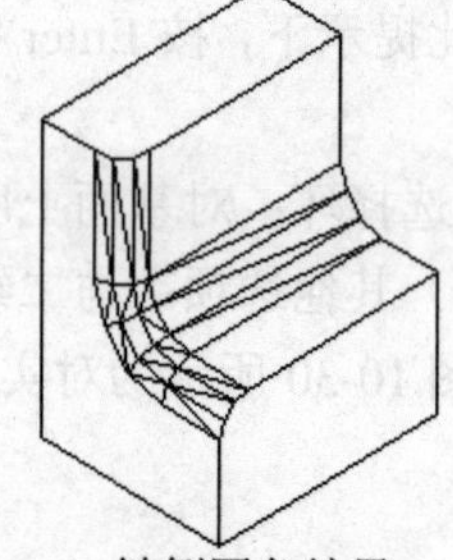

链倒圆角结果

图 10-31　对实体棱边倒圆角

## 10.4.3 实例——三通管的创建

绘制如图 10-32 所示的三通管。

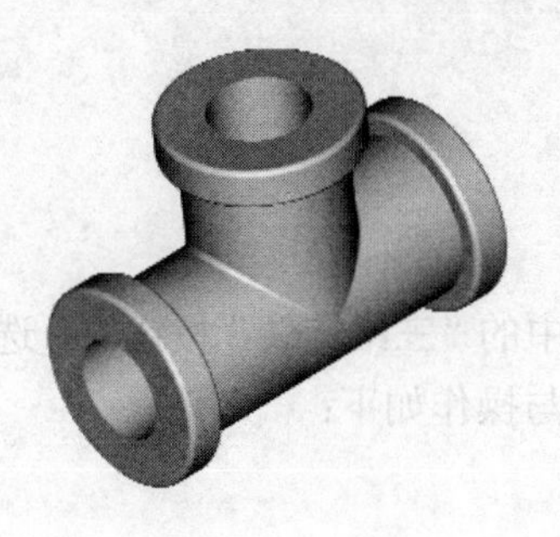

图 10-32 三通管

**实讲实训**
**多媒体演示**

多媒体演示参见配套光盘中的\\动画演示\第10章\三通管的创建.avi。

**绘制步骤：**

**01** 设置绘图环境。

❶用 LIMITS 命令设置图幅：297×210。

❷设置线框密度。设置对象上每个曲面的轮廓线数目为 10。

**02** 创建圆柱体。在命令行中输入 UCS 命令，将当前坐标绕 Y 轴旋转 90º。

单击“建模”工具栏中的“圆柱体”按钮，创建半径为 R50、高为 20 的圆柱体，命令行提示如下：

```
命令:_cylinder
指定底面的中心点或 [三点(3P)/两点(2P)/切点、切点、半径(T)/椭圆(E)]: 0,0,0
指定底面半径或 [直径(D)] <74.3477>:50
指定高度或 [两点(2P)/轴端点(A)] <129.2258>:20
```

同上步骤分别创建半径为 R40、高为 100 及半径为 R25、高为 100 的两个圆柱，结果如图 10-33 所示。

**03** 布尔运算。单击“建模”工具栏中的“并集”按钮，将 R50 圆柱与 R40 圆柱进行并集运算。再调用布尔运算中的差集命令，将并集后的圆柱与 R25 圆柱进行差集运算，结果如图 10-34 所示。

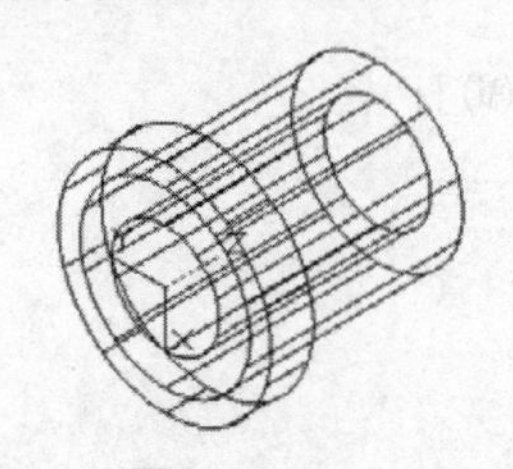

图 10-33 创建圆柱体

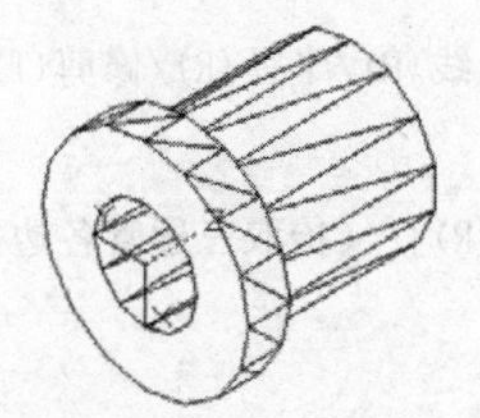

图 10-34 布尔运算

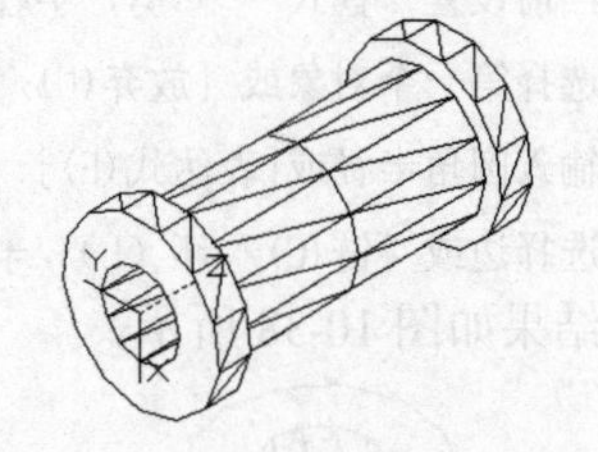

图 10-35 镜像处理

**04** 镜像处理。选择菜单栏中的“修改”→“三维操作”→“三维镜像”命令，以 XY 面为镜像平面，将实体进行镜像处理。命令行提示与操作如下：

```
命令: mirror3d
选择对象: (选择上步运算后的实体)
选择对象:
指定镜像平面 (三点) 的第一个点或 [对象(O)/最近的(L)/Z 轴(Z)/视图(V)/XY 平面(XY)/YZ 平
```

面(YZ)/ZX 平面(ZX)/三点(3)] <三点>: xy

指定 XY 平面上的点 <0,0,0>:0, 0, 100

是否删除源对象?[是(Y)/否(N)] <否>:

结果如图 10-35 所示。

**05** 旋转实体。单击“建模”工具栏中的“三维旋转”按钮，选取镜像后的实体，以 Y 轴为旋转轴，旋转 90°。命令行提示与操作如下：

命令: _3drotate

UCS 当前的正角方向:  ANGDIR=逆时针  ANGBASE=0

选择对象:(选取镜像得到的实体)

选择对象:

指定基点:(拾取圆柱体圆心)

拾取旋转轴:(拾取 Y 轴)

指定角的起点或键入角度:90

结果如图 10-36 所示。

**06** 镜像处理。方法同步骤 **04** 。以 XY 面为镜像平面，将实体进行镜像处理，结果如图 10-37 所示。

**07** 并集运算。单击“建模”工具栏中的“并集”按钮，将创建的三个实体进行并集运算。

**08** 创建圆柱体。单击“建模”工具栏中的“圆柱体”按钮，以坐标原点为圆心，创建半径为 R25，高 200 的圆柱。

**09** 差集运算。单击“建模”工具栏中的“差集”按钮，将并集后的实体与创建的 R25 圆柱进行差集运算。

**10** 圆角处理。单击“绘图”工具栏中的“圆角”按钮，对三通管各边倒 R3 圆角。命令行提示与操作如下：

命令: _fillet

当前设置: 模式 = 修剪，半径 = 0.0000

选择第一个对象或 [放弃(U)/多段线(P)/半径(R)/修剪(T)/多个(M)]:

输入圆角半径或[表达式(E)]: 3

选择边或 [链(C)/ 环 (L) /半径(R)]:(拾取三通管各边)

结果如图 10-38 所示。

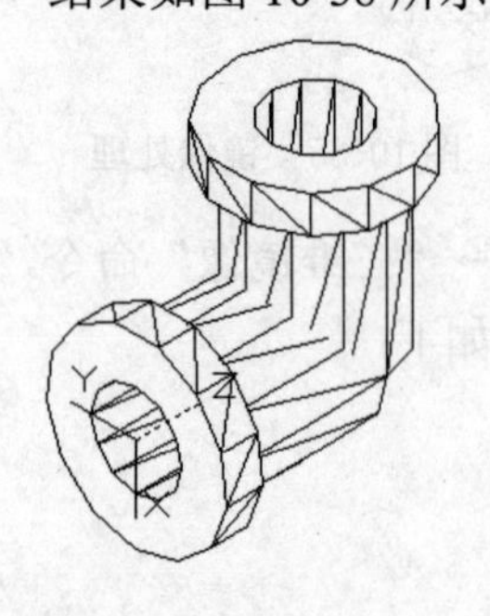

图 10-36　旋转实体

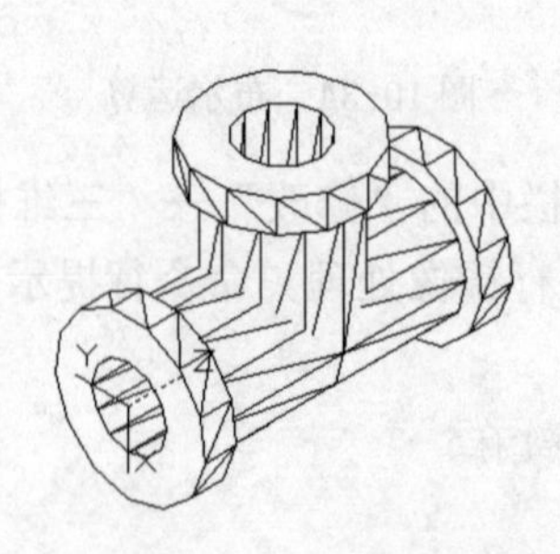

图 10-37　镜像处理

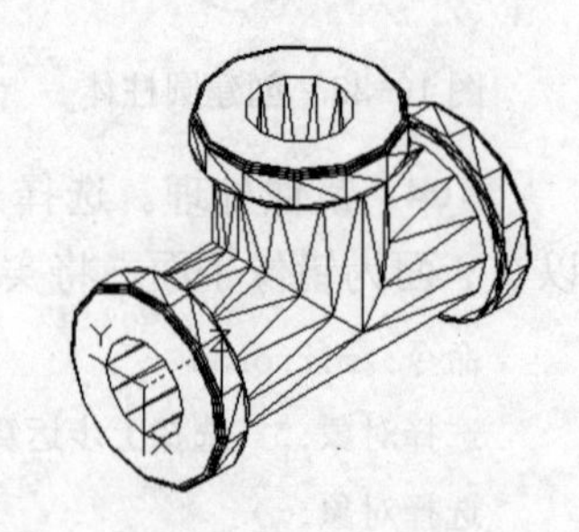

图 10-38　圆角处理

## 10.4.4 干涉检查

干涉检查主要通过对比两组对象或一对一地检查所有实体来检查实体模型中的干涉（三维实体相交或重叠的区域）。系统将在实体相交处创建和亮显临时实体。

干涉检查常用于检查装配体立体图是否干涉，从而判断设计是否正确。

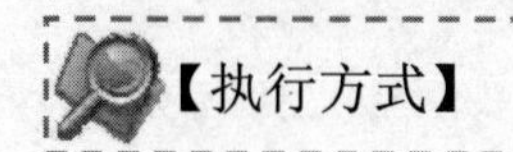【执行方式】

命令行：INTERFERE（快捷命令：INF）

菜单栏：修改→三维操作→干涉检查

功能区：“三维工具”选项卡中“实体编辑”面板上的“干涉检查”按钮

【操作步骤】

在此以如图 10-39 所示的零件图为例进行干涉检查。命令行提示与操作如下：

命令：INTERFERE↙

选择第一组对象或[嵌套选择(N)/设置(S)]：选择图 10-39b 中的手柄

选择第一组对象或[嵌套选择(N)/设置(S)]：↙

选择第二组对象或[嵌套选择(N)/检查第一组(K)]〈检查〉：选择图 10-39b 中的套环

选择第二组对象或[嵌套选择(N)/检查第一组(K)]〈检查〉：↙

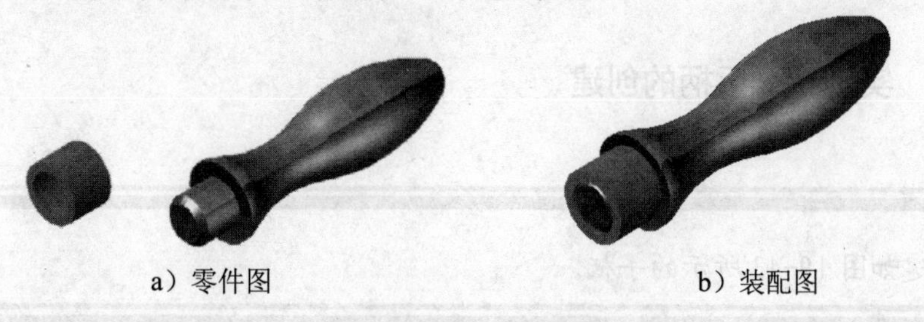

a）零件图　　b）装配图

图 10-39　干涉检查

系统打开“干涉检查”对话框，如图 10-40 所示。在该对话框中列出了找到的干涉对数量，并可以通过“上一个”和“下一个”按钮来亮显干涉对，如图 10-41 所示。

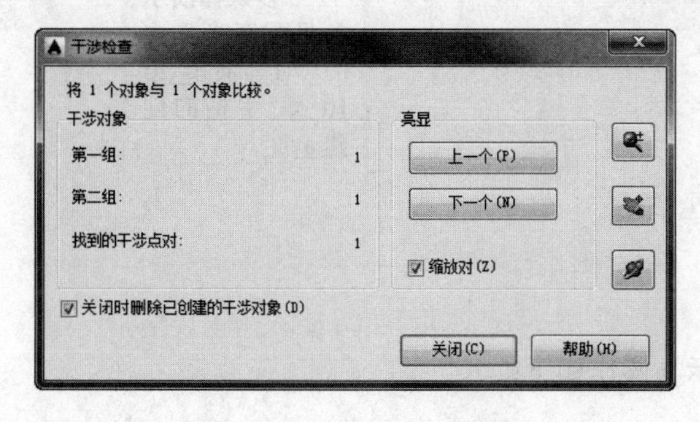


图 10-40　“干涉检查”对话框

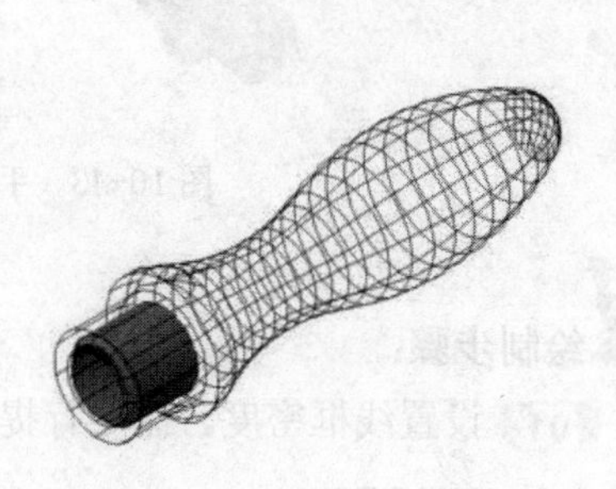

图 10-41　亮显干涉对

【选项说明】

(1) 嵌套选择(N): 选择该选项，可以选择嵌套在块和外部参照中的单个实体对象。

(2) 设置(S): 选择该选项，系统打开“干涉设置”对话框，如图 10-42 所示，可以设置干涉的相关参数。

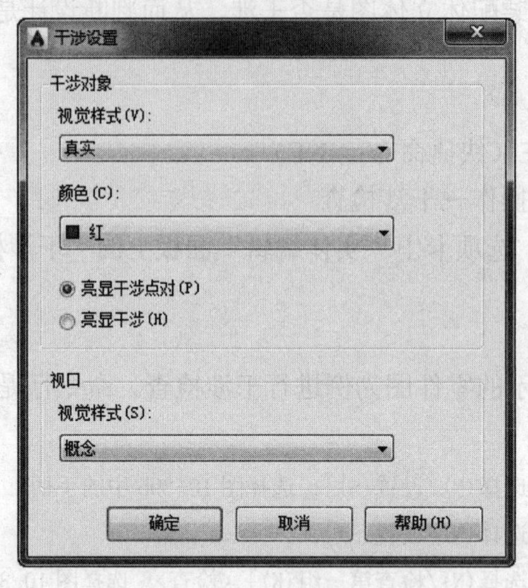


图 10-42 “干涉设置”对话框

## 10.4.5 实例——手柄的创建

创建如图 10-43 所示的手柄。

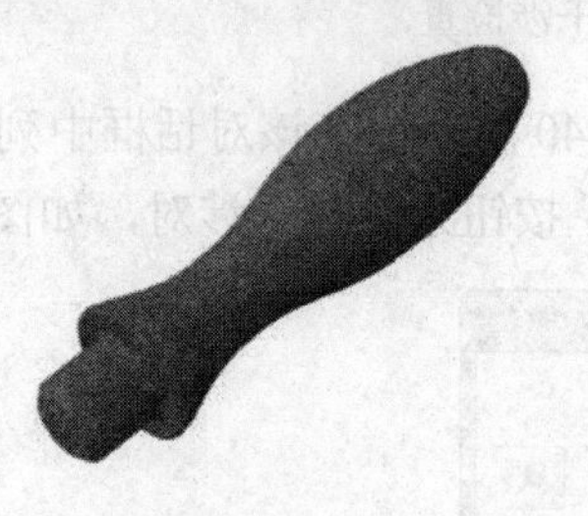

图 10-43 手柄

**实讲实训**
**多媒体演示**

多媒体演示参见配套光盘中的\\动画演示\第 10 章\手柄的创建.avi。

**01** 设置线框密度。命令行提示与操作如下:

```
命令: ISOLINES↙
输入 ISOLINES 的新值 <4>: 10↙
```

**02** 绘制手柄把截面。

❶单击“绘图”工具栏中的“圆”按钮，绘制半径为13的圆。

❷“单击“绘图”工具栏中的“构造线”按钮，过R13圆的圆心绘制竖直与水平辅助线，绘制结果如图10-44所示。

❸单击“修改”工具栏中的“偏移”按钮，将竖直辅助线向右偏移83。

❹单击“绘图”工具栏中的“圆”按钮，捕捉最右边竖直辅助线与水平辅助线的交点，绘制半径为7的圆。绘制结果如图10-45所示。

❺单击“修改”工具栏中的“偏移”按钮，将水平辅助线向上偏移13。

❻单击“绘图”工具栏中的“圆”按钮，绘制与R7圆及偏移水平辅助线相切，半径为65的圆；继续绘制与R65圆及R13相切，半径为45的圆，绘制结果如图10-46所示。

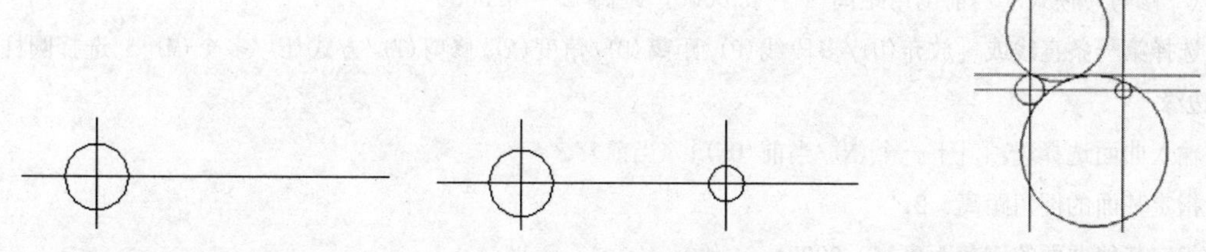

图10-44 圆及辅助线　　图10-45 绘制R7圆　　图10-46 绘制R65及R45圆

❼单击“修改”工具栏中的“修剪”按钮，对所绘制的图形进行修剪，修剪结果如图10-47所示。

❽单击“修改”工具栏中的“删除”按钮，删除辅助线。单击“绘图”工具栏中的“直线”按钮，绘制直线。

❾单击“绘图”工具栏中的“面域”按钮，选择全部图形创建面域，结果如图10-48所示。

**03** 旋转操作。单击“建模”工具栏中的“旋转”按钮，以水平线为旋转轴，旋转创建的面域。单击“视图”工具栏中的“西南等轴测”按钮，切换到西南等轴测图，结果如图10-49所示。

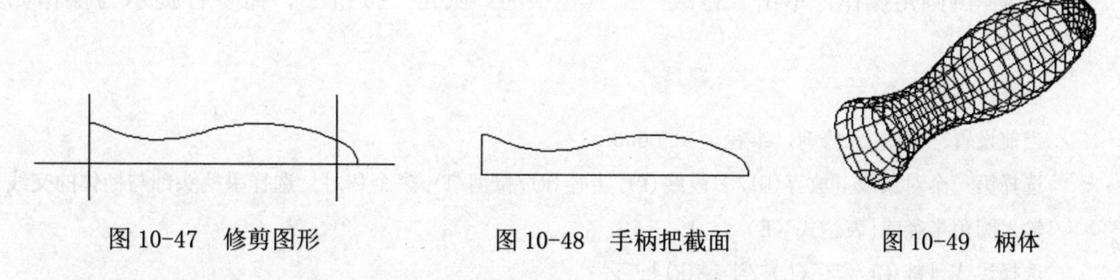

图10-47 修剪图形　　图10-48 手柄把截面　　图10-49 柄体

**04** 重新设置坐标系。在命令行输入“UCS”，命令行提示与操作如下：

命令：UCS↙

当前 UCS 名称：*世界*

指定 UCS 的原点或 [面(F)/命名(NA)/对象(OB)/上一个(P)/视图(V)/世界(W)/X/Y/Z/Z 轴(ZA)] <世界>:捕捉圆心

指定 X 轴上的点或 <接受>:↙

命令: UCS↙

当前 UCS 名称: *没有名称*

指定 UCS 的原点或 [面(F)/命名(NA)/对象(OB)/上一个(P)/视图(V)/世界(W)/X/Y/Z/Z 轴(ZA)] <世界>: Y↙

指定绕 Y 轴的旋转角度 <90>: -90

**05** 创建圆柱。单击“建模”工具栏中的“圆柱体”按钮，以坐标原点为圆心，创建高为15、半径为8的圆柱体，结果如图10-50所示。

**06** 对圆柱进行倒角操作。单击“修改”工具栏中的“倒角”按钮，命令行提示与操作如下：

命令: _ chamfer

(“修剪”模式) 当前倒角距离 1 = 0.0000，距离 2 = 0.0000

选择第一条直线或 [放弃(U)/多段线(P)/距离(D)/角度(A)/修剪(T)/方式(E)/多个(M)]: 选择圆柱顶面边缘

输入曲面选择选项 [下一个(N)/当前(OK)] <当前>:↙

指定基面的倒角距离: 2↙

指定其他曲面的倒角距离 <2.0000>:↙

倒角结果如图10-51所示。

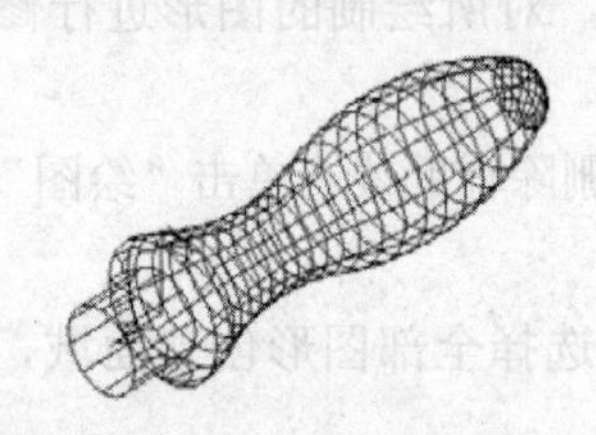

图10-50 创建手柄头部

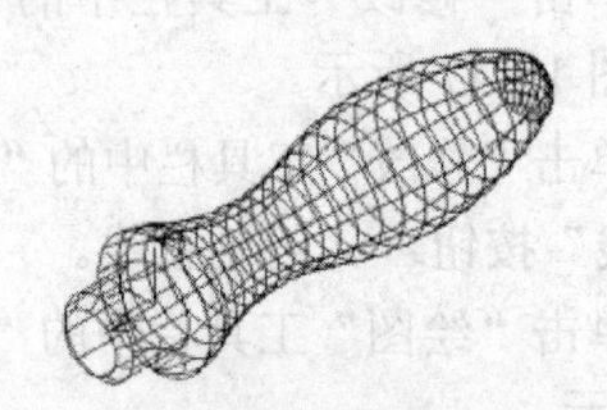

图10-51 倒角

**07** 并集运算。单击“实体编辑”工具栏中的“并集”按钮，将手柄头部与手柄把进行并集运算。

**08** 倒圆角操作。单击“修改”工具栏中的“圆角”按钮，命令行提示与操作如下：

命令: _fillet

当前设置: 模式 = 修剪，半径 = 0.0000

选择第一个对象或 [放弃(U)/多段线(P)/半径(R)/修剪(T)/多个(M)]: 选择手柄头部与柄体的交线

输入圆角半径或[表达式 (E) ]: 1↙

选择边或 [链(C)/ 环 (L) /半径(R)]: ↙

已选定 1 个边用于圆角

采用同样的方法，对柄体端面圆进行倒圆角处理，半径为1。

**09** 改变视觉样式。选择菜单栏中的“视图”→“视觉样式”→“概念”命令，最终显示效果如图10-43所示。

## 10.5 特殊视图

### 10.5.1 剖切

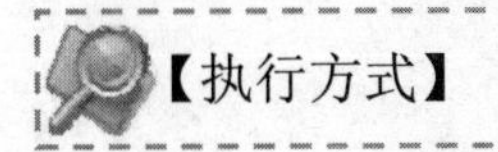

【执行方式】

命令行：SLICE（快捷命令：SL）

菜单栏：修改→三维操作→剖切

功能区：“三维工具”选项卡中“实体编辑”面板上的“剖切”按钮

【操作步骤】

命令行提示与操作如下：

```
命令：SLICE ↙
选择要剖切的对象：(选择要剖切的实体)
选择要剖切的对象：（继续选择或按 Enter 键结束选择）
指定切面起点或 [平面对象(O)/曲面(S)/Z 轴(Z)/视图(V)/XY(XY)/YZ(YZ)/ZX(ZX)/三点(3)] <三点>:
```

【选项说明】

（1）平面对象（O）：将所选对象的所在平面作为剖切面。

（2）曲面（S）：将剪切平面渔区面对齐。

（3）Z 轴（Z）：通过平面指定一点与在平面的 Z 轴（法线）上指定另一点来定义剖切平面。

（4）视图（V）：以平行于当前视图的平面作为剖切面。

（5）XY（XY）/YZ（YZ）/ZX（ZX）：将剖切平面与当前用户坐标系（UCS）的 XY 平面/YZ 平面/ZX 平面对齐。

（6）三点（3）：根据空间的 3 个点确定的平面作为剖切面。确定剖切面后，系统会提示保留一侧或两侧。

如图 10-52 所示为剖切三维实体图。

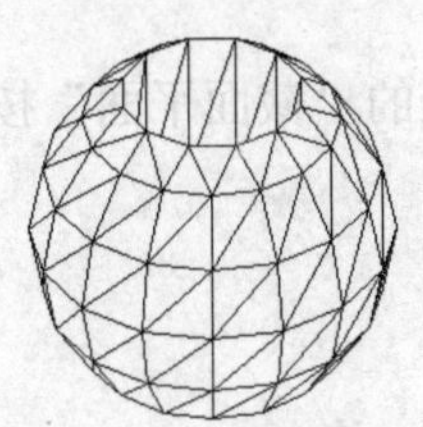

剖切前的三维实体

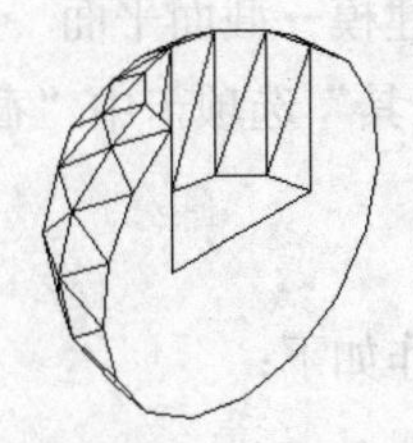

剖切后的实体

图 10-52　剖切三维实体

## 10.5.2 剖切截面

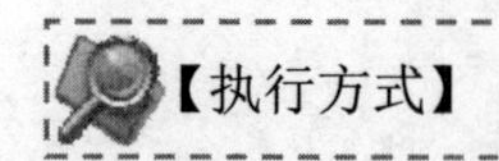【执行方式】

命令行：SECTION（快捷命令：SEC）

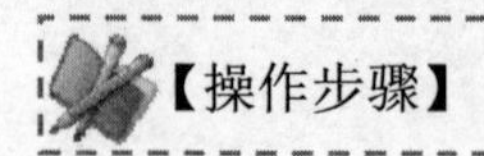【操作步骤】

命令行提示与操作如下：

命令：SECTION↙

选择对象： 选择要剖切的实体

指定截面平面上的第一个点，依照［对象(O)/Z 轴(Z)/视图(V)/XY/YZ/ZX/三点(3)］〈三点〉：指定一点或输入一个选项

如图 10-53 所示为断面图形。

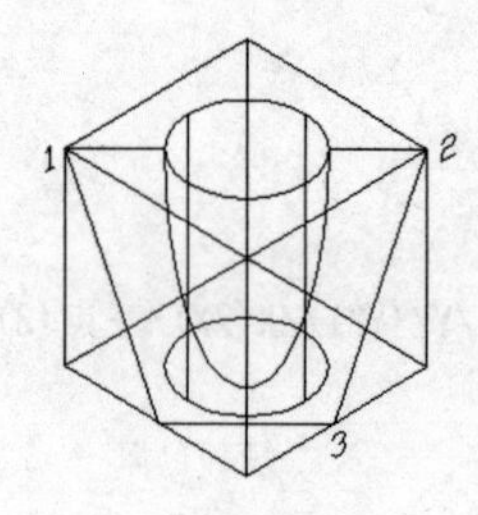


剖切平面与断面

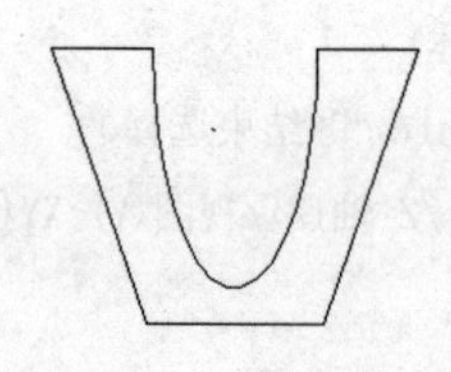

移出的断面图形

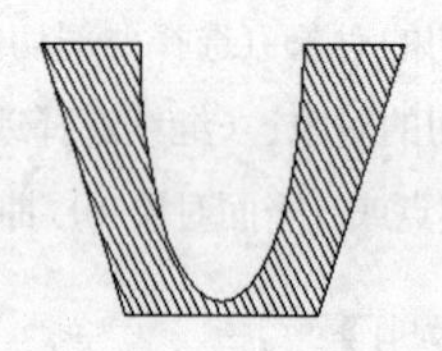

填充剖面线的断面图形

图 10-53 断面图形

## 10.5.3 截面平面

截面平面是通过截面平面功能可以创建实体对象的二维截面平面或三维截面实体。

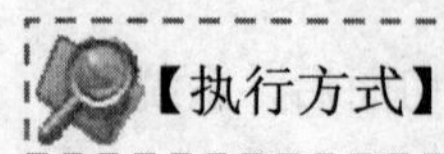【执行方式】

命令行：SECTIONPLANE

菜单栏：绘图→建模→截面平面

功能区：“三维工具”选项卡中“截面”面板上的“截面平面”按钮

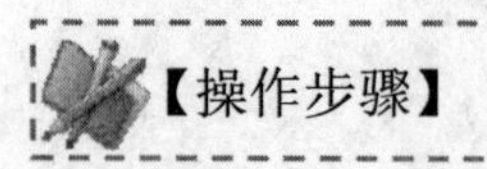【操作步骤】

命令行提示与操作如下：

命令：sectionplane↙

选择面或任意点以定位截面线或［绘制截面(D)/正交(O)］：

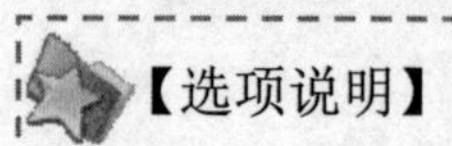【选项说明】

1．选择面或任意点以定位截面线

（1）选择绘图区的任意点（不在面上）可以创建独立于实体的截面对象。第一点可创建截面对象旋转所围绕的点，第二点可创建截面对象。如图 10-54 所示为在手柄主视图上指定两点创建一个截面平面，如图 10-55 所示为转换到西南等轴测视图的情形。图中半透明的平面为活动截面，实线为截面控制线。

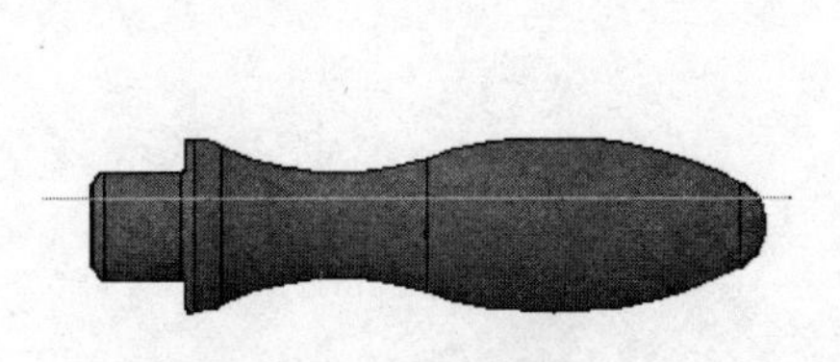

图 10-54 创建截面

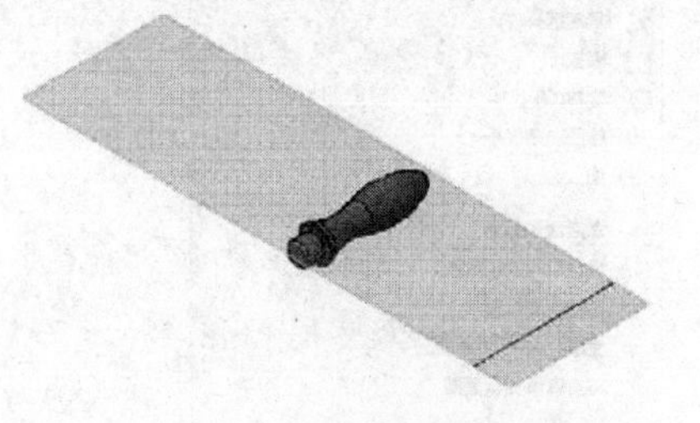

图 10-55 西南等轴测视图

单击活动截面平面，显示编辑夹点，如图 10-56 所示，其功能分别介绍如下：

1）截面实体方向箭头：表示生成截面实体时所要保留的一侧，单击该箭头，则反向。

2）截面平移编辑夹点：选中并拖动该夹点，截面沿其法向平移。

3）宽度编辑夹点：选中并拖动该夹点，可以调节截面宽度。

4）截面属性下拉菜单按钮：单击该按钮，显示当前截面的属性，包括截面平面（如图 10-56 所示）、截面边界（如图 10-57 所示）、截面体积（如图 10-58 所示）3 种，分别显示截面平面相关操作的作用范围，调节相关夹点，可以调整范围。

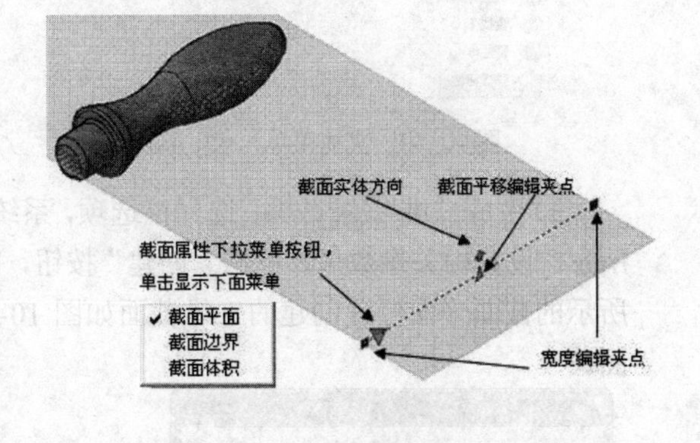


图 10-56 截面编辑夹点

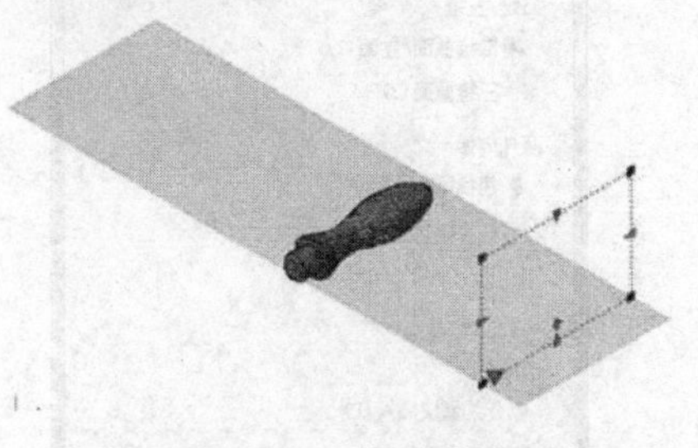

图 10-57 截面边界

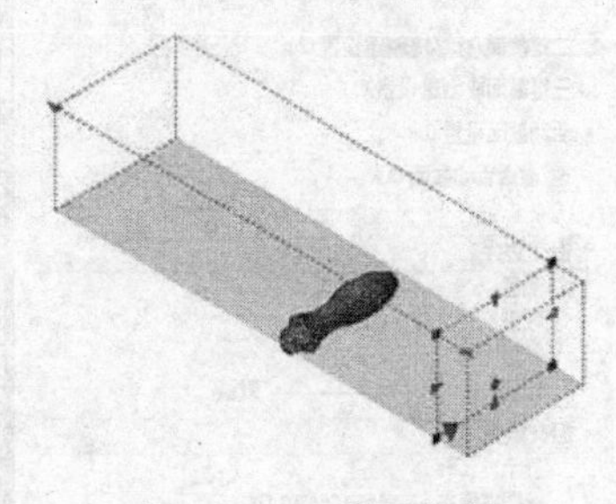

图 10-58 截面体积

（2）选择实体或面域上的面可以产生与该面重合的截面对象。

（3）快捷菜单。在截面平面编辑状态下右击，系统打开快捷菜单，如图 10-59 所示。其中几个主要选项介绍如下：

1）激活活动截面：选择该选项，活动截面被激活，可以对其进行编辑，同时原对象不可见，如图 10-60 所示。

2）活动截面设置：选择该选项，打开“截面设置”对话框，可以设置截面各参数，如图 10-61 所示。

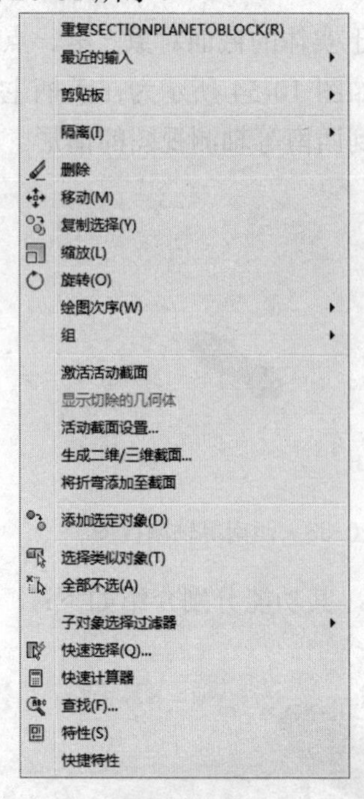


图 10-59　快捷菜单

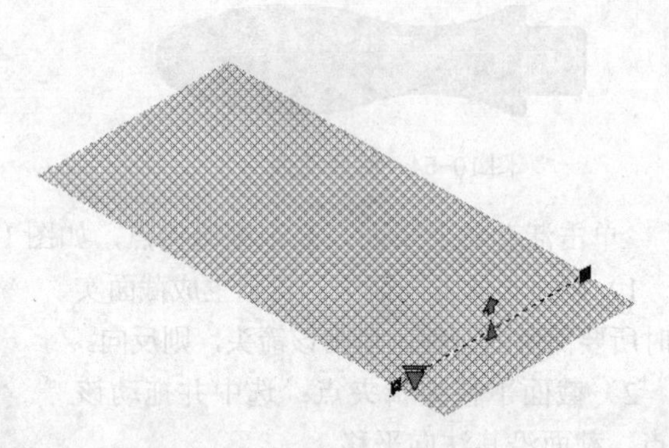

图 10-60　编辑活动截面

3）生成二维/三维截面：选择该选项，系统打开“生成截面/立面”对话框，如图 10-62 所示。设置相关参数后，单击“创建”按钮，即可创建相应的图块或文件。在如图 10-63 所示的截面平面位置创建的三维截面如图 10-64 所示，如图 10-65 所示为对应的二维截面。

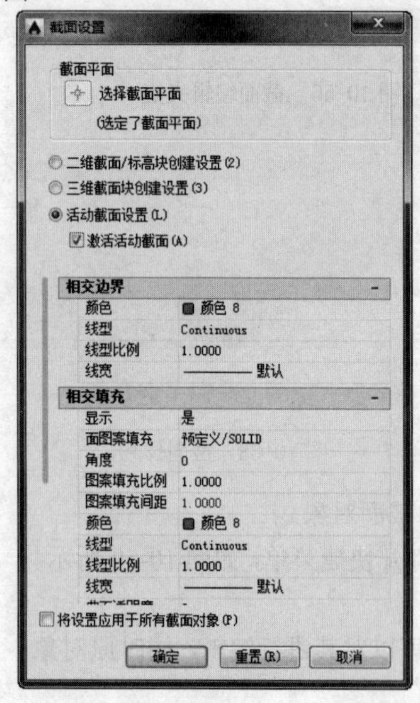


图 10-61　“截面设置”对话框

图 10-62　“生成截面/立面”对话框

4）将折弯添加至截面：选择该选项，系统提示添加折弯到截面的一端，并可以编辑折弯的位置和高度。在图 10-60 所示的基础上添加折弯后的截面平面如图 10-66 所示。

2．绘制截面（D）

图 10-63 截面平面位置

图 10-64 三维截面

定义具有多个点的截面对象以创建带有折弯的截面线。选择该选项，命令行提示与操作如下：

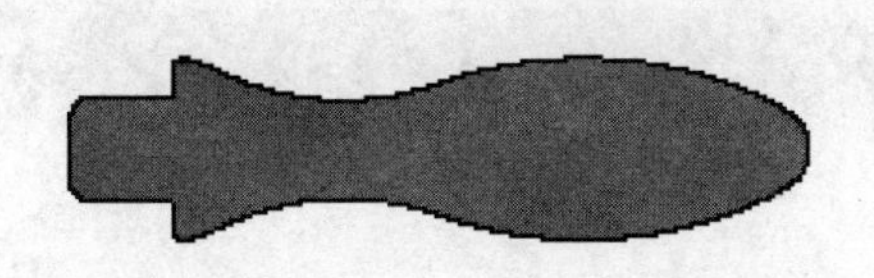

图 10-65 二维截面

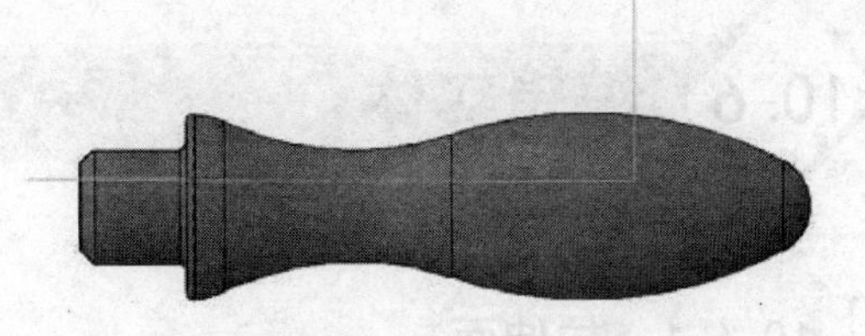

图 10-66 折弯后的截面平面

指定起点：指定点 1

指定下一点：指定点 2

指定下一点或按 Enter 键完成：指定点 3 或按 Enter 键

指定截面视图方向上的下一点：指定点以指示剪切平面的方向

该选项将创建处于“截面边界”状态的截面对象，并且活动截面会关闭，该截面线可以带有折弯，如图 10-67 所示。

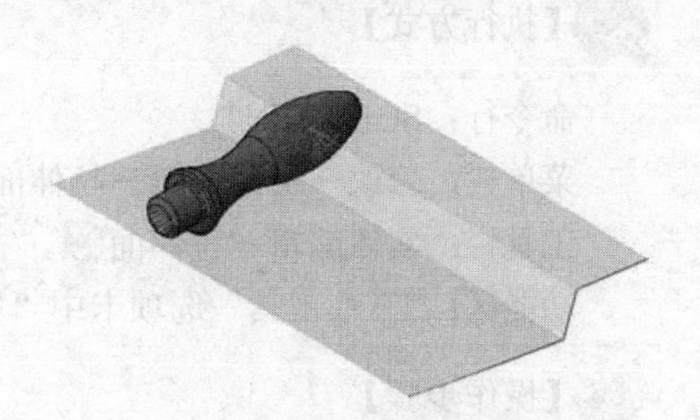

图 10-67 折弯截面

如图 10-68 所示为按图 10-67 设置截面生成的三维截面对象，如图 10-69 所示为对应的二维截面。

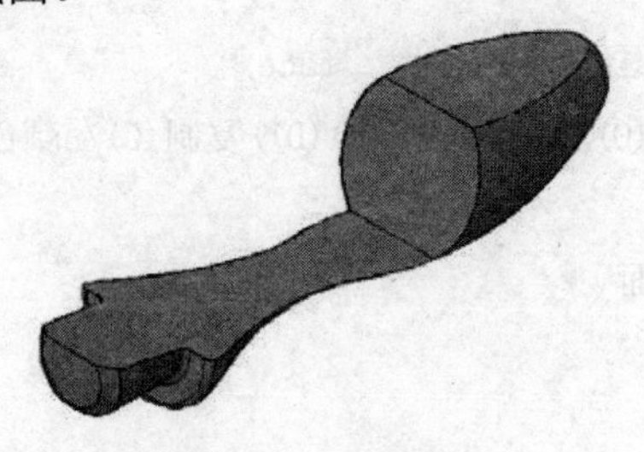

图 10-68 三维截面

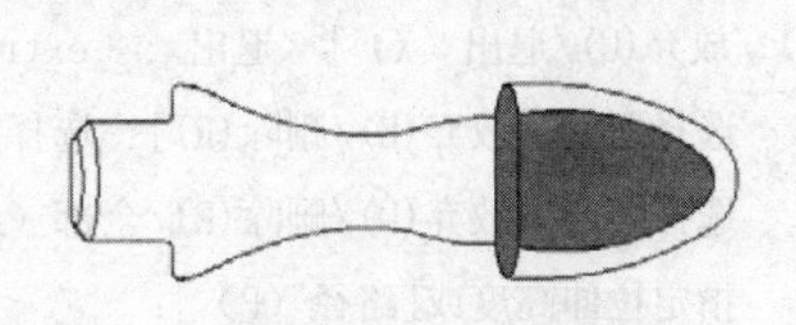

图 10-69 二维截面

3．正交（O）

将截面对象与相对于 UCS 的正交方向对齐。选择该选项，命令行提示如下：

将截面对齐至 [前(F)/后(B)/顶部(T)/底部(B)/左(L)/右(R)]:

选择该选项后，将以相对于 UCS（不是当前视图）的指定方向创建截面对象，并且该对象将包含所有三维对象。该选项将创建处于“截面边界”状态的截面对象，并且活动截面会打开。

选择该选项，可以很方便地创建工程制图中的剖视图。UCS 处于如图 10-70 所示的位置，如图 10-71 所示为对应的左向截面。

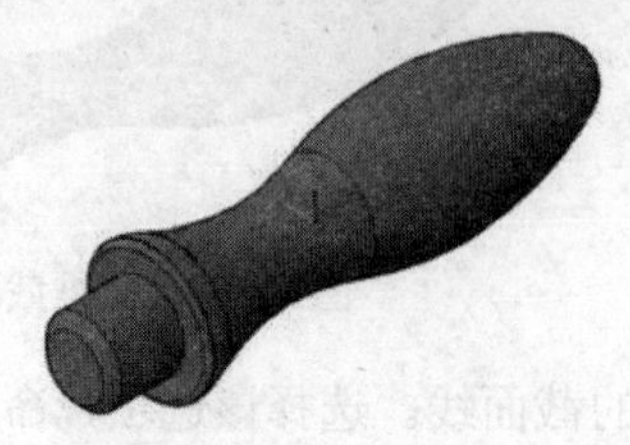

图 10-70　UCS 位置

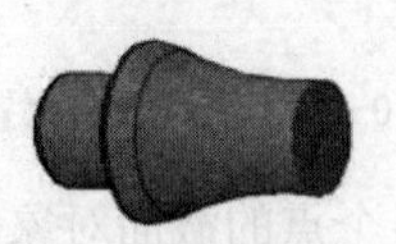

图 10-71　左向截面

## 10.6 编辑实体

### 10.6.1 拉伸面

【执行方式】

命令行：SOLIDEDIT。

菜单栏：修改→实体编辑→拉伸面

工具栏：实体编辑→拉伸面。

功能区：“三维工具”选项卡中“实体编辑”面板上的“拉伸面”按钮

【操作步骤】

命令行提示与操作如下：

命令：_solidedit

实体编辑自动检查: SOLIDCHECK=1

输入实体编辑选项 [面(F)/边(E)/体(B)/放弃(U)/退出(X)]<退出>:_face

输入面编辑选项[拉伸(E)/移动(M)/旋转(R)/偏移(O)/倾斜(T)/删除(D)/复制(C)/ 颜色(L)/材质(A)/放弃(U)/退出（X）] <退出>: _extrude

选择面或 [放弃(U)/删除(R)]: 选择要进行拉伸的面

选择面或 [放弃(U)/删除(R)/全部（ALL）]:

指定拉伸高度或[路径（P）]:

【选项说明】

（1）指定拉伸高度：按指定的高度值来拉伸面。指定拉伸的倾斜角度后，完成拉伸

操作。

（2）路径（P）：沿指定的路径曲线拉伸面。如图 10-72 所示为拉伸长方体顶面和侧面的结果。

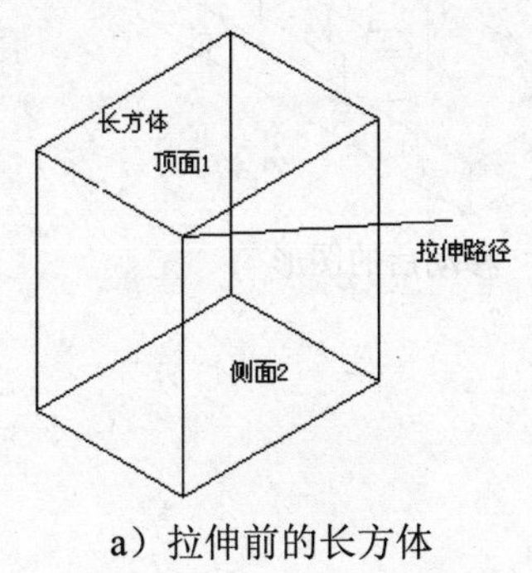


a）拉伸前的长方体

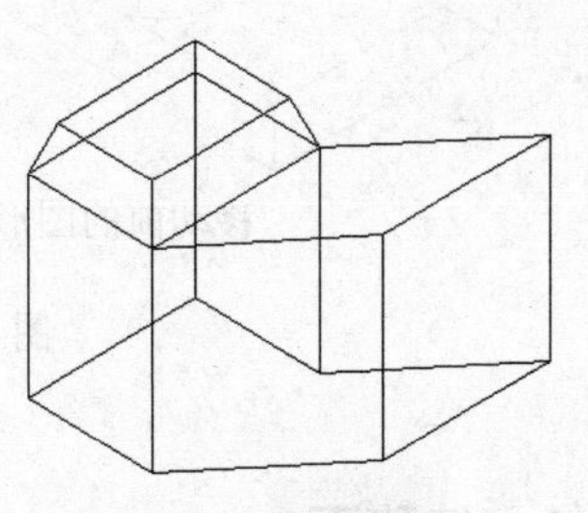

b）拉伸后的三维实体

图 10-72 拉伸长方体

## 10.6.2 移动面

【执行方式】

命令行：SOLIDEDIT

菜单栏：修改→实体编辑→移动面

工具栏：实体编辑→移动面

功能区："三维工具"选项卡中"实体编辑"面板上的"移动面"按钮

【操作步骤】

命令行提示与操作如下：

命令:_solidedit

实体编辑自动检查: SOLIDCHECK=1

输入实体编辑选项 [面(F)/边(E)/体(B)/放弃(U)/退出(X)] <退出>: _face

输入面编辑选项[拉伸(E)/移动(M)/旋转(R)/偏移(O)/倾斜(T)/删除(D)/复制(C)/ 颜色(L)/材质(A)/放弃(U)/退出 (X)] <退出>: _move

选择面或 [放弃(U)/删除(R)]: 选择要进行移动的面

选择面或 [放弃(U)/删除(R)/全部(ALL)]: 继续选择移动面或按 Enter 键结束选择

指定基点或位移: 输入具体的坐标值或选择关键点

指定位移的第二点: 输入具体的坐标值或选择关键点

各选项的含义在前面介绍的命令中都有涉及，如有问题，请查询相关命令（拉伸面、移动等）。如图 10-73 所示为移动三维实体的结果。

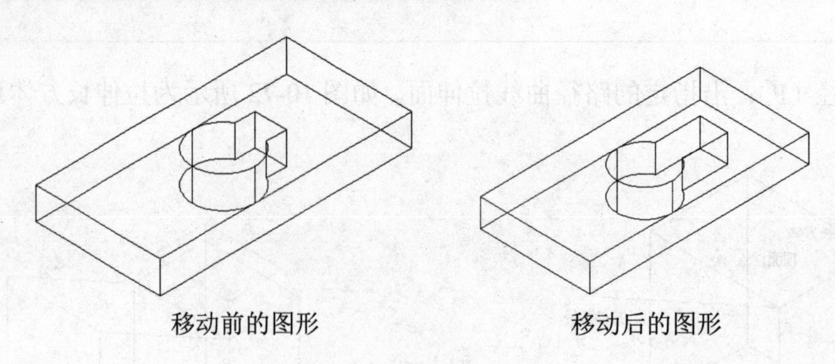


图 10-73　移动三维实体

## 10.6.3　偏移面

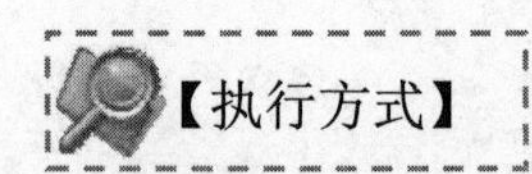【执行方式】

命令行：SOLIDEDIT

菜单栏：修改→实体编辑→偏移面

工具栏：实体编辑→偏移面

功能区："三维工具"选项卡中"实体编辑"面板上的"偏移面"按钮

【操作步骤】

命令行提示与操作如下：

命令: _solidedit

实体编辑自动检查: SOLIDCHECK=1

输入实体编辑选项 [面(F)/边(E)/体(B)/放弃(U)/退出(X)] <退出>: _face

输入面编辑选项[拉伸(E)/移动(M)/旋转(R)/偏移(O)/倾斜(T)/删除(D)/复制(C)/ 颜色(L)/材质(A)/放弃(U)/退出(X)] <退出>: _offset

选择面或 [放弃(U)/删除(R)]: 选择要进行偏移的面

指定偏移距离： 输入要偏移的距离值

如图 10-74 所示为通过偏移命令改变哑铃手柄大小的结果。

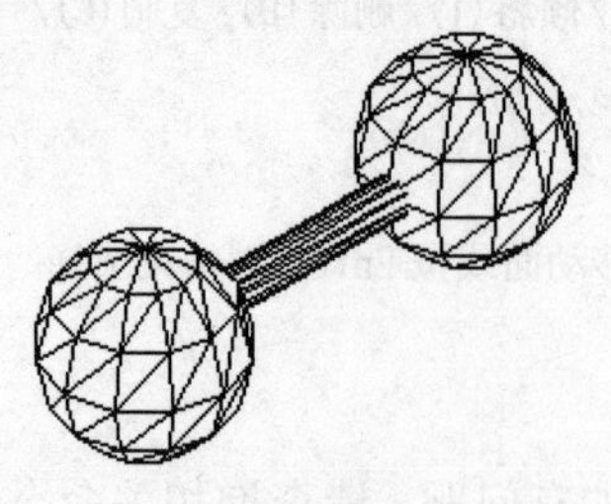


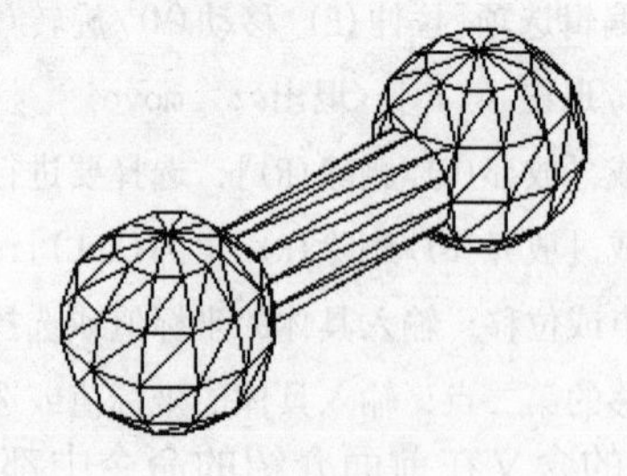


图 10-74　偏移对象

## 10.6.4 旋转面

命令行：SOLIDEDIT

菜单栏：修改→实体编辑→旋转面

工具栏：实体编辑→旋转面

功能区："三维工具"选项卡中"实体编辑"面板上的"旋转面"按钮

【操作步骤】

命令：_SOLIDEDIT

实体编辑自动检查：SOLIDCHECK=1

输入实体编辑选项［面(F)/边(E)/体(B)/放弃(U)/退出(X)］<退出>：_face

输入面编辑选项[拉伸(E)/移动(M)/旋转(R)/偏移(O)/倾斜(T)/删除(D)/复制(C)/颜色(L)/材质(A)/放弃(U)/退出(X)]<退出>：_rotate

选择面或［放弃(U)/删除(R)］：(选择要旋转的面)

选择面或［放弃(U)/删除(R)/全部(ALL)］：（继续选择或按 Enter 键结束选择）

指定轴点或［经过对象的轴(A)/视图(V)/X 轴(X)/Y 轴(Y)/Z 轴(Z)］<两点>：(选择一种确定轴线的方式)

指定旋转原点 <0,0,0>：

指定旋转角度或［参照(R)］：(输入旋转角度)

如图 10-75b 所示的图为将图 10-75a 中开口槽的方向旋转 90° 后的结果。

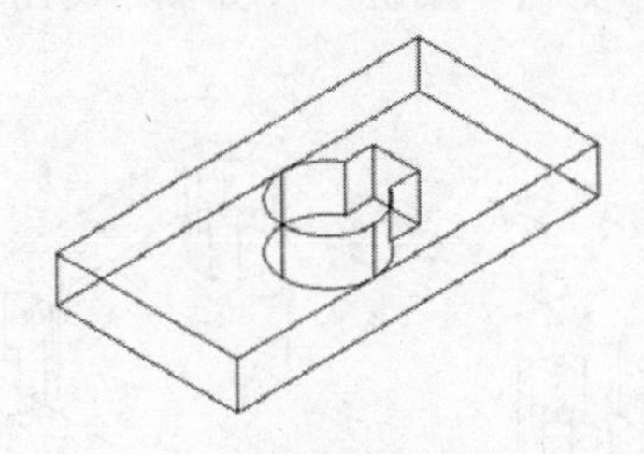

a）旋转前

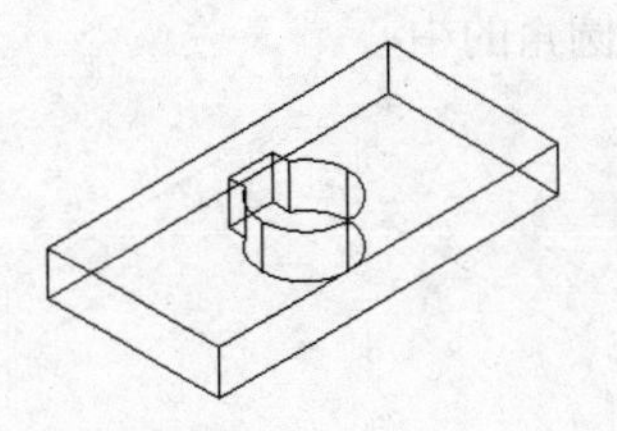

b）旋转后

图 10-75 开口槽旋转 90 度前后的图形

## 10.6.5 实例——支架

绘制如图 10-76 所示的支架。

图 10-76　支架

| 实讲实训<br>多媒体演示 |
| --- |
| 多媒体演示参见配套光盘中的\\动画演示\第10章\支架.avi。 |

**绘制步骤：**

**01** 启动系统。启动 AutoCAD，使用默认设置画图。

**02** 设置线框密度。在命令行中输入 Isolines，设置线框密度为 10。单击“视图”工具栏中的“西南等轴测”按钮，切换到西南等轴测图。

**03** 创建长方体。单击“建模”工具栏中的“长方体”按钮，以坐标原点为长方体的中心点，创建长 80、宽 60、高 10 的长方体。

**04** 圆角处理。单击“绘图”工具栏中的“圆角”按钮，对长方体进行倒圆角操作，圆角半径为 R10。

**05** 创建圆柱。单击“建模”工具栏中的“圆柱体”按钮，捕捉长方体底面圆角的中心为圆心，创建半径为 R6、高 10 的圆柱。

结果如图 10-77 所示。

**06** 复制圆柱。单击“修改”工具栏中的“复制”按钮，如图 10-78 所示，分别复制圆柱到圆角的中心。

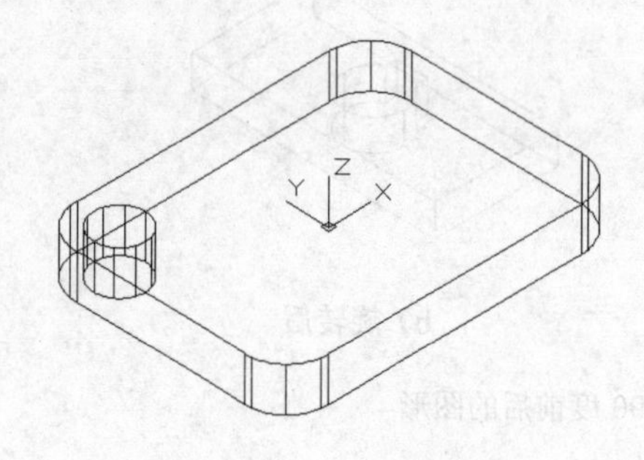


图 10-77　创建圆柱体

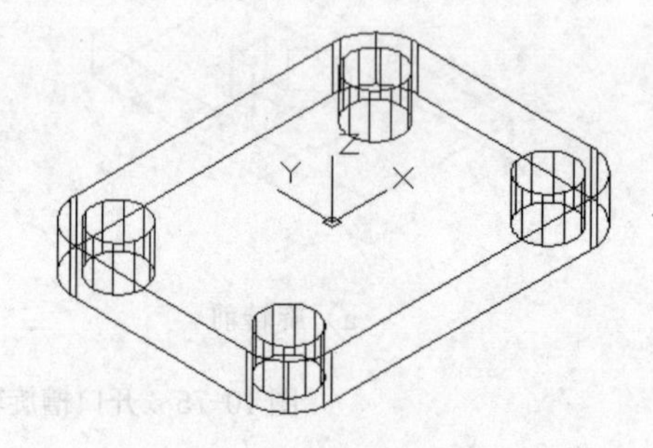


图 10-78　复制圆柱

**07** 差集运算。单击“建模”工具栏中的“差集”按钮，将长方体与复制的 4 个小圆柱进行差集运算。

**08** 设置用户坐标系。在命令行输入 UCS，将坐标原点移动到（0，0，55）。

**09** 创建长方体。单击“建模”工具栏中的“长方体”按钮，以坐标原点为长方体的中心点，分别创建长 40、宽 10、高 100 及长 10、宽 40、高 100 的长方体，结果如图 10-79 所示。

**10** 移动坐标原点。方法同前，移动坐标原点到（0，0，50），并将其绕Y轴旋转90°。

**11** 创建圆柱。单击“建模”工具栏中的“圆柱体”按钮，以坐标原点为圆心，创建半径为R20、高25的圆柱。

**12** 选择菜单栏中的“修改”→“三维操作”→“三维镜像”命令，镜像圆柱。命令行提示与操作如下：

命令：Mirror3D↙选择对象：(选取圆柱，然后回车)

指定镜像平面 (三点) 的第一个点或[对象(O)/最近的(L)/Z 轴(Z)/视图(V)/XY 平面(XY)/YZ 平面(YZ)/ZX 平面(ZX)/三点(3)] <三点>: XY↙

指定 XY 平面上的点 <0,0,0>: ↙

是否删除源对象？[是(Y)/否(N)] <否>:↙

结果如图10-80所示。

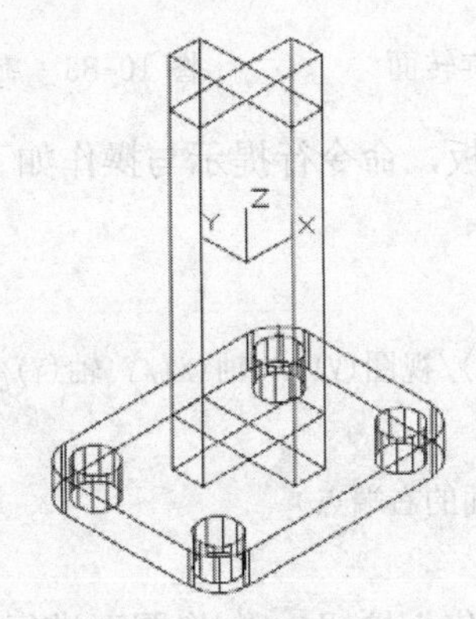


图10-79 创建长方体

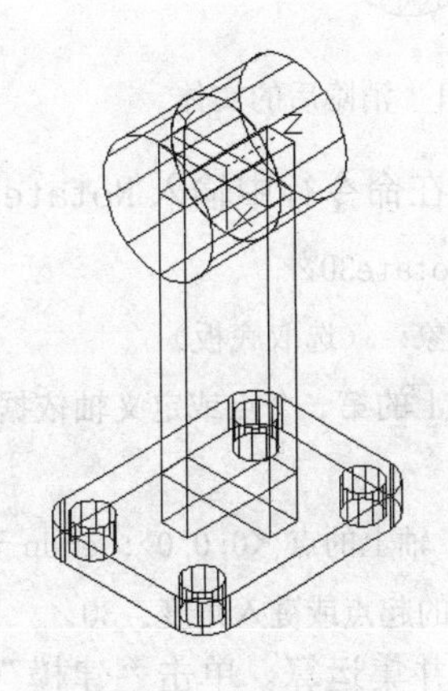

图10-80 创建圆柱

**13** 并集运算。单击“建模”工具栏中的“并集”按钮，将创建的二个圆柱与二个长方体进行并集运算。

**14** 创建圆柱体。方法同前，单击“建模”工具栏中的“圆柱体”按钮，捕捉R20圆柱的圆心为圆心，创建半径为R10、高50的圆柱。

**15** 差集运算。单击“建模”工具栏中的“差集”按钮，将并集后的实体与圆柱进行差集运算。单击“渲染”工具栏中的按钮，进行消隐处理后的图形，如图10-81所示。

**16** 单击“实体编辑”工具栏中的“旋转面”按钮，旋转支架上部十字形底面。命令行提示与操作如下：

命令：Solidedit↙实体编辑自动检查： SOLIDCHECK=1

输入实体编辑选项 [面(F)/边(E)/体(B)/放弃(U)/退出(X)] <退出>: _face

输入面编辑选项[拉伸(E)/移动(M)/旋转(R)/偏移(O)/倾斜(T)/删除(D)/复制(C)/着色(L)/放弃(U)/退出(X)] <退出>: _rotate

选择面或 [放弃(U)/删除(R)]: (如图11-85所示，选择支架上部十字形底面)

指定轴点或 [经过对象的轴(A)/视图(V)/X 轴(X)/Y 轴(Y)/Z 轴(Z)] <两点>: Y↙

指定旋转原点 <0,0,0>:_endp 于（捕捉十字形底面的右端点）

指定旋转角度或 [参照(R)]: 30↙

结果如图 10-82 所示。

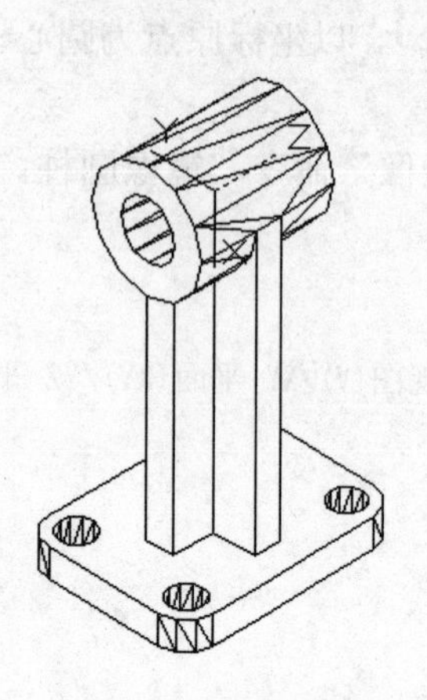

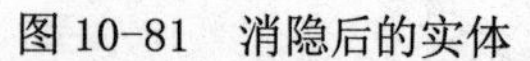

图 10-81　消隐后的实体

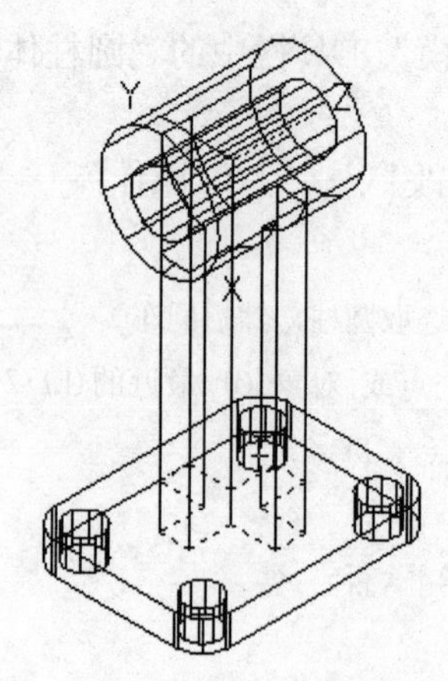


图 10-82　选择旋转面

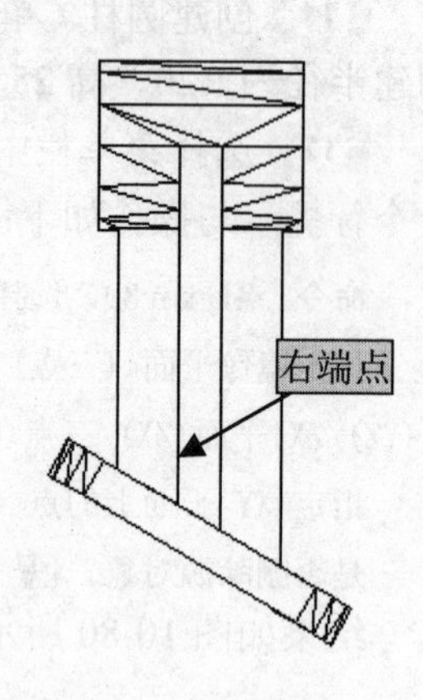


图 10-83　旋转底板

**17** 在命令行中输入 Rotate3D 命令，旋转底板，命令行提示与操作如下：

命令:Rotate3D↙

选择对象: （选取底板）

指定轴上的第一个点或定义轴依据[对象(O)/最近的(L)/视图(V)/X 轴(X)/Y 轴(Y)/Z 轴(Z)/两点(2)]: Y↙

指定 Y 轴上的点 <0,0,0>:_endp 于 （捕捉十字形底面的右端点）

指定角的起点或键入角度: 30↙

**18** 并集运算。单击“建模”工具栏中的“并集”按钮，将图形进行并集运算。

**19** 消隐处理。单击“视图”工具栏中的“前视”按钮，切换到主视图。单击“渲染”工具栏中的“隐藏”按钮，进行消隐处理后的图形，如图 10-83 所示。

## 10.6.6 抽壳

【执行方式】

命令行：SOLIDEDIT

菜单栏：修改→实体编辑→抽壳

工具栏：实体编辑→抽壳

功能区：“三维工具”选项卡中“实体编辑”面板上的“抽壳”按钮

【操作步骤】

命令行提示与操作如下：

命令: _solidedit

实体编辑自动检查: SOLIDCHECK=1

输入实体编辑选项 [面(F)/边(E)/体(B)/放弃(U)/退出(X)] <退出>: _body

输入体编辑选项[压印(I)/分割实体(P)/抽壳(S)/清除(L)/检查(C)/放弃(U)/退出(X)] <退出>:
_shell

选择三维实体: 选择三维实体

删除面或 [放弃(U)/添加(A)/全部(ALL)]: 选择开口面

输入抽壳偏移距离: 指定壳体的厚度值

如图 10-84 所示为利用抽壳命令创建的花盆。

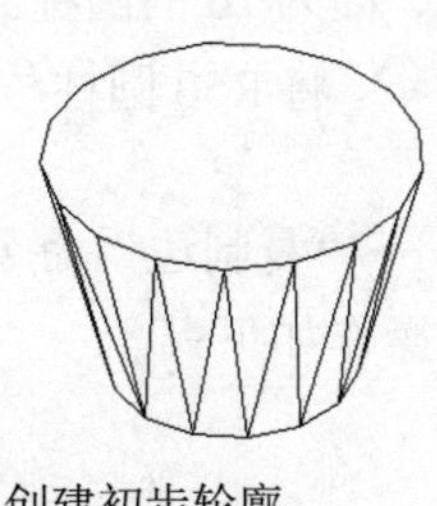
创建初步轮廓

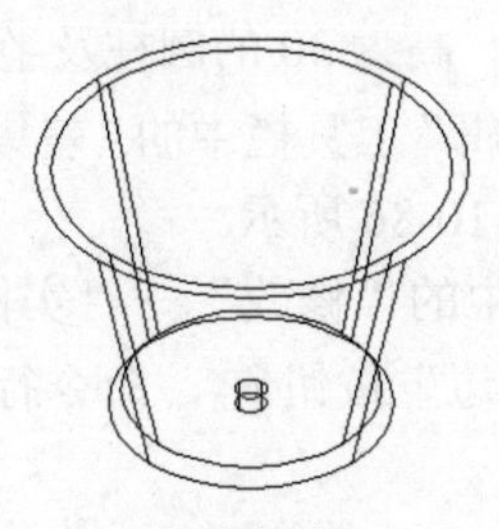
完成创建

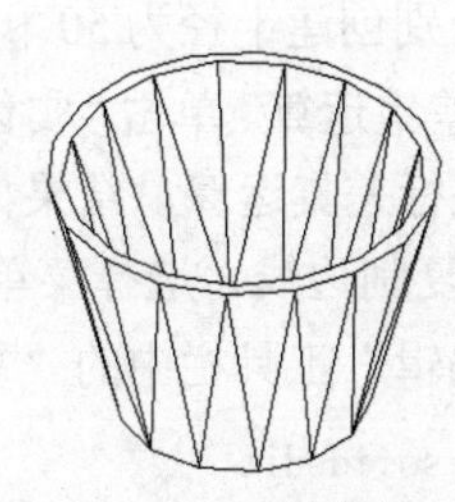
消隐结果

图 10-84　花盆

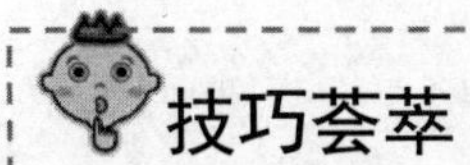



抽壳是用指定的厚度创建一个空的薄层。可以为所有面指定一个固定的薄层厚度，通过选择面可以将这些面排除在壳外。一个三维实体只能有一个壳，通过将现有面偏移出其原位置来创建新的面。

“编辑实体”命令的其他选项功能与上面几项类似，这里不再赘述。

## 10.6.7　实例——摇杆的创建

创建如图 10-85 所示的摇杆。

图 10-85　摇杆

| 实讲实训<br>多媒体演示 |
|---|
| 多媒体演示参见配套光盘中的\\动画演示\第10章\摇杆的创建.avi。 |

01 设置线框密度。设置线框密度为 10。单击“视图”工具栏中的“西南等轴测”

按钮，切换到西南等轴测图。

**02** 创建摇杆左部圆柱。单击“建模”工具栏中的“圆柱体”按钮，以坐标原点为圆心，分别创建半径为 30 和 15、高为 20 的圆柱。

**03** 差集运算。或单击“实体编辑”工具栏中的“差集”按钮，将 R30 圆柱与 R15 圆柱进行差集运算。

**04** 创建摇杆右部圆柱。单击“建模”工具栏中的“圆柱体”按钮，以（150,0,0）为圆心，分别创建半径为 50 和 30、高为 30 的圆柱及半径为 40、高为 10 的圆柱。

**05** 差集运算。单击“实体编辑”工具栏中的“差集”按钮，将 R50 圆柱与 R30、R40 圆柱进行差集运算，结果如图 10-86 所示。

**06** 复制边线。选择菜单栏中的“修改”→“实体编辑”→“复制边”命令，或单击“实体编辑”工具栏中的“复制边”按钮，命令行提示与操作如下：

```
命令：_solidedit
实体编辑自动检查： SOLIDCHECK=1
输入实体编辑选项 [面(F)/边(E)/体(B)/放弃(U)/退出(X)] <退出>：_edge
输入边编辑选项 [复制(C)/着色(L)/放弃(U)/退出(X)] <退出>：_copy
选择边或 [放弃(U)/删除(R)]：如图 10-87 所示，选择左边 R30 圆柱体的底边↙
指定基点或位移：0,0↙
指定位移的第二点：0,0↙
输入边编辑选项 [复制(C)/着色(L)/放弃(U)/退出(X)] <退出>：C↙
选择边或 [放弃(U)/删除(R)]：方法同前，选择图 10-87 中右边 R50 圆柱体的底边↙
指定基点或位移：0,0↙
指定位移的第二点：0,0↙
输入边编辑选项 [复制(C)/着色(L)/放弃(U)/退出(X)] <退出>：↙
```

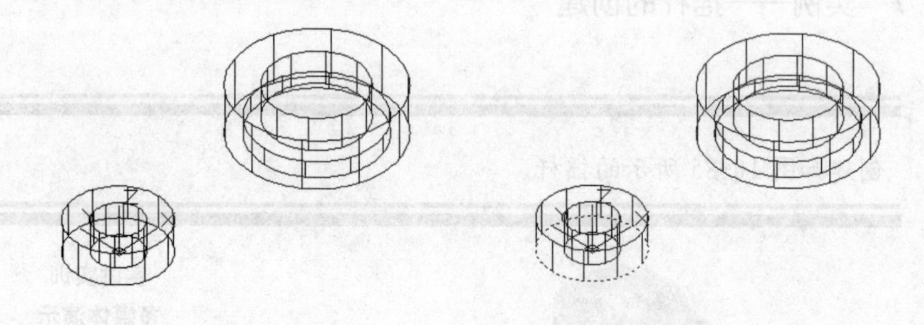

图 10-86　创建圆柱体　　　　图 10-87　选择复制边

**07** 消隐处理。单击“视图”工具栏中的“仰视”按钮，切换到仰视图。单击“渲染”工具栏中的“隐藏”按钮，进行消隐处理。

**08** 绘制辅助线。单击“绘图”工具栏中的“直线”按钮，分别绘制所复制的 R30 及 R50 圆的外公切线，并单击“绘图”工具栏中的“构造线”按钮，绘制通过圆心的竖直线，绘制结果如图 10-88 所示。

**09** 偏移辅助线。单击“修改”工具栏中的“偏移”按钮，将绘制的外公切线，分别向内偏移 10，并将左边竖直线向右偏移 45，将右边竖直线向左偏移 25。偏移结果如图 10-89 所示。

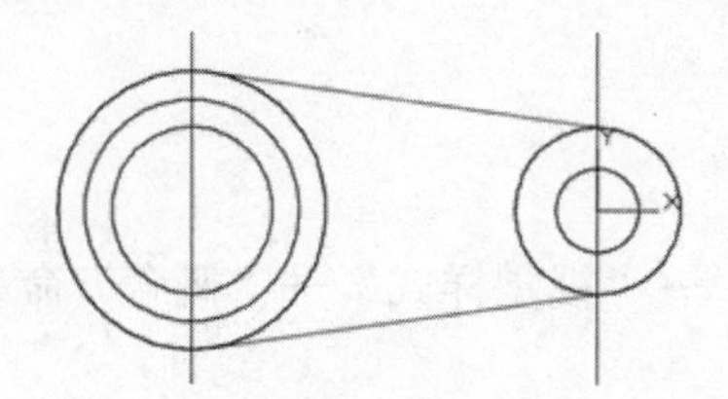

图 10-88 绘制辅助直线和构造线

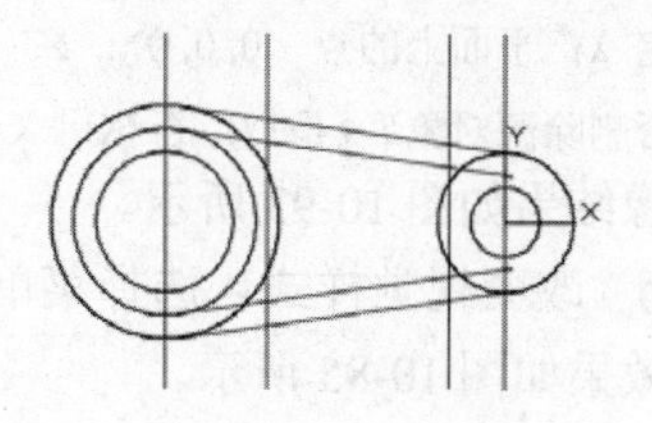

图 10-89 偏移辅助线

**10** 修剪辅助线。单击“修改”工具栏中的“修剪”按钮，对辅助线及复制的边进行修剪。单击“修改”工具栏中的“删除”按钮，删除多余的辅助线，结果如图 10-90 所示。

**11** 创建面域。单击“视图”工具栏中的“西南等轴测”按钮，切换到西南等轴测图。单击“绘图”工具栏中的“面域”按钮，分别将辅助线与圆及辅助线之间围成的两个区域创建为面域。

**12** 移动面域。单击“修改”工具栏中的“移动”按钮，将内环面域向上移动 5。

**13** 拉伸面域。单击“建模”工具栏中的“拉伸”按钮，分别将外环及内环面域向上拉伸 16 及 11。

**14** 差集运算。单击“实体编辑”工具栏中的“差集”按钮，将拉伸生成的两个实体进行差集运算，结果如图 10-91 所示。

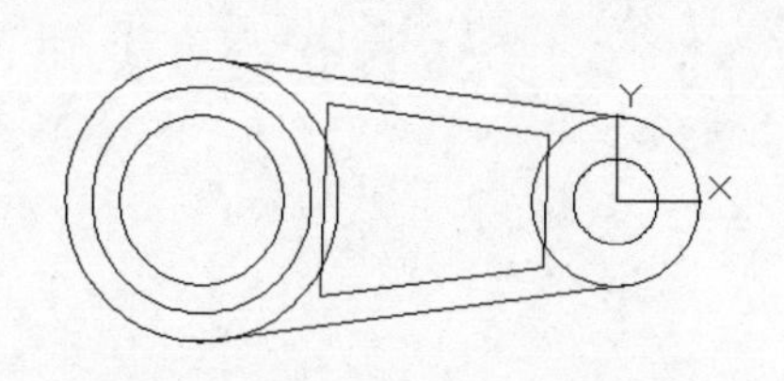

图 10-90 修剪辅助线及圆

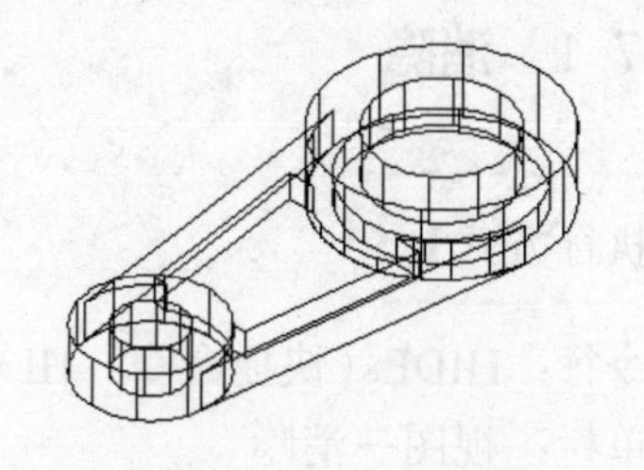
图 10-91 差集拉伸实体

**15** 并集运算。单击“实体编辑”工具栏中的“并集”按钮，将所有实体进行并集运算。

**16** 对实体倒圆角。单击“修改”工具栏中的“圆角”按钮，对实体中间内凹处进行倒圆角操作，圆角半径为 5。

**17** 对实体倒角。单击“修改”工具栏中的“倒角”按钮，对实体左右两部分顶面进行倒角操作，倒角距离为 3。单击“渲染”工具栏中的“隐藏”按钮，进行消隐处理后的图形，如图 10-92 所示。

**18** 镜像实体。选择菜单栏中的“修改”→“三维操作”→“三维镜像”命令，命令行提示与操作如下：

```
命令: _ mirror3d
选择对象: 选择实体↙
指定镜像平面 (三点) 的第一个点或[对象(O)/最近的(L)/Z 轴(Z)/视图(V)/XY 平面(XY)/YZ 平面
```

(YZ)/ZX 平面(ZX)/三点(3)] 〈三点〉: XY↙

指定 XY 平面上的点 〈0,0,0〉: ↙

是否删除源对象? [是(Y)/否(N)] 〈否〉:↙

镜像结果如图 10-93 所示。

19 改变视觉样式。选择菜单栏中的“视图”→“视觉样式”→“概念”命令，最终显示效果如图 10-85 所示。

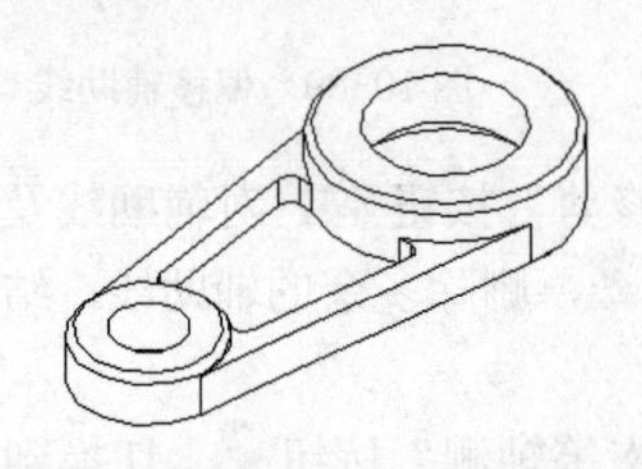

图 10-92 倒圆角及倒角后的实体

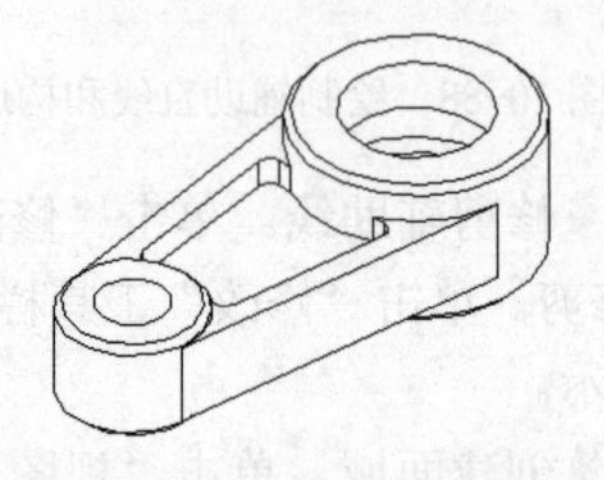

图 10-93 镜像后的实体

## 10.7 显示形式

在 AutoCAD 中，三维实体有多种显示形式，包括二维线框、三维线框、三维消隐、真实、概念、消隐显示等。

### 10.7.1 消隐

【执行方式】

命令行：HIDE（快捷命令：HI）

菜单栏：视图→消隐

工具栏：渲染→隐藏

功能区：“可视化”选项卡中“视觉样式”面板上的“隐藏”按钮

执行上述操作后，系统将被其他对象挡住的图线隐藏起来，以增强三维视觉效果，效果如图 10-94 所示。

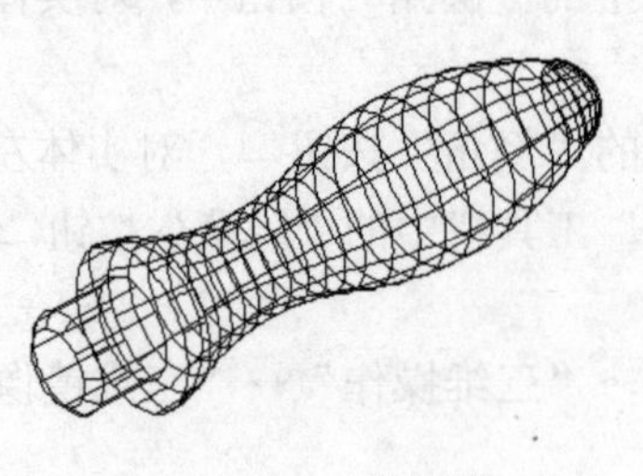

消隐前

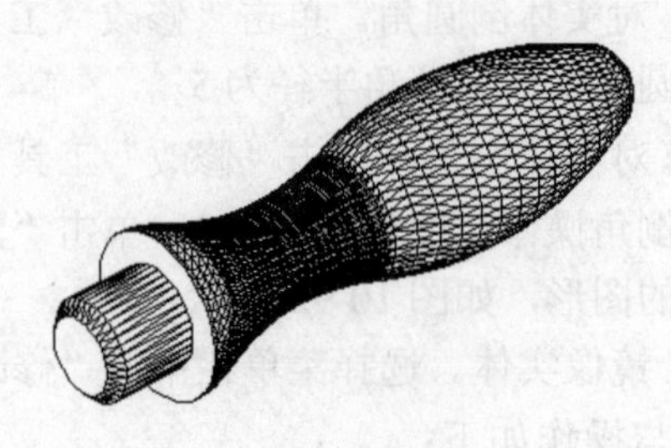

消隐后

图 10-94 消隐效果

## 10.7.2 视觉样式

【执行方式】

命令行：VSCURRENT

菜单栏：视图→视觉样式→二维线框

工具栏：视觉样式→二维线框

功能区："可视化"选项卡中"视觉样式"面板上的"二维线框"下拉选项

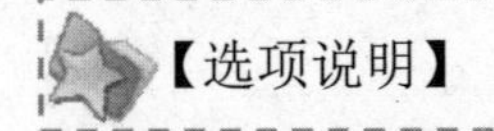
【操作步骤】

命令行提示与操作如下：

命令：VSCURRENT↙

输入选项［二维线框(2)/线框(w)/隐藏(H)/真实(R)/概念(C)/着色（S）/带边缘着色（E）/灰度（G）/勾画（SK）/X 射线（X）/其他(0)］〈二维线框〉：

【选项说明】

（1）二维线框（2）：用直线和曲线表示对象的边界。光栅和 OLE 对象、线型和线宽都是可见的。即使将 COMPASS 系统变量的值设置为 1，它也不会出现在二维线框视图中。如图 10-95 所示为 UCS 坐标和手柄二维线框图。

（2）线框（W）：显示对象时利用直线和曲线表示边界。显示一个已着色的三维 UCS 图标。光栅和 OLE 对象、线型及线宽不可见。可将 COMPASS 系统变量设置为 1 来查看坐标球，将显示应用到对象的材质颜色。如图 10-96 所示为 UCS 坐标和手柄三维线框图。

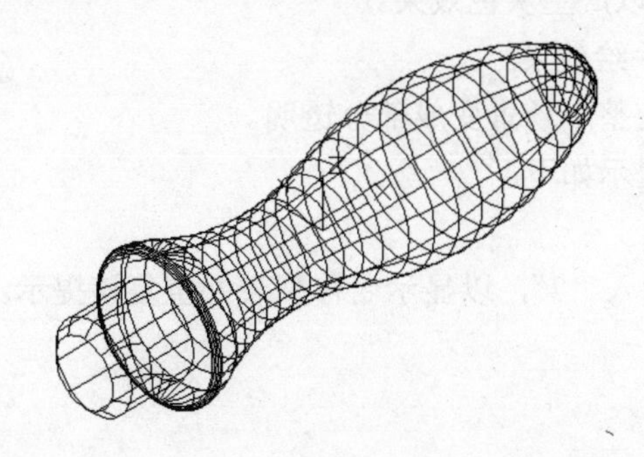

图 10-95 UCS 坐标和手柄的二维线框图

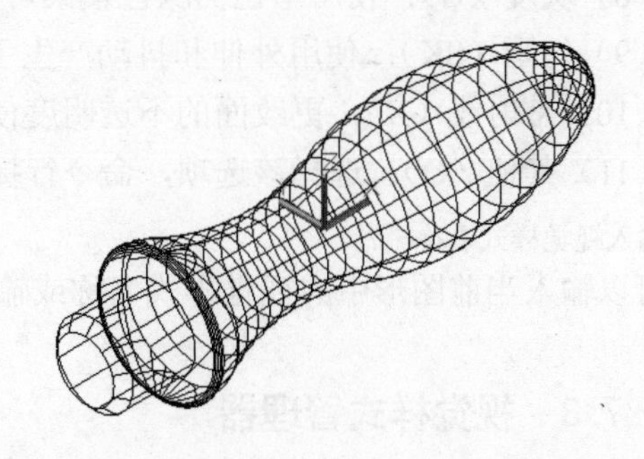

图 10-96 UCS 坐标和手柄的三维线框图

（3）消隐（H）：显示用三维线框表示的对象并隐藏表示后向面的直线。如图 10-97 所示为 UCS 坐标和手柄的消隐图。

（4）真实（R）：着色多边形平面间的对象，并使对象的边平滑化。如果已为对象附着材质，将显示已附着到对象材质。如图 10-98 所示为 UCS 坐标和手柄的真实图。

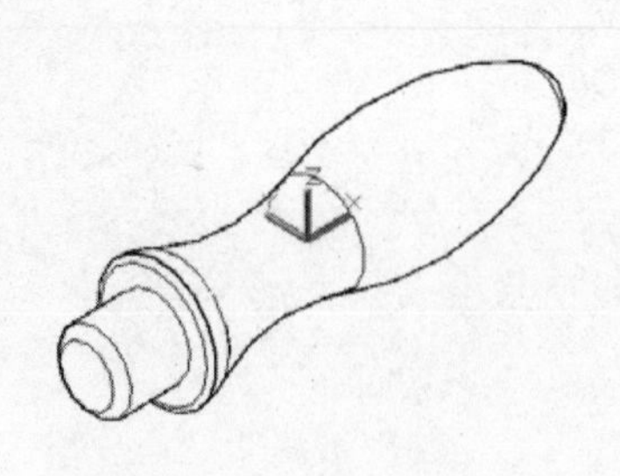

图 10-97　UCS 坐标和手柄的消隐图

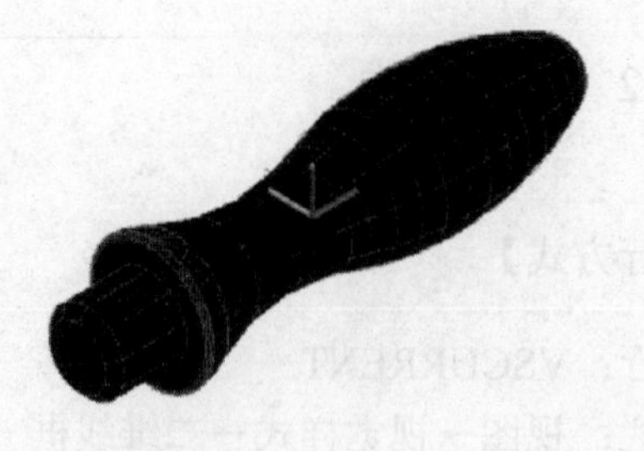

图 10-98　UCS 坐标和手柄的真实图

（5）概念（C）：着色多边形平面间的对象，并使对象的边平滑化。着色使用冷色和暖色之间的过渡，效果缺乏真实感，但是可以更方便地查看模型的细节。如图 10-99 所示为 UCS 坐标和手柄的概念图。

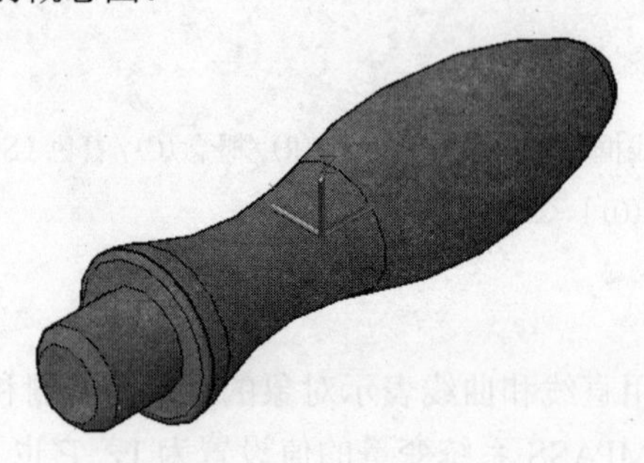

图 10-99　UCS 坐标和手柄的概念图

（6）着色（S）：产生平滑的着色模型。

（7）带边缘着色（E）：产生平滑、带有可见边的着色模型。

（8）灰度（G）：使用单色面颜色模式可以产生灰色效果。

（9）勾画（SK）：使用外伸和抖动产生手绘效果。

（10）X 射线（X）：更改面的不透明度使整个场景变成部分透明。

（11）其他（O）：选择该选项，命令行提示如下：

输入视觉样式名称 [?]:

可以输入当前图形中的视觉样式名称或输入“?”，以显示名称列表并重复该提示。

## 10.7.3　视觉样式管理器

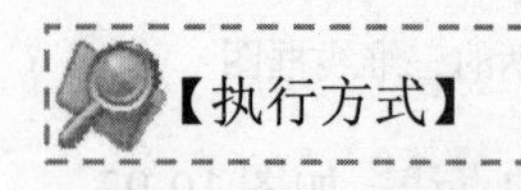

【执行方式】

命令行：VISUALSTYLES

菜单栏：视图→视觉样式→视觉样式管理器或工具→选项板→视觉样式

工具栏：视觉样式→管理视觉样式

执行上述操作后，系统打开“视觉样式管理器”选项板，可以对视觉样式的各参数进行设置，如图 10-100 所示。图 10-101 所示为按图 10-100 进行设置的概念图显示结果，读者可以与图 10-99 进行比较，感觉它们之间的差别。

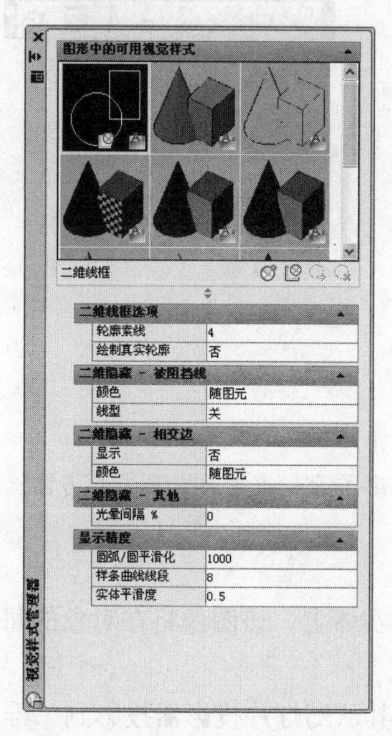


图 10-100 “视觉样式管理器”选项板

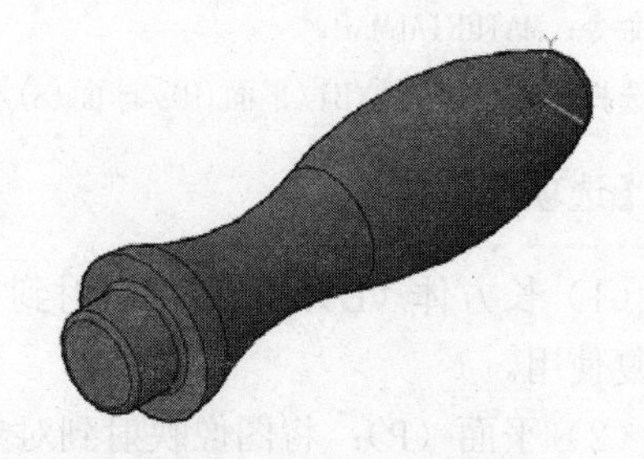

图 10-101 显示结果

## 10.8 渲染实体

渲染是对三维图形对象加上颜色和材质因素，或灯光、背景、场景等因素的操作，能够更真实地表达图形的外观和纹理。渲染是输出图形前的关键步骤，尤其是在效果图的设计中。

### 10.8.1 贴图

贴图的功能是在实体附着带纹理的材质后，调整实体或面上纹理贴图的方向。当材质被映射后，调整材质以适应对象的形状，将合适的材质贴图类型应用到对象中，可以使之更加适合于对象。

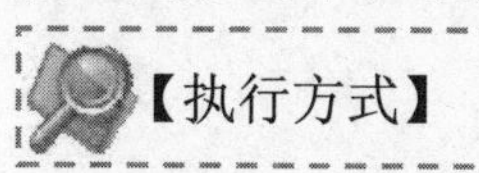

【执行方式】

命令行：MATERIALMAP

菜单栏：视图→渲染→贴图如图 10-102 所示

工具栏：渲染→平面贴图（如图 10-103 所示）或“贴图”工具栏中的按钮（如图 10-104 所示）

功能区：“可视化”选项卡中“材质”面板上的“平面”按钮

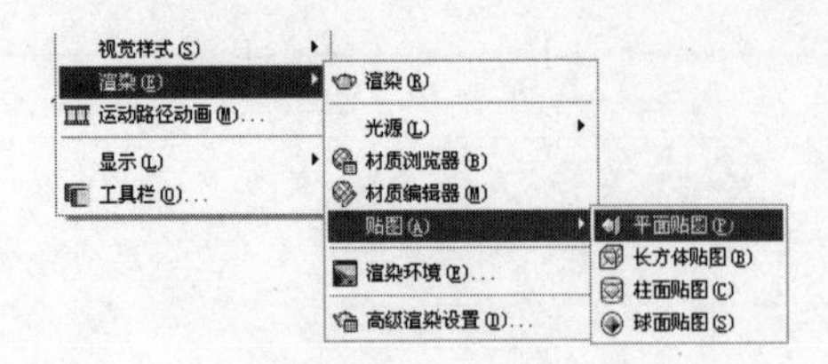


图 10-102　贴图子菜单

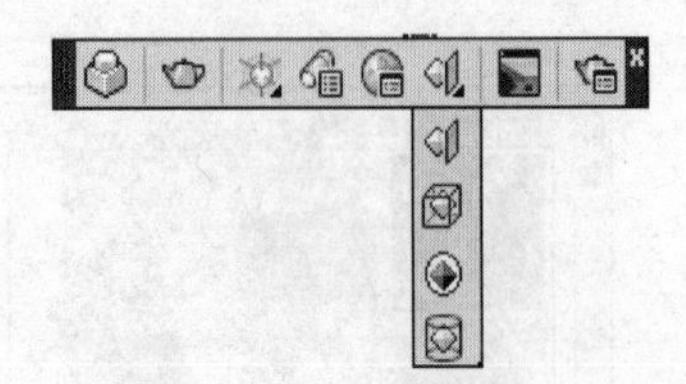

图 10-103　渲染工具栏

【操作步骤】

命令行提示与操作如下：

命令：MATERIALMAP↙

选择选项[长方体(B)/平面(P)/球面(S)/柱面(C)/复制贴图至(Y)/重置贴图(R)]<长方体>:

【选项说明】

（1）长方体（B）：将图像映射到类似长方体的实体上。该图像将在对象的每个面上重复使用。

（2）平面（P）：将图像映射到对象上，就像将其从幻灯片投影器投影到二维曲面上一样，图像不会失真，但是会被缩放以适应对象。该贴图最常用于面。

（3）球面（S）：在水平和垂直两个方向上同时使图像弯曲。纹理贴图的顶边在球体的“北极”压缩为一个点；同样，底边在“南极”压缩为一个点。

（4）柱面（C）：将图像映射到圆柱形对象上，水平边将一起弯曲，但顶边和底边不会弯曲。图像的高度将沿圆柱体的轴进行缩放。

（5）复制贴图至（Y）：将贴图从原始对象或面应用到选定对象。

（6）重置贴图（R）：将 UV 坐标重置为贴图的默认坐标。

图 10-105 是球面贴图实例。

图 10-104　贴图工具栏

贴图前

贴图后

图 10-105　球面贴图

## 10.8.2　材质

1．附着材质

AutoCAD 2015 附着材质的方式与以前版本有很大的不同，AutoCAD 2015 将常用的材质都集成到工具选项板中。具体附着材质的步骤如下：

（1）选择菜单栏中的“视图”→“渲染”→“材质浏览器”命令，打开“材质浏览器”对话框，如图 10-106 所示。

（2）选择需要的材质类型，直接拖动到对象上，如图 10-107 所示。这样材质就附着了。当将视觉样式转换成“真实”时，显示出附着材质后的图形，如图 10-108 所示。

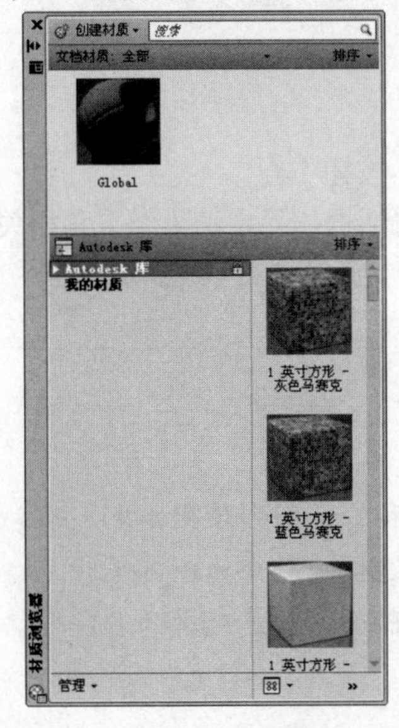


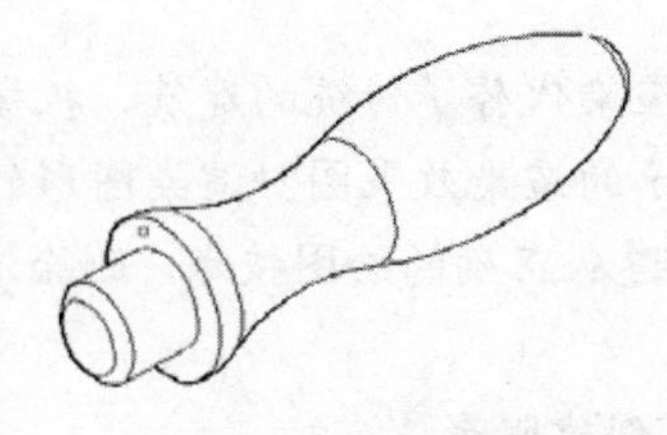

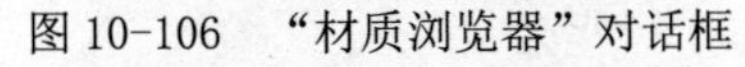
图 10-106 “材质浏览器”对话框　　图 10-107 指定对象　　图 10-108 附着材质后

2．设置材质

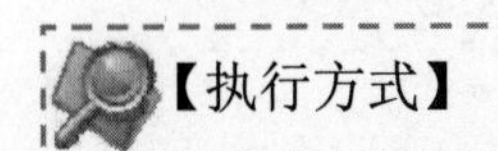
【执行方式】

命令行：_mateditoropen

菜单栏：视图→渲染→材质编辑器

工具栏：渲染→材质编辑器

执行上述操作后，系统打开如图 10-109 所示的“材质编辑器”选项板。通过该选项板，可以对材质的有关参数进行设置。

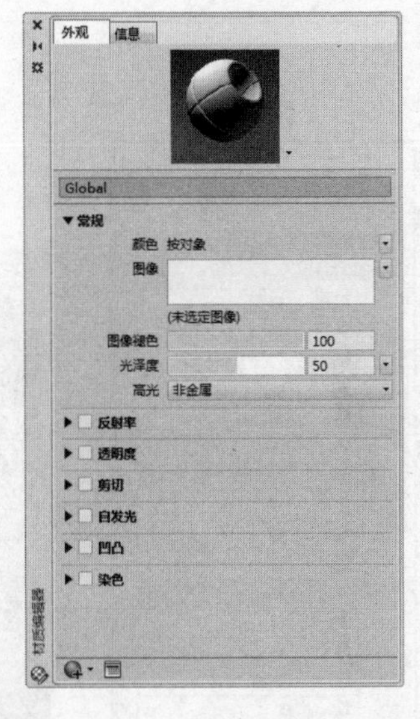


图 10-109 “材质编辑器”选项板

## 10.8.3 渲染

1．高级渲染设置

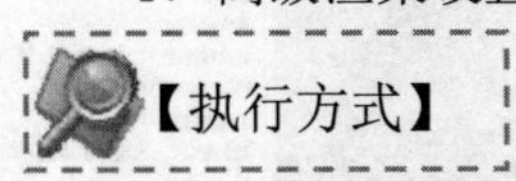
【执行方式】

命令行：RPREF（快捷命令：RPR）

菜单栏：视图→渲染→高级渲染设置

工具栏：渲染→高级渲染设置

执行上述操作后，系统打开如图 10-110 所示的“高级渲染设置”选项板。通过该选项板，可以对渲染的有关参数进行设置。

2．渲染

【执行方式】

命令行：RENDER（快捷命令：RR）

菜单栏：视图→渲染→渲染

工具栏：渲染→渲染

功能区：“可视化”选项卡中“渲染”面板上的“渲染”按钮

执行上述操作后，系统打开如图 10-111 所示的“渲染”对话框，显示渲染结果和相关参数。

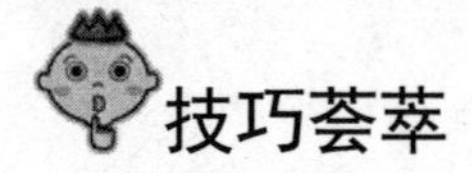

### 技巧荟萃

在 AutoCAD 2015 中，渲染代替了传统的建筑、机械和工程图形使用水彩、有色蜡笔和油墨等生成最终演示的渲染效果图。渲染图形的过程一般分为以下 4 步。

（1）准备渲染模型：包括遵从正确的绘图技术，删除消隐面，创建光滑的着色网格和设置视图的分辨率。

（2）创建和放置光源以及创建阴影。

（3）定义材质并建立材质与可见表面间的联系。

（4）进行渲染，包括检验渲染对象的准备、照明和颜色的中间步骤。

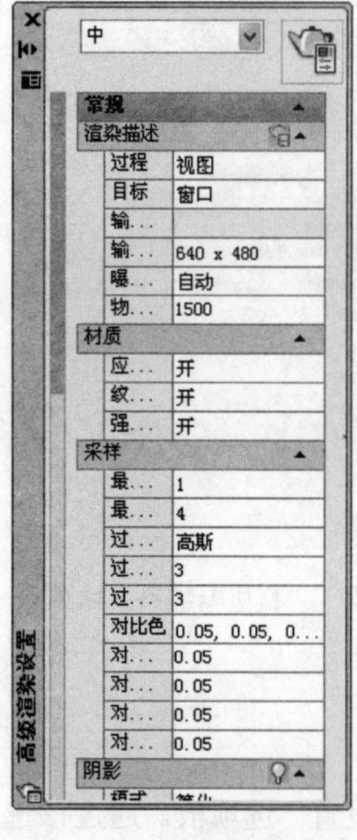


图 10-110 “高级渲染设置”选项板

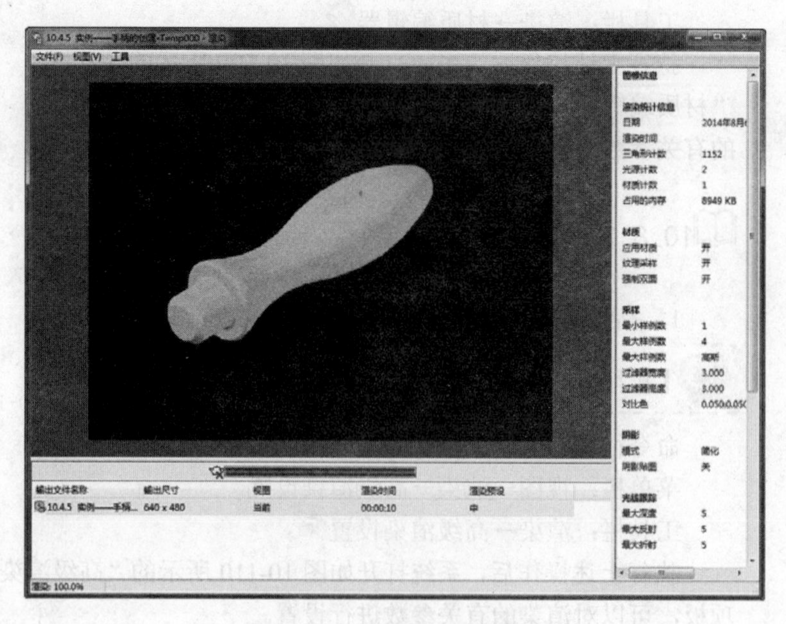

图 10-111 “渲染”对话框

## 10.8.4 实例——阀体的创建

创建如图 10-112 所示的阀体。

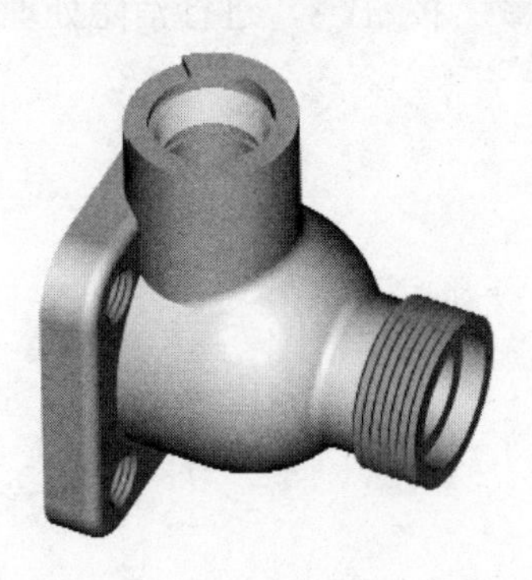

图 10-112 阀体

**实讲实训**
**多媒体演示**

多媒体演示参见配套光盘中的\\动画演示\第10章\阀体的创建.avi。

**绘制步骤：**

01 设置线框密度。在命令行中输入“ISOLINES”，设置线框密度为 10。单击“视图”工具栏中的“西南等轴测”按钮，切换到西南等轴测视图。

02 设置用户坐标系。在命令行输入“UCS”，将其绕 X 轴旋转 90°。

03 创建长方体。单击“建模”工具栏中的“长方体”按钮，以（0,0,0）为中心点，创建长为 75、宽为 75、高为 12 的长方体。

04 圆角操作。单击“修改”工具栏中的“圆角”按钮，对长方体进行倒圆角操作，圆角半径为 12.5。

05 创建外形圆柱。将坐标原点移动到（0,0,6）。单击“建模”工具栏中的“圆柱体”按钮，以（0,0,0）为圆心，创建直径为 55、高为 17 的圆柱。

06 创建球。单击“建模”工具栏中的“球体”按钮，以（0,0,17）为圆心，创建直径为 55 的球。

07 创建外形圆柱。将坐标原点移动到（0,0,63），单击“建模”工具栏中的“圆柱体”按钮，以（0,0,0）为圆心，分别创建直径为 36、高为-15 及直径为 32、高为-34 的圆柱。

08 并集运算。单击“实体编辑”工具栏中的“并集”按钮，将所有的实体进行并集运算。单击“渲染”工具栏中的“隐藏”按钮，进行消隐处理后的图形如图 10-113 所示。

09 创建内形圆柱。单击“建模”工具栏中的“圆柱体”按钮，以（0,0,0）为圆心，分别创建直径为 28.5、高为-5 及直径为 20、高为-34 的圆柱；以（0,0,-34）为圆心，创建直径为 35、高为-7 的圆柱；以（0,0,-41）为圆心，创建直径为 43、高为-29 的圆柱；

以（0,0,-70）为圆心，创建直径为 50、高为-5 的圆柱。

**10** 设置用户坐标系。将坐标原点移动到（0,56,-54），并将其绕 X 轴旋转 90°。

**11** 创建外形圆柱。单击“建模”工具栏中的“圆柱体”按钮，以（0,0,0）为圆心，创建直径为 36、高为 50 的圆柱。

**12** 布尔运算。单击“实体编辑”工具栏中的“并集”按钮，将实体与 Φ36 外形圆柱进行并集运算。单击“实体编辑”工具栏中的“差集”按钮，将实体与内形圆柱进行差集运算。单击“渲染”工具栏中的“隐藏”按钮，进行消隐处理后的图形如图 10-114 所示。

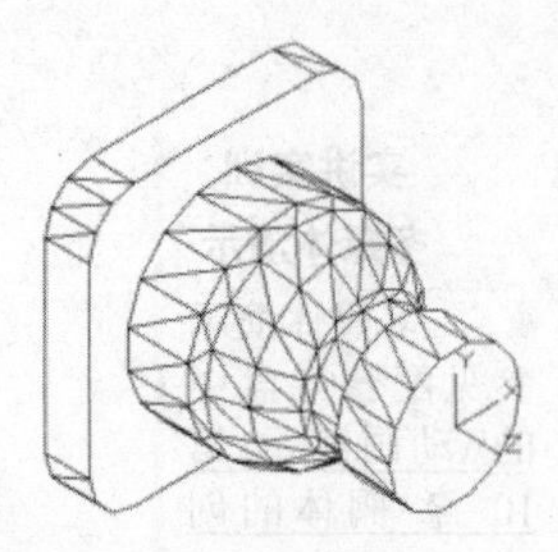

图 10-113 并集运算后的实体

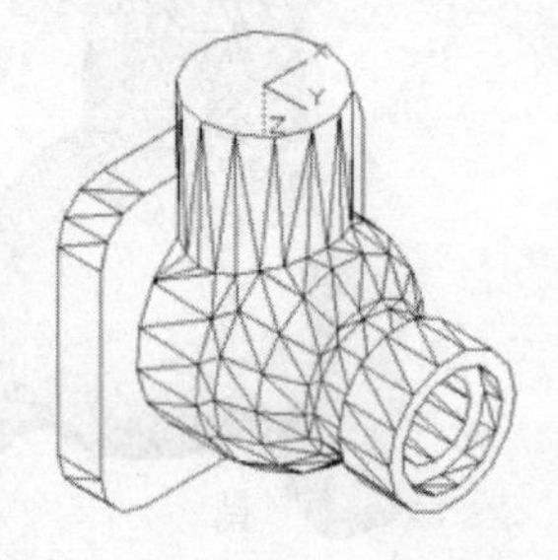

图 10-114 布尔运算后的实体

**13** 创建内形圆柱。单击“建模”工具栏中的“圆柱体”按钮，以（0,0,0）为圆心，创建直径为 26、高为 4 的圆柱；以（0,0,4）为圆心，创建直径为 24、高为 9 的圆柱；以（0,0,13）为圆心，创建直径为 24.3、高为 3 的圆柱；以（0,0,16）为圆心，创建直径为 22、高为 13 的圆柱；以（0,0,29）为圆心，创建直径为 18、高为 27 的圆柱。

**14** 差集运算。单击“实体编辑”工具栏中的“差集”按钮，将实体与内形圆柱进行差集运算。单击“渲染”工具栏中的“隐藏”按钮，进行消隐处理后的图形如图 10-115 所示。

**15** 绘制二维图形，并将其创建为面域。在命令行中输入”UCS”命令，将坐标系绕 Z 轴旋转 180 度。选择菜单栏中的“视图”→“三维视图”→“平面视图”→“当前 UCS 切换视图”命令。

❶单击“绘图”工具栏中的“圆”按钮，以（0,0）为圆心，分别绘制直径为 36 及 26 的圆。

❷单击“绘图”工具栏中的“直线”按钮，从（0,0）→（@18<45），及从（0,0）→（@18<135），分别绘制直线。

❸单击“修改”工具栏中的“修剪”按钮，对圆进行修剪。

❹单击“绘图”工具栏中的“面域”按钮，将绘制的二维图形创建为面域，结果如图 10-116 所示。

**16** 面域拉伸。单击“视图”工具栏中的“西南等轴测”按钮，切换到西南等轴测视图，单击“建模”工具栏中的“拉伸”按钮，将面域拉伸 2。

**17** 差集运算。单击“实体编辑”工具栏中的“差集”按钮，将阀体与拉伸实体进行差集运算，结果如图 10-117 所示。

**18** 创建阀体外螺纹。单击“视图”工具栏中的“左视”按钮，切换到左视图。

❶单击“绘图”工具栏中的“正多边形”按钮，在实体旁边绘制一个正三角形，其边长为 2，将其移动到图中合适的位置，单击“视图”工具栏中的“西南等轴测”按钮，切换到西南等轴测视图。

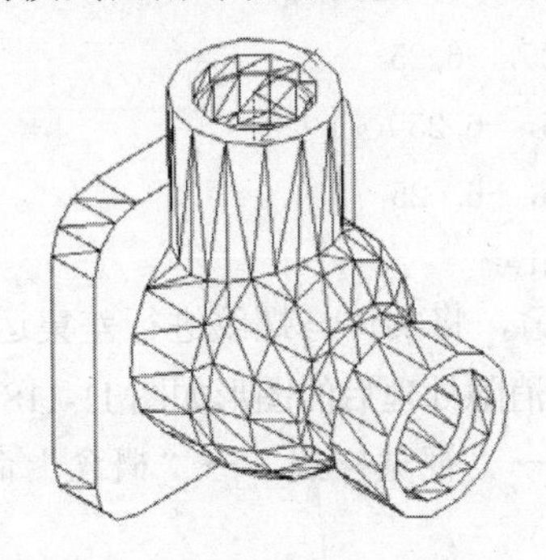

图 10-115 差集运算后的实体

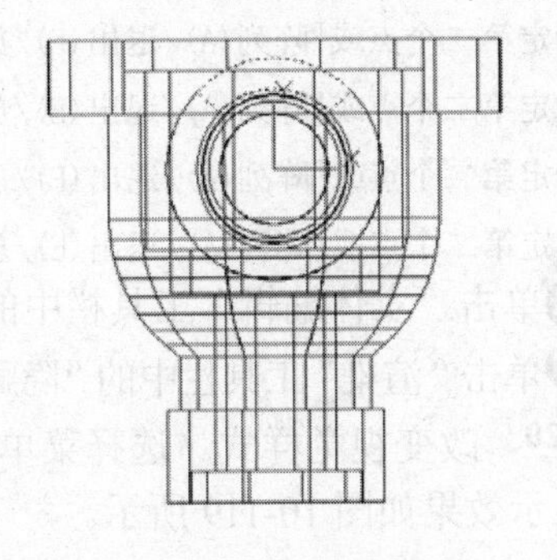

图 10-116 创建面域

❷在命令行中输入”UCS”命令，将坐标系切换到世界坐标系。

❸单击“建模”工具栏中的“旋转”按钮，以 Y 轴为旋转轴，选择正三角形，将其旋转 360°。

❹选择菜单栏中的“修改”→“三维操作”→“三维阵列”命令，将旋转生成的实体进行阵列，行数为 10，列数为 1，行间距为 1.5。

❺单击“实体编辑”工具栏中的“并集”按钮，将阵列后的实体进行并集运算。

19 创建螺纹孔。单击“视图”工具栏中的“西南等轴测”按钮，切换到西南等轴测视图。

❶单击“绘图”工具栏中的“多段线”按钮，命令行提示与操作如下：

```
命令：_pline
指定起点：0,-100
当前线宽为 0.0000
指定下一个点或 [圆弧(A)/半宽(H)/长度(L)/放弃(U)/宽度(W)]：@5,0
指定下一点或 [圆弧(A)/闭合(C)/半宽(H)/长度(L)/放弃(U)/宽度(W)]：@0.75,0.75
指定下一点或 [圆弧(A)/闭合(C)/半宽(H)/长度(L)/放弃(U)/宽度(W)]：@-0.75,0.75
指定下一点或 [圆弧(A)/闭合(C)/半宽(H)/长度(L)/放弃(U)/宽度(W)]：@-5,0
指定下一点或 [圆弧(A)/闭合(C)/半宽(H)/长度(L)/放弃(U)/宽度(W)]:C
```

❷单击“建模”工具栏中的“旋转”按钮，以 Y 轴为旋转轴，选择刚绘制的图形，将其旋转 360°。

❸选择菜单栏中的“修改”→“三维操作”→“三维阵列”命令，将旋转生成的实体进行阵列，行数为 8，列数为 1，行间距为 1.5。

❹单击“实体编辑”工具栏中的“并集”按钮，将阵列后的实体进行并集运算。

❺单击“修改”工具栏中的“复制”按钮，命令行提示与操作如下：

```
命令：_copy
选择对象：(选择阵列后的实体)
选择对象：
```

当前设置：复制模式=多个

指定基点或[位移(D)/模式(O)]<位移>：0，-100，0

指定第二个点或[阵列(A)]<使用第一个点作为位移>：-25，-6，-25

指定第二个点或[阵列(A)/退出(E)/放弃(U)]<退出>：-25，-6,25

指定第二个点或[阵列(A)/退出(E)/放弃(U)]<退出>：25，-6,25

指定第二个点或[阵列(A)/退出(E)/放弃(U)]<退出>：25，-6,-25

指定第二个点或[阵列(A)/退出(E)/放弃(U)]<退出>：Enter

❻单击“实体编辑”工具栏中的“差集”按钮，将实体与螺纹进行差集运算。

❼单击“渲染”工具栏中的“隐藏”按钮，进行消隐处理后的图形如图 11-118 所示。

20 改变视觉样式。选择菜单栏中的“视图”→“视觉样式”→“概念”命令，最终显示效果如图 10-119 所示。

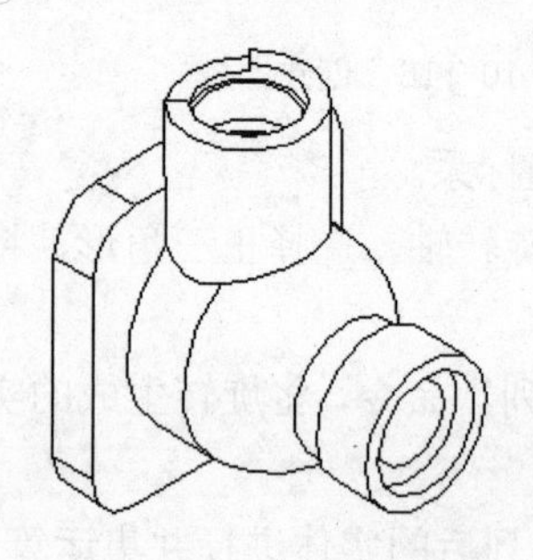

图 10-117 差集拉伸实体后的阀体

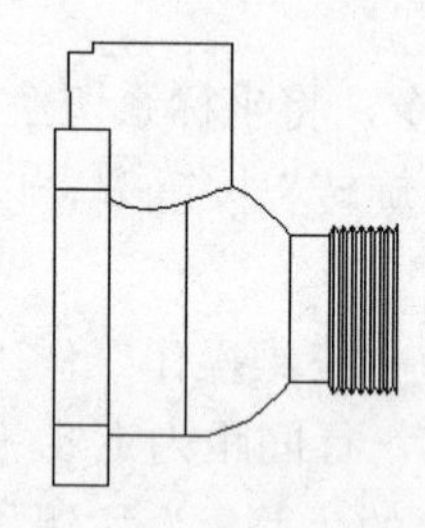

图 10-118 创建阀体外螺纹

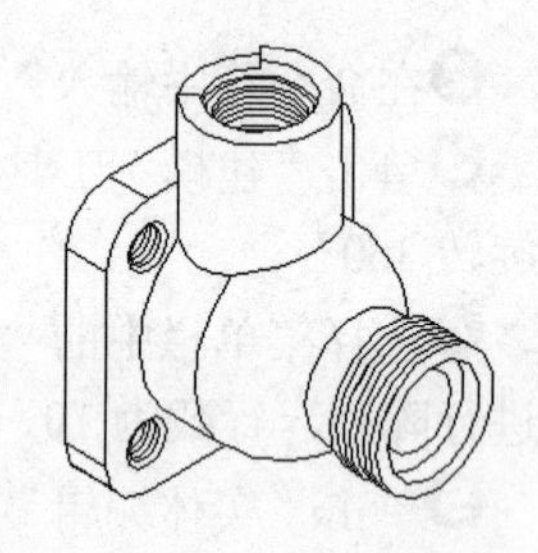

图 10-119 创建阀体螺纹孔

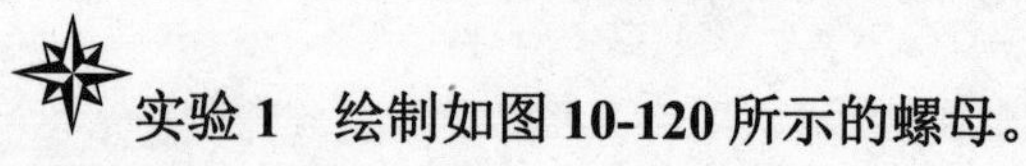

**实验 1 绘制如图 10-120 所示的螺母。**

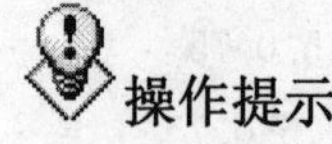

**操作提示：**

（1）绘制锥体。

（2）绘制六边形，将其拉伸并与锥体进行交集运算。

（3）将实体进行剖切。

（4）拉伸实体底面。

（5）以 XY 平面为镜像平面进行镜像，将全部实体进行并集运算。

（6）利用多段线命令绘制螺纹面域，旋转面域创建螺纹。

（7）将螺纹移到适当位置与实体进行差集运算。

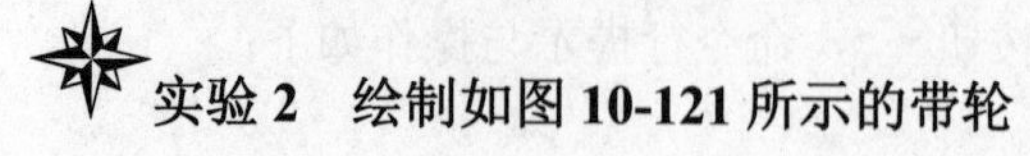

**实验 2 绘制如图 10-121 所示的带轮**

**操作提示：**

（1）创建直径不等的三个圆柱。

（2）对两个小圆柱进行差集处理。

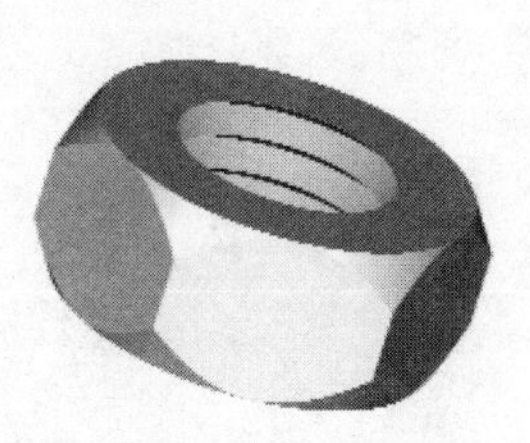

图 10-120　螺母

图 10-121　带轮

（3）转换视角，绘制多段线，旋转并与实体进行差集处理。

（4）绘制圆，拉伸创建凸台，并进行镜像。

（5）创建小圆柱体，阵列并与实体进行差集运算。

（6）绘制键槽草图，拉伸草图并与实体进行差集运算。

（7）渲染处理。

1．绘制如图 10-122 所示的花键。

2．绘制如图 10-123 所示的阀杆。

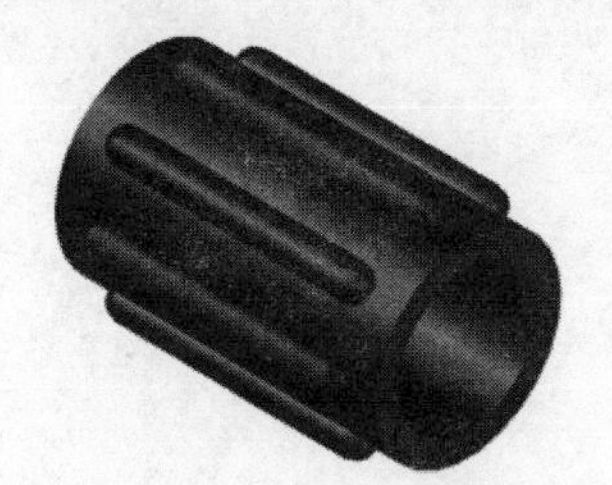

图 10-122　花键

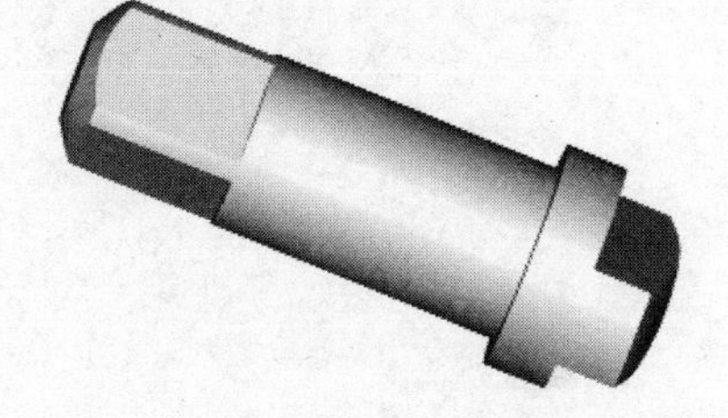

图 10-123　阀杆

3．绘制如图 10-124 所示的法兰盘。

4．绘制如图 10-125 所示的大齿轮。

图 10-124　法兰盘

图 10-125　大齿轮